园林设计

刘少宗　编著

中国建筑工业出版社

前　言

园林的起源是在人类被逐出森林以后，人类文明进入了自觉地用美的尺度美化自己生活空间和居住环境的时候才发展起来的。社会的发展在人离开自然越远的时候，越加向往自然。特别是在污染侵害了社会生活的各个方面以后，人们向往呼吸新鲜的空气，喝到清洁的水，园林就成了保护人类生存环境的重要措施。

群众的需要是发展园林事业的动力，在实践中不断发展的园林事业逐渐提到“园林学”的高度，“园林学”的理论又来指导园林事业的发展，“园林学”在我国是一门新兴的学科，它的形成吸收了很多学科的成就，其中主要是生态学、生物学、建筑学、美学、社会学、文学等学科。园林学在发展过程中国内外都有各种不同的理解和认识，有人认为是“种树或造林的学科”，有人则认为它是“建筑学的延伸或补充”。现在国内很多学者专家认为园林学是一门独立的学科，它的内容和范围是三个方面，即传统园林学、城市绿化和大地景观规划。从长远来说，园林学三个方面的内容还会不断发展，但其三个方面总应作为基础。

园林设计是根据园林的功能要求以及经济技术条件，以园林学的理论和各门类的科研成果，创造的各种园林艺术形象。美国风景园林师学会认为风景园林规划设计学的概念是：“利用文化与科学知识为手段，考虑资源的利用和管理，为达到环境成为可以利用和享受的最终目的，而进行规划、设计、土地管理和安排自然要素与人工要素的艺术”（柳尚华：《美国风景园林》）。园林设计是融艺术和科学为一体的设计学科，它是当前年轻的也是最具激情和生命活力的设计学科，这是由社会的进步、时代的发展所决定的。

每一种艺术和设计学科，包括园林设计，都具有特殊的、固有的表现手法。园林设计师就是要用笔墨将地面、山河、植物、建筑等园林要素组成清洁的、可持续发展的、人们乐意接受的环境。想要达到这种理想的境域，设计者最重要的是要有全面的、科学的设计理念。这种理念应该具有时代观念、民族意识、文化历史知识、审美修养以及相应的科学技术。历史上一些园林由于突发奇想，忽略全面的、实际的考虑，以致造成一些不必要的损失，或者是一些后遗症。

目前在园林设计创作中有两种极端的观点，一种是拒绝一切民族传统，认为设计创作应该从零开始；一种是认为应全面继承传统，拒绝吸收国外的先进思想、方法和形式。

现代化大生产和科学技术的高度发展，必然要改变小生产自然经济条件下形成的人们的生活方式、情感心理和审美趣味。

我们要看到几千年或几百年国外人民在建立自己家园中刻苦钻研积累的经验。一部西方造园史就可以让我们看到意大利台地园利用地势和自然水源的高超技艺；看到法国在造园上采用的精确尺度比例、深邃的林莽和广阔的场地；也能看到英国在创作自然式园林中柔美的草坪、鲜美的花草以及讲究色彩、体形的树丛；奥地利的山谷园林；荷兰的郁金香；德国旧工厂变成的公园；美国园林中的各种水体变化、多样的植物配植；日本的园林精致而包含美蕴，淡雅而不失丰富等等，不胜枚举，都给我们提供了极丰富的形象符号。更主要的是他们认真的思索，严谨而大胆的创作精神，有秩序的工作方法，精细的操作，因而贡献出了精美的园林。当然我们绝对不需要那些只能为少数人接受的奇形怪状、孤芳自赏、莫名其妙、脱离实际的园林形式。正如有人说的："现代化不是西方化"。

中国园林有着优秀的传统，我们要善于在新的历史条件下不断地发展和丰富，与时俱进，当然不是简单地回到过去的模式。历史上中国园林的发展时期主要是在农耕时代，节气有序，耕作有时，安定而有节奏的自给自足的田园生活，使人们依赖自然、顺应自然，与自然建立了一种亲和的关系。认为人是宇宙的一部分，人与宇宙可以重合，人的力量在宇宙之中，因而凝聚成“天人合一”的思想。崇尚自然是中国园林的一个基本特点。道家学说和儒家学说是中国传统文化的两大支脉，共同塑造了中国人的世界观、人生观、文化心理结构和艺术理想、审美情趣。对自然景物的游赏、深微观察以及清幽恬淡的诗文中表现出对自然山水、草木泉石热烈的眷恋，成了人生活的一部分，融合在人的生活和思想感情之中。以自然山水为创作的主题思想兴起于魏晋，盛于唐宋，成熟于明代至清代。一千多年的造园历史表现了中国古典园林集诗、画、文学等艺术表现形式之大成。从造园理论和实物都能延续到今天，那就必然有其“值得珍贵的心理积淀和相对独立的性质。”（李泽厚：《中国古代思想史》）当然我们对待过去的遗产，主要应着眼于沟通现代人与它的关系，使之能适应今天的需求，古为今用，而不是墨守成规、照抄照搬古代园林的符号、形式，而是要学习中国传统上积极的自然观；学习其创作精神以及运用美的法则、优秀的设计手法，进行精心创作。

园林的形式多种多样，所处地域环境也不尽相同，因此要满足群众的审美情趣和使用功能的需要，就要根据每种园林的性质进行设计要领的研讨。如城市街道绿化设计，不只是简单地在街道两旁种植树木的设计，它要与现代化的交通、各种市政管线、大小不同的人流相适应，它是现代化城市的标志，是城市面貌的重要组成部分。法国巴黎的香榭丽舍大道、美国华盛顿国会山下的林荫道、广场都闻名于世。又如居住区是城市居民整个生活过程中居住时间最长的处所，而且不管是一个人的一生当中，或是一个人一天当中都是如此。现在很多居住区老年人的比例也在增加，所以居住区绿化的重要性日益突显。另外一些大专院校的校园和科技研发区都独立于居住区之外，有独自的功能特点，规模、面积都较大，也是园林设计中的重要课题。大学校园是最高的学府，文化品位要求较高是完全应该的，要从设计创作上多下工夫，使之成为全面的、优秀的设计。同时校园建设管理的过程，也是对学生一个教育示范的过程。欧美国家一些名牌大学就比较重视校园建设，对学生的生活、学习都产生了很好的影响。公园的设计是城市中一个重要的板块，牵涉面多，复杂程度高，影响面大。一二处名园能为一个地区或一个城市平添光彩。不知名的公园也可能逐渐被蚕食或另改为其他用地。公园建设成败的因素很多，其中综合性的长远规划和近期实施的设计也占着很重要的成分。例如美国纽约中央公园的建成，就开创了现代城市公园的新起点。

园林设计是园林行业中各门类的一个汇聚点。园林施工是按照设计图纸、文件进行的。没有优秀的园林设计，就不可能为优秀的园林施工创造条件，也就产生不了优秀的施工。园林设计既要从对人的关怀出发安排好各种内容、形式，又要有相应的具体尺寸、做法，对各种建造用的材料，包括园林植物种类的选择、运用。园林设计者是主要的执行者，也是责任者；园林设计既能给园林养护创造经济、安全、便捷的养护条件，又能尽量节约能源，设计的缺陷也能给养护工作带来相当的困难。因此每一个园林设计者都应看到园林设计的综合性，看到自己任务的复杂性、严肃性，因而要虚心学习各门类的知识技能，以便更好地完成自己的崇高使命，为人民造福，为社会造福。

目　　录

第二篇　工程设计

第三篇　国外园林

第一篇 概论

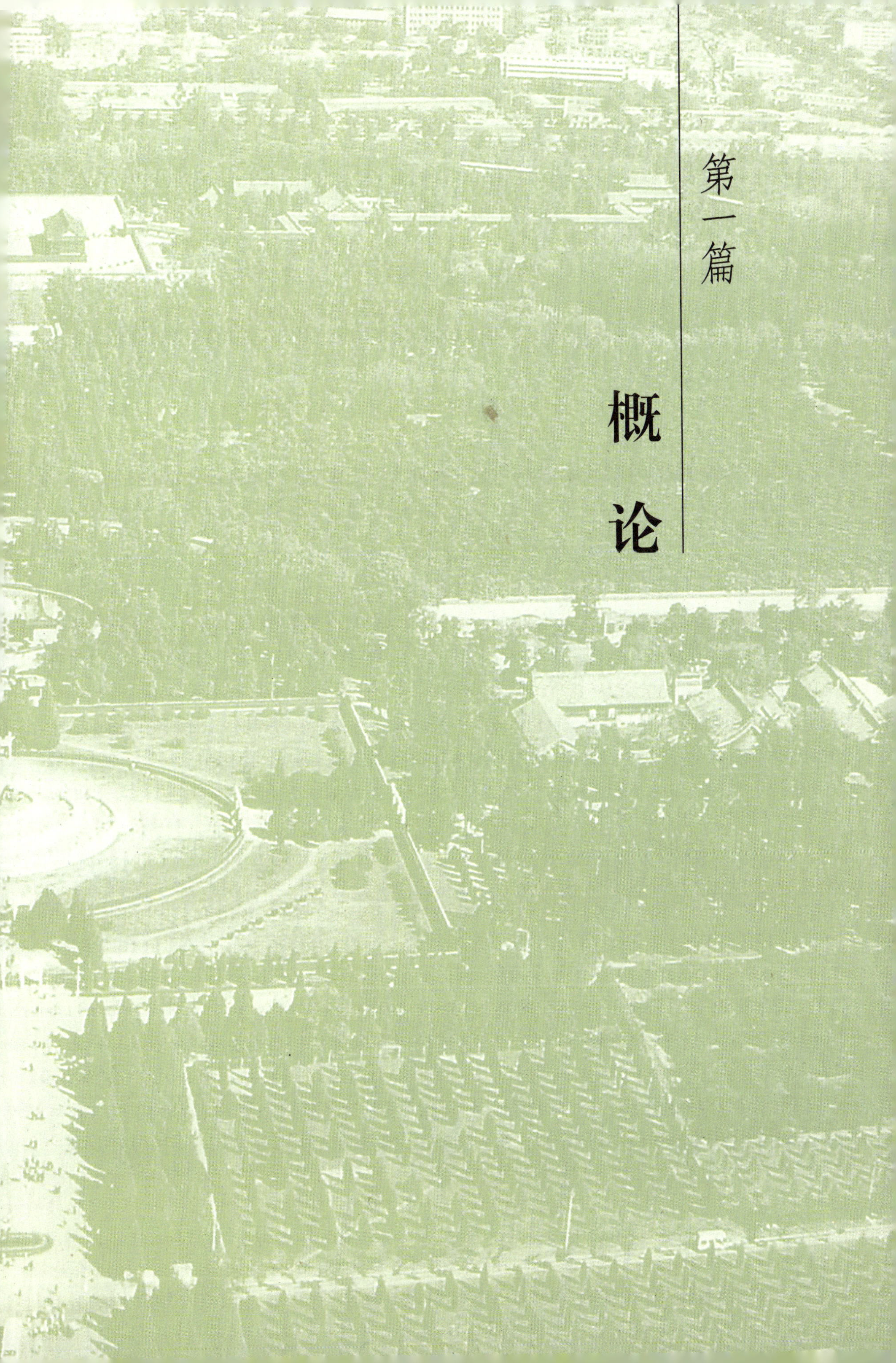

第一章
园林学名称和内容的发展

园林学的名称是在1988年出版的《中国大百科全书》中正式出现的。这是当时作为园林篇主编的汪菊渊先生对园林学的名称和内容条目经过广泛征求意见后撰写成的。园林学是："研究如何合理运用自然因素（特别是生态因素）、社会因素创建优美的、生态平衡的人类生活境域的学科。"

我国20世纪30年代没有园林学这个称谓，只有造园学之说。尽管"园林"两字曾见于西晋（始自公元265年）的诗文中，如张翰《杂诗》中有："暮春和气应，白日照园林；青条若总翠，黄花如散金……"

1928年陈植先生曾组织中华造园学会。20世纪30年代执教中央大学造园课，1935年陈植先生著《造园学概论》讲到"造园学""乃关于土地之美的处置，而为系统的研究也。"[①] 1985年他又在《中国园林》中发表"对改革我国造园教育的商榷"一文中提道："造园学范畴甚广，按目前情况包括庭园、城市公园、自然公园（国家公园、森林公园、水上公园）、名胜古迹、环境保护、风景资源开发、国土美化、观光事业、休养工程等。"在其最近出版的《中国造园史》中又讲道：今世社会所谓的"园林"，实为我国"庭园"之古名……本书旨在阐明上述"造园学"范畴之观点，并以此订正当今世俗所称欲以"园林"代替"造园"一词。[②]

国外有"Landscape Architecture"之名称，陈植先生认为这个名称"则于英国孟松（Laing Meason）氏西历1828年所著之'意大利孟造园论（The Landscape Architecture of the Painters of Italy)'中始见之。"[①]他把"Landscape Architecture"译为"风致建筑"。美国风景园林师奥姆斯特德（Frederick Law Olmsted）率先在美国采用"Landscape Architect"和"Landscape Architecture"来分别代替了过去一直沿用的英国术语"Landscape Gardener"和"Landscape Gardening"。20世纪70年代后与陈植先生认识基本一致的杨滨章先生认为："一些学者认为第一个使用LA(Landscape Architecture)一词的是美国人奥姆斯特德，这是不准确的。事实上，它的发明者应该是苏格兰艺术家G.L.梅森（Gibert Laing Meason）。1828年他在伦敦出版了一部名为《Landscape Architecture of the Great Painters of Italy》（意大利杰出画家笔下的风景建筑艺术）。书中的内容主要是介绍这些画家笔下风

①陈植著.造园学概论［M］.上海：商务印书馆，1935.

②陈植著.中国造园史［M］.北京：中国建筑工业出版社，2006.

景画中建筑的特殊类型，所举的例子也都是意大利乡间风景中的各式建筑。[①]

在美国本土内对“Landscape Architecture”一词的认识也不完全一致。表示“费解”者有美国加利福尼亚大学伯克利分校环境规划设计学院的劳莱教授（Professor M. Laurie）在其著作《An Introduction to Landscape Architecture》中提道：“Landscape Architecture”这个专业术语是一个费解的难题。“奥氏是办农场和从事土木工程技术工作的。他设计过华盛顿特区市中心及市中心的国家首都公园、纽约中央公园、波士顿墓园、密歇根州立大学的校园。他设计过城市公园、个人私园、城市规划和道路交通网规划、用地规划、居住区规划和面积超过3000hm^{2}的约瑟米蒂（Yo semite National Park）国家天然公园（相当于自然保护区）的规划、波士顿市园林绿地系统规划以及哈佛大学阿诺德树木园设计。他把他从事过的性质很不相同的工作统统称之为‘Landscape Architecture’”。劳莱教授还说：“无怪乎人们对于‘Landscape Architecture’到底是干什么的？在思想上引起了混乱”。

我国20世纪30年代以来农科院校有“造园学”的课程。1951年在清华大学营建系内设立“造园组”，开始培养园林设计人才。1964年北京林学院“城市与居民区绿化专业”改为“园林专业”。1954年北京市正式成立“北京市园林局”，主管全市的园林绿化工作。其他省市也相继成立园林主管部门。

台湾业内人士则将“Landscape Architecture”译为“景观”、“景园”、“地景”。它的内容是：“为了满足人类使用和欢愉之目的，在了解动态的、自然的和社会的系统后，而安排土地及其他地上物的一门艺术”。[②]

近年有海外归来的学者主张将“Landscape Architecture”译为“景观设计学”。它是一个以设计为核心的学科和职业。其主要业务是新城镇和新市区的整体规划。[③]

对于以上不同的意见是：“在中国现代的专业分野中，‘风景园林’所涵盖的内容比‘景观设计’更广，其中包括造园、城市规划设计、大地景观规划、园林绿化施工养护、园林植物繁殖、引种、育种等等；甚至包括切花、盆花生产。要把这些专业统统纳入景观设计范畴显然是行不通的。景观设计只能是风景园林专业中的一个组成部分，不能代替全部风景园林”。“至今，风景园林事业又有了很大发展；‘景观设计’和‘园林’或‘风景园林’一样，都不能简单地凭名称去理解所涵盖的内容，也不必由于内容有了发展，就马上更改名称”。[④]

用什么“词语”的意见是：“已故汪菊渊院士已经在《中国大百科全书——建筑园林·城市规划卷》中高瞻远瞩地预见了园林专业的发展方向，提出了园林学包含传统园林学、城市园林绿地系统与大地景观规划三个层次。这说明了园林一词足以适应我国现代与未来园林事业发展的。所以我们没有必

①杨滨章．关于Landscape Architecture一词的演变与翻译［J］．中国园林．

②建筑师（中国台湾），1984，119．

③俞孔坚．还土地和景观以完整的意义：再论“景观设计学”之于“风景园林”［J］．中国园林，2004，7．

④李嘉乐．对于“景观设计”与“风景园林”名称之争的意见［J］．中国园林，2004，7．

要为了一个外来词语而抛弃一个具有我国优良文化传统的词语”。[①]

有分歧，才可发现不足，关键是抓住重点，稳定发展学科。“经过多年的努力，风景园林已和城市规划、建筑学并列作为大建筑学科的三大分支”。“风景园林这个词早就出现，并用来命名我们这个学科。我国的行政机关也一直在使用这个名称，多年以来形成的传统，已经形成了一套明确分工、相对稳定的系统，国际上也有共识，有没有必要改变它？我认为内涵可以拓展，但学科名称不一定改变”。[②]

钱学森同志在谈到园林艺术时讲到：外国的“Landscape”、“Garden”、“Hoticulture”三个词，并没有“园林”的相对字眼。我们把外国“园林”与中国的“园林”混淆一起了。“Landscape”、“Garden”、“Hoticulture”都不等于中国园林，中国园林是它们各词的综合。[③]

当前还有把“城市森林”、“城市林业”、“森林城市”与“风景园林”混在一起的论述。《城市生态学》中先讲述了“城市林业”的内涵，然后引用了国外信息。“自1965年加拿大学者波力克（Brik Jorgensen）提出‘城市林业’（Urban Forestry）以来，将森林重新引进城市的事业得到很多国家的重视”。日本专家认为城市林业包含：“市区公园绿地，主要包括城市公园、市内环境保护区、道路及河流沿岸的绿化、机关企业等的专用绿地、居民区绿化美化及主体绿化等；郊区公园绿地主要包括郊区环境保护林、自然休养林、森林公园等城市近郊林及农、林、畜、水产生产绿地”。美国林业工作者协会给城市林业组下的定义是：“城市林业是林业的一个专门分支，是一门研究潜在的自然、社会和经济福利的城市科学”。“在广义上，城市林业包括城市水域、野生动物栖息地、户外娱乐场所、园林设计、城市污水再循环、树木管理和木质纤维的生产”。[④]

对于类似以上的观点，不少专家发表了下述的论述：

“凡是通过完整统一的系统规划过的城市，它的城区内是不可能存在森林的，它只可能拥有一套完整属于自己的园林绿地系统。”（建设部科学技术委员会顾问郑孝燮）

“在城市中不可能存在森林，存在一个生态系统。如果城市里能够建森林，那么，没有一个地方不能建森林了。”（北京林业大学园林学院教授孙筱祥）

“森林城市的概念是不科学的……在城市里造林，那样不仅无法发挥森林的作用，反而会严重地破坏城市绿化系统建设工作有序进行。”（北京林业大学园林学院教授梁永基）

“森林并不属于城市。森林城市是园林中对不具艺术文化特征的植物绿化的形象描述。”（南京林业大学园林学院副院长王浩）

“近期，在个别媒体上频繁出现诸如‘森林城市’、‘城市林业’等词语，而且它们还被细化为工厂林业、居住区林业、机关林业等方面”。“如果把城市园林绿化建设单纯地

①李树华.景观十年、风景百年、风土千年［J］.中国园林，2004, 12.

②周干峙.学科命名“风景园林”还是“景观设计”［J］.风景园林通讯，2005, 4.

③吴翼整理（1983年10月）.

④杨小波等编著.城市生态学［M］.北京：科学出版社，2001.

理解为建设‘森林城市’的话，那么肯定无法达到人与自然完美地结合在一起……还会产生多种多样的问题。如景观单调、城市色调不够等问题，同时由于大量城市用地被森林所占用，土地就会相应地减少，诸如住宅、建设、经济方面的用地，这就会给城市的发展带来相当多的负面影响。”（中国城市规划设计研究院风景园林所所长贾建中）

“园林是一个复合、复杂的生态系统，其中包括经济系统、社会系统、自然系统等，而森林则是一个单一、简单的生态系统。所以‘森林城市’这个概念是没有科学依据的。”（上海交通大学教授林源祥）[①]

据目前的信息：长沙、包头等城市已被授予森林城市的称号。看来关于“森林城市”的讨论还可能继续下去。

为了适应中国风景园林事业快速发展的需要，促进风景园林事业专业教育和人才培养的工作，建立健全科学合理的教育体系，中国风景园林学会于2006年9月19~20日召开了中国风景园林教育大会。会上取得了很多共识，其中第一部分讲到：“中国风景园林学科是随着中国风景园林事业的发展而发展的……中国风景园林学科的发展，现在已基本形成传统园林学、城市园林绿地系统规划与设计和风景名胜区等大地景物规划三个层次。她既是传统的，也是现代的；既是专业的，也是综合的；既是中国的，也是世界的。”[②]

园林学名称和内容的发展相信在今后的实践中还会持续下去，其论述会更丰富多样。各方面只要从我国的国情出发，并且为有利于社会和行业的建设进行广泛而深入的讨论是有益的。所以不惜篇幅列出各方对园林学的论述也是请业内人士有心于此者作为参考。

园林设计是园林学中的一个重要门类，园林设计的范畴是“根据园林功能的要求、景观要求和经济条件，运用上述分支学科（指园林历史、园林艺术、园林植物、园林工程、园林建筑等）的研究成果来创造各种园林艺术形象”。[③]

“园林设计的因素包含构思立意、自然地形地貌的利用与塑造、园林建筑布置、园路和场地、植物种植、置石、假山与小品的设置等。”[④]

结合当前工作情况可以认为园林设计是：根据人们对功能的要求、审美的趋向，结合经济物质条件，运用科学技术，以文化艺术为内涵对土地和地上物重新布置的行为。其成果是把布置的内容、形式和构成的技术措施以技术文件和工程图纸的方式加以表述，对使用的材料、投入的资金和劳力也要加以计算成工程实施的依据。

①六位专家发言均摘自《风景园林》，2004年第1期，2003年12月24日关于“城市森林”、“城市林业”、“森林城市”讨论会．

②中国风景园林学会：中国风景园林教育大会纪要（2006年11月7日）．

③汪菊渊．园林学［M］．中国大百科全书．园林卷．

④孟兆祯．园林设计之于城市景观［J］．中国园林，2002,4.

第二章
园林的基本功能

园林的基本功能是在实践中随着社会文明的发展和科学进步不断发展和完善的。因为说的是基本功能，所以只概括其主要方面，表述其方向性和原则性。设计者设计时还要根据具体条件、地点进行工作。

第一节　园林的游憩功能

游乐和休息是人们恢复精神和体力所不可缺少的需求。古希腊人喜好的野外生活、社交活动和体育活动一直盛行不衰，其结果与今天的公园中活动多少有些特殊关系。自从公元前4世纪希腊在体育场（Gymnasium）上植树以后，人们便来这里散步、集会，直至发展为公园或公共庭园（Public Garden）。在古罗马的庞贝等遗址中可以看到，在鳞次栉比的住宅四周，保留一些带形空地以供人们开展各种娱乐活动，这些星罗棋布的空地与今天的广场或小游园十分相似。文艺复兴时期意大利上层人士在显示自己时，也向社会开放私人庭园。18世纪的伦敦，公众可以到皇家大猎苑游玩、打猎。到了19世纪以后，尤其在英国，林苑成了俱乐部的角色，为大众集合提供了合适的场地。1833年和1834年英国议会通过了很多决议，允许利用公共财富和税收提供改善下水道和卫生设备系统并且提供公园。在1843年靠近利物浦的伯肯黑德城（Bi-rkenhead）建造的公园有2803hm²，公园中有板球和射箭的草地。在起伏的地形上有弯曲和分散的小路蜿蜒地穿过树林、自然湖边和鱼池。1852年美国著名园林设计师奥姆斯特德参观这个园子后，在他的《一个美国农民在英国的散步和谈话》中写到：“惊奇的是由于在艺术上运用从自然中获得的如此多的美。”在英国这个公园的成功建设刺激了一个公园建设的时代。[①]两年以后这位美国园林设计师在纽约市设计了344hm²的中央公园。这座公园十分优美，与大城市恶劣的环境形成强烈的对比，使市民从原来的令人疲惫不堪的大城市生活中解脱出来，满足了他们寻求慰藉与欢乐的愿望。纽约中央公园的建造传播了城市公园的概念，这个概念正好与这一时代潮流相适应。公园中的游乐设施有运动场、游泳场、儿童乐园、划船设备、中央大厅或俱乐部、竞技场地、溜冰场等等。

前苏联在城市绿化中突出地提出文化休息公园，认为文化休息公园在城市绿化系统中具有特别重大的意义，因为它不仅是大片

①Micheal Lourie. An Introduction to Landscape Architecture [M]. New York: American Elsevier Publishing Company, Inc.

绿地，而且是巨大的文化教育机构。1946年俄罗斯苏维埃联邦社会主义共和国部长会议文教事务委员会出版了《文化休息公园条例》，在条例中"文化休息公园管理处"要实现下列任务：

(1) 建立讲演厅、图书阅览室、固定和流动的展览会。

(2) 举办定期的和临时的讲座和报告。放映科学和新闻影片。举办专题晚会、座谈及回答问讯。

(3) 在政治性节日中，有重大意义的日子及假日中，举办大众娱乐活动。

(4) 组织戏剧、音乐及小型歌舞技艺的游艺会、管弦和交响音乐会、业余艺术剧团的表演、艺术电影和文艺晚会。

(5) 组织职业的和业余的戏剧团体，及跳舞和音乐团体。

(6) 举办业余表演的竞赛、跳舞会、跳舞晚会及欢乐会。

(7) 组织各种各样的游戏和戏谑的娱乐。

(8) 建立教授舞蹈的学校和训练丑角演艺者的学校。

(9) 建立大量能够吸引群众参加体育和运动的设施。

(10) 举办运动健将的示范表演，自愿集合的体育晚会和体育节目。

(11) 举办由公园发给锦标的各种体育竞赛。

(12) 建立游泳、划船、滑雪及滑冰等的学校。

(13) 实现劳动人民的集体休息日的休闲游憩。

(14) 组织各种不同的诱人游戏场（马戏和小型歌舞等）。

(15) 出版有关公园工作参考和报导的材料。

在条例中还规定了"为了在儿童中间进行文化教育和体育保健工作，文化休息公园应采取大量的专门措施，建立儿童城和儿童广场。"[①]

由于社会的发展、民族喜好、社会观念不同，欧美、俄罗斯和我国在游憩方式上会有一定的差异。就是一个民族，随着历史的发展也会有变化。但"游憩"总会继续下去。

在中国历史上从百姓到帝王都有游憩的习惯，可以说是必不可少的经常活动。中国古代园林起源自"囿"，就是供贵族畋猎的一种礼仪化、娱乐化的事。在城镇中建设园林、进行游憩也在提倡之列。《左传》上说，郑国战略家稗谌思考国家大事"谋于朝则殆，谋于野则获"。《孔子家语》卷二上说：孔子北游于农山，子路子贡颜渊侍侧。孔子四望喟然而叹曰："于斯致思，无所不至矣"。以后有在城镇中建立"为政者游观之所"之说。唐人柳宗元在《零陵三亭记》中讲："夫气烦则虑乱，视壅则志滞。君子必有游息之物，高明之具，使之清宁平坦，恒若有余，然后理达而事成。"元人王结在《文忠集》中讲到，建立这种游观之所特色是"连城邑、挟市井"可以"朝登暮眺，往返不劳。赋诗把酒，无视而不乐宜。"[②]这种旅游场所相当于

① （俄）勒·勃·恩茨著．绿化建设［M］．朱钧珍等译．北京：中国建筑工业出版社，1962.

②喻学才．儒家思想与中国旅游文化传统［M］．旅游文化论文集．北京：中国旅游出版社，1991.

现在的城镇公园。它的开发便于官民怡情养性、娱乐游憩，是封建时代的一种文明建设。如柳宗元、白居易、苏东坡、范仲淹他们所施的仁政——与民同乐即是。

从中国历史上一些游憩场地中也可以看到人们喜爱游赏、娱乐的情况。在唐长安城东南有著名的曲江，秦代在此建宜春苑，汉代建乐游园。唐时疏凿，成为一景，其南有紫云楼、彩霞亭、芙蓉园，西有杏园、慈恩寺。沿江两岸宫殿连绵，楼阁起伏，菰蒲丛翠，垂柳为烟。每当中和（二月初一）、上已（三月初三）等节日平民也可以去游乐。《剧谈录》中介绍说："曲江春日，都人游玩，盛于中和、上已之节"，"士民出临清渚，于曲江之沐濯，除祓尤为盛矣"。那时的文人学士、达官贵族常游宴于曲江之上。中第后留名雁塔，帝赐宴曲江，吟诗作画风雅异常，"曲江流饮"因而得名。杜甫曾赞美这里的风光："穿花蛱蝶深深见，点点蜻蜓款款飞。传语风光共流转，暂时相赏莫相违。"李白也曾写道："五陵少年金市东，银鞍白马度春风。落花踏尽游何处，笑入胡姬酒肆中。"王维于唐代之春，浴着蒙蒙细雨，在这里漫步春游时曾感叹地说："为乘阳气盛行时令，不是宸游玩物华"。

北宋东京有许多园林，皇家园林形成规模的有琼林园、金明池、宜春园、玉津园。庶民们在一定时期可以去踏青、游憩。琼林园和金明池在三月初一至四月初八开放供百姓游览。《东京梦华录》卷七记载："都城之歌儿舞女，遍野园亭，抵暮而归……缓入都门，斜阳御柳，醉归院落，明月梨花……"[①]

元代北京什刹海，水面很大，是水港兼有城市调洪的功能，风景也不错。王晃诗中描写到："燕山三月风和柔，海子酒船如画楼。"在明代称净业湖，四周建起了不少酒棚饭馆，游人饱饮后，还可租乘渔船游湖行乐至鼓楼前莲花池。高珩《水关竹枝词》说："酒家亭畔唤渔船，万顷玻璃万顷天。便欲过溪东渡去，笙歌直到鼓楼前。"从晚清至民国在夏季有荷花市场，冬季在冰上有冰车，还进行"围酌"活动。

进入20世纪90年代以来全国园林事业蓬勃发展，各城市公园游人量大增，公园举办的各种文化活动丰富多彩。以北京为例，1992年北京市直属和近郊各区属公园开展的文化活动的主要情况见表2-1。[②]

以上这些活动主要是"展览式"，各活动项目中游人大都在被动的状态。舞会是游人主动参与的活动，更加受到游人的喜欢。1992年北京市公园新辟露天舞场，参加活动的人数可见表2-2。[③]

据报载北京2005年10月1日至7日全市公园及市级以上风景名胜区共接待游人670万人次。到天安门广场游客10月1日至7日共有370万人次。黄金周期间到郊区进行旅游采摘活动的游客突破100万人次，采摘量超过一千万公斤。[④]2007年黄金周共接待全国旅游者1.46亿人次，比去年增长9.6%。[⑤]

公园的规划设计者对公众游憩休闲进行

① （刘顺安.北宋东京绿化的效应及特点［M］.中国古都研究.五、六合辑.北京：北京古籍出版社.

②北京市园林局编.北京园林年鉴［M］.1993.

③北京市园林局编.北京园林年鉴［M］.1993.

④2005年10月7、8日《北京日报》。

⑤2007年10月11日《老年文摘》。

北京市公园文化活动情况表（1992年）　　表2-1

名　称	举办时间	参加人次（万）
北海之夏—洛阳牡丹灯会	7月18日至9月1日	128.0
第五届北海冰灯艺术展	1月9日至2月16日	30.5
北京市第13届菊花展	11月1日至11月30日	3.0
北京市第13届月季展	5月22日至6月1日	0.5
第七届北京市盆景艺术展	4月20日至5月20日	2.5
中山公园“92科技潮”国庆游园会	9月23日至9月29日	10.0
北京市插花艺术展	3月7日至3月16日	0.3
中山公园苏州灯彩艺术展	6月23日至9月1日	72.69
陶然亭公园石评梅诞辰90周年诗画展	12月23日至12月29日	0.0763
第四届香山红叶节	10月9日至11月8日	65.0
第四届北京市桃花节	4月10日至5月5日	17.0
第四届玉渊潭公园樱花观赏会	4月5日至5月5日	10.0
第一届玉渊潭公园菊花节	9月17日至10月25日	30.0
第七届地坛庙会	2月2日至2月8日	46.0
龙潭西湖公园荷花夜市	7月10日至8月10日	15.0
第九届春节龙潭庙会	2月3日至2月9日	120.0
第一届圆明园菊花节	9月25日至10月25日	40.0
第二届圆明园踏青节	4月11日至5月10日	40.0
首届圆明园之夏喷泉游园会	7月3日至9月25日	50.0
第五届八大处重阳游山会	9月26日至10月25日	75.0

研究是需要的。从当前的情况看，在园林中游憩活动可以简单地分为几类：

1. 运动、游戏类

专业性的（标准的）体育运动；

日常锻炼——散步、打拳、抖空竹、放风筝、气功；

迪斯尼式乐园；

游泳、戏水；

棋弈；

钓鱼；

航模、射箭、踢毽子、赛龙舟。

2. 文化、娱乐类

露天舞会、音乐会；

戏剧表演、马戏；

业余集体唱歌；

庙会、花会；

纪念性植树；

庆典游园；

1992年北京市公园新辟露天舞场参加活动人数表　　表2-2

名　称	举办时间	参加人次
天坛公园露天舞场	5月3日至8月31日	26213
北京动物园	7月1日至9月10日	13000
玉渊潭公园	7月21日至10月6日	3300
地坛公园	4月10日至10月10日	40000
青年湖“梦之舞”舞会	4月10日至10月15日	50000
龙潭公园	四季开放	130000
团结湖公园	7月4日至9月4日	2200
丰台花园	7月至12月	18000
石景山区雕塑公园	5月至10月	40000

各种雕塑（雪雕、冰雕、沙雕）比赛；

美术书法展览、艺术讲座。

3. 旅游、观光类

历史文物参观；

民俗表演；

现代科技、文化展示；

乡村生活体验；

农业采摘、手工艺品制作。

4. 休闲、观赏类

盆景花卉展览；

大型季节性花木游赏（樱花、红叶、牡丹、海棠）；

瀑布、温泉、潭水、海潮（季节性活动）；

高山、雪景；

地质遗痕；

雾凇；

日光浴、森林浴。

根据不同地域、不同民族还会有很多形式的游憩活动。譬如蒙古族的那达慕大会，有传统的歌唱、舞蹈、摔跤、射箭、赛马；傣族的泼水节有泼水、赛龙舟、放高升、丢包等；维吾尔族传统的体育活动有达瓦孜（高空走绳）、摔跤、荡秋千、赛马、马术、叼羊等；藏族的主要节日有洛萨节、花灯节、沐浴节、雪顿节、旺果节、林卡节等；朝鲜族在一些节日妇女喜欢压跷板、荡秋千，男子喜欢摔跤、玩球等活动。以上这些活动大都在露天园林中进行，这是因为园林中有适宜的空间尺度，清新优美的环境和林园的氛围。

国际上城市规划师、建筑师十分重视城市中居民的游憩，把它的重要性提到了应有的高度。1933年国际现代建筑师协会第四次会议系统地总结了19世纪后期以来城市规划的理论和方法，通过了《雅典宪章》(Charter of Athens)。《雅典宪章》研究和分析了现代城市在居住、工作、游憩和交通四大功能方面的实际状况和缺点，并提出了改进意见和建议。指出城市的四大功能要协调地发展，而且在发展的每个阶段中要保持各种功能之间的平衡。还指出现有城市中普遍缺乏绿地和空地，认为新建居住区应预先留出空地作为建造公园、运动场和儿童游戏场之用；在人口稠密地区，清除旧建筑后的地段应作为游憩用地；城市附近的河流、海滩、森林、湖泊等自然风景优美地区应加以保护，供居民游憩之用。1977年12月初一些国家著名建筑师、规划师、学者和教授在秘鲁首都利马集会，签署了具有宣言性质的《马丘比丘宪章》(Charter of Mochu Picchu)，其主要内容是肯定了《雅典宪章》仍然是关于城市规划的一项基本文件，但是从那个时期以来世界人口增长了一倍，城市人口迅速增加，城市化对自然资源的滥加开发，使环境污染达到了空前的、具有潜在灾难性的程度。因此《雅典宪章》某些思想和观点应该被加以修改和发展。关于环境问题《马丘比丘宪章》呼吁必须采取紧急措施防止环境继续恶化，恢复环境原有的正常状态。在设计思想方面指出："现代建筑的主要任务是为人们创造合宜的生活空间，应该强调的是内容而不是形式，不是着眼于孤立的建筑，而是追求建成环境的连续性，即建筑、城市、园林绿化的统一。[①]

前面用了不少休闲与游憩的字词，究竟它们之间的界限在哪里？严格地分开是有一定困难的。一般可以这样认为：休闲是在工作余暇去取得愉悦、精神上的满足的活动。而游憩则是指具体的活动，游憩的目的不一定是休闲，可能是为了健身。

总之，休闲与游憩都应该认为是肯定的。

1970年国际公园与休憩协会(International Federation of Park and Recreation Administration)，简称IFPRA通过的《休闲宪章》："宣示人人拥有休闲时间的权利，有权利在各种休闲设施从事各种形式的休闲活动。"

近年我国休闲和游憩从理论到实际都有了新的发展。经济学家成思危认为：20世纪90年代，人们将生活中41%的时间用于追求娱乐休闲。到了2015年前后，因为知识经济和新技术的发展将有50%的时间用于休闲。由于现代人们休闲时间增多，更需要发展休闲空间。[②]在20世纪80年代著名学者于光远先生提出："玩是人类根本需要之一"，同时也提出："要玩得有文化"，"要有玩的文化"。[③]

第二节　园林的美化功能

随着社会经济和文化的发展，人类文明进入了用美的尺度自觉地建造美的生活空间和居住环境的时期。城市居民需要园林美，需要自然美和人工环境美。

一、美育和审美的普遍性

《辞海》中对"美"的解释："指的是味、色、声、态的好。如美味；美观；良辰美景"。同时也"指才德或品质的好，如美德"。《管子·五行》中讲："人与天调，然后天地之美生"。也就是说，从自然界到人类社会，从物质到精神，从艺术品到非艺术品，美的现象到处存在。对于人来说，爱美之心，人皆有之。不管是好人还是恶人，不管是愚夫还是

①中国大百科全书（建筑·园林·城市规划卷）。

②成思危："知识经济时代与人的休闲方式变革"。在休闲与社会进步学术讨论会上的书面发言稿（2002年12月27日）。

③2006年10月22日《北京晚报》。

智者，他们都无一例外地爱美，尽管不同时代、不同地域、不同民族、不同阶级有不同的美的理想。马克思有个著名的观点，即“人是按照美的规律来生产的”。这个观点正是建立在把爱美看作人的本性的基础上的。马克思是把人和动物比较起来讨论这个问题的。他说：“动物只生产自己本身，而人则再生产整个自然界；动物的产品直接同它的肉体相联系，而人则自由地与自己的产品相对立。动物只是按照它所属的那个物种的尺度和需要来进行塑造，而人则懂得按照任何物种的尺度来进行生产，并且随时地都能用内在固有的尺度来衡量对象；所以，人也按照美的规律来塑造物体。”①所以对美的追求是整个人类的共同追求。

美学可以让人学会审美。审美是每个人发自内心的本真要求。荷尔德林诗句中有“人生在世”本来是“诗意栖居”，审美是回复人生的本来面目，是人类特有的高级精神活动，是自我心灵深处的要求。

被誉为“美学之父”的鲍姆加通就将审美看作是一种完善的感性认识。一方面是指美育可以升华人的感性，将人的感性从兽性的层面提升到人性的层面，从生物学的水平提高到社会学的水平，使感性具有理性的内容。一方面是指美育可以解放人的感性，将在理性长期压抑下变得麻木迟钝的感性解放出来，恢复它的生动、敏感、丰富的激情。

二、美与道德

审美在当今的道德重建中的作用就在于它能够帮助人们认识到什么是自己内在心灵的真实需要，并进一步培养这种真实的需要。这种内在心灵的真实需要是任何真正意义上的道德赖以生长的基础。《论语·泰伯》中讲：“兴于诗，立于礼，成于乐。”如果我们将诗书礼乐的审美功能考虑进去的话，乐与仁的会同统一，即艺术与道德在其最深的根底中，也即是在其最高的境界中会得到自然而然的融合统一。

孔子在赞扬伦理道德人格美时讲：“智者乐水，仁者乐山”（《论语·雍也》），还讲到：“岁寒，然后知松柏之后凋也”（《论语·子罕》）。这是孔子用可感的形式赋予这些自然山水和植物与人的内在精神的美相比。

在充分肯定人的精神力量和人格美方面孔子有一些论述，如：

“子贡曰：‘贫而无谄，富而无骄，何如？’子曰：‘可也，未若贫而乐，富而好礼者也’。”（《论语·学而》）

“三军可夺师也，匹夫不可夺志也。”（《论语·子罕》）

“志士仁人，无求生以害仁，有杀身以成仁。”（《论语·卫灵公》）

这些无疑是对人的自由力量的本质的最高肯定和赞赏，对于铸造我们伟大民族精神有重大意义。21世纪的今天，是比以往任何时代都不同的时代，它快速的发展使我们感到从未有的“新奇”。我们只能在这个时代营造我们美好的生活，而不能回到历史上某个时代。我们要用更新的视野，更深入的思考帮助人们认识到什么是自己内在心灵的真实

---

①马克思.1844年经济学—哲学手稿.［M］.刘丕坤译.北京：人民出版社，1979.

需要，建立崇高的、积极的伦理规范和道德秩序。

三、美与科学

科学家的创造常常要从艺术中吸取灵感。比如20世纪的科学巨人爱因斯坦（Albert Einstein,1879 – 1955年）就常常从音乐等艺术中获取科学创造的灵感。爱因斯坦有很高的艺术修养，他几乎每天拉小提琴，对钢琴演奏也有很高的造诣。有时还与量子论的创始人普郎克（Max Planck,1858 – 1947年）一起演奏贝多芬的作品。日本物理学家汤川秀树说："爱因斯坦并不单纯地追求和满足于导致逻辑一致性并和实验相符合的那种抽象。他所追求的是自然界中尚未发现的一种新的美和简单性——抽象总是一种简单化的手段，而在某些情况下一种新的美则表现为简单化的结果。爱因斯坦具有一种美感，这是只有少数理论物理学家才具有的。很难说清楚对一个物理学家来说什么是美感。但至少可以说简单本身是可以通过抽象来达到的，而美感似乎在抽象的符号中间给物理学以指导"。[①]按照汤川秀树的这种说法，爱因斯坦在物理学上的伟大成就，与他的艺术修养和实践有着密切的关系。这种关系不是物理学给了艺术什么启示，而是艺术给了物理学以指导。汤川秀树还对现代科学表现出来脱离哲学、文学之类的文化活动感到不安。因为在他看来，哲学、艺术等文化活动，正是科学创造的源头活水。

四、园林美

人来自大自然，树林和花香都可以使人辨认方向，花开、花落有了季节象征；炎日或暴风雨之下，有绿荫的遮护，果实可以充饥，甘泉可以解渴。人们在大自然中不断增强自身的能力，人与自然互相协调，融为一体，从中产生了美与愉悦，也孕育了人类的文化。大自然中的日月晨昏、阴晴雨雪、晓雾夕霞、山岳溪流、峭壁悬崖、蓝天云海等等无限的大自然美景，由于它们的纯洁生动、舒旷优美而成为音乐、美术、文学的创作源泉，也直接地感染人的心灵。王羲之在《兰亭集序》中说："仰观宇宙之大，俯察品类之盛，所以游目骋怀，足以极视听之娱，信可乐也。"乾隆在《圆明园记》中说："松风水月，入襟怀而妙道自生也。"又说："得其宜适以养性而陶情，失其宜适以玩物而丧志。"[②]中国历史上老庄哲学的"无为而治，崇尚自然"，玄学的"返璞归真"，佛家的出世思想也都在一定程度上激发人们对大自然的向往之情。魏晋南北朝时代社会上的横征暴敛，动乱不断产生了遁世隐逸、寄情山水的思潮。"人们一方面通过寄情山水的实践活动取得与大自然的自我协调，并对之倾诉纯真的感情。另一方面又结合理论的探讨去深化对自然美的认识"。[③]自然山水之美既然成为一个时期的审美对象，它就对绘画、诗歌、文学产生了很大影响。

在西方，他们理想中的天堂有着自然优美的景色，在文章和绘画中有大量描绘。如画家杨·勃鲁盖尔（Jan Brueghel）所绘"地

① （日）汤川秀树.创造力与直觉［M］.上海：复旦大学出版社.
②御制圆明园图咏（上册）.
③周维权著.中国古典园林史［M］.北京：清华大学出版社，1990.

上的天堂”中“表现了大树参天、葱郁繁茂、充满自然风味的森林景象，在大树的树梢和地面上栖息着野鸟，树荫之下，狮子、鹿等动物悠闲自得，呈现着一派十分和平的乐园景观”。①现代西方社会在提出“保护自然”、“拯救自然”这些口号的同时，甚至提出要“返回自然”，他们热爱自然的情绪高涨。美国国家公园倡导者约翰·缪尔先生说：“成千上万疲乏的、心神不安的、过于文弱的人，觉得到山上去，就像回家一样；旷野为人生所必需，山岭公园和保留地，不单可以作为木材和灌溉河的源泉，也是生命的源泉。”②德国诗人歌德认为，艺术家和大自然有着双重关系，既是自然的主宰，又是自然的奴隶。法国雕塑大师罗丹觉得大自然中的一切都是美的，愿做自然的知己，像朋友那样和花草树木谈话。③

城市中的园林往往是对自然的加工，或是完全由人工塑造。城市中园林的形式美能使人受到感动，造成一种情绪，激发美感。对于园林设计者重要的是运用美的法则去创造美。英国哲学家休谟（D.Hume）主张住宅的便利，田野的肥沃，马匹的健壮，船只的宽大、安全、迅速等等都是这些事物美的源泉。但也有主张：美不能堕落为功能性的一个附属品。德国戏剧家、诗人席勒（F.Schiler）就说：“美不是功能的奴隶。”园林作品中有装饰性绿化，就像北京天安门广场每年布置的大花坛，它就以美的形式供人们欣赏。园林中的亭子一般也不要求容纳多少人，它的体量、高度多半是从景观的需要出发的。城市中的公园则既有实际的使用功能又有审美的要求，也就是两者的秩序结合成共同性。隔离林带、卫生防护林带，它们的使用功能十分明确，如果失去防护作用，林带就没有实际意义。如果林带能搞得美一些就更好。城市中园林类型比较多，它们之间差异性比较大，需要的是十分得体的形式美。沈福煦先生讲到：“有许多社会进步，都是由于人们感觉到事物之中有美，从而创造出新事物，这才形成了光辉灿烂的人类文化。”④美学家敏泽曾讲到：“伟大的中华民族丰富的美学思想宝藏，是我们民族文化中的珍品和骄傲，也是世界美学史上的珍品和骄傲，它与形成、发展于不同历史、环境中的西方美学史，各极其胜，各臻其妙，不可强分轩轾。”⑤

古罗马美学家贺拉斯曾在《论诗艺》中说：“诗人的目的在给人以教益，或供人娱乐，或是把愉快的和有益的东西结合在一起。”我国有几千年的文明史，大量的文学、艺术、历史，积淀、凝聚、烙印在园林上，园林设计者可以利用各种手法，传达这种信息，使人达到美的享受。具体讲园林以文史、艺术为源泉塑造美有四个方面。

（1）文人雅士对实际景物的讴歌、记述。用比兴、模拟、象征的手法传达情意。如苏轼《饮湖上初晴雨后》对西湖的描述：“水光潋滟晴方好，山色空濛雨亦奇。欲把西湖比西子，淡妆浓抹总相宜。”卢纶《曲江春望》

① （日）针之谷钟吉著.西方造园变迁史［M］.邹洪灿译.北京：中国建筑工业出版社，1991.
②柳尚华编著.美国风景园林［M］.北京：北京科技出版社，1989.
③刘延捷.杭州太子湾公园［M］.刘少宗主编.中国优秀园林设计集·三.天津：天津大学出版社，1997.
④沈福煦著.风景园林徜徉录［M］.上海：同济大学出版社，1992.
⑤敏泽著.中国美学思想史［M］.济南：齐鲁书社，1989.

描写唐长安曲江的景色："菖蒲翻叶柳交枝，暗上莲舟鸟不知。更到无花最深处，玉楼金殿影参差。"杜甫《江畔独步寻花》："黄四娘家花满蹊，千朵万朵压枝低。留连戏蝶时时舞，自在娇莺恰恰啼。"贺知章《咏柳》："碧玉妆成一树高，万条垂下绿丝绦。"上面的诗句只是举例，其实仅就《山水诗歌鉴赏辞典》就集中了诗词849首。《古代咏花诗词鉴赏辞典》收集了1300首诗词。表现了我国山水、花卉文化的特色，意境的深邃，形象的生动以及审美性与社会性的统一，会让人受到很深的感染和启发。

(2) 名人在故园中有过值得品味、思索的活动，以景物传神，动人心绪。无锡惠山有"天下第二泉"。近代音乐家阿炳（华彦钧，1893 – 1950年）曾在这一带颠沛流离，饱经风霜，后来双目失明。他追忆这里的山光水色，沥沥清泉，作二胡曲《二泉映月》，乐曲动人至深，曲调似泉若泪，是一首极美的悲曲。

宋时绍兴沈园，其内亭台楼阁，小桥池水。据史籍记载：陆游与表妹唐琬相爱至深，后奉母命娶妻王氏。唐琬嫁赵士程，但两人旧情难忘。十余年后，陆游游沈园，意外与唐琬在园中相遇，他暗自伤感，默然无语。在唐琬款待下把酒畅饮，在墙上题《钗头凤》："红酥手，黄藤酒，满城春色宫墙柳……"唐琬和他一首，其中有："世情薄，人情恶"之句，情深意切，无比凄楚。不久唐琬郁郁不乐而终。后来陆游到了晚年，又游沈园时写下《沈园二首》绝句："城上斜阳画角哀，沈园非复旧池台。伤心桥下春波绿，曾日惊鸿照影来。"见景生情，情真切切，催人泪下。

(3) 名人题刻，既是点景又传达了历史的信息。《清统一志》："传王羲之故宅前有鹅池云是羲之养鹅之所。"后传王写"鹅"字后，停笔去接圣旨，其子献之写"池"字，以后成"碑"。字大如斗，现碑立于兰亭鹅池旁，成为书圣的一段佳话。

"蓟门烟树"是著名的燕京八景之一。从明代开始就有人作诗吟咏："野色苍苍接蓟门，淡烟疏树碧氤氲。过桥酒幔依稀见，附郭人家远近分。翠雨落花行处去，绿阴啼鸟坐来闻。玉京近日多佳气，缥缈还看映五云。"清乾隆题写碑文，石碑立于城墙上成为一景。

(4) 民间传说、神话故事都可以形成有趣味的园林，丰富人们的精神生活。如杭州的虎跑泉在西湖西南隅的大慈山下，相传唐元和十四年(819年)高僧寰中居此，苦于无水。一日有"二虎跑地作穴"，泉水涌出，故名"虎跑"，水甘洌醇厚，有天下第三泉之称。宋代苏轼有诗："道人不惜阶前水，借与匏尊自在尝。"又如花果山（旧称苍梧山），在连云港市东南约15km处，为云台山诸峰之一。海拔625m，是江苏最高峰。唐、宋、明、清诸代先后在这里筑塔建庙。曲洞幽深，花果飘香，有"东海胜境"之誉。《山海经》、《江南通志》、《云台山图识》等都有记载。《西游记》里的花果山就以此山为背景写就。苏东坡诗赞这里的景色："郁郁苍梧海上山，蓬莱方丈有无间，旧闻草木皆仙药，欲弃妻孥守市寰。"

与名人雅士描写自造的园林既有美的形式又有文化底蕴。如苏舜钦的《沧浪亭记》，王维的"辋川别业"等等。白居易在《草堂记》中写到："乐天既来为主，仰观山，俯听泉，旁睨竹树云石，自辰及酉，应接不暇……有古松、老杉，大侄十人围，高不知几百尺，修柯戛云，低枝拂潭，如幢竖，如盖张，如龙蛇走。松下多灌丛、萝茑，叶蔓骈织，承翳日月，光不到地……”

园林美的作用主要是提高人们对自然美、社会美和艺术美的感受力、鉴赏力与创造力，激发美的感情，提高审美的知觉能力，培养高尚的趣味。按照心理学的说法，人的个性的培养包括四个方面：兴趣、能力、气质和性格，审美在这四个方面都可以起到积极的作用，使人形成良好的个性。所以说在人的全面发展中，美育有着重要地位，它关系到民族的兴旺和个人的成长。

第三节 园林的改善环境功能

人类在地球上生存发展到现在，逐渐认识到环境是人类生存发展的首要条件。很多正面与反面的事实证明：人类对环境科学和艺术掌握的程度，是一个时代、一个历史阶段人类文化发展的标志。19 世纪美国的詹森（Allautic Jens Jenson）首先提出了以自然的生态学方法来代替以往单纯从视觉景象出发的园林设计。1920 年沃特莱克（Woltereck）提出了“生态系统”。生态系统的主要内容是：生活在一定区域内，相互有直接或间接关系的各种生物总体叫生物群落。生物群落及其无机环境相互作用的自然系统，叫生态系统，简称系。生态系统有不同等级，生物圈是最大一级的生态系统。含有藻类的一滴水是一个生态系统；一个池塘、一片森林都是不同的生态系统。在一个池塘生态系统中浮游动物以浮游植物为食，鱼类以浮游动物为食，大鱼食小鱼，大鱼死亡以后被微生物分解为基本元素和化合物。这些又被浮游植物吸收，这就构成一个生态系统。

城市是政治、经济、文化中心，是人类社会的有机体，是庞大而复杂的生态系统。从生态学角度说城市是人工与自然的复合生态系统。在这个系统中，人类的活动居统治地位，是人类作用于环境最深刻、最集中的场所，也是环境反作用于人类强度最大的地区。

在城市规划的目标中常提到使城市达到生态平衡。生态平衡的意思是生态系统在一定的条件下处于相对稳定的平衡状态。主要表现为物质能量的输入和输出之间，生产、消费、分解之间是趋平衡的。各种物质是按一定比例组成的。各种物质在环境中不断地循环，能量不停地交换，物质和能量运动的结果使整个系统能较长时间地保持着一种动态平衡。当然这种平衡是暂时的、相对的，一旦外界环境因素发生了变化，系统内部不能自行调节，这种暂时的平衡就要被打破，从而使系统受到伤害，以致破坏。

地球上构成的生态综合体中形形色色的生物体是维持生态平衡、保障食物供给的基础，是人类赖以生存和发展的总汇。没有生物多样性的利用，生物生命力的持续增长是不可能的。生物多样性是形成城市绿化稳定的生态系统的必要条件。丰富的园林植物能够满足在城市中不同的环境下进行绿化的要求，并且能抵抗自然灾害和植物病虫害的侵袭。一般地说生态系统的组成与结构多样、复杂，自动调节能力就越强，抗干扰的能力也越强，同时也易于保持平衡稳定状态。

生态意识、生态理论在园林工作中有重要的现实意义。它的兴起为园林注入了崭新的观念，使园林的内涵更加充实，使园林的存在更富有科学意义，是园林学的重要理论基础。李嘉乐同志介绍了一些西方的生态园林：在20世纪20年代欧洲城市中出现了具体表现生态意义的园林。1925年荷兰生物学家蒂济（Ja ues.P. Thijsse）和园艺师西普克斯（C. Sipkes）按照造园师斯普令格（Leoneard Springer）的设计在海尔勒姆（Hearlem）附近布罗门代尔（Bloemendael）两公顷的土地上创造了一座自然景观的园林，其中包括树林、池塘、沼泽地、一片欧石楠丛生的荒野、一片沙丘景观和一片混生着阿拉伯野草的谷类植物。这座园子曾不断向公众普及自然知识。1937年詹森（Jens Jensen）和赖特（Frank Lioyd Wright）在美国伊利诺伊州建造了林肯纪念园，在24hm^{2}的湖畔大草地上，在不同地段生长着纯种和混生的草类。1940年由布罗尔斯（Broerse）在阿姆斯特丹以南的阿姆斯蒂尔维茵（Amstelveen）建造了一座两公顷的生态公园，在水边一块很宽的地带分布着种类繁多的植物，组成不同群落和生境。这样的生态园在英国距伦敦塔桥不远的威廉·柯蒂斯（William Curtis）生态公园在不足半公顷的面积上通过部分自发的植被演变创造出一个广泛范围的群落生境。在栽下的348种植物中有205种自然存活下来。[①]尽管这类园林在形式上、使用上存在一些问题，但其在生态学上的意义仍然是重要的。

第二次世界大战以后，科学技术飞跃发展，工业化进程加快，对大自然的大规模开发利用和人口向城市大量集中，导致了一些发达国家受到了人口、资源和污染问题的困扰。1962年美国海洋生物学家R·卡森的名著《寂静的春天》一书揭露了美国使用农药造成的严重污染，爆发了财团、商贾和学者之间的论战，引起了公众和政府的重视。

1968年10多个国家的30位专家、学者和企业家在罗马出席了国际会议，会议上讨论了与生态形势密切相关的各种全球性问题，并提出人类在当代面临的困境以及未来的前途命运问题。

1971年11月联合国教科文组织的MAB（Man and the Biosphere Program）召开第一次国际调整理事会，通过了13项科学计划，其中提到了人与森林生态的关系。

1972年联合国召开的斯德哥尔摩人类环境会议，发表了《人类环境宣言》，实际上确认了人类环境问题的存在。宣言的第二条提出："大气、土地、水、动植物及地球的天然资源必须按照精心设计和管理进行保护。"

20世纪70年代的论战不会轻易沉寂，因为世界各处还在发生着各种形式的破坏环境的行为，以致造成的恶果不断被发现。全世界各种组织，各地区的组织都在关心地球的安全，都希望保护好共有的家园。1991年，在墨尔本召开了"生态与设计"国际会议。强调各行各业的设计必须注意与生态的关系。1992年国际建协（DIA）召开了生态建筑会

①李嘉乐.生态园林与园林生态学［M］.李嘉乐风景园林文集.北京：中国林业出版社，2006.

(Eco logical Architecture Conference)，强调生态平衡在建筑中的绝对必要性。1993年布达佩斯世界太阳能大会强调的是自然谐和。1995年世界公园大会发表了宣言。宣言中指出："都市在大自然中。为维持城市的自然性必须建设绿廊和绿网。这种开敞空间的网络应当不仅为了舒适而设，也是预防自然灾害、保护城市生态系统所需要的"。"21世纪的城市内容应把更多的公园设想汇集在一起，这样才能创造新的'公园化城市'。""按照'地球是一个公园，城市是一个花园'的内容，21世纪的公园必须动员社区参与，即动员公众因素和专业人员参与才能实现。"①

人们在急切地、热情地呼唤一个清洁的环境。希望不再制造污染，治理污染，防治污染。希望能在城市中找到一块净土，呼吸到新鲜空气，喝到清洁的水。

城市生态系统中一个子系统是园林绿地系统。它对环境有重大意义，城市中的污染物质除了地面刮风，机械处理污染物、污水以外就是绿地系统中绿色植物通过一系列的生理、生化作用，吸收累积和代谢很多污染物。试验证明：公园绿地内的植物群落及动物栖息地能营造一个多样化的生物体系，对于城市生态环境起到良好的作用。②

一、改善小气候

可以达到冬暖夏凉。据测定，有树荫的地方比没有树荫的地方一般要低3℃~5℃，而冬季一般在林内比对照地点温度增高1℃左右。

二、增加空气湿度

据测定，一公顷阔叶林一般比同面积的光土地蒸发水量高20倍。

三、制造氧气

绿色植物通过光合作用吸收二氧化碳，放出氧气，又通过呼吸作用吸收氧气，放出二氧化碳，二者相比，放氧比放二氧化碳多20倍。

四、吸收有害气体

一般情况是通过植物本身对污染物进行吸收、转化和新陈代谢作用，使环境得到不断的净化。

五、滞留尘埃

植物的躯干、枝条外表粗糙，小枝、叶子外表生着绒毛，叶缘叶脉分泌出黏液，这些对空气中的尘土有粘附作用。

六、减低噪声

林木通过其枝叶的微振作用能减弱噪声。一般噪声通过林带后比空地上同距离的自然衰减量多10~15dB。

七、分泌杀菌物质

据测定，各类林地和草地都有一定的灭菌作用。一公顷桧柏林，一日内能分泌出杀

①鲍世行，顾孟潮主编.1955世界公园大会宣言［M］.杰出科学家钱学森论城市学与山水城市.北京：中国建筑工业出版社，1996.

②刘少宗主编.园林植物造景·上［M］.天津：天津大学出版社，2003.

菌素多达60g，能杀死白喉、肺结核、痢疾等病原体。

八、吸收放射性物质

大面积的树林可以消散放射性物质，能减少空气中的放射性危害。在森林的庇护下减少降落放射性物质的30%~60%。

九、净化污水

地面水在经过30~40m宽的林带后，一升水的含菌量可以减少二分之一；在通过50m宽，30年生的杨、桦混交林后，其含菌量能减少90%。有些水生植物（如水葱、田蓟、水生薄荷等）也能杀死水中的细菌。

十、防灾避震

种植地被的地面可以防止水土流失，树林还可以涵养水源补充地下水。

改善环境除了能对城市居民改善生理状况外，在人的心理上也能起到积极的作用。千万年来人们就是从人自然走过来的，人的心理状态深深地受着对自然感受的影响。因此必须服从人类的自然法则（Low of Human Nature）。人对不利的人工环境的适应是不能遗传的，每一代人都必须再一次获得这种适应性才能生存。保持自然节奏是人健康生活的最重要需求之一。"现代文明"持续不断地紧张和繁忙；没有规律的进食；睡眠不正常；城市照明、食品和生活方式的改变，缺少季相变化这些都危及人类的自然节奏。

德国人皮波克（Piperek）调查表明：人们从自然环境中感受到的精神效应有55%~85%是有益的反映。相反从城市环境中感受到的精神效应有55%~62%为不良反映。他在1957年发现在北美、英国和瑞典的技术高度发达的市中心，在几乎完全丧失自然影响的地方，神经官能症（Neurosis）、忧郁症（Depression）、烦躁症和虚弱症以及感情上和价值观衰退而引起的意外病例都特别多。

可见光（Visible Lights）主要在心理领域（Psychological Field）内产生影响。阳光使人兴奋、活跃。试验表明，眼睛接受光线会影响到垂体（Hypophysis），使荷尔蒙的分泌发生变化。城市中红、黄色增多使人兴奋，而缺少使人镇静的蓝绿色。城市阳光汇集量增加在引起人们心理兴奋的同时导致人们心理活力（Psychological Activity）的减弱。相反林区绿地和开阔乡村的光线可以激发人们的生理活力，使人们在心理上感觉平衡。

总的概念是园林应该起到游憩、美化和改善环境的功能。在园林中应是三者有机的结合，是三者的统一。在设计者的实际操作中会遇到各种矛盾。例如美化和改善环境功能的矛盾，游憩与美化之间的矛盾等等。设计者的责任就是要衡量轻重，抓住主要方面，使之完美。工作水平越高，就越完美。

第三章
园 林 形 式 美

美是可感的，它有内容，又有形式，是内容和形式的统一。没有内容不成其为美，缺少美的形式，也失去了美的具体存在。英国美学家鲍山葵在《美学三讲》中曾提出两个相反的命题，他说："'一个对象的形式既不是它的内容或实质'，又'恰恰就是它的内容或实质'。"他认为这两个命题都是对的，因为"形式就不仅仅是轮廓和形状，而是使任何事物成为事物那样的一套套层次、变化和关系——形式成了对象的生命、灵魂和方向"。宗白华先生曾说："美的形式的组织，使一片自然或人生的内容自成一独立的有机体的形象，引动我们对它能有集中的注意、深入的体验。"事物美的形式有两种：一种是与内容紧密相关的本质的内在形式，另一种是与内容不直接相干的、非本质的外在形式。对于园林艺术来说，外部形式有更重要的意义。为了提高园林艺术的审美功能，就应该研究形式美的规律。具体体现就是所谓"形式美的法则"。

第一节　形式美的法则

园林失去了美的形式，就失去了美的具体存在。研究园林美就要找出它的规律，园林形式美就表述了这种规律。

一、多样统一

这是形式美中的一条基本规律，或称有秩序的变化。多样是指整体中的各个部分在形式上的差异性；统一是指整体中的各部分在形式上的某些共同性。差异性过大就感到杂乱，没有了差异性就会感到单调。例如在公园中种植多样的园林植物会使人感到十分丰富，但高低、色彩、形态差异过大、数量过多，有时也会感到杂乱。现有一些花园式林荫路或是专类园布置了各式花坛或是各不相同的品种，形态植物罗列，为避免杂乱以一种植物或是某种配植形式（如花境、绿篱），将其概括、协调、统一全局，就可以做到整体中又十分丰富。

在中国优秀的古典园林中，有几十公顷、几百公顷的规模，各种建筑上千或上万间，都不会感到散乱无序。例如颐和园万寿山前，从东向西在长廊的北侧1000m的距离中，有十几组各种园林建筑，都有各自的特色。从长廊或湖面上都可以欣赏到高低错落、玲珑剔透、疏密相间的是各式建筑，景色优美而变化多样。一方面是各组建筑都是木结构、坡屋顶，按照一定的法式建造。同时由于长廊的贯穿、串联，山坡上种满常绿树的背景，又使这些建筑呼应协调，统一成为一体。乐寿堂前园墙上的什锦窗，有多种形式的变化，但看上去，既丰富，又统一（图 3-1）。

法国凡尔赛宫花苑在广场和王家大道上，都有一系列的雕像，每个雕像都有自己的背景故事，都有不同的姿态和穿着，但在绿色的背景下，仍然成为一道靓丽的风景线，范围出庄重典雅的空间。

二、对比微差

园林的各实体或要素之间存在着不同的差异。显著的差异就构成了对比。对比可以借助互相烘托陪衬求得变化。微差的积累能使景物逐渐变化，或升高、壮大、浓重而不会感到生硬。微差是借助彼此之间的细微变化和连续性以求得协调。无论个体或整体中都是如此。园林建筑中的冰裂纹窗户，花纹比较自由，每个窗格都相似，但有整体感，特别是有自然雅致的意蕴。园中布置的花卉，在色彩上有退晕，有渐变，会让人感到柔美而没有跳跃刺激感。

没有对比会产生单调，而过多的对比又会造成杂乱，只有把对比和微差巧妙地结合起来，才能达到既有变化又协调一致的效果（图 3-2、图 3-3）。

图3－1 什锦窗之间的微差（颐和园乐寿堂）

图3－2 树形的微差

图3－3 桥洞之间的微差（北京颐和园十七孔桥）

(一) 形体对比

园林植物中黑杨与碧桃、合欢与桧柏都形成对比。整齐的篱笆与自然树姿的对比。园林建筑中尖塔与平直建筑之间的对比(图3-4)。

(二) 色彩对比

园林植物配植中色彩对比的实例很多，如红色的枫树与绿色的背景和常绿树的对比，桧柏与白丁香的对比。中国皇家园林中建筑上，朱红油漆的木装修与汉白玉栏杆，以及江南园林中栗色装修与粉墙的对比(图3-5、图3-6)。

(三) 虚实对比

园林中的山体为实，水为虚；而两山之间的山谷往往为虚；建筑为实，疏林为虚；墙为实，廊为虚。园林中只有虚实对比，虚实相间，才能使园林幽深多趣，变幻多姿(图3-7)。

图3-4 园林植物体形对比

图3-5 园林植物色彩对比

图3-6 建筑物与园林植物在色彩上的对比(北京教工休养院)

图3-7 虚中有实(日本新潟天寿园)

(四) 明暗对比

在园林中明暗的对比如草地与密林；山洞与开阔的水面；暗道低谷与广场；敞亮的山顶与深邃的密林。明暗对比，光影的变化，能使园林景色更加生动，产生动情的幻觉(图3-8)。

图3－8　明暗对比（北京教工休养院）

（五）动静对比

飘香、流水、行云与伫立的建筑、山石、古木都能形成动静的对比（图3-9）。

园林中有很多对比，譬如有秩序的篱笆与自然潇洒的花木对比；中轴线与横轴线的对比；散落与集中的对比；大小高低的对比；直线与曲线的对比；坚实挺立的山石与苍虬如盖的松树的对比等等（图3-10～图3-12）。

图3－9　动静对比（北京卧佛寺）

三、重点突出

重点突出也就是主和从、重点和

图3－10　自然与人工、曲线与直线的对比（自《中国园林》）

图3－11　横竖线条对比

图3－12　厚重的“石料”与清灵的池水的对比

一般的关系。在园林中缺少了视线的集中点，失去了重点或核心，就会使人感到平淡、寡味、松散。园林也同绘画、音乐、戏曲一样都要有主题，鲜明的主题要靠重点突出（图 3-13、图 3-14）。

中国古典皇家园林中的颐和园、北海重点非常突出，能给人以极深刻的印象。利用中轴对称的构图，也可以突出重点。像法国的凡尔赛宫、俄国彼得堡的夏宫一样。在中国的园林中突出主题，也不一定以主景升高或严正对称的结构的形式出现，例如，在园林上有的种植一片石榴（南京燕子矶），有的种植一片海棠（昆明圆通山），有的种植一片梅花（杭州西湖灵峰），有的种植大片竹林（北京紫竹院公园），都突出了主题，表现了“个性”。用孤立树也同样可以达到突出重点的目的，在西方园林中很普遍，就是在我国园林中也有。在汉长安太液池西有孤树池，“池中有一洲，上椹树（可能是桑树）一株，60 余围，望之重重如盖”。我国传统上把树木花草人格化，赋予其一种精神，成为一种象征。因而集中某种园林植物的群体成林成片，或者突出一株、几株，加以渲染而成主景。如常可见到的：桃花坞、兰圃、黄叶村、橘子洲、海棠峪等等。

图3－13　颐和园（山体高出地面60m，佛香阁高30m）

四、韵律节奏

自然界中许多事物或现象，往往由于有秩序的变化或有规律的重复出现，而激起人们的美感。这种美通常称为韵律节奏美。在音乐、图案画中讲韵律节奏最多。园林植物配植讲韵律节奏是使不同的园林植物，随着长短变化做出水平连续起伏的状态。也就是在一定的空间环境中利用各种植物的单体或

图3－14　北海琼华岛（自《北京揽胜》）

组成的群体以一定的秩序进行水平配列。有韵律节奏的植物配植可以使作品避免单调而增加生气，表现情趣。用花坛、花境的线、面，以树木的形体、质感、花卉的色彩可以有效地创造出韵律来。在林缘、岸边的植物配植最能表现出韵律节奏感。就是在公园、花园内也一样，例如法国凡尔赛宫、枫丹白露的庭园中的某些部分，就是用林带、花坛、草坛成功地达到了韵律化。韵律的表现可以有：

(1) 连续韵律：树木或树丛的连续等距的出现；园林建筑物的栏杆、道路旁的灯饰、水池中的汀步等（图 3-15）。

(2) 渐变韵律：林木的排列变疏、变密，花色的变浓、变淡；中国的古塔每层的密度都有一些渐变，如河南省松云塔（北魏）（图 3-16）。

(3) 起伏韵律：植物的高矮变化。在园林建筑组群中，以体形起伏变化构成生动的画面（图 3-17）。

(4) 间隔韵律：利用间隔距离的长短产生韵律，在城市街道上种植自然式的植物景观：树丛、灌木丛、单株树木相互距离不等，具有活泼、自

图3－15 花坛的连续韵律（北京奥林匹克社区）
（自《北京园林》,2004,4）

图3－16 渐变韵律（北魏·河南松云塔）

图3－17 起伏韵律（北京植物园河岸树）

然的气氛。园林建筑中的塔，有层次距离不同也产生韵律；建筑装修中的窗扇图案、传统的墙头图案，也可以说是一种间隔的韵律，也给人一种美的享受（图3-18、图3-19）。

图3－18 间隔韵律（立面，北京颐和园花承阁琉璃塔）

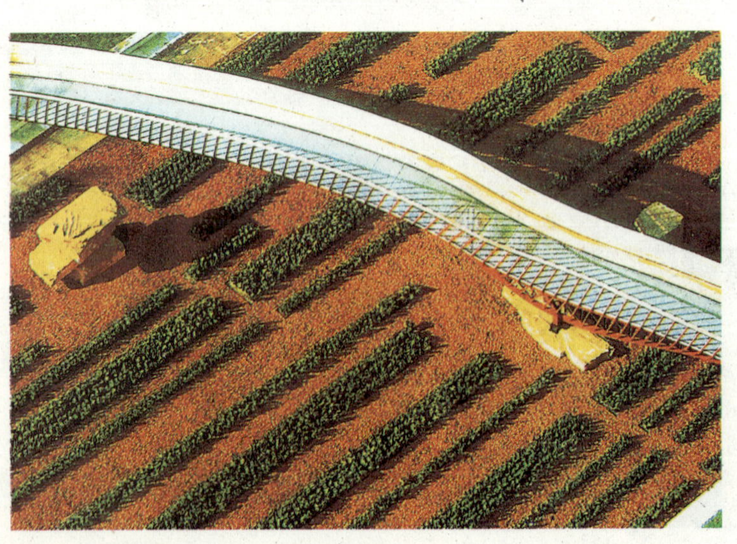

图3－19 间隔韵律（平面）（自《中国园林》）

五、比例尺度

比例主要表现为整体或部分之间的长短、高低、宽窄等关系。换言之，也就是部分对全体在尺度之间的调和。尺度则涉及具体尺寸。一般说的尺度不是指真实尺寸大小，而是给人们感觉上的大小印象同真实大小之间的关系。北方四合院中的庭园树常选用海棠、金银木、石榴、玉兰，大门口外由于街道的空间大，常选用中国槐，这是按照中国北方习惯的种法，比例尺度上都是合适的。在广场、公建前，花坛的大小和植物的高低都要考虑好比例尺度问题。北京天安门前花坛中的黄杨球直径4m，绿篱宽7m，都超出了平常的尺度，但是与广场和天安门城楼的比例尺度是谐和的。颐和园的廓如亭是中国第一大亭，面积达到130m^2，它与十七孔桥的尺度是谐和的。颐和园万寿山顶处，在建清漪园之初有大报恩延寿寺，寺后有仿建浙江之六合塔，共九层，名为延寿塔，在建到第八层时，乾隆即令拆除，据说原因是京师西北不宜建塔，改建为八方阁，即现有的佛香阁。实际上佛香阁的尺度与全园比较谐调。

图3－20 整体中的比例关系（自《景观》）

与皇家园林相比，私家宅园的建筑和花木的比例尺度都小得很多，显得亲切宜人（图 3-20、图 3-21）。

六、层次渗透

园林中有层次渗透才能有幽深的感觉，才能产生无尽的幻觉。层次也可以简单地说成是一张图画的构图，园林是可游的“画”。所谓“步移景异”，人动则画面就变。在纵深上讲“曲径通幽”、“柳暗花明”，就是要有间隔、段落、转折和空间的变化。组成间隔、段落、转折和空间的元素，就是植物、建筑、水体和地形，除了它们单独的存在外，还有就是它们之间的组合。如可以利用外廊、走道、漏窗、露台和顶棚，以及树林、树丛、列植树、山形水系等，都可以形成面，达到空间的渗透或流动。建筑物、树木、山石都可以在景物前边或侧面作为陪衬或装饰，使景深加大，加强纵深感。漏窗或疏林也可以在主景前蒙上一层面纱，使景物更加诱人多趣。水面的倒影、激流、瀑布都能使景物更加生动鲜活（图 3-22 ～图 3-24）。

图3－21 凡尔赛宫前大尺度花坛与整体的协调（佚名）

七、均衡稳定

在国内外传统园林中，都喜欢用对称式的建筑物、水体或栽植植物，以形成中轴线，保持稳定、均衡、庄重。在特殊的场地或环境影响下，仍然需要保持稳定的格局，用拟对称的手法，在数量、质量、轻重、浓淡方面产生呼应，达到活而不乱、庄重中有变化的效果。

北京北海公园的五龙亭，是平面上对称式的布局。在景山上，万春亭等五个亭子则不仅是平面上的对称，立面上也有高低、大小之分，既表现了主从关系，也保持了稳定。北京颐和园从东宫门入园是一系列对称式布局的院落。扬仁风是一处幽静的小院，是对称式布局，后山比较自然的环境中，像构虚轩、绮望轩就是拟对称式布局，比完全对称式东宫门一带建筑群显得活泼、自然。

一般重心最低，左右对称才有稳定的感觉。园林中的建筑从屋顶到台基都按上小下大、上轻下重、上尖下平的造型以保持静态下的稳定。在园林中还有以山石堆成“悬挑”

图3－22 立面上的层次丰富（泰国东巴乐园）

图3－23 空间的层次渗透（北京紫竹院公园）

图3－24 树林中的层次渗透（荷兰科肯霍夫郁金香花园）（自《北京园林》）

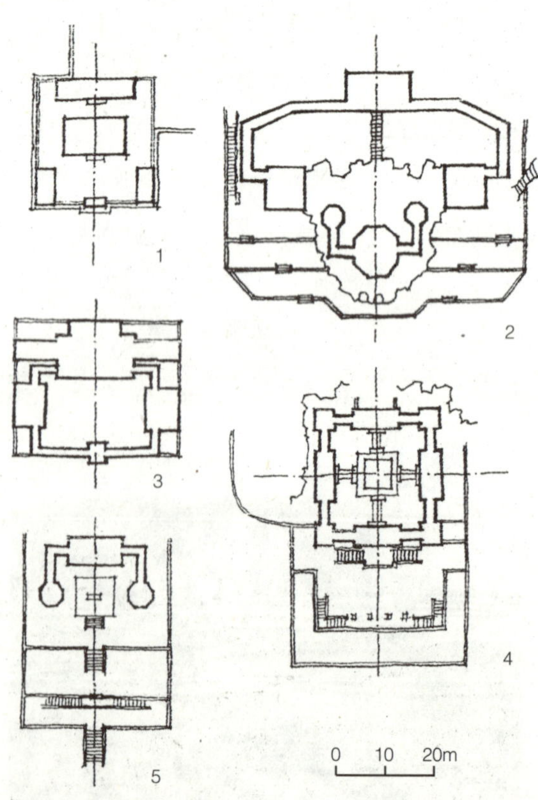

图3－25 颐和园几组对称式建筑
1-五圣祠 2-画中游 3-自在庄 4-宝云阁 5-转轮藏

图3－26 对称式花园（德国施维茨根城堡花园）（自《北京园林》,2003,3）

形式或在水边种植树冠垂向水面的树，都可以说是动态平衡（图 3-25 ～图 3-27）。

八、空间构成

对于空间的解释很简单，就是在无限诸方向之中，而包含诸物体者（《辞海》，商务印书馆出版）。空间感的定义是指“由地平面、垂直面以及顶平面单独或共同组成的具有实在的或暗示性的范围围合”。空间是园林存在的基础。中国园林很重要的特点是善于利用空间的变化。

空间有各种类型：

按使用来分，有实用空间和观赏空间。国内外的一些皇家园林，都在进入宫苑的前

（a）

（b）

图3－27 拟对称布局
（a）拟对称布局的平面（深圳仙湖风景植物园竹苇深处平面）；（b）拟对称布局中的建筑（深圳仙湖风景植物园竹苇深处立面）

区，有临时处理政务的地方，如颐和园的仁寿殿、圆明园的正大光明殿、法国的凡尔赛宫、枫丹白露等处也是如此。这个地区都有实际用处：或是处理朝政；或是接见外国使节；或是举行重大礼仪。在这些实用空间的后面，常常就是帝后游兴的处所，也就是观赏空间。观赏空间的处理，没有实用空间那样严谨、庄重，而是比较活泼、亲切。尺度、色彩都比较宜人。具有空间错落、花木扶疏、开朗明快的特点。在现代的园林中也要根据游人的需要来划分空间。

按构成来分，有建筑空间、地形空间（包括水体）和植物空间。苏州的留园、北京的恭王府，进入正门都是建筑空间，这是处理政务和居住的部分，是以园主人的日常活动和居住习惯布置的建筑空间。府邸宅园的后半部就是花园部分，这部分有山水、植物布置其中。不过比起皇家园林中那种山环水抱的气势就要相差很多。除圆明园中很多景点都是以假山围合的空间，其他如承德避暑山庄、北海等处都有以山体围合的空间，山体高低错落可以事先设定，总的隔离效果很好，如山上布置花木，其氛围更加自然。北京动物园鬯（chàng）观堂周围以自然山石堆叠，围合成自己的院落，也颇具特色。

按布局来分，有内在空间、外在空间和流动空间。一座园林的内部空间，就是内在空间，这座园林以外就是外在空间。很多公园以外的外在空间就是城市空间，它的尺度是超人的尺度，人在高楼大厦、宽阔繁华的闹市中给人的自我感受是渺小的。公园中的尺度是众人、集体的尺度，再到具体景点的空间中，它是宜人、亲切的尺度，也就是完全进入了内在空间。法国凡尔赛宫苑由于路易十四在这里要举行上万人的盛大的宴请活动，而且他还要骑马打猎。所以全园的尺度

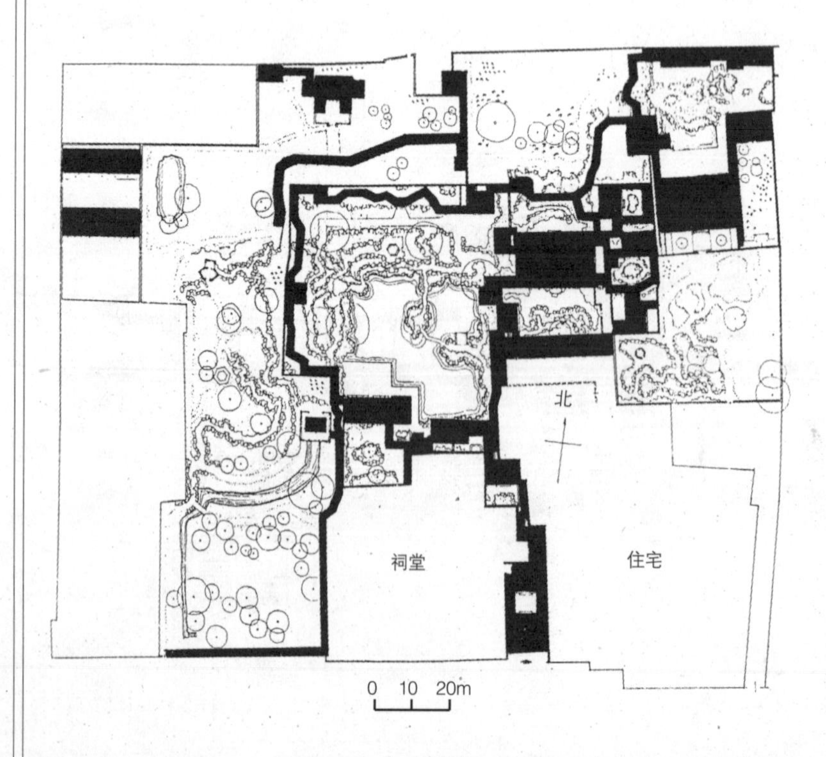

图3－28 由建筑围合成大小不同的空间（苏州留园）（摘自《苏州古典园林》）

图3－29　地形围合的空间（避暑山庄之曲水荷香）

是内在尺度与外在尺度相结合，形成所谓的"复调音乐"。流动空间就是将各部分空间互相贯通、连锁、渗透显现出丰富的变化，即达到了所谓"曲径通幽处，禅房花木深"的境界（图 3-28、图 3-29、图 3-30）。

以上八个方面的问题会从始至终在园林设计中或多或少地出现。自觉地考虑这些问题以较成熟的手法来处理、运用，就会令人感受到美。

第二节　错觉

在知觉过程中，有时会产生不正确的现象，这种不正确、歪曲的知觉，叫错觉。

人在过去的活动中所积累的经验，对知觉通常发生积极的影响。但是，在某些特殊的情况下，它能造成知觉的错误，造成错觉。

一、三柱错觉

在图 3-31 中画有三根小柱子，这三根柱的大小是相等的，但是我们总觉得是不同的。这种现象之所以发生，是因为图中所画附加

图3－30　植物围合的空间（庐山植物园）

图3－31　三柱错觉（自《心理学》）

的各种细节部分，造成我们对这些柱子距离不同的印象。因为我们已经习惯了近距离的物体在视网膜造成的映像要比远距离的物体在视网膜上造成的映像大，所以我们便造成一种相应的错觉：右边的柱子似乎比左边的柱子大些。

二、箭头错觉

图 3-32 依据于线条的分合：两头张开的箭头看来长些，虽然事实上两个箭头一样长。

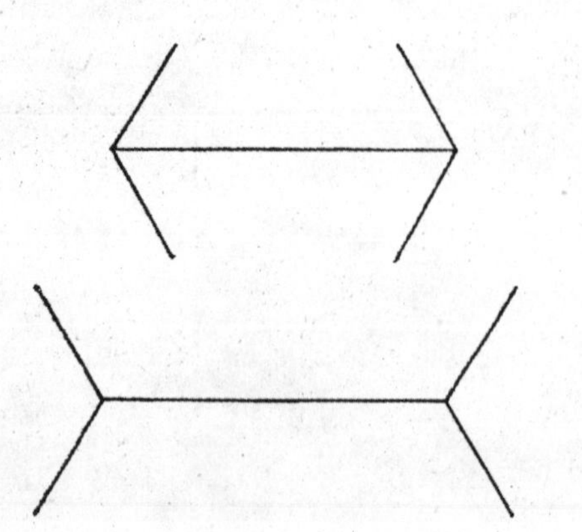
图3－32　箭头错觉（自［前苏联］《普通心理学》）

三、铁道错觉

位于两条会聚线形成的较窄空间部分的线条，看来较长，虽然事实上两条枕木一样长（图 3-33）。

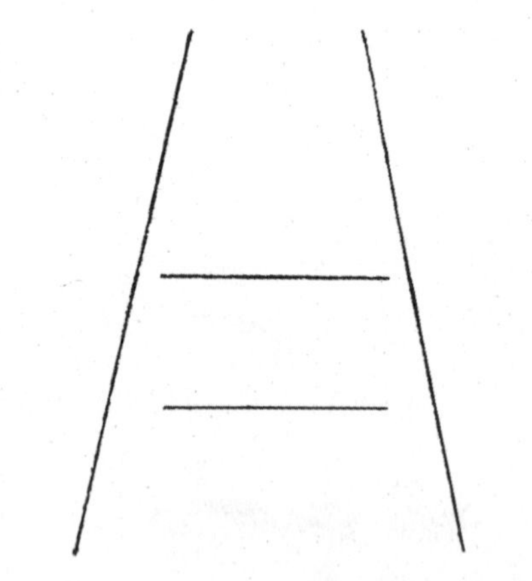
图3－33　铁道错觉（自［前苏联］《普通心理学》）

四、垂直线高估错觉

西洋大礼帽的高，看来长于它的边，虽然两者相等（图 3-34）。

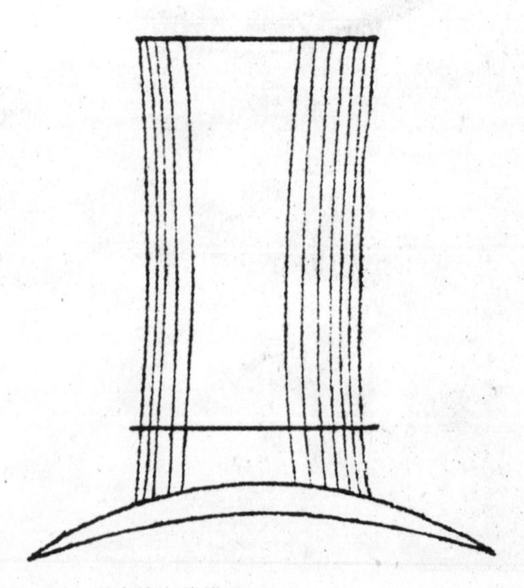
图3－34　垂直线高估错觉（自［前苏联］《普通心理学》）

五、扇子错觉

平行线由于背景影响，在近中心处外凸，在远中心处内凹（图 3-35）。

六、交叉错觉

在一条直线上的是 AX 线，而不是看上去的 BX 线（图 3-36）。

七、同心圆错觉

图上画出的同心圆，被感知为螺旋，因为白色短线在同心圆与背景的交点上切割这些同心圆（图 3-37）。

八、歪曲正方形错觉

由于背景斜线的影，产生正方形右下角下垂，实际正方形右下角仍然是 90°（图 3-38）。[①]

① “三柱错觉”和“歪曲正方形错觉”自唐自杰主编的《心理学》；其余，“箭头错觉”等六种均自［前苏联］彼得罗夫斯基主编的《普通心理学》，朱智贤等译。

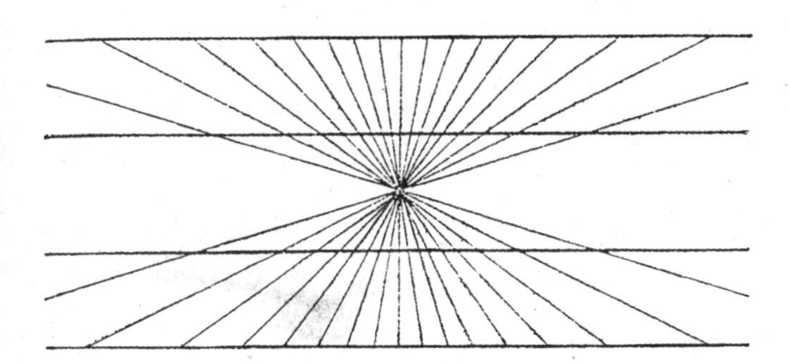

图3－35 扇子错觉（自［前苏联］《普通心理学》）

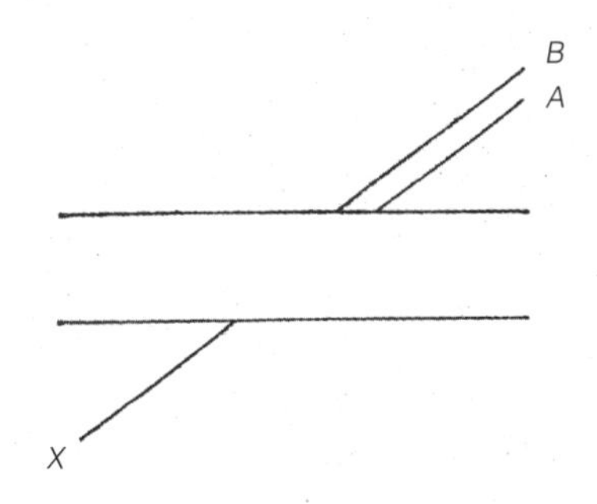

图3－36 交叉错觉（自［前苏联］《普通心理学》）

图3－37 同心圆错觉（自［前苏联］《普通心理学》）

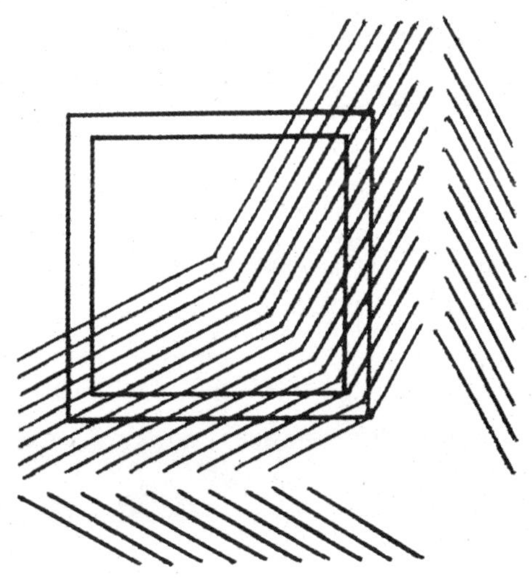

图3－38 歪曲正方形错觉（自《心理学》）

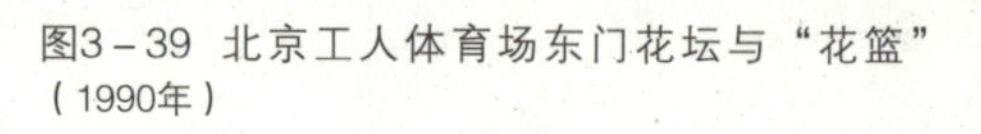
图3－39 北京工人体育场东门花坛与“花篮”（1990年）

图3－40 北京长安街上鲜花与壁画互相呼应（1990年）

在园林中有些错觉可能让人感到无耐，需要在实际发生过程中加以纠正。例如，有的亭子的柱径尺寸虽然符合传统规定，但会感到与屋顶的分量不协调，可能是亭子较大，超出了一般传统开间与柱径比例的缘故；有的长形房屋盖在平地上，但会感到一边下沉、房屋歪斜，这也许就是周围地形的影响，使人产生了错觉。在花坛的花纹排列上，有时设计图案和实际效果有相当差距，这可能是颜色产生的错觉，就好像法国国旗由蓝、白、红三种颜色竖向组成，三种色块宽度尺寸应该是平均的，但实际上不能这样分配，否则就会让人感到三种色块不平均。室外人物圆雕的尺寸要比真人加大，否则会感到小于真人，这也是一种错觉。运用人的视觉上的错觉创造景观，可以由观赏对象的模糊结构的模糊程度造成不同的解释。据说人站在长春园远瀛观处往过线法山、方河方向上看，可看到线法墙上人工画的风景有若实景一样。又例如美国华盛顿动物园问讯处入口侧墙上用彩色石料拼贴的动物花卉壁画与真实的花草树木连为一体。北京在节日也有时用影壁作背景，前面摆置一些盆花堆成的花堆，影壁上用绘画、硬质材料或花做成人物或风景画，与前面真正的花卉结合成一组鲜活的景观（图 3-39、图 3-40）。

第三节 形与质

一、线和形

（一）线

线是造形要素的基本要求，因为面是由线构成的，几个面又构成形体。线分为直线、曲线和斜线。

（1）直线是最基本的线，其本身具有某种平衡性，是生活中出现最多的，很容易适应环境。直线是人们设想出的抽象的线，具有纯粹性和畅通性。法国凡尔赛宫苑和枫丹白露宫道路、广场、建筑都是由直线框划而

图3-41 曲线道路（佚名）

成，十分突出，是一种力量的表现。但它对一些人产生了不亲切、不自然或是强加于人的感觉。在18世纪，一些英国的哲学家、园林家反对直线，厌恶直线。当然有直线的园林，也并没有失去它应有的魅力。

(2) 曲线或弧线在古代希腊被看作是最美的，这是由于它是人体曲线的一部分。在园林中应用曲线、弧线的地方很多。曲线的曲度、方向和连续的表现都十分重要，曲线表现不好会感到无所适从，绵软无力。在园林的平面构图方面，利用自然式的曲线，必须是有目的的，与周围环境协调，同时也是一种造景的需要，否则会感到矫揉造作、故弄玄虚，令人费解（图3-41、图3-42）。

数学曲线（如二次曲线、三次曲线等）都是人工的，会有明确、单纯的感觉，使用不当会感到呆板、冷漠、忽视人的感情而不亲切。

(3) 斜线具有特定的方向性，它具有向特定方向的揳入力。它可以打破很多直线相交的平淡，也可以扰乱平面上的整个秩序（图3-43）。法国雪铁龙公园平面，就是以各种直线与斜线相交而成为一大特点的。北京的一些绿化广场，也采取了这种格局。

图3-42 曲线水池（唐纳花园）林箐摄

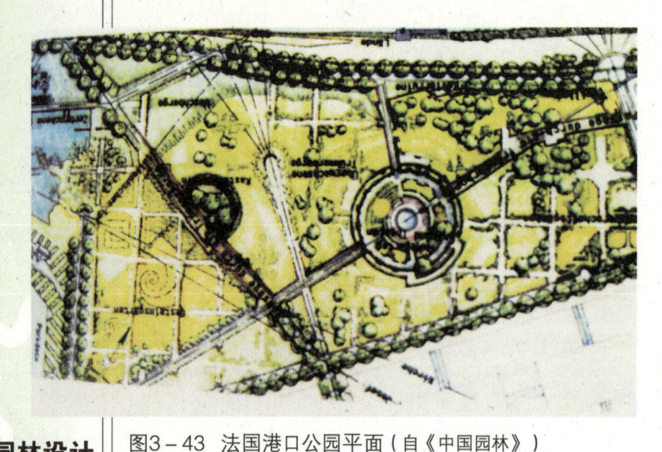
图3－43 法国港口公园平面（自《中国园林》）

（二）形体

福希昂（Focillon, Henri Joseph）认为“形是有意义的”。这个意义“不是人们随意安置的意义，而是属于形本身的意义”。画家塞尚（Cezanne）曾说：“我们必须研究圆锥体、立方体、柱体、球体等的几何学形态，我们懂得了这些形体，形成构图乃至面的方法时，才能说明白了绘画的方法。”古代美学家认为圆、正方形、三角形这些形体具有简单肯定的形象，具有抽象的一致性，是统一和完整的象征。所谓抽象的一致性，就是指这些形状具有确定的几何关系。例如，圆周上的任意一点距圆心的长度都是相等的；圆周的长度是直径的 π 倍；正方形或正方体各边相等，相邻的边互相垂直；正三角形的三条边等长，三个角相等，顶端处于对边的中线上。

1. 圆和球

圆和球吸引人们的视线，容易形成重点的东西。圆形由于不具有特定的方向性，它在空间内的活动不受限制，所以不会形成紊乱；又由于等距离放射，同周围的任何形状都能很好地协调（图 3-44、图 3-45）。北京的天坛是圆形的台，是皇帝拜天的台，不仅在政治上它是中心，在构图上毫无疑问地也成为这个区域的中心（图 3-46）。法国凡尔赛宫苑中轴线上的拉冬娜圆形水池内的喷泉还有雕刻，也成为这个中轴线上的重点。北京天安门广场节日中心花坛，一直都保持圆形规模，尽管有时在边缘形成各种花瓣形、心形（图 3-47）。正因为圆形具有以上的特点，因此在构图上也要考虑它能与周围环境的融合性，譬如在自然树林边栽植圆形花坛。在笔

图3－44 圆形雕塑（自《天下公司》）

图3－45 圆形小品（万科城市花园）（自《天下公司》）

图3－46 天坛鸟瞰（自《景观》）

图3－48 北京西长安街花坛

直的路旁，一定的空间中，圆形总是在游离，在“滚动”，就需要有相应的线或形与其匹配（图 3-48、图 3-49）。

2. 四边形

正方形具有近圆形的性质，梯形具有斜线的性质。正方形是中性的，梯形是偏心的，矩形从本质上说是适合于造型最容易利用的形状。在矩形中，长宽比为 1 ∶ 1.618 的黄金比的矩形是从古代希腊以来，就作为美的比例的典型。

3. 形的情调（表 3-1）

从形状上可以感觉出某种性格和气氛。如卷起、弯曲的形状，有优雅而纤细的感觉；

图3－49 水中圆形踏步（河北野三坡）

图3－47 天安门广场上的万众一心花坛（卢育梅摄）

带棱角的形状，则有强壮、粗暴、尖锐的感觉。

形的情调表　　表 3-1

形状	形的情调
圆形	愉快、柔和、圆润
三角形	锐利、坚固、强壮、收缩
正方形	坚固、丰满、庄重
椭圆形	温和、开展
菱形	锐利、轻巧、华丽
长方形	坚固、强壮、稳重

图3－50　以红色为主调的庭园（韩国庆州普门湖环湖路）（自《中国园林》，2004, 11，朱祥明摄）

二、颜色

颜色是借光线刺激视神经传到视觉中枢产生的感觉。颜色的不同是光线波长的不同。如红色是 610 ~ 700nm (nano meter，纳米，十亿分之一米)，黄色是 570 ~ 590nm，蓝色是 450 ~ 500nm。绿色草坪之所以看成是绿色，是由于在阳光反射时只反射出绿色光，对其他的红、蓝等光都全部吸收了。白的颜色，是由于把白光几乎全部反射出来了（图 3-50、图 3-51、图 3-52）。

图3－51　以绿色为主调的庭园（上海延安中路绿地）（自《优秀园林工程获奖项目集锦》）

（一）颜色的属性

颜色的基本种类叫色调（Hue），颜色的明暗程度叫明度（Lightness），属同一色调中的色，有鲜艳和混浊的不同，这种着色的程度叫色度（Saturation）。颜色的色调、明度、色度三种性质叫颜色的三属性。无彩的色，则没有色调和色度，只有明度。

图3－52　各种色彩相间的园林（北京万旺公园）

（二）颜色的对比

在园林中有明度对比、色调对比、色度

对比和补色对比。

明度对比：如把相同明度的灰色，放在白底和黑底上对比时，可以看到白底上的灰色发暗，黑底上的灰色发亮。

色调对比：如将橙色放在红底上和黄底上相比时，红底上的橙色发黄，黄底上的橙色发红。

色度对比：把色度不同的两种色放在一起时，色度高的颜色看上去更加鲜艳、色度低而混浊的颜色则比较发灰。

补色对比：互补色放在一起时，颜色的鲜艳程度更为加强。

色彩在中国古代建筑文化中占有重要地位。色彩与阴阳五行相联系，与特定的事物和方位有固定的对应关系；中国唐代衣服的色彩与人的等级身份紧密相连。民间建筑色彩普遍呈材料本色，黑、白、灰、青、深棕、深褐、朴素淡雅。官式建筑则色彩丰富，对比强烈，设色鲜艳大胆，富丽堂皇。

（三）对颜色的喜好

我国汉族一般喜欢红、黄、绿色。红色表示幸福、喜庆，多用于喜事；黄色具有神圣、权势、光明、伟大的含义，多为帝王所用；绿色象征繁荣青春；黑白色多用于丧事。

其他民族喜欢用的颜色是：蒙古族喜爱橘黄色、蓝色、绿色、紫红色；回族喜欢黑、白、蓝、红、绿等色，白色用于丧事；藏族喜爱黑、红、橘黄、紫、深褐等色，忌讳淡黄、绿色，以白色为贵；维吾尔族喜爱红、绿、粉红、玫瑰红、紫红、青、白色，忌讳黄色；苗族喜爱青、深蓝、墨绿、黑、褐等色，忌讳黄、白、朱红色；朝鲜族喜欢白、粉红、粉绿、淡黄等色；壮族喜爱天蓝色；彝族喜欢红、黄、蓝、黑色；满族喜爱黄、紫、红、蓝色，忌讳白色；傣族喜爱白、棕色；黎族喜爱红、褐、深蓝、黑色等，忌讳白色。

世界上几个主要民族传统喜爱的色彩是：中华民族喜爱红、黄、白、青；印度民族喜爱红、黑、黄、金；斯拉夫民族喜爱红、褐；拉丁民族喜爱橙、黄、红、黑、灰；日耳曼民族喜爱青绿、青、红、白；非洲民族喜爱红、黄、青。

（四）色彩的情调

一般色彩能给人一种情绪上的感觉。黄、红属于暖色系统，看起来比较活跃；青、绿色属冷色系统，看起来比较静远。对于各种色彩能产生不同的情调（表 3-2）。

各种颜色所能产生的情调表　　表3–2

红	非常温暖、非常强烈、华丽、锐利、沉重、愉快、扩张
橙	非常温暖、扩大、鲜明、华丽、强烈
黄	温暖、轻巧、明快、扩张、干爽
绿	安静、润泽、静谧、协和
蓝	非常清爽、愉快、坚固、湿润、沉重、有品格
紫	柔和、迟钝、厚重、显贵

（五）使用色调的要领

（1）色调的选用要根据庭园的性质而定，在儿童公园用色要鲜明，要形成欢快的气氛；在游人众多的场合用色要明显，让人一目了然，容易识别；在幽静的庭园中用色要淡雅。

用色和光线关系很大，阳光直射的地方，亮色更亮，所以在背阴处常用暖色调。

(2) 每个园林中要考虑有主色调，因为色调是形成庭园个性的重要因素之一。中国江南私家园林建筑物的门、柱大都是栗色或黑色，墙为白色，显得稳重幽雅而明快。北方皇家园林中的建筑装修以红色或绿色为主，彩画中又加入蓝、黑、白、红、绿和贴金，金碧辉煌，灿烂夺目，具有皇家气派。在这些建筑色彩间，加入了大面积的灰、白色的地面、墙体、山石，无论南北庭园，全园都比较协调，同时也有个性。

(3) 对比色的使用量，园内有对比色才能使景色丰富，不过对比色的“量”要适当，一般都在一定的范围内，有一定的比例关系。例如，大面积的白粉墙用细窄的黑窗框；秀丽的白色雕像用大面积深绿色植物作背景。“万绿丛中一点红”是点与面的比例关系，这样红的越红，越醒目可爱。面与线的关系也可以用“又是一年芳草绿，依然十里杏花红”来形容，所以适量地、巧妙地用对比色，将会使整个庭园生机勃勃。

(4) 注意色调不可过多，色调杂乱的庭园，会缺乏统一感，使人心情烦乱。切忌用过多的彩色铺装和各种色调的建筑物装修，其他的各种设施（如栏杆、垃圾桶、灯杆、座椅、指路牌等），也应注意色调不可过多。

三、质感

质感是由于感触到素材的表面结构而产生的材质感。选用好特定的质感材料，能使庭园增色不少，应该从每种材料质地给人的感受进行研究，从而达到使用恰当的目的。

（一）各种质感

粗糙、不光滑的质感，会使人感受到原始、自然、朴素。光滑的质感，会使人感受到优雅、华丽、细腻。从金属上感受到的是坚硬、寒冷；从布帛上感受到的是柔软、温和、轻盈；从石头上感受到的是沉重、强硬、清纯；从树干上感受到的是粗壮、挺拔、苍老；从花朵上会感到娇嫩、清脆、细薄。

（二）不同质感材料的使用

运用各种材料的质感来达到理想的目的，必须根据庭园的规模来确定。例如，在自然幽雅的园林中，可以选用毛石铺路、砌墙，或以原木做栏杆，以茅草做屋面。高贵庄重的园林中，可以使用加工的天然石料；华美的园林中还可以用各种金属做栏杆、灯具和设施；一些比较好的儿童游戏器械，可以使用加工后的硬杂木，冬季低温、夏季日晒都不会妨碍儿童攀登；在现代一些新型园林中可选用各种塑料、塑胶、橡胶、粉煤灰、玻璃、陶瓷之类及各种合成材料，做屋面、路面、墙体等设施。

现代工业的发展，可以利用很多化工、水泥材料，制造成各种仿自然材料的制品，其质地如同原始材料，耐用且容易施工，在园林中是大可选用的。无论天然材料或者是加工的砌块，用料的大小尺寸、大环境与小环境不同，建筑外部尺度、模数要比室内空间的大。

园林的树木花草除了各部位的质感不一

以外，整体的植物也有质感，例如大叶的悬铃木、马褂木与细叶的丝绵木、合欢感觉完全不同；无花果与蔷薇的叶子大小不同，质感差别也不小。鸢尾与龙舌兰的叶子质感相差也不少。在设计上要根据环境的要求，进行植物配植，利用这些差别以形成景观。

图3－53　木质材料的应用

（三）各种材料的质感

可简单归纳成表 3-3，并参见图 3-53～图 3-56。

材料质感表　　　　表 3–3

材料	质感
粗糙的花岗石	原始、刚强、坚硬
汉白玉	优雅、华贵、纯洁
金属	坚硬、寒冷、光滑
原木	自然、温和、闲雅
竹材	自然、优雅、调和
塑料	轻盈、清洁、鲜明
混凝土（不粉刷）	自然、谐和、坚固
刺槐、毛白杨大树干	粗糙、原始
梧桐、玉兰树干	细腻、清纯
紫薇树干	光滑、圆润
马褂木、悬铃木树叶	宽阔、舒展
黄杨、景天叶子	肥厚、壮实
松叶	长细、坚挺

图3－54　石质材料的应用

第四节　设计手法

设计者遵循园林设计形式美的法则，运用设计的手段、方法、技巧，结合实际情况和功能要求达到预想的目的，通常称作设计

图3－55　天然石料的应用（北京某委培训中心）

图3－56 金属、大理石、玻璃材料的应用
（自《中国园林》）

手法。设计手法有多种，择其要者叙述如下，其中各种手法之间既不易严格区分，运用时更须适当结合。

一、空间运用

前面已经讲到以各种造园要素围合成园林空间，以下着重叙述对空间的运用。由于功能和造景的需要，园林中空间分隔是很重要的。在园林中运用围墙来分隔空间，是最简单、机械、安全的做法。而以园林植物、建筑、山体、水面来分隔空间是基本的手法，也是每座园林中多见的。实际上公园建设的成就首先就看空间分隔处理的水平。运用好空间需要对空间的形态、特点、分隔与连续有充分的认识。

（一）空间形态

空间的形态可以分成若干种，其中主要有暗示空间，一块水面，一块草坪在一定的范围内凝聚人的视觉，可以给人一种空间的感觉；林中空地由树冠围合成一个空间，但树干之间可以透过视线与外界联系，成了虚空间，也能形成流动空间；道路上成行成排的树木之间可以构成一个长廊，成为廊道空间；由乔、灌木以及地被植物围合成的空间，人的视觉只能限制在空间之内，形成封闭空间（图3-57～图3-61）。建筑空间的构成当距离/高值约为1时，空间有明显的封闭感；当距离/高值为2时，空间仍有围合内向感；当距离/高值约为3时，两边围合体联系薄弱，空间的围合感消失。

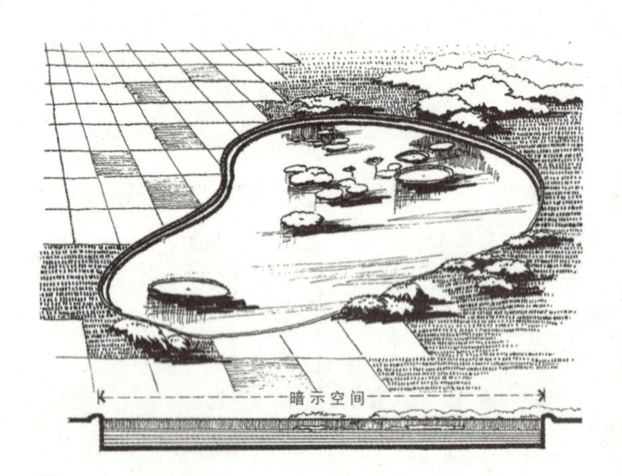

图3－57 暗示空间

图3－58 虚空间

图3－59 廊道空间

图3－61 封闭空间

图3－60 开敞空间

颐和园的云松巢和无锡蠡园新区春秋阁由于地形的变化和建筑的高低形成内向空间和外向空间同时存在（图 3-62、图 3-63）。

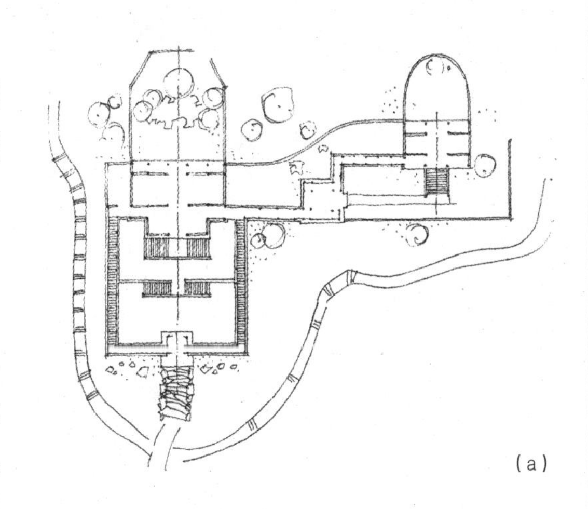

(a)

（二）空间特色

空间是由树木、草地、水面、土山、山石、建筑组成的。每个空间在利用这些造园要素时手法不同，多少不同，因而周围的景色也不一样。北京颐和园内谐趣园是由建筑围合

(b)

(c)

图3－62　颐和园云松巢的空间形态
(a)平面图；(b)立面图；(c)断面图

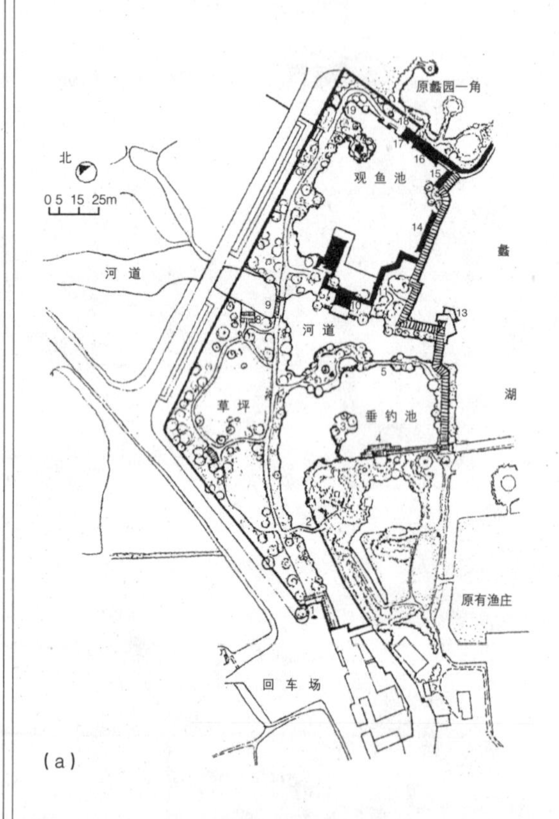

(a)

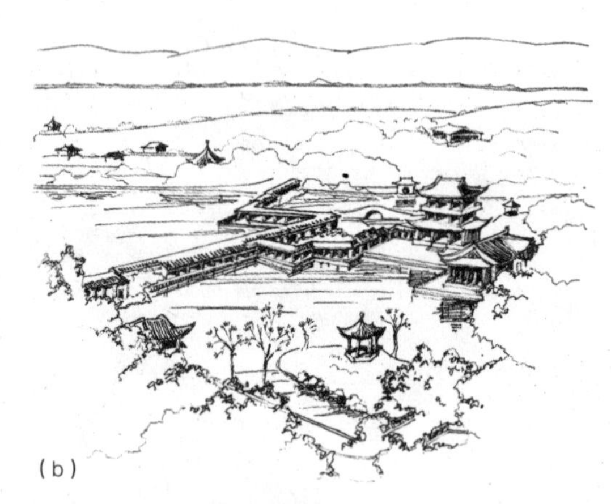

(b)

图3－63　无锡蠡园新区春秋阁
(a)平面图；(b)鸟瞰图(自《中国优秀园林设计集·一》)

的空间，较之它的原型无锡寄畅园多一份庄重，少一份淡雅，多一份规整，少一份自然（图3-64）。王羲之在兰亭修禊的环境是“崇山峻岭，茂林修竹；又有清流激湍，映带左右”，所以能“畅叙幽情”。柳宗元在游小石潭时则“坐潭上，四面竹树环合，寂寥无人，凄神寒骨，悄怆幽邃”，乃记之而去。陶渊明在《归园田居》中有：“方宅十余亩，草屋八九间。榆柳荫后檐，桃李罗堂前”的诗句。所在空间表现了他回归故里，欣喜闲远之意。

（三）空间连贯

在园林中空间之间有连索、贯通、渗透和流动。关于空间的渗透和流动，在前面层

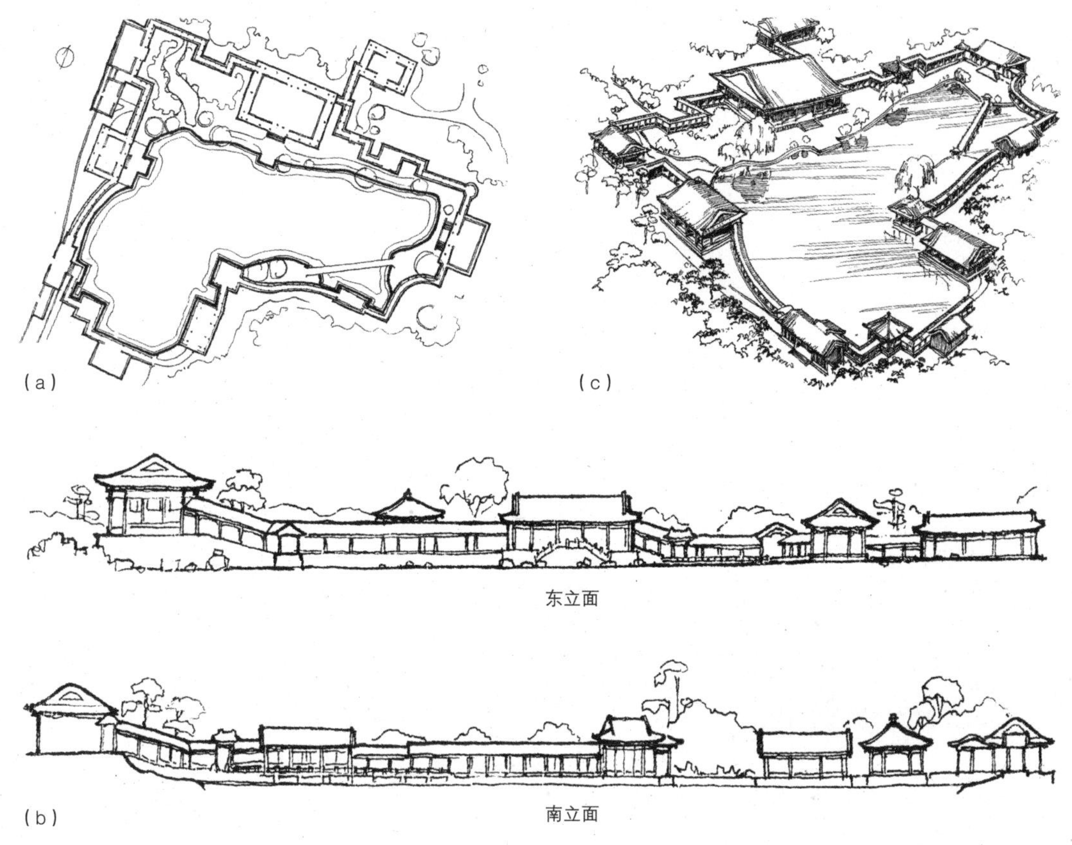

图3-64 颐和园谐趣园
(a)平面图；(b)立面图；(c)鸟瞰图

次渗透中已经有所叙述。它们之间的区别是层次与空间的不同。层次是景深，可以是一排树、一个影壁，一个瀑布的叠加。而空间则是景色围合的形态，更丰富，更有气氛。北京北海静心斋一组园林内有多处空间，既互相透视又能独成空间的景色（图3-65）。空间的山水环形连索，可以以圆明园中的九洲清宴为例。九洲清宴及后湖周围有茹古涵今、坦坦荡荡、杏花春馆、上下天光、慈云普护、碧桐书院、天然图画、镂月开云等，用湖渠、土山、植物、建筑各自组成自己的空间，围合成独有的意境，同时又由这九处围绕着当中的湖面，形成了更大的空间，周围既景色优美"棼橑纷接，鳞瓦参差"，"亭泓演漾，周围支汊，纵横旁达诸胜"，又象征"九大瀛海"，确是一处皇家园林空间的绝妙组合（图3-66）。如果九洲清宴算作环形空间组合，则天坛是直线贯穿空间组合（图3-67）。北京天坛从南门（即昭亨门）至皇乾殿，全长1400m，在这个轴线上有一系列的空间：首先是圜丘坛，以圆形台为中心，以空旷的蓝天为背景，十分开朗；继而是天库，是以砖墙围绕的圆形院落，中心是皇穹宇殿，是庄重而精美的空间（图3-68）；从成贞门往北，丹陛桥两侧，有浓密的柏树林在桥下，人在桥上有将走入天庭的感受，走入祈年门就到

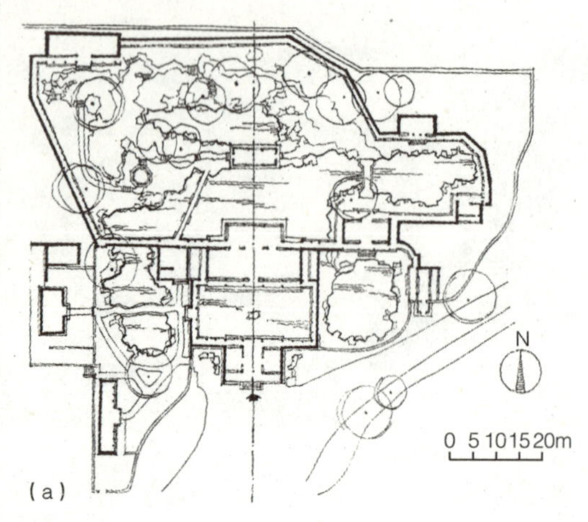

图3－65 北海静心斋
（a）平面；（b）立面、断面

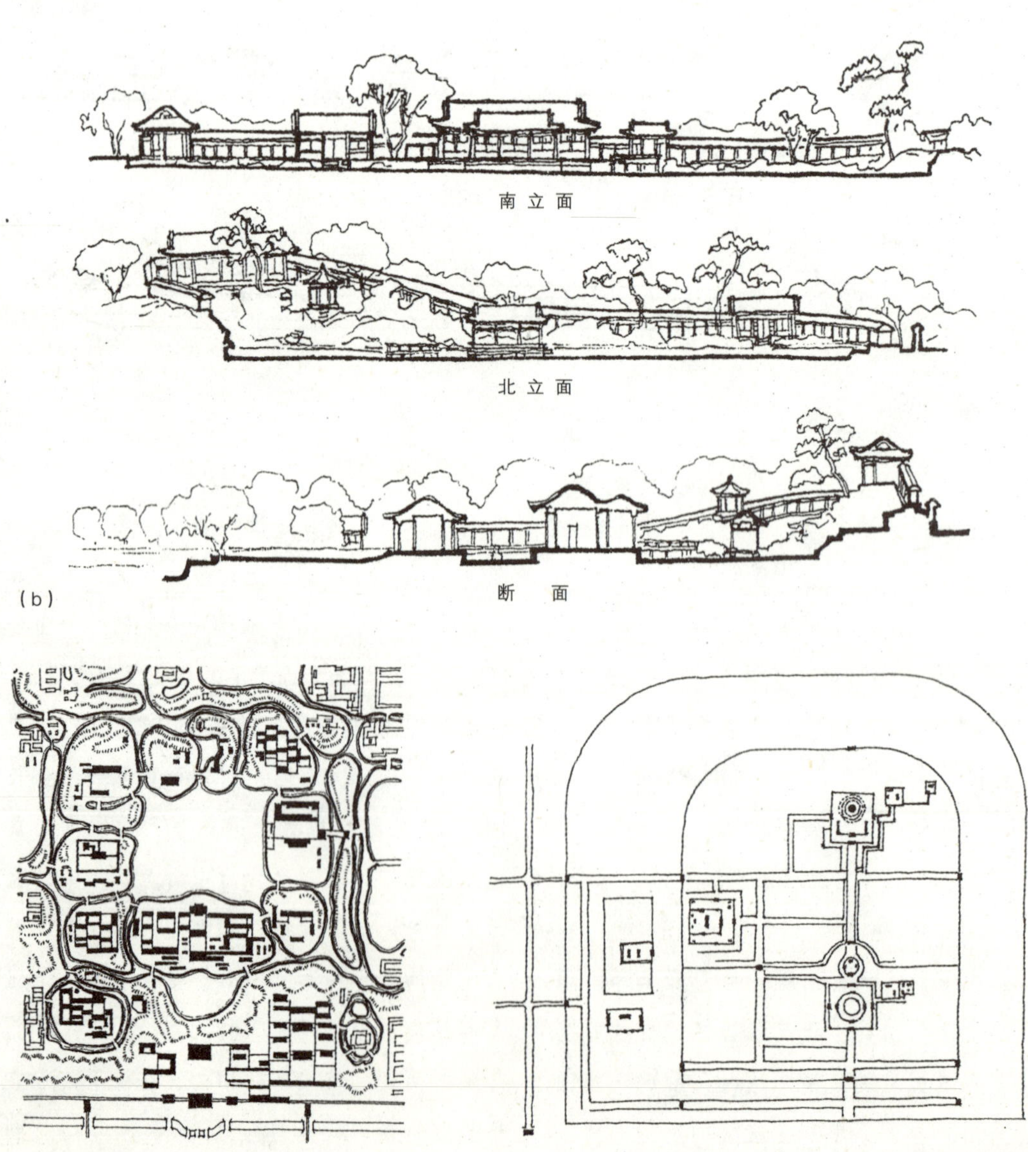

图3－66 圆明园九洲清宴平面

图3－67 北京天坛总平面（参照《中国建筑史》）

图3－68 天坛皇穹宇至祈年殿（自《天坛》）

达轴线的高潮——祈年殿，这是一个充满神秘崇敬气氛的空间。在这条轴线上空间既有大小，又有不同的氛围。它是坛庙园林的杰作。

二、光影变化

园中利用光影的变化，也就是明暗的转换，能令人产生震撼的效果，游赏者在心理上得到满足。在景物布置上有很多种手法：

《园冶》中讲："以墙为纸，以石为绘"，是用假山石的影子落在白粉墙上，产生一幅生动的画面。随着太阳照射角度的变化，画面也随着变化，这就是传统园林中的一种手法。北海琼华岛北坡写妙石室、延南薰、一壶天地亭一带洞壑辗转从洞口走出，北望一片明亮的山水风光。陶然亭名亭园中，从兰亭走进低矮的山洞，出洞口正好看到的是一座明亮完整的醉翁亭。可以产生惊喜的感觉。杭州花港观鱼中牡丹亭旁有"梅阴路"，就是把一株梅花的影子轮廓砌墁在路上。形成"日移花影动"的效果。

从暗处到明亮的地方，可以获得瞬间效应。欧洲一些国家常在林缘布置郁金香、杜鹃等花展，从幽深的密林中能看到在阳光下美丽的花卉，确是赏心悦目，效果极佳（图3-69、图3-70、图3-71）。

图3－69 北京右安门内街旁绿地花架

图3－70 沈阳北陵

图3－71 北京人民英雄纪念碑两侧松林望天安门（1959年）

三、巧于借景

《园冶》中讲："借者：园虽别内外，得景无拘远近，晴峦耸秀，绀宇凌空；极目所至，俗则屏之，嘉则收之，不分町畽，尽为烟景。斯所谓'巧而得体'者也。"

唐代所建滕王阁，借赣江之景：在诗人的笔下写出了"落霞与孤鹜齐飞，秋水共长天一色。"如此华丽的篇章。岳阳楼近借洞庭湖水，远借君山，构成气象万千的画面。

在颐和园西数里以外的玉泉山，山顶有玉峰塔以及更远的西山群峰，从颐和园内都可以欣赏到这些景致，特别是玉峰塔有若伫立在园内。这就是园林中经常运用的"借景手法"。

承德避暑山庄，借磬锤峰一带山峦的景色。苏州沧浪亭的看山楼，远借上方山的岚光塔影。留园西部舒啸亭土山一带近借西园，远借虎丘山景色。米万钟作《勺园》中有："更喜高楼明月夜，悠然把酒对西山。"北京植物园中的碧桃园也借景于西山（图3-72）。

法国巴黎凡尔赛宫苑面积很大，仍然借景，从宫苑的水花坛一带，西望群峰叠翠尽收园内，园之大更有无尽之意。枫丹白露宫从园内向东望去，园外的树林、道路有若园内（图3-73）。

借景的方法有：在丛林中剪除阻挡视线

图3－72 借近山（北京植物园碧桃园）

图3－73 借远山（法国凡尔赛从宫苑主建筑前向西南看）

图3－74 日本广岛市公园中的一种借景——“我的空中大厅”（自《中国园林》,1998.4）

的植物枝杈，开辟赏景的透景线；提升视景点的高度，超出阻挡视线的土山、挡墙、立柱等；借水面倒影看天光云影；遮蔽近处明显边界，如土山、围墙、栏杆，使内外景色不分彼此连成一片；园林中还有在特设的地点，放一个能反射远处风景的金属球，风景收入其中，也有借景之特殊效果。这种做法也好像在我国传统园林中，在亭内放一面镜子，反射在镜内的景致，好像亭外还有园林（图3-74）。

四、善于框景

为了在观赏景物时能产生距离感、空间感，在观赏点的近处设一种物体，能框在远处景物的周围，使景更突出，这是一般所说的框景。近处起框景作用的可以是树木、山石、建筑门窗或是园林中的圆凳、圆桌。作框景的近处物体造型不可太复杂，所选定远处景色要有一定的主题或特点，也比较完整，目的物与观赏点的距离，不可太近或太远。

框景的手法要能与借景相结合，可以产生奇妙的效果，例如，从颐和园画中游看玉泉山的玉峰塔，就是把玉峰塔收入画框之中。设计框景要善于从三个方面注意，首先是视点、外框和景物三者应有合适的距离，这样才能使景物与外框的大小有合适的比例；其次是“画面”的和谐，例如：透过垂柳看到水中的桥、船，透过松树看到传统的楼阁殿宇，透过洞门看到了园中的亭、榭等等，都是谐和而具有统一的氛围；最后是光线和色彩，要摆正边框与景物的光线明暗与色调的主次关系（图3-75～图3-78）。

五、妙在透景

一般园林是由各种空间组成或分隔的空

图3－75 陶然亭公园从百坡亭望浸月亭

图3－76 天坛成贞门北望祈年门（自《景观》）

北海静心斋中韵琴斋南窗正好在碧鲜亭北墙上，打开窗户正好望到北海水面上浮出的琼岛全景。除了这种巧妙的开窗透景以外，还可以借助两山之间、列树之间或是假山石之间，都可以巧妙地安排透景（图 3-79、3-80）。

六、遮蔽空间

在园林绿地中常以遮蔽手法来分隔出不同的空间、不同的景区和景物，在审美的心理上是一种欲扬先抑的过程。苏州拙政园一间，用实墙、高篱、栏杆、土山（假山）等来进行。有的空间需要封闭，不受外界干扰，有的要有透景，要能看到外边的景色，相互资借以增加游览的趣味，使所在空间与周围的区域有连续感、通透感或深远感。苏州很多庭园的漏窗就可看到相邻庭园的景色，有成排漏窗连续展开画面，好像一组连环画。

图3－77 从正厅内望双环万寿亭（日本新潟天寿园）

图3－78 北京紫竹院公园友贤山馆后院园门

图3－79 苏州园林中漏窗

图3－80 北京望京住宅区屋顶花园中漏窗（温涛摄）

进园门（中部腰门），迎面一座黄石假山伫立，游人只能绕道两侧入园。在庭园的入口或是一角，以土山、置石、影壁、树丛为屏障，遮挡人的视线，使人不能一眼看穿内部的景物，待到绕过转弯处就可以看到优美的景致，这就是一种障景的手法。这种手法在传统园林中常可见到。

在《红楼梦》第十七回关于大观园入门时，描写道："开门进去只见一带翠嶂挡在面前。众清客都道：'好山！好山！'贾政道：'非此一山，一进来园中所有之景悉入目中，更有何趣？'众人都道：'极是……'"北京恭王府花园入门第一景，也是"曲径通幽"。载滢《补题邸园二十景·曲径通幽》写道："行人入园路，山树青葱茏。曲折数十步，豁然蹊径通。"

宗白华曾讲："……中国园林，进门是个大影壁，绕过去，里面遮遮掩掩，曲曲折折，变化多端，走几步就是一番风景，韵味无穷。把中国园林跟法国园林作比较，就可以看出两者的艺术观、美学观是不同的"（图 3-81~图 3-83）。

由于"遮蔽"可以使人们追求意外的奇趣、突然的美景，因而在园中只能适当使用，

图3－81 北京钓鱼台宾馆入口（自《中国园林》）

图3－82 障景（北京广渠春晓公园）

图3－83 北京月坛公园内置石

不可过多过繁。

七、积极引导

园林中积极的引导可以便捷游览，激发人的游兴，在心理上也得到一种满足（图 3-84、图 3-85）。

在进入园林中游赏各景区、景点、建筑物主要靠道路的引导，在这个基础上有更加积极的引导，那就是在路面的铺装上，让那些更主要的方向有明显的、特殊的铺装，如在砖地上铺上精美的石板，或是做成特殊的纹理，很多重要建筑物的轴线也就是如此；高于一般地坪的道路也是引导，如天坛的丹陛桥，高出附近地面 2～4m，加强了南北的联系，也是一种南北的引导；在路的两侧竖立柱，人行于其中，给人一种空间上的引导；特别是走廊是非常明显的一种引导，进入颐和园后，大多数游人穿过乐寿堂，顺长廊游赏，成为游颐和园的主要路线，尽管与长廊相交有很多可以休息的景点，但也较少人光顾。廊子也称游廊，这就是一种“廊道效应”（图 3-86、图 3-87）。

图3－84　苏州艺圃池南小院门前

图3－85　引导作用（美国拜斯比公园）（《中国园林》,2001,3,刘晓明供稿）

图3－86 以路引导（中国某科学院庭院）（自《北京园林》）

图3－87 国家大剧院北入口

在园林中构筑的各种引导设施，不仅有实际的引导功能，也是一种造景，可以丰富园内的景色，天坛的丹陛桥、颐和园的长廊就是例子。

林缘的道路消失在密林深处，是一种无结果的引导，会给人一种神秘感；在草坪上排列的块块步石，虽不是道路，但也是一种引导、一种点缀；洞口前的山石台阶，自然与人工的对比，也是一景，也是明显的引导，这些引导不仅是游览上的需要，也是一种美的享受、心理上的满足。

八、视角展开

在传统的园林中称"借远"。进一步的发展是又远又阔。站在相当规模的广场、草坪、水面一旁，都能使人的视角展开。放眼望去一片动人的景色，使人感到心旷神怡。

在园林境界里，远观近取都有审美价值。王维《山居即事》写道："嫩竹含新粉，红莲落故衣"。这是近观细赏。园林上也有远观，董其昌《画禅室随笔》讲到："轩畅闲雅，悠然远眺。道路深窈，俨若深居……"明代谢榛在《四溟诗话》中就写到"……如朝行远望，青山佳色，隐然可爱，其烟霞变幻，难于名状。"法国凡尔赛宫苑，入口处有"军队广场"，从中放出三条林荫大道，宫殿内朝东布置了国王的起居室，由此可眺望穿越城市的三条林荫大道，象征路易十四控制法兰西。宫殿朝西的水花潭广场，是宫苑中轴线的焦点，由此处眺望园林，视线深远，循轴线可达8km之外的地平线，气势恢弘，令人叹为观止。滇池大观楼远观的景色如对联："五百里滇池奔来眼底"，"万顷晴沙，九夏芙蓉，三春杨柳"的气势。

"远"观不仅是中国美学的重要范畴，它凝聚着中国人的审美趣味、文化心理。就是在西方远望也有美学价值。德国弗·菲希尔从另一个角度曾作过分析："我们只有隔着一定的距离才能看到美。距离本身能够美化一切。距离不仅掩盖了外表上的不洁之处，而且还抹掉了那些使物体原形毕露的细小东西，消除了那种过于琐细和微不足道的明晰性和精确性"（图3-88）。

东晋陶渊明：《桃花源记》艺术上有很高

图3-88 北京海淀区马甸公园儿童游戏场

的成就，传诵至今，深入人心，其中："初极狭，才通人。复行数十步，豁然开朗。地平旷，屋舍俨然，有良田、美池、桑竹之属。"在这段描述中"豁然开朗"最为动人。又远又阔固然能使人心旷神怡，如果豁然间能见到这些景色，会加深人的印象，更具有艺术上的冲击力。园林设计中常以峰回路转、从窄到宽、从暗到明的手法使"视角展开"，更加精彩。

九、微缩景观

把实际的景物按比例缩小，放在露天可供游览，形成微缩景观。一般是把特定的景物的尺寸缩小到1/20或者1/50，这样就可以在一定的地点总揽全貌。深圳的"锦绣中华"，就是在一个公园的面积内把全国的景物收入其中，从长城到桂林漓江，从北京天安门到莫高窟，人在半天内就能"游遍"全中国。北京的世界公园把很多国家著名的建筑或园林都摆列于园中：从莫斯科红场到曼哈顿，从意大利台地园到埃菲尔铁塔，琳琅满目，应接不暇，可谓"世界建筑博览会"。这种微缩景观的做法在国外也不少，有的是按照原景观按比例缩小，如泰国等国的微缩景园；有的是把意向中的景观缩小比例，如日本、美国的迪斯尼乐园中的"小小矿山"等等。我国从20世纪80年代以来，以商业性的经营为目的，一拥而上，意境不高，制作粗糙，很多归于失败。

在中国传统造园手法中，有"移天缩地"说，把大千世界、名山大川，经过艺术的加工，而再现于园中。堆山就是一种微缩，不过不是简单的、完全照比例的缩小，而是内心有了真山的意境后来堆山。《园冶》中讲："欲知堆土之奥妙，还拟理石之精微"（图3-89、图3-90）。

刘宋宗炳《画山水序》："眦阆之形可围

图3-89 深圳锦绣中华微缩景观

图3-90 泰国迷你暹罗微缩景观

于方寸之内，竖划三寸，当千仞之高；横墨数尺，体百里之迥。”梁时萧贲“曾于扇上画山水，咫尺内万里可知”。中国古代山水画家是通过对山川美景加以提炼、概括，并将自己的感情融入其中因生画意的。《园冶》中有：“有真为假，做假成真”，只有园林艺术修养达到了一定程度，才能使“微缩”成功。

十、景物放大

为了突出某种景色或景物，故意将原物按比例加大若干倍。置入园中凸显其形象。例如，在广场中心摆放大几倍甚至几十倍的钟、鼎一类的装饰物，以显示民族传统。在儿童游戏场为了给儿童创造一种滑稽、生动、亲切的气氛，把一些日常的小物品放大，放在场地上。例如，把一只造型别致、色彩鲜艳的靴子放大，也可以把苹果放大，儿童可以里外攀爬。北京玉渊潭、天坛公园儿童游戏场中，把树干放大到直径2～3m，儿童可以进入，并爬到树顶的森林小屋中；也有的公园把鸭形放大成游船，既可以提高游人划船的兴趣，又可点缀湖面。

夸大的做法，首先要明确造景的意图；要注意周围的环境；还要考虑到放大后的效果。很多原放在室内较小的物体，精细入微，装饰意味很浓，一旦放得过大显得过于粗放，失去原有的装饰韵味。有的雕塑需要适当的夸大才能取得一定的艺术效果，譬如人的雕塑，一般都要比真人大，否则看去就比真人小，这是一种合理的、必要的夸大（图3-91）。

很多园林建筑不是按照人需要的使用尺寸，而是根据装饰或环境的需要建造的。例如门、亭、桥都有很多加大、加重的实例。判评其优劣，不能只从其本身而论，还要从园林整体来分析（图3-92）。

十一、引发追思

我们曾亲身经历过的很多情景，如一次探险、一次聚会、一次庆典……仍时常会在脑中萦回；历史上很多悲欢离合的故事也给了我们很多回味。见景就会生情，到了绍兴沈园，踏上葫芦池上石板桥，就会想起当年陆游与唐琬一段悲惨的离别。如果我们再到绍兴兰亭鹅池也许信口就会念出：“永和九年，

图3－91 北京玉渊潭公园儿童滑梯

图3－92 北京天坛公园儿童游戏场（1989年）

岁在癸丑，暮春之初……”想到王羲之的很多故事。也会想到《兰亭集序》的真迹与唐太宗李世民的那段情节。在园林中适当地复旧一些历史的迹象，可以引人追思历史文化，也是一种审美。

北京植物园的黄叶村，在“古井微波、西山寻梦”景区，看到古井和山石上刻有“字字看来都是血，十年辛苦不寻常”的题刻时，就会追思到曹雪芹在险恶的封建社会中，心灵上的痛苦以及潦倒后著写红楼梦的情景。苏州沧浪亭、滁州醉翁亭、九江浔月亭，分别是苏舜钦罢官、欧阳修受诬降职、白居易贬官江州后，发生很多故事，而凝聚在园亭上，今天我们看到它们亭上的匾额对联，好像在诉说历史。由于在官海中失宠，他们的文章墨迹反映出历史的真实，也散发出艺术的魅力，打动着人们的心弦。

在法国塞纳河畔，散落着法国二百多年前革命者捣毁巴士底狱剩下的几块石头，我们也可以想象当时革命者的壮举。在枫丹白露宫透过湖面望去的八角亭也会想象盖世英雄拿破仑失败后被迫签字的场景。在日本京都岚山建有周恩来总理纪念诗碑，诗词中表达了周恩来总理向往革命、向往真理的心境。诗碑四周苍松环抱，背衬几棵高大的樱花。站在碑前可以饱览岚山娇妍的景色（图 3-93）。在英国格里姆河上有美丽的“伊丽莎白岛”，岛上有启蒙主义者的主将卢梭的墓碑，看到这个景色当然就会想到卢梭曾经喊出“回到自然”的口号，而影响到英国的园林。

很多景色的再现，会使人们翻开在脑海中历史的一幕，某些景色也总要告诉人们一些信息，使人追思以往，得到心灵上的满足（图 3-94、图 3-95）。

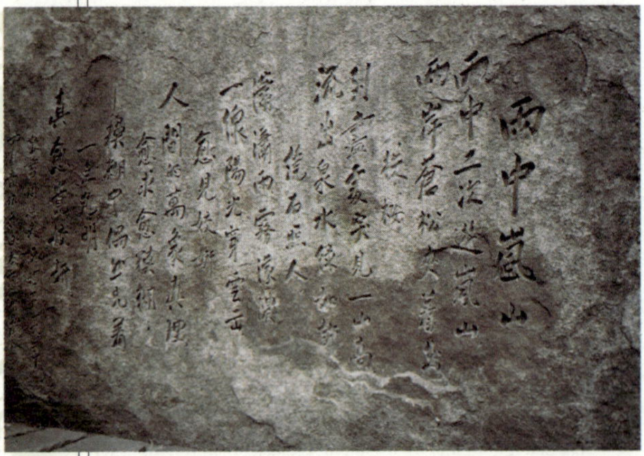

(a)

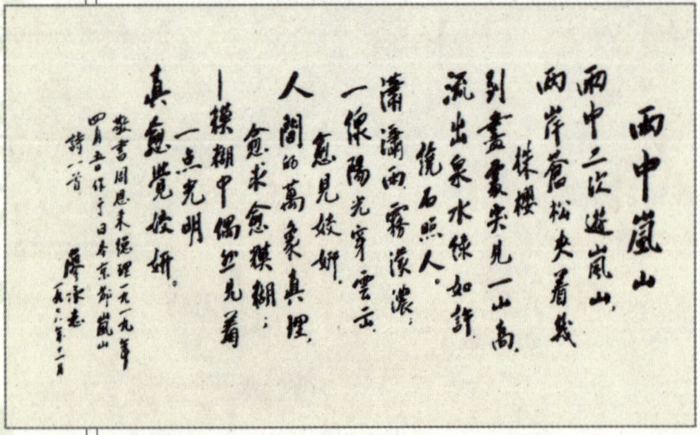

(b)

图3－93　日本京都岚山纪念周总理碑
(a) 石碑；(b) 廖承志同志题写的碑文

十二、遐想高远

是用园林的形式引发人在无限的空间中放开思索。以浪漫的胸怀想到很古、很远、很高，是一种心绪的飞翔，美好的想象。北京元大都城垣遗址公园中的海棠花溪，种植了大片海棠，在石碑上刻苏轼《海棠》：“东风袅袅泛春光，香雾空蒙月转廊。只恐夜深花睡去，故烧高烛照红妆。”诗人形象地把夜间赏花、惜花的心情、举止和盘托出，给人以无穷的回味，这就是一种爱的表述。北海

图3－94　香山饭店晴云映日（松树下一对石凳和石桌表示毛泽东主席在北京解放前接见傅作义将军处）

快雪堂内有“云起”石，高约5m。正面（南面）有清乾隆题“云起”二字。石北面刻有乾隆作《云起峰歌》：移石动云根，植石看云起；石实云之主，云以石为侣。滃滃蔚蔚出窍间，云固忙矣石乃闲；云以无心为离合，石以无心为出纳。出纳付不知，离合涉有为，因悟贾岛语，不及王维诗。表达了诗主人对大自然的美妙描述。

北京陶然亭公园内华夏名亭园中，有碧桃数株，旁有尺寸与“花径”碑相仿的石碑，

图3－95　陶然亭华夏名亭园中谪仙亭景点中纪念李白的诗句（自《清溪行》）

碑上刻有白居易《大林寺桃花》诗。庐山花径亭内所藏花径碑，花径二字相传为白居易所书。唐元和十三年（818年）白居易游览花径即兴赋《大林寺桃花》诗：“人间四月芳菲尽，山寺桃花始盛开。长恨春归无觅处，不知转入此中来。”诗人以桃花来代替抽象的春光，把春光写得形象化，美丽动人，启人深思，惹人喜爱（图3-96、图3-97）。

当人们看到杏花，就会联想到为颂名医而有“誉满杏林”的词句，也会想到古代名医董奉充满仁爱医德的故事。看到山石就能想到名山；看到水中三块石头，就会想到蓬莱、方丈、瀛洲三岛升仙的岛屿；看到松树，就会联想到“岁寒然后知松柏之后凋也”，它的苍虬挺拔的雄姿会给人一种坚贞不屈的力量；看到海棠、桃花、山石、水面就会联想到很

图3－96　“云起”石（左上角刻有云起峰歌）

图3－97 清高宗题“云起”原迹

图3－98 昆明龙门

多故事，也就从故事中得到想象的空间，找到美。在园林中普遍的现象稍有人工的点缀，就可以变成特殊的现象，这与那些利用有特点的古迹引发人的追思类似，也是园林设计者的一种技艺。

十三、起伏成趣

利用地形高低变化来适应环境，创造各种景观，这是园林的基础。《园冶》在“相地”一节中讲：“地势有高低，涉门成趣，得景随形。”在山林地一节中又讲到：“园地惟山林最胜，有高有凹，有曲有深，有峻而悬，有平而坦，自成天然之趣，不烦人事之工。”很多国内外优秀的园林，都是在利用地形上有独特的创造（图 3-98、图 3-99、图 3-100）。中国在自然风景区中寺观、陵墓的放置都是

图3－99 卢森堡大峡谷绿化（赵志汉摄）

图3－100　庭园中高台上敞厅

十分得体而巧妙的；江南的一些名园面积虽小，但也利用高低、湖池取得变化；北方的皇家园林，如北海、颐和园、玉泉山、香山等处，都是依靠山势造园，确实达到了“天然之趣”。像圆明园，如果铲平其5～10m高的土山，就几乎是一片平地，其中各样空间大都是靠挖湖堆的土山围合，尽量达到土方平衡，少烦人事之工。山水和建筑结合，也能算是“得景随形”。意大利台地园是依山建园，又有流泉飞瀑自不必说，就在法国平原地上建凡尔赛宫，其轴线上也有高低起伏，从水池台地至拉冬娜喷泉之间，就有明显的高低变化，从水池台地向下望去，有两侧的花坛、阿波罗之车雕像群、国王林荫道和大运河，景色十分壮观。

降低人的位置，步入坡下、低谷或下沉式的花园，都会使空间感加强，低处的草坪、花海、湖面、溪流，会使独享的空间更加幽静、动人（图3-101）。太原晋祠难老泉一组为了接近水面，园亭、不系舟等降低地面标高，都放在沉床中，据说冬季由于水温适合，小气候又好，睡莲可在雪中开花，在建筑群中取得了另一番景色（图3-102）。北京的东皇城根绿地中，为了表示出古皇城的地基，也将一段地面下沉，成为沉床园（图3-103）。国外的一些园林中沉床园是一种传统，很多花灌木、花卉集中布置，精细入微，成为园中之园。

图3－101　北京京贸国际公寓绿地中沉陷园

图3－102　太原晋祠泉池（李乐诗摄）

图3－103　北京东皇城根公园下沉部分

十四、整合提高

使用别处园林中的各种符号，组成一组新的园林，或是将别处各种成形的一个园林移来重组。这是园林中的两种整合。其目的一方面是更加集中、更加突出地表现固有的园林美。一方面重新组合整体，使其更有新意，更具品位或特色。北京的圆明园在福海周围就有自杭州西湖移建的南屏晚钟、雷峰夕照、平湖秋月、三潭印月等景点，在整合中既仿照原来地势环境，也按照皇家园林的特点进行改造，同时添加了一些亭、桥加以点缀，既满足了皇家羡慕江南园林的心理要求，又不失皇家气派。

18世纪60年代英国受中国园林的影响，在邱园建造了中国塔、亭、桥、孔庙及假山等，虽然现在看来仍然是孤立的单体，但是，其初始未必不是想整合成中英合璧的园林。

1988年北京陶然亭公园华夏名亭园取自我国南方，仿建9处名亭（共10亭）组成名亭园（表3-4）。以后又设计、建设了谪仙亭和一揽亭（图3-104～图3-107）。

仿建的名亭　　（表3–4）

地区	原址	亭名
江苏苏州	沧浪亭公园	沧浪亭
江苏无锡	惠山公园	二泉亭
江苏扬州	瘦西湖公园	吹台亭
安徽滁州	琅玡山	醉翁亭
浙江绍兴	兰渚	兰亭、鹅池碑亭
江西九江	甘索湖	浸月亭
湖南汨罗	玉笥山	独醒亭
四川成都	杜甫草堂	草堂碑亭
四川眉山	三苏祠	百坡亭

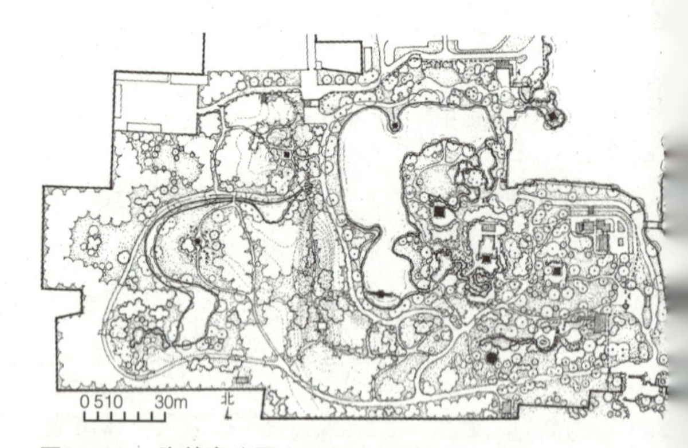

图3－104　陶然亭公园（华夏名亭园平面）

图3－105　陶然亭公园华夏名亭园独醒亭

图3－106 兰亭

在设计中的原则是，名亭求其真，环境写其意，重在陶然之情，妙在荟萃人文（图3-108～图3-111）。

亭在我国园林中是最典型的一种小型建筑，其数量之多、应用之广、形式之多样、造型之精美及与历史文化之关联等，为其他建筑所不及。园林中可说是无园不亭。仅《古

图3－107 鹅池碑亭

图3－108 沧浪亭

图3－109 二泉亭

图3－110 百坡亭

图3－111 杜甫草亭

今图书集成·考工典》中记载有八百多个。名亭园建成后受到了广大群众的赞赏，并于1991年获国家优秀设计金质奖。各处名亭充分展示了园林建筑艺术的成就；表达了园林中文化内涵的博大精深和中国造园艺术的特色（图3-112～图3-115）。

十五、选取典型

园林造景就是要把典型的景色凸显出来。植物配植上有使用一片纯林；也有使用典型的树丛、树群的手法。一片纯林有承德避暑山庄的梨花伴月、金莲映日、万壑松风等等。北京的紫竹院公园有“江南竹韵”，以十万株竹子表现景点的特色。香山公园以大片的黄栌供人欣赏，以致形成“红叶节”的胜观。

使用树丛、树群配植，须利用植物的高低错落、色彩搭配、树形变化，使景观鲜明、生动。这种配植既要符合美的规律，在环境条件上也要满足植物生物学特性的要求。设计者要有艺术的修养和有关技能，同时又要有植物科学的知识。例如合欢和桧柏配植成树丛，在体形上是对比；在色彩上桧柏色深，合欢色淡。但是在贫瘠、黏重的土壤中合欢生长不良。所以设计者在选择栽植的立地条

图3－112 浸月亭

图3－113 吹台亭

图3－114 醉翁亭

图3－115 谪仙亭

图3－116　三角花花篱（自《世界景观大全》）

件上要注意。松橡混交是华北地区有代表性的混交林型，但是由于橡树根深，在城市内栽植过程有许多困难不好克服，所以北京城内一直未见到这种林型。

西方和日本园林中，在植物配植上都有自己的特点，就是因为园林设计师及相关的专家能够共同地在万千植物世界中有条件、也有能力集中、概括典型，因而取得了独特的效果（图3-116～图3-118）。

在中国传统造园手法中，不仅在植物造景中使用典型集中的手法，在堆山挖湖中也选取典型概括，所以园中以“残山剩水”最为高明，能达到“罗十岳为一区”。如明代造园家计成能“悉致琪华、瑶草、古木、仙禽供其点缀，使大地焕然改观”。在现代园林中，在选用建筑、设施以至铺装中都注意表现具有典型意义的题材，以致能给人以深刻的印象（图3-119、图3-120）。

图3－117　园林中独立树（西双版纳景洪旅人蕉）（张小丁摄）

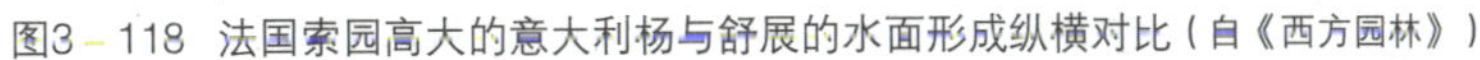

图3－118　法国索园高大的意大利杨与舒展的水面形成纵横对比（自《西方园林》）

图3－119 北京紫竹院公园江南竹韵竹丛花坛（洛芬林摄）

图3－120 陶然亭公园残山剩水

十六、凄美苍古

从园林艺术上讲，也可以称荒凉美。

北京的圆明园自从1860年英法联军和1900年八国联军两次烧毁抢劫后，面目全非，断壁残垣，杂草丛生。还有一些依稀可见的遗迹，如福海中的蓬岛瑶台和其北岸的方壶胜景、紫碧山房、文渊阁，长春园中的海岳开襟。最显著但却不能代表圆明园建筑的西洋楼遗迹反倒很突出，那些兀自站立的石柱，像一个悲剧中的英雄，虽然已经遍体鳞伤，却仍然挺立着不肯倒下。每当夕阳西下，血色余辉落在这些废墟上，就会有一种说不出的苍凉感。北京植物园红楼梦展览馆，相传曹雪芹曾在此居住过，它那矮小的门楼、古老的槐树，再加上乱石砌成的围墙，表现了悲怆凄凉的景象。

废墟不仅有一种形式美，而且在内容上也有一种悲剧美。从某种意义上讲，这种内敛的凄美比张扬的华美更有审美价值。至于如何在实际工作中能做到这一点，就需要认真对待（图3-121、图3-122）。

在欧美国家有一种造野景的观点，可以在园址上任其自然生长植被，依生态规律自行保持或演替。在很多野景园中给人的印象就有些苍古的气氛，不过这可能并非生态学家的意愿（图3-123、图3-124）。

十七、相互衬托

艺术作品作为审美的整体，其组成部分都有主次之分。园林中每处景致都有主景、配景的地位。李成在《山水诀》中讲："凡画山水，先立宾主之位，次定远近之形，然后穿凿景物，摆布高低。"中国园林空间里，主景控制统驭着配景，配景围绕着、映衬着主景，

图3－121 孟子故里的住宅（是孟母仉氏三迁前的旧居）（佚名）

图3－122 少林寺中唐代古塔

图3－123 北京植物园曹雪芹纪念馆门前
（自《绿色的梦》）

图3－124 北京明城墙遗址

达到宾主相生，有机结合成整体。在江南很多私家园林中，如《园冶·立基》中所讲："凡园圃立基，定厅堂为主。"这就是先把主要建筑也就是主景定下来，然后"择成馆舍，余构亭台，格式随宜，栽培得致"。同时还要"疏水若为无尽，断处通桥，开林须酌有因，按时架屋，房廊蜒蜿，楼阁崔巍……"

北方的皇家园林如颐和园万寿山上佛香阁是园中的主体，山前两翼有多组园林，前方有排云殿，还有长廊，都是配景，使得佛香阁一组主景壮丽恢弘、雍容华贵。同时由于体高40m，把单调刻板的空间格局打破；坡屋顶木结构的形式，丰富华丽的色彩，引领了各组建筑的装修和色调。总之，这一系列穿凿、高低的关系，造成了颐和园的美。

北京的北海琼华岛位于湖面当中，是园的中心，周围有小西天、五龙亭、静心斋、画舫斋等园林相衬。琼华岛的中心是白塔，塔周北有漪澜堂，南有永安寺，西有庆霄楼、甘露殿，东有智珠殿等拱卫环护，使白塔表现出气宇轩昂的景象。周围的水面更把琼华岛这一组园林映衬得高耸中透着秀丽。琼华岛中这几十组园林，是以白塔为高峰，也好像一首交响乐章，白塔是主调，没有其他的音符显不出主调的雄伟壮观，没有主调，其他的音符也就平淡无奇。

细致地分析一组建筑、一个树丛，其中都有主次的成分。承德避暑山庄烟雨楼侧面的翼亭，因总体空间的需要，压低柱高，就是极好的配景。18世纪60年代，在英国经过布朗在格利姆河上保留了伊丽莎白岛，岛上的白杨树成为整个树丛的主角，挺拔的树姿与平直的岛屿和湖面，形成了鲜明的对比，其他的针叶树和花灌木起到了陪衬的作用。

当然作为陪衬主景的不仅是一个建筑、一种树木。作为背景（如铺装、水体、山体）都可以烘托、陪衬主景，而成为一个完美的整体（图3-125、图3-126）。

十八、移植仿造

选择优秀庭园的全部或某个局部在另地仿建，这是园林上的移植。乾隆历下江南造访名园，慕其精美，画仿图形，分别建于圆明园和颐和园。圆明园中之如园，就是仿照南京瞻园所建（图3-127）。

如园在布局及手法上保有瞻园的风格，但规模较南京原来的瞻园大（瞻园解放后经修整和扩建），空间流动变化更为舒展自如。东边山顶上的观丰榭，是一览长春园内外景色的观景点。

瞻园内南、北、西三面为假山，山石为明代遗物，山洞曲折幽深，山峰挺拔多姿。山前水池如镜。东面回廊山榭工字厅一面临水，一面是花台和绿地，建筑精致。另有玉兰院、海棠院、亭台小屋别具一格。如园虽作一些改动，其景色依然很美（图3-128、图3-129）。

仿无锡寄畅园建成的谐趣园，位于北京颐和园内，它在乾隆十六年（1751年）建清漪园时建成。其原型是江南无锡寄畅园，建

图3－125 云南丽江得月楼（自《黑龙潭》）

图3－126 广东肇庆湖心亭

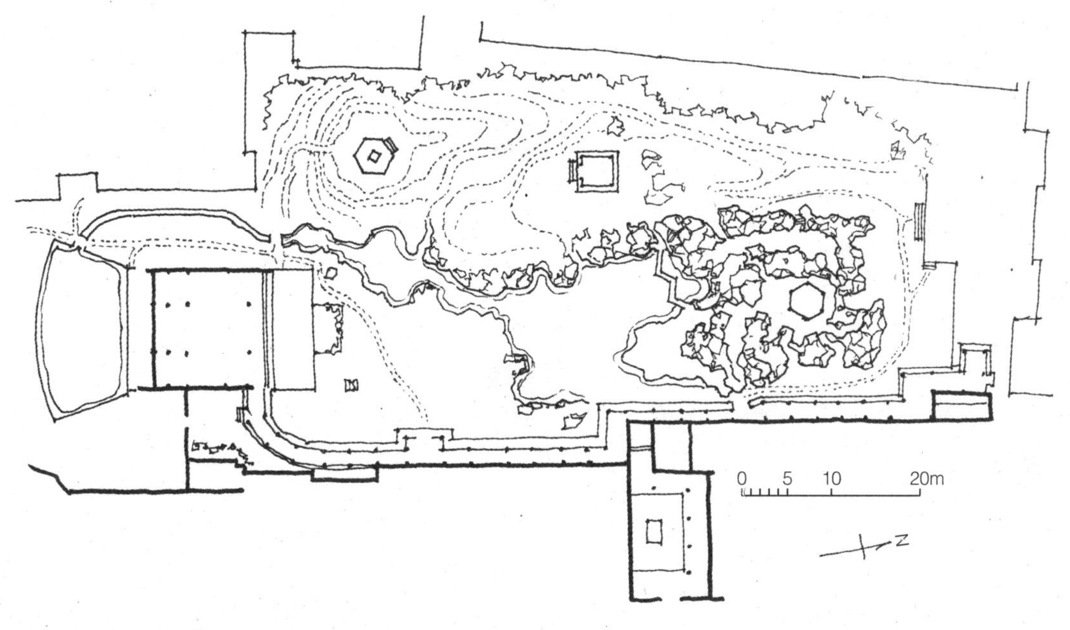

图3－127　南京瞻园平面（摹自《江南园林志》）

图3－128　圆明园如园（自焦雄：《圆明园》三期）

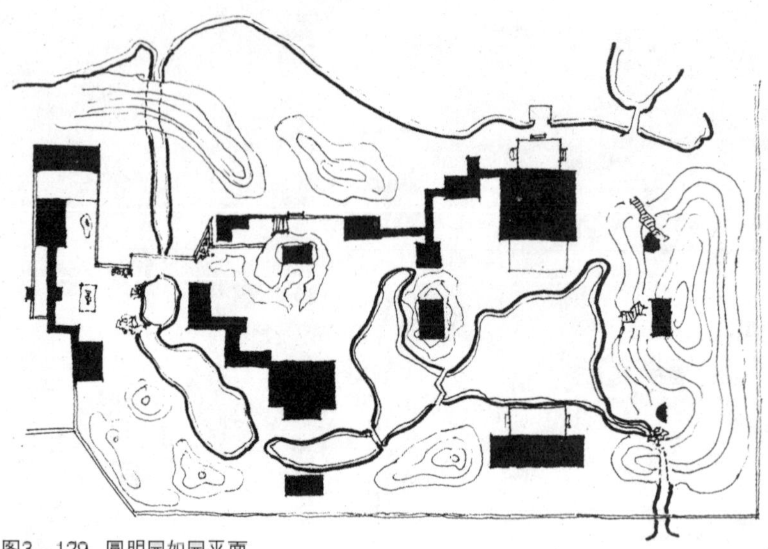

图3－129　圆明园如园平面

成于嘉庆十五年（1810年），名为惠山园。当时乾隆帝南巡时，在《游寄畅园题句》中有："清泉白石自仙境，玉竹冰梅总化工"的赞美。谐趣园选址在万寿山东麓，与寄畅园相似。建成后其水面、地形与原型大致相似（图3-130～图3-133）。嘉庆十六年（1811年），在水北岸加建了体形比较大的涵远堂。这组园林虽有些失去原寄畅园的幽雅自然，但园林建筑形式多样，高低错落，雕梁画栋，形成"既华丽又宁静的小天地。"（刘致平语）

乾隆移植的两处园林总体上是成功的，其经验大致为：移植别处园林，首先应比较透彻地了解其兴建之理念；其次对其总体风貌、布局及处理地形、建筑、林木和水体的技法作深入的学习。只能在这个基础上作比较慎重的修改，使其更

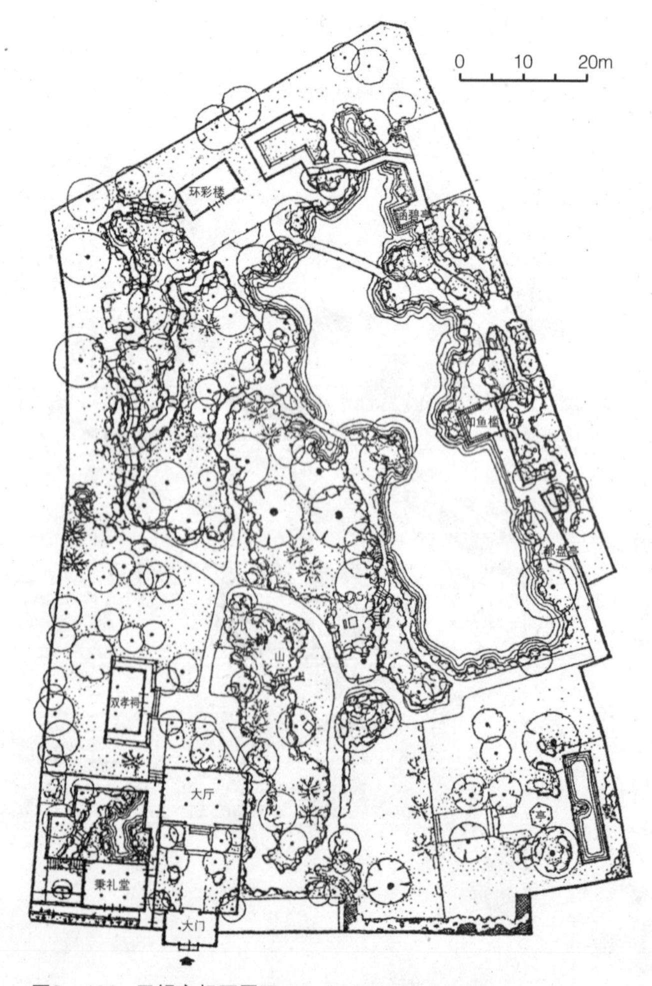

图3－130　无锡寄畅园平面（自《中国建筑简史》）

图3－131 无锡寄畅园（载《南巡盛典》）（自《中国建筑简史》）

图3－132 无锡寄畅园现状（自《华南理工大建院70周年专刊》）

图3 133 北京颐和园谐趣园

加完善而更具有新的特色。在香港公园中也有模仿传统园林建筑组群的一景，其结构、手法也颇具新意（图 3-134）。

十九、动势感觉

在园林景观中，动势是不动之动。人们看到的仅仅是视觉形状向某些方向上的倾向或集聚。任何物体只要显示出类似楔形的轨迹、倾斜的方向、模糊或明暗相间的表面知觉特征等等，就会给人以动势的印象。

图3－134 香港公园中的园林建筑

在一些庭园的围墙上常用云朵形，称为云墙，云墙给人一种动的感觉，可以使幽静的庭园中产生一些生动活泼的气氛(图 3-135、图 3-136)。

在花坛、铺装或石刻上都运用水波纹或是层层退韵的图案，也让人感到是一种动势。其他如山体、山石的造型、线形，道路、溪流、瀑布的趋向，都有向某一方向的动势。山坡、水边的风车以及运动员某种运动姿势的雕塑，都带有动势，形成空间上的流动。建筑物上的“惊鸟铃”、钟楼上的铜钟发出的声音，可以划破寂静的天空，引发人的沉思，“南屏晚钟”和寒山寺的钟声世代相传，为人所回味。鸟语花香也传达生态环境尚佳的信息，蝉噪、鸟鸣、莺啼、燕语再加上芭蕉夜雨、残荷听雨声，园林方面这种实例不胜枚举。从实物、形象到声音都可以有动感，都是一种动态美。

图3－135　月坛公园内道路

图3－136　上海大观园云墙（自《悲金悼玉》）

二十、题刻点景

园林中的景点、景区都有主题以表现个性。为了传达加深这种意境，中国古典园林中讲究悬挂匾额和对联，也有的立石碑或自然山石上边刻上景名或诗词。园林中题刻的做法，在唐代就有。白居易《感旧石上字》：闲拨船行寻旧池，幽情往事复谁知？太湖石上镌三字，十五年前陈结之。例如沧浪亭上有欧阳修和苏舜钦分别拟的上下联“清风明月本无价，远山近水皆有情”的对联，既抒发了自己的心境，又描写了风景。内容包含着苏舜钦被贬的冤案和欧阳修对他的同情(图 3-137)。又如济南大明湖历下亭，摘引杜甫的诗句：“海右此亭古，济南名士多。”表示对济南地区的名士和此亭的颂扬。此中有杜甫、李北海等名士在此活动的表示。

北京燕京八景之一“蓟门烟树”复建中，在“城外”做戏台，台口两侧有对联：“想当年那段情由未必如此，看今日这股风光或者有之”，横额是“风雅长存”，以此来象征元代高度发展的戏曲艺术。

杭州西湖三潭印月中和泰山上都有刻“虫二”的石碑，意思是风月无边，构思巧妙，书法艺术上高超的表达，把意境进一步深化。在沧浪亭潭西石上刻有俞樾的篆书“流玉”二字，其婉润流动，佶屈悠长的线条，引起

图3－137 苏州沧浪亭洞门“迎风”（取迎风花香扑鼻之意）（自《苏州园林》）

了人们关于潭中水流如碧玉的感受（图 3-138、图 3-139、图 3-140）。

曹雪芹非常欣赏这种点景题名的做法，在《红楼梦》中第十七回验收大观园时，用贾政的话说出了他的意思：“若大景致，无字标题，任是花柳山水，也断不能生色。”其实，题刻的妙处就在“生色”。于是就在一些建筑上题名，如芦雪亭，建在池边，前边是一片芦苇，芦花开放时色白如雪，故题芦雪亭。怡红院内一边是芭蕉，一边是海棠，故题怡红快绿。

秋爽斋前有滴翠亭，因诗人黄庭坚曾读书于芜湖北赭山滴翠亭，有纪念诗人之意。

二十一、轴线转折

无论大小园林中，为了分散、引导游人，创造更丰富、更具趣味的景观，不论园中的轴线长短总是要有转折。转折的运用应该合理，形式上要协调、融合。一般常用的有三种形式：

（1）直角式转折，以密林、花坛广场或

图3－138 镇江中冷泉

图3－139 广东肇庆石牌坊

图3－140 杭州西湖西湖天下景亭

是建筑物使轴线作直角转折。如颐和园从东宫门入园，与仁寿门、仁寿殿成为东西轴线，作为皇帝处理朝政的场所，显示出仁寿殿具有的庄重，其后为宜芸馆和玉澜堂为游赏性质的建筑，是南北向轴线两者相接作直角式转折，缘其建筑性质不同，又由于地势所限，处理得十分得当（图3-141、图3-142）。

（2）分叉式转折，法国巴黎凡尔赛宫入口是东西轴线，进园后经过一系列的花坛、广场到阿波罗水池后道路开始分叉即分成正南、西南、正西、西北、正北等五个方向的道路，接顺了气势如虹的轴线，也开始了到宫苑各处去游赏的道路。其他如英国的汉普顿宫也是如此。

（3）自然式转折，很多自然式公园如此，入口的轴线消失在自然的丛林或山水中，如美国芝加哥杰克逊公园、英国布莱肯哈德公园、北京的紫竹院公园等（图3-143～图3-146）。

园林设计手法的运用，关键是设计项目的性质和内容以及场地条件，要做到深思熟虑，“景以境出”，决不能凭空想象，随意选用哪种手法，或生硬搬弄，或为表现而表现，以致归于失败。

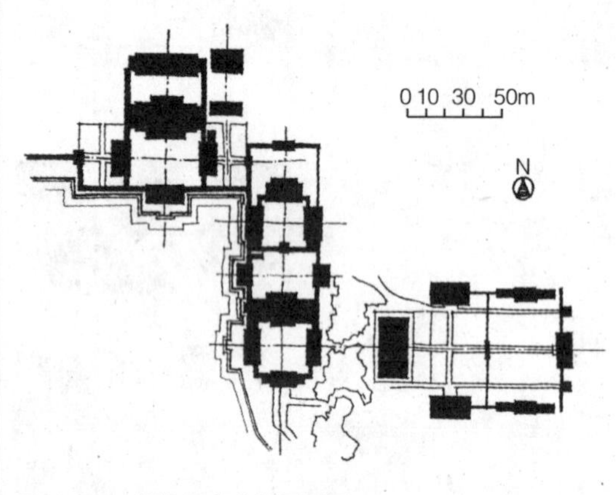

图3－141 颐和园东宫门区平面

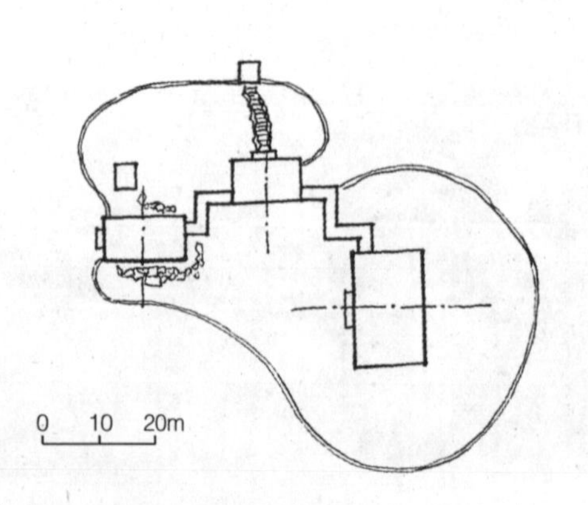

图3－142 颐和园后山构虚轩平面

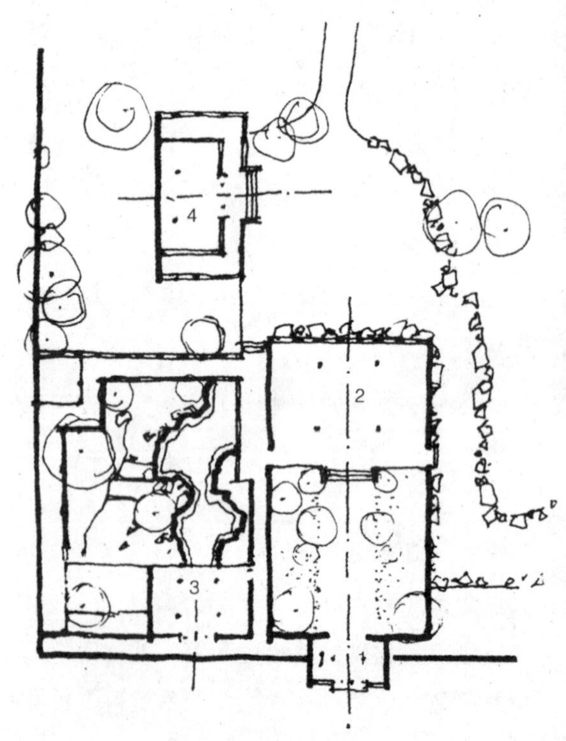

图3－143 寄畅园

1-大门；2-双孝祠；3-秉礼堂；4-含贞斋

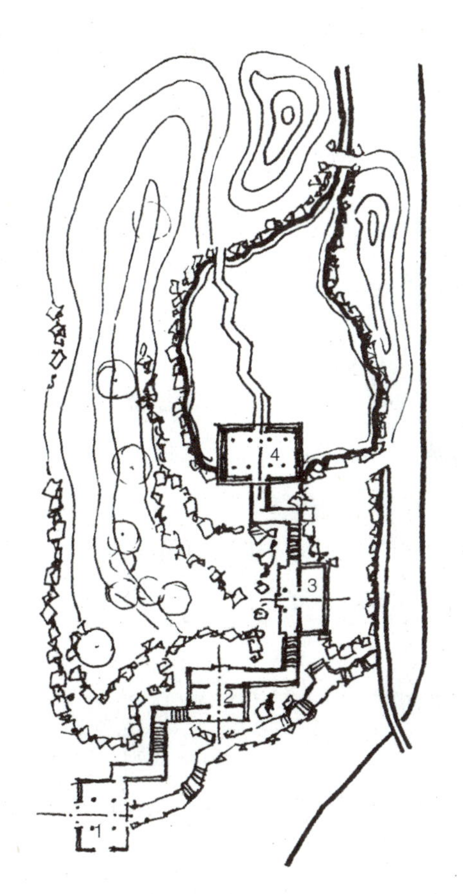

图3－144 濠濮涧平面
1-大门；2-云岫室；3-崇淑室；4-濠濮涧

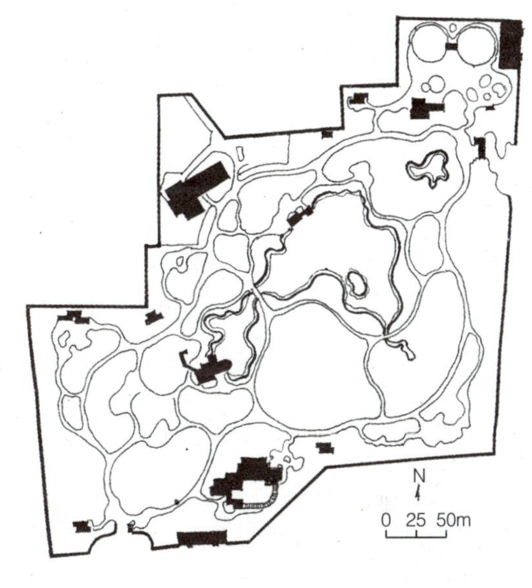

图3－145 轴线自然式变化（北京丰台花园）

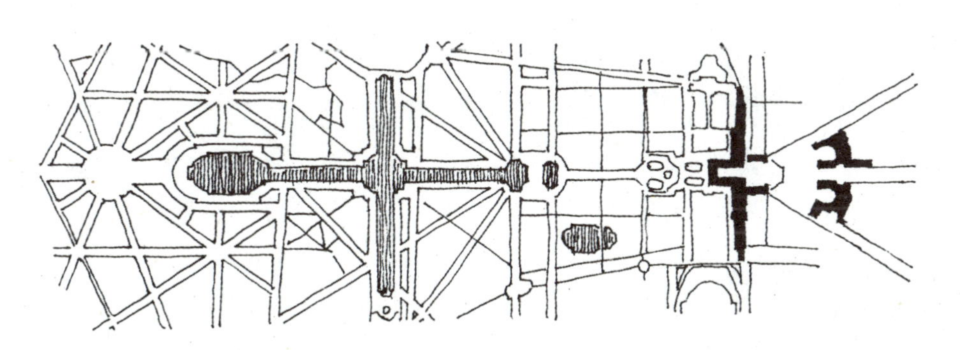

图3－146 轴线三叉式转折（凡尔赛宫苑）

第四章
设 计 过 程

从设计任务的开始到结束是一个完整的过程，这个过程是一个由宏观到微观、由浅入深、由概括到具体的过程，每个阶段都有应该解决的问题，也只有如此，才能使下一阶段顺利进行，设计质量得到保证，并取得正常的效率。

第一节 设计理念

设计理念对设计方案是十分重要的，它是指导园林规划设计整体方向的具体操作的依据。理念可以由政府负责人、私人业主和设计者提出，也可以由某个局外人士提出。理念是跨越政治、经济与空间的形象思维，它是从人们头脑中产生的理想、意愿、观点、方法、措施。对理念的评判没有具体标准，只能相对比较而言。譬如有豪华与朴素、丰富与简陋、节约与浪费、先进与保守、科学与盲目、协调与分离、持续与短暂、自然与规整等等。理念的产生受到了各方面的影响。概而括之有几个方面：

一、时代背景

每个时代都会产生与其相应的园林，人们宇宙观、审美观的变化，总要通过具体的形式才能表现出来。从园林这种由多种物质元素组成的三维空间艺术，就能表现得很具体。在中外历代的造园史中都有充分的表现，例如中国的古代，孔子讲：“智者乐水，仁者乐山。知者动，仁者静。”表示出从这时起，人们开始努力在山川之美与士大夫人格价值间建立某种直接联系。到了秦代，宫室壮丽，驰道通天下，有着突出的象征意义。汉代表现帝王之尊，“天子以四海为家，非壮丽无以重威德。”魏晋南北朝三百六十多年大混乱的时代，知识分子玩世不恭，愤世嫉俗。老庄所标榜无为而治、崇尚自然和隐逸的思想对园林产生了很大的影响。佛教重来生出世思想，也使得群众性的野游活动——修禊开始流行。陶渊明的《饮酒》：“采菊东篱下，悠然见南山”，闲远自得之意，超然邈出宇宙之外。“久在樊笼里，复得返自然”，在大自然里感到生命价值之所在，随之“归园田居”。王羲之的《兰亭集序》中表达的“崇山峻岭，茂林修竹”、“清流激湍”、“天朗气清、惠风和畅”中，领悟到宇宙的无穷，其深意还在对士大夫生命和人格价值的珍视，成为这个时代文化的标志。园林是人们宇宙观念的艺术模型。在秦汉大帝国衰败后，与当年宫苑那种吞吐山海的空间相比，仅壶中的酣足，就可能成为人们的理想。因此盛唐时的园林在空间艺术上已达到“以小观大”的水平。“壶中天地”作为中唐以后的基本空间原则，即“巡回数尺间，如见小蓬瀛”，一直延续到两宋时代。如苏轼诗：“不作太白梦日边，还同乐天赋池上。池上新年有荷叶，细雨鱼儿唫轻浪……此池便可当长江，欲榜茅斋来荡漾。”

中世纪的欧洲园林，先为教会和僧侣所掌握，成为寺院式园林。在诺曼人侵入英格兰后，他们不满足于撒克逊人居住的木屋；而开始建造城堡式住宅，城堡内除了宅邸部分即为庄园，城堡庄园成为一种形式。

14世纪的诗人但丁（Dante,1265 － 1321年）在《神曲》中表现了抗议教会的偏见，赞扬了自由意识和探究精神，号召人们享受现实世界的一切欢乐，为意大利文艺复兴奠下了基础。阿尔伯蒂（Alberti）是位伟大的艺术家，在所著《论建筑》中，曾讨论到别墅和庄园的设计问题，他认为别墅式官邸要表现得优美、愉快、有开朗的厅堂，所采用的线条应是严格整齐、合乎比例的。

17世纪下半叶法国路易十四统治时期，法国成为欧洲军事上最强大的国家，发动了一系列的战争，打了不少胜仗，成为欧洲大陆的盟主。路易十四踌躇满志，他认为是上帝委托他来挽救法兰西的，他效仿古罗马恺撒大帝和埃及法老，认定自己是拯救法兰西的救星，自封为“太阳王”。凡尔赛官苑的规划设计，从总体的巨大尺度及放射大道的采用，到局部的主景阿波罗（太阳神）喷泉的设置，都无不体现着这一中心立意。

现代工业的兴起和城市化进程的推进，是社会进步的标志。虽然扩大了人的生存空间，改善了人类的物质生活条件，但与此同时也带来了复杂的环境问题。工业的“三废”，农药的污染，光化学烟雾的越来越多，国外著名的“八大公害”事件的发生，以及沙漠化日益严重，森林遭到严重砍伐，饮水资源越来越少，盲目捕捞破坏渔业资源，大气“温室效应”加剧等等问题，使人们日益重视生态环境问题。1969年美国风景园林师麦克哈格（I.L.Mcharg）发表了《设计结合自然》(Design with Nature)，提出了以生态原理作为各项建设的设计和决策的依据。1972年6月5日联合国邀请了58个国家的152位专家，在瑞典首都斯德哥尔摩召开了“人类环境会议”。环境问题被与会各国代表认为是人类面临的重大问题，这是继哥白尼首次认识地球是围绕太阳转动的一个行星之后，人类对地球认识史上又一次飞跃。会议通过了“人类环境宣言”，宣布“只有一个地球”，指出“人类既是它的环境的创造物，又是它的环境的创造者”。

1978年美国风景园林师学会主席西蒙兹(J.O.Simonds）发表了《大地景观——环境规划指南》，对大地景观规划作了系统的论述。大地景观规划的任务，是把大地的自然景观当作资源来看待，从生态、社会经济价值和审美价值三方面进行评价和环境敏感性分析。

从20世纪20年代生态学的发展以来，“生态学”就成了越来越受人瞩目的学科，生态学家和园林学家逐渐在研究和实际建设中，把生态学作为指导园林规划设计的基础理论之一。

如今世界已进入数字化社会，环境与发展成为国际社会更加关注的重大问题。合理调控人与环境的关系，为城市居民创造清洁、优美、舒适、安全的环境，已成为当前迫切的任务。1987年联合国世界环境与发展委员会（WECD）在《我们共同的未来》报告中，第一次对可持续发展作了全面、详细的阐述。其中对可持续发展（Sustainable Development）的定义是："在不危及后代人需要的前提下，寻求满足我们当代人需要的发展途径"。城市可持续发展是城市的数量、规模和结构由小到大，由低级到高级，由不协调到协调，由非可持续性到可持续性的变化过程。1992年联合国环境与发展大会通过的《里约宣言》、《21世纪议程》等纲领性文件，体现了与当代人类社会可持续发展相协调的新观点。城市植被（Urban Vegetation）的概念，由生态学家提出已经二十多年。目前认为城市植被包括公园、校园、寺庙、广场、球场、医院、街道、农田及空闲场地中所有的森林、灌丛、绿篱、花坛、草地、树木、作物等所有植物的总和。城市植被被普遍认为是城市生态系统的重要组成部分。它的功能可概括为美化景观、保护环境、净化环境、调节小气候、保护生物多样性，对城市生态平衡可持续发展起着重要作用。

目前我国设市的城市已有663个，据预测21世纪将是我国城市建设全面发展的新时期，在今后15年内，我国城市数量将会增加到一千个以上。园林绿化将会相应地发展，新型的城市绿化，有创造性的、有特色的园林将陆续出现。

二、文化哲学影响

法国唯理主义哲学家笛卡儿（Descartes, 1596－1650年）认为：人类先天地具有善于判断而辨别其真伪的能力，这种能力属于人的本性或人性的主要组成部分。他主张单凭理性、思想、观念便可得出正确判断，只有理性可靠，理性本身不可能发生错误。他把数学、特别是几何学方法提升为哲学的认识论和方法论。路易十四深受笛卡儿哲学的影响，他坚信逻辑、推理与思辨的效用。他相信只要有足够的理智、实践和时间，几乎没有解决不了的问题。从凡尔赛宫苑的规划、建造方式上可以明显地感受到这种思维态度的影响。

笛卡儿对理性的强调，有助于清除中世纪流传下来的迷信，但与此同时却排斥社会实践和感觉经验，尤其是他承认"君权神授"合乎理性。在这种思想影响下，好大喜功的路易十四以古罗马帝国极盛时期为榜样，不仅使政治、法律效仿罗马，还要求宫廷文化艺术的贵族审美趣味也继承罗马传统。君主被看成理性的化身，建筑造园及其他一切文学艺术部门，都要把颂扬君主当作最高任务。

文艺复兴的末期，欧洲普遍兴起了对风景的兴趣，在18世纪的英国，以兰伯特为始相继出现了威尔逊、盖恩斯巴勒等风景画家。18世纪后期，又涌现出一大批田园诗人，如蒲柏、汤姆森、戴尔、申斯逊、渥尔波、葛雷、易尔斯密等，致使讴歌自然之美在英国公民中广泛传扬，为英国自然式造园奠定了基础。此后培根、艾迪生、蒲柏都有一些著作来赞美自然风景。布里奇曼是位实践者，他为科伯姆勋爵设计著名的白金汉郡斯陀园，当时人们将其视为理想的风景园。该园四周没有围墙，只有所谓暗沟（Ha-hah）围着，从而将美丽的森林原野风光引进庭园。当时人们对水渠毫无察觉，当这种隔断出乎意料竟横亘眼前时，他们便情不自禁地“哈哈！”惊叫起来，于是这种水渠就得名“Ha-hah”了。

肯特（William Kent）是布里奇曼的后继人，他在改建司维笃园时，就抛弃了几何形体的直线路线。他认为自然是憎恶直线条的，要用无目标的向四方盘绕的曲折的苑路，来代替几何或直线道路。

肯特的弟子勃朗（Lancelat Brown）改建原有的园林时，曾破坏了不少的古老的树林，把过去的台地改造成起伏的地形，把成排的树木间伐，他改造的园林有不少成功之处，但缺点也不少。

18世纪下半叶，英国风景式造园思想传播到法国，卢梭（Rousseau, Jean-Jacques 1712 – 1778年），18世纪欧洲最伟大的思想家之一，发出了“回归大自然”的呐喊，在他所著《新爱洛绮丝》（La nou velle He’loise）中，描写了日内瓦湖畔的自然式庭园，是他幻想的实施。

中国古典园林崇尚自然的特点，来源于中国古代哲学中对自然的认识。它直接、形象、生动地表现出了高度的自然精神境界。

在我国祖先和外部自然界生存、交往的悠久历史中，形成了特有的宇宙观，与西方文明中人与自然及自然与人的对立与互动，也就是人是征服自然、利用自然、自然与人处在对立面上的这种观念截然不同。美国科学家R.A.尤利坦在《中国传统的物理和自然观》一文中说：“当今科学发展的某些倾向所显露出来的统一体的世界观特征，并非同中国的传统无关。完整地理解宇宙有机体的统一性、自然性、有序性、和谐性和相关性是中国自然哲学和科学千年探索的大目标。”

我国的传统文化以儒家的思想为代表。其对外部世界主张自然和谐，强调辩证思维作用，可以从中找到很多理论依据。虽然在儒家思想中，没有一个现成的概念或范畴，接近现在所讲的“自然”，而其中所说的天、地、万物，天、地、人等的总和，约略相当我们现在所讲的自然概念，其朴素的语言，准确概括性的提示，还是有相当价值的。如《国语·郑语》中有“和实生物，同则不继”的说法，比较准确地概括了生物与环境之间的物质循环过程。

儒家有自己特色的自然保护理论，如《荀子·王制》：“草木荣华滋硕之时，则斧斤不入山林，不夭其生，不绝其长也；鼋鼍鱼鳖鳅鳣孕别之时，罔罟毒药不入泽，不夭其生，不绝其长也；春耕、夏耘、秋收、冬藏，四者不失时，故五谷不绝，而百姓有余用也；汙池渊沼川泽，谨其时禁，故鱼鳖优多而百姓有余用也；斩伐养长不失其时，故山林不童而百姓有余材也。”《中庸》中也有对自然保护的意见：“得中和，天地位焉，万物育焉。”得中和就可以达到人和自然的协调。也就是“天人合一”。正如朱熹所指出的：“天地万物本吾一体”，人和自然就是这样通过“中庸”的方法获得了统一、和谐、一致的关系。

儒家有“草木零落，再入山林”的保护山林资源的思想；有保护水资源的思想：“泥井不食，旧井无禽”、“往来井井”；在保护土地资源方面有：土地“深相（掘）之而得甘泉焉，树之而五谷蕃焉，草木殖焉，禽兽育焉，生则立焉，死则入焉。”（《荀子·尧问》）儒家的思想对处理人和自然的关系时要人们“戡天”，不要盲目地去破坏自然，而是要顺应自然规律，使之为人所利用。即“禹疏九河”，“掘地而注之海”。《孟子·告之下》：“禹之治水也，水之道也，是故禹以四海为壑。”

日本学者铃木大拙在《禅与心理分析》中讲，东方人“他们热爱自然，爱得如此深切，以致他们觉得同自然是一体的，他们感觉到自然的血脉中所跳动的每个脉搏”。

中国历朝历代的园林都充分地表现出崇尚自然的观念。《世说新语·言语》中有故事：“简文入华园，顾谓左右：‘会心处不必在远。翳然林水，便自有濠、濮间想也。觉鸟兽禽鱼，自来亲人’。”《白居易集》中《酬吴七见寄》：“帘下开小池，盈盈水方积。中底铺白沙，四隅甃青石。勿言不深广，但取幽人适。”明代计成更将造园的要求概括为“虽由人作，宛自天开。”

按照［日］针之谷钟吉所著《西方造园变迁史》所讲，19世纪中叶进入了城市公园时期，在这个时期由于城市日益兴旺发达，促进了城市公园的新发展。奥姆斯特德的作品及其观点，成为这个时代造园发展的主流。保护自然风景，设计开阔的草坪，利用乡土树种形成浓郁的边界栽植，布置自然式的主要园路穿过全园，成为奥姆斯特德派的主要观点。以后又出现了天然公园时期，折中式与复古式的造园。英国皇家园林的开放，带动了城市公园的兴起。在美化城市的同时，公园设计朝着大众的民主观念这一方向前进。

19世纪末以来出现了现代造园的特征，主要是带有实用主义的构想。新庭园中，各功能不同的局部都要采取一种措施集中统一起来，使其达到既定的美的目标。水体的利用也以实用为主，要求少用水而获得更大的效果。庭园中的装饰物也较简洁。1931年在巴黎召开的第一次国际造园会议上，美国耶鲁大学教授克里斯托弗·唐纳德在会上赞扬瑞典造园家们为新庭园的开拓者，他说：“他们提出的新的造园理论将样式、轴线、对称构思、外观华丽的装饰等等一扫而空，但是，他们并没有完全抛弃自然的浪漫观，在创造新技术的同时，优雅迷人的田园情调仍然十分浓郁。”因而针之谷钟吉认为唐纳德的观点“包含了合理主义的精神，通过美学的实际的秩序，创造出以娱乐（Recreation）为目的的环境。”

三、民族文化传统

每个民族由于所处地理环境、生产方式不同，以致价值观念、思维方式、审美情趣、道德情操、宗教信仰、民族性格都不同。尽管由于民族之间文化的碰撞、交流有一定的融合，但各民族之间仍然存在着差异性，特别是有些民族文化特色非常鲜明，这也是世界文化中的珍宝。

中国的农耕文化与北亚的游牧文化之间，也有过交换，譬如战国时代发展的骑术及窄衣短袖的服装，即取自于北方民族，中国的丝织品与工业技术当然也传入北亚。公元1世纪前后，东汉明帝时，佛教从印度传入我国，“塔”也应运而生，而中国的佛塔又和传统的楼阁台榭结合起来，有人认为中国的楼阁式塔是楼阁上加一个印度的墓塔而成。犹太古文化与希腊古文化的接触，融合成基督教文化，然而基督教文化中并不包含希腊古文化的全部，并对犹太古文化作了相当程度的修正。希腊造园艺术被罗马所继承，再添些西亚因素，逐渐发展成为大规模的庭园。公元8世纪阿拉伯人将伊斯兰建筑和园林风格带到了西班牙，结合当地条件形成西班牙庭园风格，即Patio。

德国哲学家李凯尔特（Rickert, Heinrich）在寻求自然科学和历史科学之间的区别时，强调历史依赖于人类对以往经验的价值判断。认为科学是研究自然的，而历史所涉及的则是属于“精神”的题材。属于“精神”的题材就是文化。自然与文化各有其范围。前者可用科学的方法来研究，后者则只能用历史的方法来研究。

艺术的特征是最富于特殊色调的一种特征，它是一个文化之最直接呈现于感觉的层相。文学、音乐、绘画、舞蹈、装饰、建筑艺术、园林艺术等都属于艺术特征。

人们往往为实现某一目的而活动，也就是为着某一价值的追求而活动。美国商人疯狂竞争是为追逐经济价值。印度人曾成千地跳入恒河是为了追求解脱现世苦厄的永恒价值。“竹林七贤”是在魏晋南北朝严酷的政治斗争和玄学盛行之际，隐逸文化的代表，他们所追求的是自己生命和人格的价值。

由于时代的进步，人们追逐的目标也发生着很大的变化。现代的园林已经趋于多元化、多层次，人们不仅仅满足于在一定的空间回游，或是浅酌、曼舞于楼榭，或是玩赏于幽静的林苑。而是着眼于集体、远足、互动、游乐、探险……但尽管如此，在建造园林中仍然体现了不同的文化艺术、不同的价值观。那些图腾柱、佛塔、亭、风雨桥、假山、岩石园等等，都无不体现了不同文化背景和不同民族传统的特色。

日本明治维新早期（1868年）所谓向西方学习，西方启蒙精神领袖福泽谕吉振臂高呼：“一切以西方为目标”。向欧洲派出了大量考察人员和优秀学生。回来后一时西方哲学浪潮席卷了整个日本，特别是“欧洲各种激进思想学派”对日本社会构成了明显威胁。日本政治家、首相伊藤博文于1879年9月向天皇报警：“欺诈往往得手，逐利不以为耻……道德崩坏，世风日下……人心激动，行为放荡。”他提出的维新主张主要是鼓励学习西方的工业技术，致力于实际目标，不要“养成浅薄激动的习惯”。此后在园林上也一改全面学习西方的做法，将园林中一些大草坪又改回原来的日本传统形式。二条城内的园林就有改造后的痕迹。所以民族之间这种不加消化提高而生硬的结合就不可能取得好的效果。

四、地域环境特征

（一）地域特点

地域的特点主要表现在自然地理区域的特征，其中包括地貌、气候、水系等等。地貌的变化与土壤地质和生物关联，高山、峡谷、沙漠条件比较苛刻；而气候关乎到温度、湿度、降水，特别是温度，极端最高、最低温度的持续时间会决定植物是否能生长；水系包括河湖、沼泽、冰川、瀑布、蓄洪等。由于这些地域的特殊的条件，就使得各区域的大地景观出现了很大的差异，在园林上也各有不同。下面举例说明。

埃及气候条件特殊，尼罗河每年7月到11月定期泛滥，将肥沃的土壤冲来，地形就会发生变化，树木只能在高台地上生长，稀疏的树林遮挡了灼热的阳光，因此对于热带沙漠的埃及来说，就十分珍惜树木。由于地块被冲，需要重新丈量土地，因而宅园以长方形最为方便于重建。

波斯地处风多荒瘠的高原，气候多为严寒酷暑，因而水就成了庭园中最重要的因素，贮水池、沟渠、喷泉成为庭园中必不可少的设施。

印度是热带气候，自古以来就有寻求凉爽的愿望，尽管水及凉亭也能实现这一目的，但他们还是以树木在庭园中创造更多的浓荫。他们比较喜欢开花的树木，对花草并不重视，只在水池中种莲花。

意大利全境有五分之四为山岳地带。北部山区属温带大陆性气候，半岛和岛屿属亚热带地中海气候，雨量较少。夏季在谷地和平原上闷热难耐，而在丘陵上白天有凉爽的海风，晚上也有来自山林的冷气流，这一地理、地形的特点，是意大利台地园形成的重要原因之一。

在我国自然地理特征变化很大，各处大地景观迥异，园林面貌也有诸多不同。在东北大地的中部平原低平坦荡，周围山环水绕，冬季酷寒，冰雪满地，植物生长期约4～5个月，植物以针叶树为主。在长城以南，秦岭以北，温度变化属温带型，四季分明，植物分布大部分是夏绿林，也有一部分属亚高山针叶林。在长江以南至秦岭的地区，分布的是最丰富的古老型的亚热带植被。东南沿海、南海诸岛、云南南部为热带型，雨多湿度大，气温最高在6月。青海、西藏及云贵高原温度年变曲线与长江流域颇近似，最高见于7月至8月，最低见于1月，起伏不大，只绝对值较低。我国的气候由北向南，由东向西逐渐变化，跨越温热两大气候带，形成气候复杂的特点，具有多样的气候类型。

（二）环境特点

在同一地域，具体建园的地点不同，也会产生不同形式的园林。

康熙四十二年（1703年）在承德兴建避暑山庄，由于此地山势水源条件优越，也是由于地处塞外，是政治和军事的需要。在建设承德避暑山庄选址时，由康熙亲自骑马找到一块没有坟墓，没有蚊虫和蝎子，树木草地繁茂，泉水很好的地方，附近还有大片松林覆盖，高耸的棒锤峰，因此决定不拆迁附近的村庄，也不砍伐树木，在此建园。把山麓一带地形稍加整理，形成一股水源，聚水成湖，把武烈河从平原北端导入园内，再沿山导入湖中，又连接湖区北端的热河泉。山庄形成山岳、平原、湖区景致相连，峰峦、幽谷、草原、湖泊尽收天然之美。

北京西郊一带皇家的“三山五园”（玉泉山、香山、万寿山、静明园、静宜园、清漪园、圆明园、畅春园），位于京城的“上风上水”区，地势优越，造园基础十分得当。

苏州城内众多的私家园林，位于富庶之区，气候宜人，水资源丰富，是享受“城市山林”之美的理想之地。

白居易在庐山修建草堂时，选址在香炉峰北、遗爱寺之南的一块“面峰腋寺”的地段上，这里“白石何凿凿，清流亦潺潺；有松树十株，有竹千余竿，松张翠伞盖，竹倚青琅玕。其下无人居，悠哉多岁年；有时聚猿鸟，终日空风烟。”

文艺复兴以后，意大利在山坡上建造露台式别墅，从16世纪前半叶到18世纪末，庞德曾列出了70座形式各异，各有特色的别墅。

法国凡尔赛宫苑是世界上最辉煌的园林之一，它的水花坛、喷泉和大运河都是精彩之笔。但是仍然有考虑不周全的地方，以致出现一些问题。除了建筑、土方以外，引水和植树是凡尔赛两项巨大的工程。凡尔赛本来是个沼泽地，但没有河流，水源不足，曾经设计过不少引水方案：从克拉尼（Clagny）的水库，从朱纳河（La Juine），从罗亚尔河，从亥河（L' Eure）等处引水。伏波作了从亥河引水的方案，1685年开工，3万士兵昼夜不停干了三年。其中跨过山谷的一段，架在47个开间的发券上，券的跨度大约11m。上下三层，总高约70m。不过因为战争失利、国力下降，没有最后完成，白损失了800亿利弗。又设计过其他方案都不理想。所以凡尔赛宫苑在路易十四时期是缺水的宫苑，在凡尔赛宫苑中有大小喷泉2000个，路易十四游园的时候，高尔拜派小童们跑在前面给喷泉放水，国王一过，就关上闸门。小童们在林荫路的交叉点上打旗语报告路易十四走动的方向。这个措施对路易十四是保密的。又如北京故宫乾隆花园中有流杯亭，也因没有水源，使用时只能由太监挑水到亭的左后方往储水缸中倒水，亭中的水渠才能流水。

凡尔赛在建国之前有很多小树林，但生长不好，于是决定伐掉重新栽种。为了赶快成林，栽种成年大树，从贡比尼（Compiegne）、弗朗德（Flandres）、诺曼第（Normandie）和道裴内（Dauphines）等地的森林用大车运来。1688年仅从拉都瓦斯（L' Artois）一地就运来25000棵大树。运大树的车在驿道上络绎不断。塞维涅夫人（Mme de Sevigne, 1626－1696年）写道：“整座茂盛的树林都搬到凡尔赛来了。”树的品种多样。勒诺特还规定，每棵大树要浇两桶水，但死亡率仍然达到75%。圣西门公爵在回忆录里谴责这种浪费说：“这是一种征服自然的狂妄娱乐。”

可见，在建造园林中选址造势、理水成景、聚树成荫、建造亭台时，都必须对建造目的、中心思想、遵循原则、技术措施以及事成后的效果等等，事先一一考虑得非常周密，才能取得完美的效果。

设计理念牵涉时代背景、文化哲学思想、民族文化传统和地域环接特征，它是政治、经济、文化和哲学的综合体，既有文化哲学内容又有经济技术内容。以致它是从开始到终结始终指导全面城市园林规划和某项具体园林设计的实施方略，成败关键也在于此。

第二节　设计程序

园林设计在进行时可以分三部分工作：设计前期的准备，进入设计阶段和配合施工的工作。设计前期准备工作主要是搜集历史、现状和城市规划要求等方面的资料。配合施工工作是园林设计的特点，由于园林工程所用的花草树木和自然山石都不同于工业生产的规格化产品以及现状地形的复杂，设计人员为了更好地贯彻既定的设计要求，作适当的现场配合施工是必要的。设计过程一般分为四个阶段，根据园林工程性质、复杂程度和难易情况也可以适当减少阶段。

一、规划方案

规划方案也可以包括概念设计、规划草图和设计大纲。其内容主要表示设计地段的内容、容量、服务对象、发展方向、特色、品位；平面布局、立体形象的构想；与周围环境的关系；对自然、现状和社会条件的评价与处理；经济的投入和产出。对于大型、复杂的规划，为了少走弯路，在规划方案之前也可以先做出规划大纲。

二、初步设计

这是设计的想象、构思落实阶段。根据内容、主题形成平面布局，包括各分区各种空间的联系、分隔；道路、广场大小宽度；山形、水系的高低；主要园林植物的分区、种类及配植类型；园林建筑的功能、内容、位置、体量、高度、结构类型。根据初步设计的图纸和说明可以做出工程概算。

三、技术设计

技术设计是各种工程技术问题定案阶段，包括园林植物的种或品种的数量、规格，栽植的范围；园林建筑各局部做法，各部分的确切尺寸和连接关系；结构方案的计算和具体内容；山体、水位、驳岸、广场、道路、建筑等竖向关系的确定；各种地上地下管线位置、管径、标高的确定及与其他建筑、构筑物、植物的尺寸关系。

四、施工图设计

施工图是把设计者的全部想法，包括以上各个设计阶段的成果，用图纸详细地表达出来。图纸文件中要明确工程详细做法、选用的材料、设备；种植施工图应该表示出苗木品种、规格、位置、数量，还要表明改土情况、修剪保护措施；土山施工图用等高线表示，重点地方应单独标明确切标高，用山石堆山，以平、立、剖面表示体形，复杂的可以模型表示。根据施工图和说明可以做出工程预算。

园林设计阶段可因工程大小、复杂、难易程度，以及每个设计阶段工作深入程度和工程类别而变化。比较简单、规模小的种植工程，也可以把方案做得详细，直接过渡到施工图阶段。

园林设计着手之前，对于雇主（或是政府部门）提出的要求要进行认真的分析研究。这也可以不算在设计阶段内。

评价一处园林首先应该从功能、风格、价值等几个方面的大方向着眼，而工程的细节应该是第二位的。当然设计的程序也是保证工程成功的必要条件。从古典和现代园林的很多优秀实例中都会发现他们对时代特征、民族传统文化艺术和地域环境都十分注意。回想过去北京市曾提出过“园林结合生产”的方针，在某些公园绿地中不适当地大量种植苹果、桃、葡萄等果树。[①]在20世纪60年代又在天坛内以挖防空洞的弃土堆土山，高十几米。这些都为以后的改造工作造成了困难。在20世纪80年代前后不少城市有些园林过多着眼于建筑、假山、喷泉、大草坪、大广场而少于注意绿化效应，以致未能和科学的发展规律紧密结合，而失去应有的活力。最近有关新闻媒体披露：中国约有2500个主题公园，投资1500亿元，其中70%处于亏损状态，只有10%左右盈利。[②]当然这不仅是一种经济上的损失，同时也侵占了绿化面积。显然是一种错误的设计理念在作祟。

最近有关媒体报导了：破解颐和园布局含“福禄寿”图案之迷。出现昆明湖酷似一只寿桃，昆明湖北岸的轮廓线像蝙蝠，后湖构成了蝙蝠的身躯。[③]又有报导：发现圆明园“九洲清宴”景区形成了一个身长1200m，宽700多m，头南尾北的隐形巨龟。[④]尽管这只是一些有趣的报导，它丰富了读者的文化生活或许也能诱发园林设计者的创作情绪，迸发出一丝想象的“火花”。我们应该鼓励更多的园林设计者在创作灵感上出现更丰富、更鲜活、更为广大群众所喜闻乐见的符号、形式。与此同时设计者也应善于把这些“火花”、“灵感”用全面的、实际的和科学的观念来检查，以保证其可行性和能够持续地发展。避免重蹈法国凡尔赛宫苑用水的困难，或遭到上述某些主题公园的恶运。园林设计多种多样，其设计理念也会层出不穷，上面举的一些实例也仅是从一个小的侧面来说明设计理念和设计程序的重要性。

①刘少宗.北京园林优秀设计集锦［M］.北京：中国建筑工业出版社，1996.

②2006年10月23日《老年文摘》。

③《北京科技报》2004年10月22日报导：中国测绘研究院蒙中羽研究员通过遥感卫星发现昆明湖酷似一只寿桃，昆明湖北岸的轮廓线像蝙蝠，后湖构成了蝙蝠的身躯。并且报导：光绪十二年六月初十（1886年7月1日）慈禧提出要重建清漪园作为“撤帘”后休养的场所。两年后光绪皇帝将重建中的清漪园改为颐和园。改颐和园的工程由“样式雷”第七代传人雷廷昌主持。当时光绪皇帝要求园子里体现“福禄寿”三个字。雷式正在为设计发愁时突然有一位老者来访。走时将一个寿桃放在桌上，又突然有蝙蝠落在寿桃边。此时雷式一拍脑门，在图纸上写下“桃山水泊仙蝠捧寿”八个字。就设计成了现在这样。

④《北京晚报》2005年12月14日报导：圆明园学会会员杨春林发现“九洲清宴”形成了一个身长1200m，宽700多m，头南尾北的隐形巨龟。

第二篇

工程设计

第五章
园林要素设计理法

第一节 植物

一、城市中种植园林植物的意义

森林是陆地生态系统中面积最大（地表面约有32.3%的面积为森林）、结构最复杂、功能最稳定（生活周期数十年至数百年）、生物总量最多（每公顷面积上森林的生物总量可达100～400t）的生态系统。现有的经验证明：一个较大的国家或地区，森林覆盖率达30%以上，而且分布比较均匀，这个国家或地区的环境就比较好，农业生产也比较稳定。在城市中绿色植物的覆盖，具有保持自然状态的价值。因此树木对恢复生态平衡具有极重要的价值。同时生物多样性是形成城市绿化中稳定的生态系统的必要条件。这是因为生态系统的组成与结构越多样、复杂，自动调节能力越强，抗干扰能力越强。所以在城市绿化中应不断扩大栽植的种类，但也应防止在形式上追求种类越多越好，这样会加重施工困难和管理费用。以北京市为例，现在可用于城市绿化的园林植物种类约有300种（不算品种），广州一般可用的种类约600种（稀有种类和品种不计）。北京市一般常用树种约100种，其中骨干树种20～30种。在建国后北京市绿化起步时，所用的种类中到现在在公园绿地中基于比较简易的养护条件现在已经有不少种类不再应用或不再大量应用，如复叶槭、枫杨、元宝枫、核桃、七叶树、椴树、馒头柳、黄金树、美国白蜡、柿、大山樱、朝鲜槐、栓皮栎、山杜鹃，还有杨树类中的杂交杨、二青杨、合作杨、银白杨、河北杨、小叶杨在新建绿地中也少有。合欢、白桦、黑杨选择的种植地点也比较苛刻，一般不再选作行道树树种。

在城市中人工种植栽培的植物，统称作园林植物。种植园林植物可以具有三种功能：即改善环境的功能、构建空间的功能和美化功能。前章中从宏观上叙述了园林的三种基本功能，本节除在改善环境功能和建造功能方面不再赘述外，重点对园林植物的美化功能加以具体叙述。

（一）构建和改善环境的作用

由于园林植物有高低不同的树形、稀密不等的枝叶和常绿与落叶的区别，所以它可以比喻作建筑的墙体、屋面和铺装，因而可构建成各种形态的屏障和空间。高大乔木以高度和大树冠作为主体，顶部和横向都可以起到封闭、隔断作用。低矮的植物可以作为地被，如同铺在地面上的地毯。灌木可以遮挡视线，在建造林带上作为下木构建成紧密型不透风林带。在公园边界上设边界林，隔离视线，作公园景观的背景。在街道旁建造林带，可以遮蔽影响市容的败景。

（二）美化环境的作用

植物的美化功能是园林设计者认识、发掘和利用的重要方面，风景园林设计要达到的目的之一就是通过创造性的构思及适当的手法，将蕴藏于自然界和社会历史中的影像加以变化、提炼和升华，从而形成新的典型的景观，满足人们审美的要求，成为一种艺术享受，陶冶人的情操，净化人的心灵，因此具备了美化的功能。不分民族，不分国家，人们都向往大自然，热爱自然风景，对树木的热爱、歌颂都是一致的。我国古代的很多文人墨客作了大量诗词，来表达自己在这方面的心情。

1. 生命之树

自有人类以来，树木一直与人共存。树木是强大生命力的象征，甚至赋予它以个性，认为它有一种神奇的力量。树木还成为人们审美的对象，将它比作各种美好的事物。在各民族的宗教、神话和民间传说中，都有神树的描述。在亚述、埃及和摩亨约－达罗(Mohenijo-Daro）印度河右岸的一辟土丘（今巴基斯坦信德省拉尔那县境内），1922 年发掘出印度河流域文明最大城市遗迹的浮雕和画像中，都可以看到树已成为神的住所，如来佛（Buddhà）（公元前 560– 前 480 年）是在一棵菩提树（Ficus Religiasa）下降生并在那里受到启蒙教育的。在国外不少的传说中，都认为人类的生命是由于树木萌芽生长而产生的。很多种族都相信他们的祖先曾经是树木，因此把树木敬奉为保护神。在一些有关神话的传说中，提到树木是从死人的墓地里生长出来的，这象征着死者对后来人的关心。即使到了今天，人们还在墓地里种树，以显示生命并未因死亡而终止，“树木成了生命之树，命运之树……圣诞树如同生命之树，它作为全世界树木的代表，象征着永不枯竭的生命源泉。”

2. 爱树咏树

在中国历史上一直倡导种树、爱树。

古代从民歌中产生或受民歌极大影响的《诗经》、《楚辞》等著作中，涉及对不少花草树木的吟咏、比兴和寄托，如《诗经》的《国风》中有：“桃之夭夭，灼灼其华。”《陈风·东门之杨》中有：“东门之杨，其叶羊羊”的词句。《楚辞》里有：“春兰兮秋菊，花无绝兮终古”。

中国文人在诗词中对花草树木的咏叹、赞美是有其历史认识价值和艺术审美价值的。

白居易赞紫玉兰：“紫房日照胭脂折，素艳风吹腻粉开。悟得独饶脂粉态，木兰曾化女郎来。”元代袁桷赞合欢：“一树高花冠玉堂，知时舒卷欲云翔。”晋代郭璞《梧桐赞》：“桐实嘉木，凤凰所栖，爰伐琴瑟，八音克谐，歌以永言，转转喈喈。”白居易对桂花十分喜爱，赞之曰：“遥知天上桂花孤，试向嫦娥更要无。月宫幸有闲田地，何不中央种两株。”白居易更有“山寺月中寻桂子，秋月晚生丹桂时”来描绘桂花。明代高启有诗赞枇杷：“落叶空林忽有香，疏花吹雪过东墙。居僧记取南风后，留个金丸待我尝。”林逋赞梅的七律，成为千古绝唱："众芳摇落独喧妍，占尽风情向小园。疏影横斜水清浅，暗香浮动月黄昏。"脍炙人口的陶潜咏菊诗："采菊东篱下，悠然见南山。山气日夕佳，飞鸟相与还。"

3. 托物抒怀

树木给人的印象不单是表面的形象，而且会引起人们的联想、追思、比喻和寄托。一位英国风景园林专家在他的一篇论文中，曾讲到："中国文人在园林中种植芭蕉是为了倾听雨打芭蕉的曲调。在中国或日本茶庭中产生的这种对自然的敏悟，是西方人所不能领悟的。"（G.A.Jellicoe）我国历史上很多文人墨客都有不少诗词来叹咏。据《三辅黄图·六桥》中讲："霸桥在长安东，跨水作桥，汉人送客至此桥，折柳赠别"，后世因以"折柳"为送别之词。唐代雍陶有《折柳桥》诗道："从来只有情难尽，何事名为情尽桥？自此改名为折柳，任他离恨一条条。"柳又是春的象征，陆放翁的七绝"村路初晴雪作泥，经旬不到小桥西。出来顿觉春来早，柳染轻黄已蘸溪。"《楚辞九章·橘颂》中有："后皇嘉树，橘徕服兮，受命不迁，生南国兮。深固难徙，更壹志兮。绿叶素荣，纷其可喜兮。"词中通过颂橘表现了诗人对故土的思念和热爱。诗人杨万里对杏花的描述，形神兼备："道白非真白，言红不若红。请君红白外，别眼看天工。"他并别出心裁地以梦境来表现花香之浓郁袭人："梦骑白凤上青空，经度银河入月宫。身在广空香世界，觉来帘外木犀风。"而宋徽宗在《燕山亭》中，则借咏杏寄寓国破家亡、失身为虏之痛："易得凋零，更多少，无情风雨……"以梅花作为寄情之物，如南宋·陆凯《赠范蔚宗》："折梅逢驿使，寄与陇头人。江南无所有，聊赠一枝春。"唐·元稹《酬胡三凭人问牡丹》以牡丹引发追思和联想："窃见胡三问牡丹，为言依旧满西栏，花时何处偏相忆，寥落衰红雨后看。"在审美的活动中，将主观感情投射到客观事物上，使物、境皆着我色，在西方称之为"移情"，即情化。杜甫《绝句》："江碧鸟逾白，山青花欲燃。今春看又过，何日是归年？"借海棠引起的回忆，如陆游的《海棠歌》中描写的："我初入蜀鬓未霜，南充樊亭有海棠。当时已谓目未睹，岂知更有碧鸡坊……风雨春残杜鹃哭，夜夜寒衾梦还蜀。"宋·方岳《春晚》诗中把自己比作残存的杏花，表达对春天的留恋，是拟人化的写法："青梅如豆带烟垂，紫蕨成拳著雨肥。只有小桥杨柳外，杏花未肯放春归。"清·秋瑾则托物抒怀寄寓诗人深厚的爱国情感，表现了对民族命运的深沉忧虑，在《杜鹃花》诗中写到："杜鹃花放杜鹃啼，似血如珠一抹齐。应是留春留不住，夜深风露也含凄！"白居易还以拟人化的手法，把山石榴当美人表现幽默的情趣，进行戏问："小树山榴近砌栽，半含红萼带花来。争知司马夫人妒，移到庭前便不开。"就是外国朋友也有人化自然的情感："如栎树和水青冈（山毛榉）等外形壮观的树种会使我们想到深深的密林……柳树习惯上常会使人联想到水，在风中摇曳的浅色叶片往往使人臆想到绵绵细雨"，"当风吹拂叶片，相互摩擦而发出婆娑声时，可使人们想到宁静的乡村，带走城市噪声的情趣。"花香、熟果、落叶均能引起人们对大自然的遐想，缓解了城市环境的人工氛围（《Landscape

Design with Plants》, Sylvia Crowe)。

4. 衬托建筑

在现代城市中，利用园林植物种植的不同方式，可以起到很多美化作用：植物配植可以衬托山景、水景使之更加生动（图 5-1)；丰富和强调建筑的轮廓线（图 5-2)；街道上同样的树种、等距离的栽植，可以统一全街的建筑，使之有整体统一而不杂乱的感觉；在建筑或雕塑物体的周围配植适当的植物，能够起到陪衬和强调的作用；在城市中可以软化、削弱庞大的硬质景观，让人感到自然、亲切（图 5-3、图 5-4、图 5-5)。

5. 点景激情

在我国古典园林中，有很多以植物为主题的景点，如："梨花伴月"、"万壑松风"、"金莲映日"（承德避暑山庄)、"杏花春馆"、"曲院风荷"、"柳浪闻莺"、"溪月松风"（圆明园)、"居庸叠翠"、"蓟门烟树"（燕京八景)。

6. 表示心境

在古人游赏活动中表示出人的心境成为千古名句："莫笑农家腊酒浑，丰年留客足鸡豚。山重水复疑无路，柳暗花明又一村。"（陆游：《游山西村》)"浔阳江头夜送客，枫叶荻

图5－1 植物作为远景的衬景

图5－2 树形与建筑形式的对比

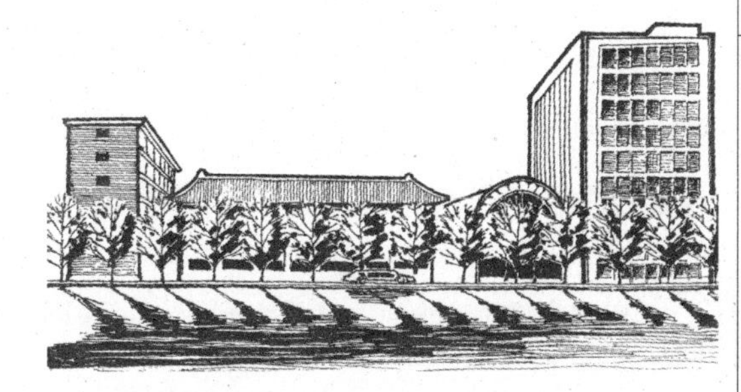

图5－3 街道树统一街道景观

图5－4 加强建筑形式

图5－5 树木对城市构筑物的软化

花秋瑟瑟。”（白居易：《琵琶行》）“曲径通幽处，禅房花木深。”（常建：《题破山寺后院》）

二、园林植物的生长条件

我国植物种类非常丰富，它们分布在自然条件不同的各个地带。我国全境地势西高东低、复杂多样，地势由西向东分三个阶梯：第一阶梯为青藏高原，平均海拔4000m以上，高原上山岭沟谷纵横，湖泊众多；第二阶梯在青藏高原以北、以东海拔多下降到1000～2000m的高原和盆地，主要有云贵高原、黄土高原、内蒙古高原和四川盆地、塔里木盆地、准噶尔盆地等；第三阶梯为大兴安岭、太行山、巫山及云贵高原东缘一线以东，一般海拔为50m以下，丘陵和平原交错分布，主要有东北平原、华北平原、长江中下游平原、江南丘陵，这里少数山峰可达海拔2000m，而沿海平原多在海拔50m以下。

我国的气候是由南向北，由东向西逐渐变化，跨越温、热两大气候带，大部分地区位于北温带和亚热带，属东亚季风气候，极高山区为寒冷气候。青藏高原为特殊的高原气候。从我国各气候带中可以看到不同的种属植物。

（一）我国的气候带和植物分布

对我国气候区域的划分，很多专家都有不同的分法。下面简单地分成6个气候带。

1. 寒温带

在长城以北，以黑龙江北部为最典型。其特征是：

（1）冬季酷寒，冰雪满地；

（2）四季分配不匀，冬长6个月以上，夏季短促；

（3）年温差较大，达40℃～50℃。

如海拉尔地面积雪可达半年之久，土地经常冻结，夏季稍融仅限表层，地下冰层可厚至1m左右。春秋二季短促，全年温差大至50℃。春季多干旱，相对湿度平均多在50%左右。入夏海洋季风到达时，7～9月均在70%以上。本区年降水量在25～500mm之间。

在这个气候带内4个月左右的时间，植物以针叶林占优势。长白山区较为湿润，代表树种为红松（*Pinus Koraiensis* Sieb.et Zucc.），大兴安岭的代表树种为樟子松、兴安落叶松和白桦。本地区内北部的永冻层在夏季阳坡融化到60～80cm深，阴坡融化30～50cm深，因而树根不能深入地下，树木侧根特别发达，针叶树种尤为显著。本区内属内蒙古行政区的一部分，气候干旱，土质为漠钙土，以干性草原为主，其代表植物为麻黄。

2. 温带

长城以南，秦岭以北，温度变化属温带型。本地区以济南为代表，以四季分明，长短相差、冬季温和较差不大为其特色。全年平均降水量大部分地区为500～700mm，偏南和沿海地区可达1000mm。相对湿度全年平均在60%左右。济南冬季温度在零下者仅有1个月，且不如海拉尔之严酷，冰雪期不长，夏季颇炎热，温度在20℃以上之月份为5～9个月，较差仅为海拉尔之半。见表5-1、表5-2。

本地区内植物在生长过程中，不会因温

度使营养不足而生长遭到中断。但是在热带和亚热带生长的喜温植物，在这里都不能生长。植物分布，大部分是夏绿林，也有部分亚高山针叶林。在长江以南至秦岭的地区内，分布的是最丰富的极其古老型的亚热植被（以前称亚热带植被）。山地的北坡，森林茂盛，乔木之间的表土上为真蕨所覆盖。在这些地方广泛分布的是蔷薇属、珍珠梅属、刺李属、樱草属、堇菜属、茶藨子属、忍冬属、小檗属、醉鱼草属、八仙花属的各个不同种。在向北的河谷底部，生长着由落叶松和云杉构成的茂密森林，其中混杂有很多灌木。如柳属、八仙花属、蔷薇花属、竹属、醉鱼草属等等。有时候沙棘属（*Hippopha* L.）形成了茂密的丛林，从悬崖上悬垂下蔷薇属和丁香属枝条。

3. 副热带

副热带包括长江中下游及西江流域，此地以长沙为代表，见表 5-3。其特征有四：

(1) 夏季多云雨，温度曲线顶甚平缓，最高温度多见于 8 月，而与 7 月相差不足 1℃，也有 7、8 月温度几乎相等的情况。受梅雨之影响有时最高温度不在 7 月而在 8 月。

(2) 最低温 1 月，唯冬季短而温和，适与亚极地式相反，平均月温罕见 0℃。

(3) 夏季长而闷热，南部可长至 6 个月以上，北部也每每不下 5 个月。夏季温度虽非过高，但因湿度特大，至为溽暑。

(4) 较差不大，平均北部约 20℃，南部仅 15℃，温度曲线起伏不大。

湖南盆地相对湿度以 4 月为最高，约在 85% ~ 90% 之间，7、8 月约在 70% 左右；四川盆地有二高二低；重庆 3 ~ 5 月平均湿度 70% 左右，6 月平均 82%，8 月平均 80%。降水量全年平均在 1000 ~ 1500mm。

本地区植物发育的冬季间断性不存在。长沙以北，以落叶阔叶、常绿阔叶混交林为主。长沙以南以常绿树为主。植物的代表种类有榕属、枇杷属、樟属、竹类、石楠属、杉木、苦槠属（*Castanopsis*）、栎属（*Quercus*）、罗汉松属。

位于江南内陆高达 1800m 的大片高原上，横贯着广阔的森林谷地和山脉，从前这些地方，曾分布着亚热带森林，现在大部分地区为栽培植被，植物区系典型代表是蕈树（*Altinga chinensis*）、 杉（*Cunningham a lanceolata*）、马尾松（*Pinus massoniana*）、罗汉松、柿（*Diospyros kaki*）等。

海拉尔温度之年变化（˚C） 表 5–1

1961 ~ 1990 年	1 月	2 月	3 月	4 月	5 月	6 月	7 月	8 月	9 月	10 月	11 月	12 月	较差	全年
海拉尔	−26.2	−23.0	−11.7	1.7	10.6	17.2	19.7	17.2	9.9	0.3	−12.6	−22.6	−1.6	45.9

济南温度之年变化（˚C） 表 5–2

1961~1990 年	1 月	2 月	3 月	4 月	5 月	6 月	7 月	8 月	9 月	10 月	11 月	12 月	较差	全年
济南	−1.0	−1.3	−8.0	15.6	22.0	26.4	27.4	26.3	21.7	16.0	8.2	1.4	14.4	28.9

长沙温度之年变化（℃） 表 5–3

1961~1990 年	1 月	2 月	3 月	4 月	5 月	6 月	7 月	8 月	9 月	10 月	11 月	12 月	较差	全年
长沙	4.8	6.2	10.9	16.9	22.0	25.6	29.1	28.7	24.0	18.4	12.5	6.8	17.2	24.3

4. 热带

热带之气温最高点常见于雨季之前。我国东南沿海，南海诸岛，云南南部及西藏高原东南部，温度之年变化具显著之热带型。因 7、8 月多云雨，温度难以上升，所以低温在 1 月份，最高在 6 月份，一般多发生于夏至之前，比长江流域提早 1 个月。本区相对湿度全年平均约在 80% 以上，降水量在 1500mm 左右，有的地区在 2000mm。植物种类有榕属、荔枝、椰子、台湾相思、龙眼、菠萝、凤梨（*Ananas comosus*（L）Merr.）、咖啡、华南五针松、陆均松（*Dacrydium pierrei* Hickel）、罗汉松属。

5. 高原

青海、西藏及云贵高原温度年变曲线与长江流域颇近似，最高见于 7 ~ 8 月，最低见于 1 月，起伏不大，只绝对值较低，其全年较差比沿海还小。云南高原四季如春，1 月很少到冰点，8 月也未超过 20℃，只有青海、西藏因纬度及高度均有增加，则有苦寒。见表 5-4。

西南云贵高原（云南、四川、贵州）高度为 1300 ~ 1900m 的地带，气候的特点是从 12 月初到 2 月底为旱季。

最基本的群系组是松林和松—栎林，松林主要由落叶松、花旗松、云南松等构成，有些地方在松林中还杂有华山松（*Pinus armandii*）等。这类乔木中还杂有苦槠（*Castanopsis sclerophylla*）、棕榈科的欧洲矮棕属（*Chamaerops* sp.）和栓皮栎（*Quercus variabilis*）、槲树（*Quercus dentata*）等，其下木发育得很好。在林木中可以遇到杨梅属的矮杨梅（*Myrica nana*）小檗属、茶属和齐墩果属的异株木犀榄（*Olea dioica*）等。在藤木植物中，可以遇到铁线莲属（*Clematis*）的各个种和菝葜属（*Smilax*）等。

沿着沟谷和河谷发育着由石栎属植物占优势的常绿茂密的森林、乔木和灌木，好像发一样的藓类所覆盖着。在其他乔灌木中，还有木兰科八角茴香属的云南八角（*Illicium yunnanense*）、木兰属的山玉兰（*Magnolia delavayi*）、十大功劳属、胡颓子属的各个不同的种等。还可能遇到落叶的乔木和灌木，例如山杨（*Populus tremula*）、桤木属的尼泊尔桤木（*Alnus nepalensis*）、榛属的藏榛（*Corylus tibetica*）、溲疏属等。

6. 海滨

我国东滨海洋，因季风关系影响不显著，但在沿海狭窄地带，海洋的影响也很明显。海滨温度年变量最低及最高，多比内陆落后 1 个月，其年差不大，或是在同一纬度，但比内陆年平均温度略高。7 月间 80% 等湿度线，自辽东沿海岸南下，直至两广境内、山东东部，其时大雾弥漫，全月平均在 90%。

沿海地区的植物分布，总要比同纬度的分布的类型偏南。由于温度和湿度的关系，植物种类也总要比相应的纬度地区多。例如，在辽东半岛就可以很普遍地分布着南蛇藤，而在京、津、保一带，南蛇藤还是害怕严寒。

高原温度之年变化（℃） 表 5-4

1961~1990 年	1 月	2 月	3 月	4 月	5 月	6 月	7 月	8 月	9 月	10 月	11 月	12 月	较差	全年
西宁	−7.7	−4.5	1.8	7.9	12.4	15.2	17.2	16.7	12.1	6.7	−0.5	−6.2	59	24.9
拉萨	−2.1	1.1	4.6	8.0	11.9	15.6	15.3	14.5	12.8	8.1	2.3	−6.1	7.5	17.7
昆明	7.6	9.5	12.6	16.1	18.9	19.6	19.7	19.1	17.5	15.0	11.3	7.9	14.6	12.1

（二）园林植物生长的环境条件

园林植物景观设计是技术与艺术的结合。对植物生物学特性、外部形态特征的观察及其所能生长的环境的认识是进行植物配植的基本功。就好像建筑师对地基结构和原材料的性能应该熟悉一样；也像画家对颜料和画纸的了解一样，只有观察入微、明白透彻，才能运用得当。

我们应该在吸收民族传统精华的同时也吸收各国风景园林中植物造景的优秀传统，同时了解所以产生如此传统的主、客观情况，主流与支流，必然的发生与偶然的作用。植物景观设计涉及的学科较多，既有自然科学，又有社会科学。

园林植物景观设计应该遵循三个主要原则：一是要了解园林植物生长的环境条件，保证栽种后能够存活、正常生长和显示其特质；二是按照园林项目的使用性质，充分发挥园林植物的功能，保证实用；三是充分运用形式美的准则，使园林具有高水平的艺术性。以上三个原则是由风景园林功能所决定的，否则就不是真正的风景园林。

1. 温度

每种植物的生长对环境温度都有一定的要求，如热带植物椰子、橡胶树、槟榔等要求日平均温度在 18℃以上才能开始生长；亚热带植物柑橘、枫香、桂花、含笑、香樟、油桐等在 15℃左右开始生长；暖温带植物如桃、紫叶李、槐等在 10℃，甚至不到 10℃就开始生长；温带植物紫杉、白桦、落叶松、云杉等在 5℃就开始生长。

1）气温

气温是指离地表 1.5m 处的百叶箱内的温度。一天中最高气温约出现在 14 ~ 15 时，而最低气温出现在日出前后。白天气温高，有利于植物进行光合作用，制造有机物质；夜间气温低，减少了呼吸作用所消耗的能量，使有机物质积累加快。热带植物进行光合作用的最适温度在 30℃以上，低温限度为 5 ~ 7℃；温带树木在 20 ~ 30℃之间光合能力最强；多数植物枝条生长的最适温度在 20 ~ 25℃之间。温度对园林植物的主要影响表现在：

霜冻：霜冻是空气中水气因地面或植物散发热量（温度在 0℃以下）而凝华在其上的结晶。一般出现于晴朗无风的夜间或清晨。

霜的出现受局部地区影响很大，同是一个地区不一定普遍见到霜。在生长期中，气温降到或低于0℃时，会造成植物细胞间隙结冰，如果气温回升快，细胞来不及吸收蒸发掉的水分，就会造成植株脱水而干枯或死亡。

寒害：有时气温虽然在0℃以上，但低于植物所能忍受的最低温度，就会引起它的生理活动障碍，使细胞原生质的生命力降低，根的吸收能力衰退，出现嫩枝和叶片萎蔫现象。

冻害：当气温降到0℃以下，植物体内水分结冰，细胞组织遭到破坏，整体植物受害，将会导致植物死亡。

高温：超过植物一般生长所需要的温度会使一些植物果实变小、成熟不一、着色不艳。

2）土壤温度

土壤温度是指土壤内部的温度，有时也把地面温度和不同深度的土地温度统称为土壤温度。其变幅依季节、昼夜、深度、位置、质地、颜色、结构和含水量而不同。表土变幅大，底土变幅小，在深80～100cm处昼夜温度变幅即不显著。沙土比黏土温度变化快而变幅大。含有机质多而结构好的土壤，温度变化慢而变幅小。冬季地面积雪20cm时，土壤20cm深处，土温日昼差已消失。一年中7月份地面月平均温度最高，1月份最低。土温对植物的生长发育、微生物活动都有一定的影响。灌排、培土、覆盖等措施可调节表土温度。

冻土指温度低于0℃导致所含水分冻结的土壤。冻土按冻结的时间可分为：

暂时性冻土：指受天气变化影响冻结不久即融化的土壤。

季节性冻土：指冬季冻结、春季融化的土壤，深度由气候、地理、地形、土壤物理等因素决定。我国长江以北、黄河以南冻土深度一般为20～40cm；黄河以北为40～120cm；内蒙古、东北北部可达125～130cm；江南一带一般没有季节性冻土。

多年冻土：也叫“永久冻土”，指多年连续保持冻结，即使在盛夏融化深度也不大。我国东北部地区和青藏高原高山地区有多年冻土。

2. 光照

1）太阳光谱

太阳光谱一般是指能引起视觉的电磁波。其波长范围约在红光的0.77μm到紫光的0.39μm之间，称为可见光。波长在0.77μm以上到1000μm左右的电磁波称红外线，在0.39μm以下到0.04μm左右的电磁波称紫外线。太阳光中对植物影响最大的是可见光、紫外线和红外线三部分。可见光是植物进行光合作用的能源，太阳光经三棱镜分成红、橙、黄、绿、青、蓝、紫七色，组成光带，叶绿素吸收最多的是红橙光和蓝紫光；紫外线中波长较长的部分能促进种子发芽、果实成熟，并有利于花朵着色；红外线具有热能，可觉察它的存在，它被地面吸收转变为热能，能增强地温和气温，提供植物所需热量。

2）影响植物生长发育的光照时间

光照时间是指在一天中从日出到日落太阳所照射的时间。北半球，夏半年（4～10月）昼长夜短，且越趋北方，白昼越长，夏至日昼最长，夜间最短；冬半年（11月至翌年3月）

昼短夜长，且越趋北方，昼越短，冬至日昼最短，夜最长。这种昼夜长短交替变化的规律，称为光周期现象。通过试验表明，光周期现象对植物开花、茎的伸长、块茎、鳞茎的形成，芽的休眠，叶的脱落以及花青素的形成都有影响。根据光周期性特性对花卉的影响可分为日照、短日照和中日照等三类花卉。

3）光照强度

光照强度是指单位面积上所接受可见光的能量，简称照度，单位为勒克斯（lx）。

在夏季晴天的中午，露地的照度约为10万lx，冬季约为2.5万lx，而阴雨天的照度仅占晴天的20%～25%。叶片在照度3000～5000lx时即开始光合效应，但一般植物生长需要在1800～20000lx。光合作用的强度随着照度的加强而强大，但不能超过一定的限值，否则光合作用会停止、减弱。

光照可分为直射光和散射光。直射光是指太阳以平行光线直接投射到地面上的光。散射光则是日光经过空气分子、尘埃和水滴等物质后，自大空漫射到地面上的光。晴天地面上的光照中直射光约占63%，散射光约占37%，故在阴天或遮荫的地方，叶片仍可利用散射光进行光合作用。直射光与散射光之强弱常因海拔高度而异。如在海拔2309m高山上散射光线与直射光线强度之比为100:75，在海拔384m处则散射光与直射光之强度约相等。在北半球一般6～7月间光照最强，但在高山上以8月份为最强。一日之中以上午11～12时光线最强，高山上则为上午9时至下午1时光线最强。

园林植物可分为喜阳、喜阴和中性植物三类。在进行种植设计之前必须调查建筑物四周的高度及其影响，了解光照的分布及强度。建筑物和地面的反射光在炎热的夏日会使植物灼伤。要注意不要将很多不耐阴的植物种植在建筑物的阴面或其他高大树木的下面，以免使植物由于缺少光照难以健壮生长。

3. 土壤

土壤是植物根系生长、发育的场所，植物是通过根系来吸收土壤中的养分和水分的。

土壤中除氮、磷、钾外，还有13种微量元素，并有各种微生物。

土壤是在地区的自然条件综合影响下形成的。影响土壤形成的自然条件有生物、气候、成土母岩、母质、地形和地区年龄等。按照造林学的观点，根据土壤成分不同可将土壤分成以下六类：

（1）砾土：大部分为砾；

（2）沙土：主要为英石，黏土占12.5%以下；

（3）壤土：壤土占25%～37%，沙质土占12%～25%，黏质土占37%～50%；

（4）黏土：黏土占50%以上，其他为沙、石灰、腐殖质；

（5）石灰土：石灰占30%～70%；

（6）腐殖土：含腐殖质约20%。

根据土壤内含有空气的容量可将土壤分成以下六类：

（1）坚土：极度干燥，成细片状；

（2）重土：干后成龟裂，捣碎后成粉末；

（3）中庸土：即壤土；

（4）轻土：湿时为团块，干时粉碎，即沙质壤土；

(5) 松土：干燥时则松，不能凝聚（如纯沙土）；

(6) 飞散土：即飞沙。

城市内的土壤比较复杂，很多是贫瘠的土壤。有的土壤中含有大量的灰土和碎砖瓦，有的是多年不断地填埋形成的各种土壤。城市土壤中含有渣土、砖瓦达30%时，尚有利于通气，根系还能生长，高于30%则保水较差，不利于根系生长。

土壤的pH值与植物要求的酸碱度要适应。土壤的pH值与雨量及由来之岩石的成分有密切的关系。雨量特大之地，多为酸性，雨量特小之地常为盐基性。花岗岩、片麻岩、石英石所形成的土壤为酸性土。石灰岩所形成之土壤则为盐基性。高山急坡上的土壤多酸性，山岩、盆地之土壤多碱性。

根据我国土壤情况可以把土壤酸碱度分为五级：

pH < 5，为强酸性；

pH=5 ~ 6.5，为酸性；

pH=6.5 ~ 7.5，为中性；

pH=7.5 ~ 8.5，为碱性；

pH > 8.5，为强碱性。

喜酸性植物有山茶、含笑、茉莉、杜鹃、枸骨、八仙花等；耐碱植物有合欢、文冠果、新疆杨、黄栌、木槿、木麻黄等。

栽培植物的土壤可分为表土层、底土层和基础层。表土层为栽培土层，内含矿物质、细菌、水分及有机质，这一层对植物非常重要，表土层肥沃，厚度又大，植物生长茂盛而壮实。在表土层下面为底土层，底土要有适当的排水、持水性能。底土层下为基础层，从结构上讲基础层要能支承住植物体及其附着的土壤。土壤团粒结构内的毛细管孔隙小于0.1mm有利于贮大量的水，大于0.1mm有利于通气、排水。土壤密实度太大，不易降水下渗。土壤也需要通气，一般土壤中空气含量在10%以上根系能正常生长。一般人流踩踏影响土壤深度在3 ~ 10cm，土壤硬度可达14 ~ 18kg/m^2；车辆影响深度30 ~ 35cm，土壤硬度10 ~ 70kg/m^2。土壤硬度大于22kg/m^{2}时很多树由于根系无法生长而死亡。大部分裸露地面由于过度踩踏还会提高土壤温度。北京天坛公园夏季裸土地表温度最高可达58℃，地下5cm处高达39.5℃，地下30cm处为27℃以上（苏雪痕，1994年）。

4. 水分

1）空气湿度

空气湿度是表示大气干湿度的物理量，有绝对湿度、相对湿度、比较湿度、混合比、饱和度、露点等多种表示方式。其中空气的相对湿度对园林植物最具有实际意义。一天中午后最高气温时，空气相对湿度最小，清晨最大，在山顶或沿海地区一天中变化不大。在内陆干燥地区，冬季空气相对湿度最大，夏季最小，但在季风地区，情况相反。一般树木空气相对湿度小于50%时则很难生长。花卉所需要的空气相对湿度大致在65% ~ 70%。原产干旱沙漠气候的植物则远低于此。

2）土壤湿度

土壤颗粒之大小与水分多少有密切关系，颗粒小时含水多，颗粒大时含水少。土壤结构密度大的毛细管作用强，水分上升多，含水量就多；反之，土壤松散，则含水量较少。

土壤湿度的大小，通常用土壤含水量的百分数表示。园林植物所需要的水分主要从土壤中吸收，一般以田间持水量 60%～70% 为宜；当大于 80% 时，因土壤中所含空气减少，根系呼吸受阻而停止生长；土壤过干，则土壤溶液的浓度增大，使根的细胞发生反渗透作用而死亡。

3）干旱

土壤中水分不足，不能满足树木蒸发时，则为旱害。一般深根性树木，如麻栎根长，因侧根少，可以由地之极深处吸水，不易遭害。浅根性树种如楸木、梧桐、喜树之类侧根多，主根少而短，多由地表面吸水，易遭旱害。

5. 风

季风能给地区气候带来很大影响。大气环流中带来的冷风云系，能使植物遭受冻害；而暖湿气流能带来地区降水。风对于植物有有害的一面，也有有益的一面。

风可以使树木蒸发速度加快，促进树干内液体流动。针叶树类多以风力传播花粉，最远可以到 140km 以外。落叶松、云杉、槭树、臭椿等可借风力将种子散布，远的可达 1km。

风速超过 4m/s 则对树木有害。同时，树木生于山顶则树形变得矮小，近风面侧枝变短，甚至形成偏冠。而在城市中的树木，如北京市的树木受风影响容易梢条，迎风面侧枝发育不正常，形成短缺。在夏雨后，大风袭击使浅根性的树木容易倒伏，连根拔起。城市中高大建筑物附近容易形成旋风，刮倒树木。总的来说由于城市下垫面的粗糙致使城市的平均风速比郊区小。

6. 地形

自然界中的大地形，即山地、盆地、河湖等对植物影响较大。海拔高度与气温成反比例，海拔越高，气温越低。在半北球可以看到不同的海拔高度分布着不同的植物。在与雪线相接处即为裸露的岩石，再以下为地衣，再下为高山草原、灌木层、落叶松层、冷杉林层、松林层、落叶松混交林以至于冬青树林。尽管以上界线划分不完全准确，但大致可以由此了解树木的一些生态习性。

地形的坡度对栽植树木也有影响。在造林上将土坡分为 5 种，见表 5-5。

土坡分类　　表 5-5

	平坡	斜坡	急坡	峻坡	险坡
坡度	5°~10°	11°~12°	21°~30°	31°~45°	45°以上

坡度在 45° 以上，水分和土壤均不易保存，造林极为困难，需要采取一些固土、保水措施。在城市中地形的起伏，可能形成各样的小气候。在北方城市中土山、土坡可以遮挡冬天的西北风形成的干旱、低温，能使一些分布偏南的树种成活，如南天竹、鸡爪槭、贴梗海棠、大叶黄杨等。

三、园林植物配植

（一）植物类型

园林植物按照其自然生长成的整体形状，从使用上可以分成乔木、灌木、藤木、地被草坪和花卉。

1. 整体类型

1）乔木

一般乔木是高 5m 以上，具有明显主干的直立树木。按高度可分为大乔木（高 20m

以上)、中乔木（高10～20m）及小乔木（高5～10m）；通常以距地面1.3m处的树干直径表示树木的粗细，称为胸高直径，简称胸径。

乔木通常按其生活习性分为常绿乔木和落叶乔木。常绿乔木又可分为针叶常绿乔木和阔叶常绿乔木。但对于一个具体的乔木来说，是否能全年不落叶，取决于气候条件。

各种类型的乔木在自然界的分布，同样取决于生长季节的长短和水分供应的情况。无霜期太短的地区，缺雨的沙漠、半沙漠地区，乔木都不能生长。主要由针叶乔木构成的北方温寒带常绿林占据着广大地区，有时向北延伸到北纬72°以北，横跨北美、欧洲、亚洲，向南侧则伸展到热带山区。

乔木的形态因种类不同而有很大差别。气候、土壤、地形的不同，乔木的大小也表现出极大的差异。生长于森林中的乔木，其树冠形态与生长于开阔地的不同。乔木的寿命很长，有的可达数千年之久。据认为，寿命最长的是生长于美国内华达的一株芒松（*Pinus arisfafa*），树龄已达4600年。最高的乔木是太平洋沿岸的红杉（*sequoia semperrivens*），其中有几棵高达105m。最粗的是非洲的猴面包（*Adansonia digitaca*），树干最大直径达7.5m，还有墨西哥的落羽杉（*Taxodium mucronafum*），最大圆周达4.5m。孟加拉榕树（*Ficus benqhalensis*）向四面伸展的分枝触地后能长成支持根，因此，树冠极宽大，有一株树的树冠圆周竟达600m。

2）灌木

灌木指有几个茎而没有主茎的、通常低于5m的木本植物。如有许多枝条而且很稠密，在地下即分蘖，则可称丛生灌木；主茎或树干在地面上很矮即开始分枝，称直立型灌木；有的拱垂，为垂枝灌木；匍匐型的为匍匐灌木。枝干不超过0.5m者为小灌木。然而这些区别不完全确切，因为有许多灌木，例如紫丁香和忍冬，在特别有利的条件下，可长成乔木状灌木，甚至长成像小乔木一般。而在另一些不同条件下，乔木可能长成灌木，形成乔木状灌木型，例如漆树、柳和云杉等。

3）藤本

藤本为两类，多年生木本有缠绕茎、缠绕它物者为缠绕藤本；用变态器官攀缘它物者，为攀缘藤本。

4）地被

园林中使用地被植物是为覆盖地面，其茎及枝杈均在地面横向生长，一般高度在0.3m以下，主要为木本，也有宿根草本。有的藤本或者匍匐型灌木也可作为地被植物。

5）花卉

按照生长习性和形态特征，可分为多年生宿根花卉、一年生草本花卉、木本花卉、球根花卉；也可分为陆地花卉、水生花卉、温室花卉、室外花坛用花卉；或者是观花花卉、观叶花卉、观果花卉等。

6）草坪

也称草皮，以栽植人工选育的草种成为矮生的密集的植物覆盖在地面上，具有改善和美化环境的作用，草种一般为多年生草木植物。

2. 树冠类型

树冠是指全部分枝的整体。其分枝特性由于树龄和环境条件等因素，在生长过程中会有变化。一般指的是树木达到壮龄时，树冠的形状，并以此来加以分类。树冠类型能表现为树体姿态、群体形象和天际线的轮廓，在配植上既能达到整齐匀称、挺拔高耸的效果，也能曲折变化、起伏跌宕，或庄严雄伟，或生动活泼（图 5-6）。

1）乔木类型

棕榈型，如棕榈；

圆柱型，如黑杨；

尖塔型，如桧柏；

宝塔型，如雪松；

扁球型，如赤松；

垂枝型，如垂枝樱；

窄卵型，如加拿大杨；

卵型，如悬铃木；

圆球型，如棠梨；

扇型，如合欢；

半圆型，如杏树；

倒钟型，如紫叶李；

风致型，受自然因素的影响体形常成不规则形状，如鸡爪槭或松。

2）灌木类型

丛生型，如玫瑰；

半球型，如黄刺玫；

拱枝型，如十姊妹；

匍匐型，如铺地柏。

以上乔灌木类型一般以乔灌木的中年期的形状为准。除特殊情况外，设计时也以此为据。这是由于其状态持续时间长，也最具审美价值。有很多乔灌木从少年期、中年期到老年期形态不同，风彩迥异（图 5-7 ~ 图 5-10）。

3. 叶形叶色

无论是哪种花木，只要细细品察，就可以发现叶形、叶色的美。粗壮的大叶会使人感到舒展大方；细细的垂丝会使人情趣倍增；浑圆形、心形、扇形的叶片或有深缺裂的叶形有着大自然赐予的工艺美；尖尖的针

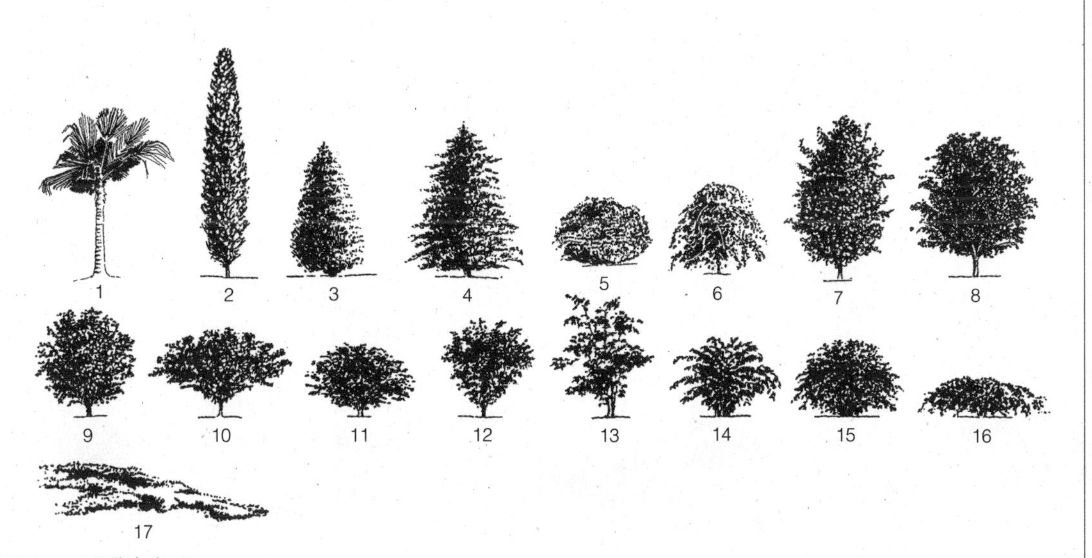

图5－6 乔灌木类型

1-棕榈型；2-圆柱型；3-尖塔型；4-宝塔型；5-扁球型；6-垂枝型；7-窄卵型；8-卵型；9-圆球型；10-扇型；11-半圆型；12-倒钟型；13-风致型；14-丛生型；15-半球型；16-拱枝型；17-匍匐型

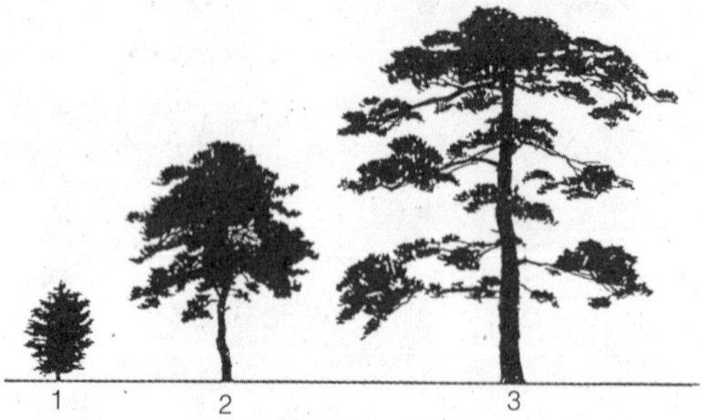

1 2 3

图5－7 油松少年期至老年期体态变化
1–少年期；2–中年期；3–老年期

图5－8 雪松少年期至老年期体态变化

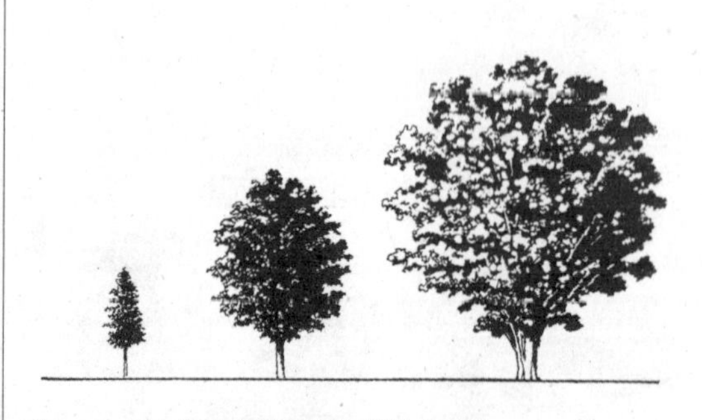

图5－9 毛白杨少年期至老年期体态变化

图5－10 木槿少年期至老年期体态变化

叶表示着不畏困难的刚毅。叶色是季相的表现，春天的嫩芽，夏天的浓绿，秋天的红叶都能构成突出的美景，把时令报给人间。

1）单叶

每一个叶柄上，只生一个叶片的为单叶，单叶的形状很多。见图（图 5-11）。

鳞形，形甚小，像鳞片，如柽柳、侧柏；

锥形，叶形细长如锥，如柳杉；

刺形，叶扁平窄长，如刺柏；

线形，叶窄长，如冷杉；

披针形，长较宽大 5 倍以上，如垂柳；

倒卵形，长较宽大 1.5 ~ 2 倍，最宽部分近顶部，如大叶黄杨；

卵形，长较宽大 1.5 ~ 2 倍，最宽部分近基部，如黄栌；

椭圆形，长较宽大 1.5 ~ 2 倍，最宽部分在中部，如黄檀；

矩圆形，长较宽大 1.5 ~ 2 倍，上、中、下部宽度几乎相等，如苦槠；

三角形，如白桦；

圆形，如榛子、海桐；

心脏形，如紫荆；

扇形，如银杏；

菱形，如乌桕。

2）复叶

每一个叶柄上生出一个以上的叶片为复叶，复叶也有各种形状（图 5-12）。

奇数羽状复叶，如水曲柳；

偶数羽状复叶，如皂角；

掌状复叶，如五加；

二回羽状复叶，如合欢；

三出复叶，如胡枝子。

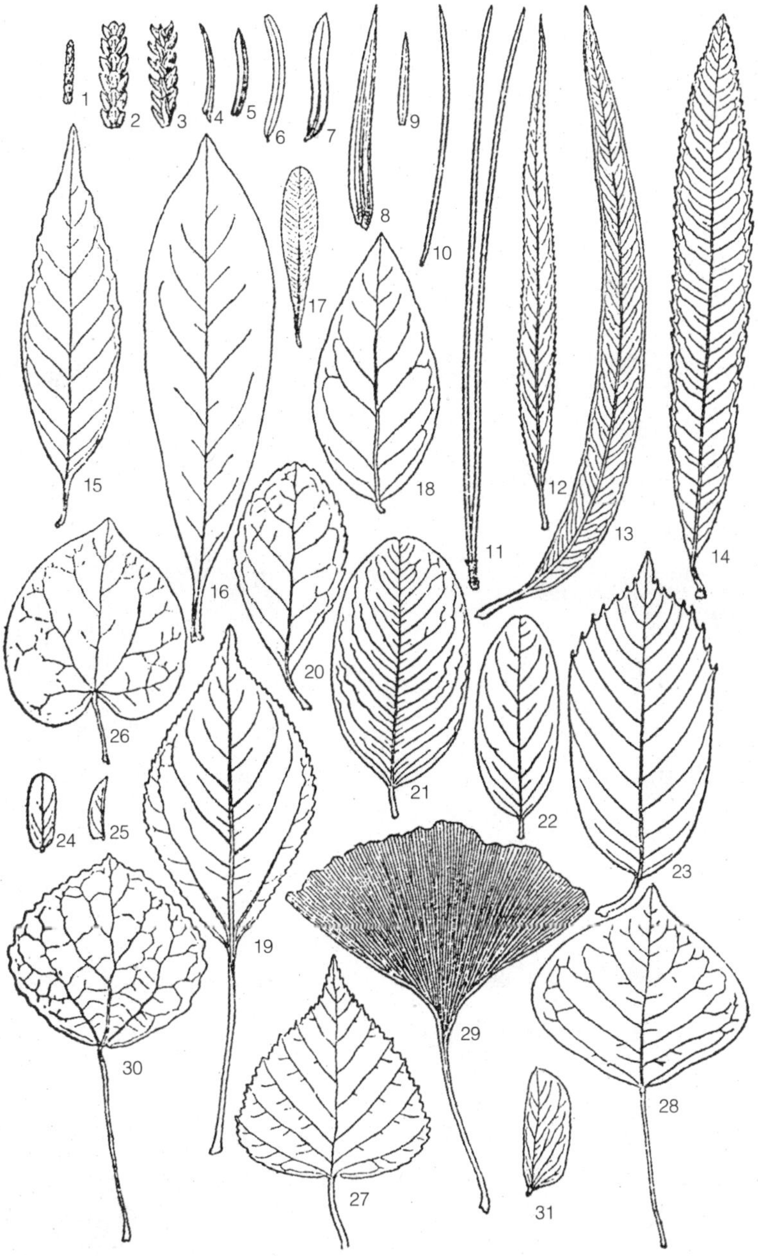

图5－11　叶形（自《中国树木学》）
1-侧柏（鳞形）；2-福建柏（鳞形）；3-樨杉（鳞状锥形）；4-柳杉（锥形）；5-云杉（锥形）；6-华东黄杉（线形）；7-红豆杉（镰状线形）；8-杉木（线状披针形）；9-刺柏（刺形）；10-雪松（针形）；11-马尾松（针形）；12-垂柳（披针形）；13-油桉（镰状披针形）；14-杞柳（线状披针形）；15-小叶槠（卵状披针形）；16-莽草（倒卵状披针形）；17-黄杨（匙形）；18-槐树（卵形）；19-南京白杨（菱状倒卵形）；20-大叶黄杨（倒卵形）；21-黄檀（椭圆形）；22-刺槐（椭圆形）；23-苦槠（矩圆形）；24-油柑（矩圆形）；25-合欢（镰状长方形）；26-紫荆（心形）；27-白桦（三角形）；28-乌桕（菱形）；29-银杏（扇形）；30-山杨（圆形）；31-山槐（矩圆形）

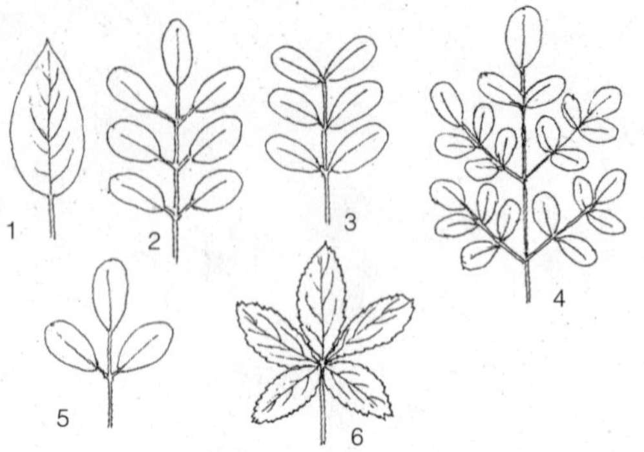

图5－12 叶的类型
1-单叶（杨、榆）；2-奇数羽状复叶（水曲柳）；3-偶数羽状复叶（皂角）；4-二回羽状复叶（合欢）；5-三出复叶（胡枝子）；6-掌状复叶（五加）

3）叶缘

刺毛状锯齿，如麻栎；

深缺裂，如槲树；

缺裂，如茶条槭；

羽状缺裂，如山楂；

掌状缺裂，如鸡爪槭；

五角裂，如五角枫。

4. 花形、花色

花形、花色是园林植物最明显的特征，也是最有欣赏价值之所在。北方的泡桐、合欢、栾树等满树是花的季节确实十分壮观；南方的红棉、羊蹄甲、凤凰木开花季节也会给人留下非常难忘的印象。其他花灌木更是多姿多彩，除了纯黑、纯蓝色以外，各种色彩一应俱全。花的形态，从总体欣赏的角度说可以包括花序或花冠（或花被），它们都表现了花的一种特征。当然有些被欣赏者认为的花不一定是植物学上认为的花，例如三角花（叶子花）一般认为红、白、紫的花，实际上是苞片，一品红顶部的红、黄、粉的部分是总苞片（图5-13、图5-14）。

5. 果形果色

以果实作为观赏的特征的花木也很多，果实大小、形状很多，其色彩也很丰富。北方的海棠、金银木、山楂在绿叶或是白雪的衬托下格外美丽，桃、苹果等较大果实在专门培植管理的园中也非常好看（图5-15）。

园林植物在整体类型上固然有不少差别或特征，就是在叶形、叶色、花形、花色、果形、果色方面也有很多差别或特征。除此以外，像龙爪柳、龙爪枣的枝干呈弯曲状，鸡爪槭、红桑的红叶和红瑞木地面以上的分枝终年紫红等等，不及详述。

（二）配植组合

1. 单株

单株种植或孤立树（或称独立树），一般多用乔木，也有用灌木的。种植在草坪、河湖、树林边缘，四周开阔，视线通透的地方。也有在路口、桥头、门前、山上、院内栽植的。独立树是为了表现树木的姿态、色彩，使之构成园林中的标志，丰富空间层次；有时为了陪衬景物；有时是特意保留，具有历史文化价值（图5-16、图5-17）。

独立树一般选择体形高大、健壮、姿态优美、寿命长或开花繁茂、有季相特点、有芳香气味的树种，选用的树种常有雪松、南洋杉、松、柏、银杏、凤凰木、槐、垂柳、栎等。有些园林中也有选用小乔木或花灌木的，在种类上以珍稀品种，有特别的纪念意义，或树姿独特，或开花特别繁茂、鲜艳，特别有观赏价值者（图5-18）。有的庭园中特意把一些常绿植物修剪成特定形状以作为独立树，

图5－13 花序类型

1-穗状花序（水青树）；2-直立柔荑花序（柳属）；3-下垂柔荑花序（杨属）；4-总状花序（刺槐）；5-伞形花序（山楂）；6-伞形花序（笑靥花）；7-头状花序（枫香）；8-复聚伞花序（卫矛）；9-圆锥状聚伞花序（泡桐）；10-聚伞柔荑花序（桦木）；11-聚伞杯状花序（大戟）；12-并生花序（黄金银花）

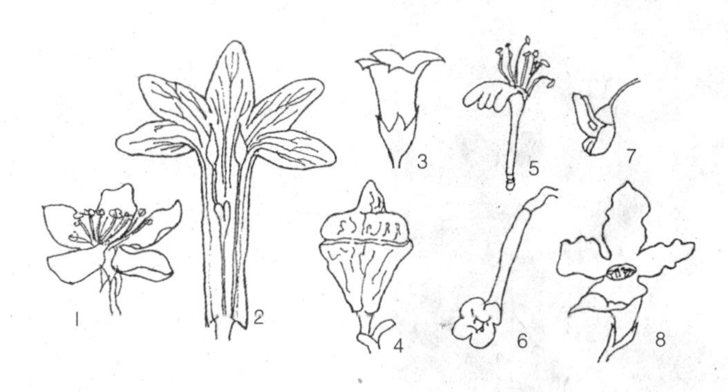

图5－14 花冠（花被）类型

1-蔷薇型花冠（如桃悬钩子）；2-高脚蝶状花冠（如迎春）；3-钟型花冠（如吊钟花）；4-帽盖状花冠（如桉树属）；5-漏斗状花冠（如金银花）；6-管状花冠（如醉鱼草）；7-蝶型花冠（如豆科植物）；8-唇型花冠（如梓树）

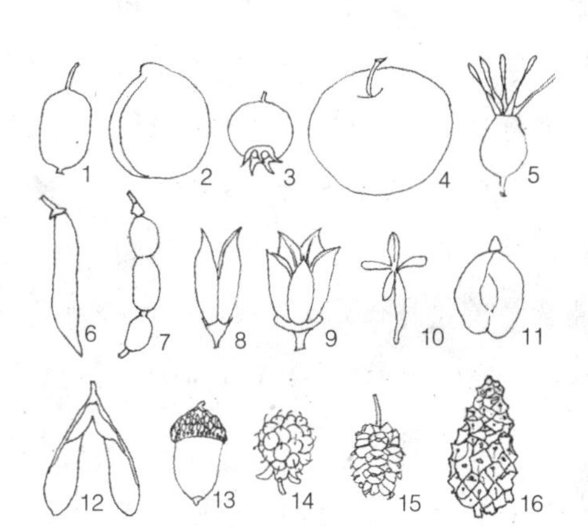

图5－15 果形

1-浆果（如山葡萄、软枣子）；2-单核核果（如桃、杏）；3-多核核果（如山楂）；4-梨果（如苹果、梨）；5-蔷薇果（如蔷薇果实）；6-荚果（如豆科植物类）；7-节荚果（如槐树）；8-蒴果（如丁香）；9-蓇葖果（如绣线菊、花椒）；10-瘦果（如六道木）；11-单翅果（如榆、水曲柳）；12-双翅果（如槭树）；13-坚果（如榛子、蒙木）；14-聚合果（如悬钩子）；15-聚花果（如桑椹）；16-球果（如松、杉）

图5－16 北京万寿寺以东银杏（约元末明初所植，胸径4.09m）（自《北京古树名木》）

图5－17 纪晓岚故居中纪晓岚手植紫藤（自《北京古树名木》）

图5－18 厦门鼓浪屿游客中心外广场独立树（自《中国园林》）

也有栽植一株爬藤植物形成一座花架者，一般也有独立树的意义。

也有单株散植的对应灌木，常常在林缘，株距比较远，以丰富树林的层次。

对应栽植是一株、两株树木对应栽植的形式，在建筑物前或是院落门前栽植，以加强对称，突出建筑或院落的轴线。树木的选择和单株树相同。在我国北方门前栽植四株槐树成为一种传统。在北京大宅门前大都如此。在建筑物前栽植小乔木或花灌木是一种院落中内部空间的配植，尺度小，不妨碍建筑物的光照和通风，也比较亲切，例如北京颐和园乐寿堂院中栽植海棠、玉兰，有取金玉满堂之意。

2. 列植

成行列的种植，一般与环境密切相关，如在建筑、河湖、广场的边缘形成直线或曲线的列植。列植在园林中往往是比较突出的形象，列植的株距是否完全等距离，要看情况而定（图 5-19、图 5-20）。

3. 树丛

由几株或十几株，一般不超过 20 株的乔、灌木组合在一起，在高度、体形、姿态或色彩上互相衬托或对比，形成一定的景观，这种景观更能显示出园林植物的艳丽、苍翠、刚直或柔美。

树丛在园林中可以成为“对景”或是“视线的焦点”，在园路、河道的尽头，或转弯处，建筑物的前面或转角处运用得当，能提高整个园林的景观质量（图 5-21）。

树丛的种植种类要搭配好，不要把喜阳的灌木种在乔木下，耐旱和喜湿润的树种也

图5－19 德国慕尼黑凯宾斯基酒店花园列植树（自《中国园林》）

要分开。自然式的树丛要疏密得当。株距密则中间树木生长又高又瘦，稀植则平展，设计者可以以稀密来调节高低，但不可过分，否则影响树木寿命（图5-22）。

4. 树群

按照树丛的配植原则增加株数，扩大种植面积，形成树林与树丛的一种中间形式，比树丛的尺度大，层次感更丰富。更要注意树种之间的生态习性，也不要使树种过于繁复（图5-23、图5-24）。

树群常用在广场一侧、林缘、河岸，比树丛能产生更宽广的画面，能适应更大的空

图5－20 列植树（北京动物园黑杨）

图5－22 北京紫竹院公园中树丛

图5－21 杭州植物园树丛（王汝诚摄）

图5－23 杭州花港观鱼湖边树群

图5－24 巴黎万森森林弥尼湖畔树群

间。在较长的视线距离也能产生一定的效果。树群配植得当能产生很生动、自然、鲜丽、活泼的气氛。

5. 散植

同一品种或者两三个品种沿着林缘、道路或河边不等距地种植，使这个窄长地带的景观有韵律变化又有秩序，能够增加景观的层次，显得活泼自然（图5-25）。

6. 树林

树林常常是园林中的基础，特别在大型园林中它的骨干作用十分重要。树林的结构可以是纯林，也可以是混交林。在我国南方耐阴树种较多的地区，可以配植覆层混交林，以增加绿量和生物的多样。树林的密度要根据气候、土壤和树种类别而定。树林的种植可以是自然式：株行距不等，位置不整齐对应；也可以是整齐式株行距对齐，左右成行；也可以是“梅花式”种植，栽植位置互相错开。整形式的种植能产生庄重肃穆的气氛，例如北京的天坛内种植整齐的几千株侧柏，十分壮观，自然式的树林会感到自然活泼，特别是在地形有变化的情况下（图5-26、图5-27）。

7. 树阵

树木栽植成方整的树林，周围是整齐的道路，形成平面上的横竖对比，是严整中的一种变化（图5-28、图5-29）。

图5－25 东二环街旁公园树林外散植

图5－26 树林（凡尔赛宫苑）

图5－27 天坛丹陛桥两侧树林

8. 背景树

在很多园林中为了衬托雕刻物、建筑、瀑布等景观或装饰，采用整齐的树木作背景，背景树是起陪衬作用的一种栽植形式，背景树有时采取列植式，也有时采取自然式，树种色泽最好能与被陪衬的物体有差别，枝叶较密，乔木的分枝点要低，在大多数的情况下以常绿树种为好（图 5-30）。在荷兰以大乔木树林为背景，在林下配植郁金香，色彩十分艳丽，再有水面相衬，形成优美的景观。

除可以树木为背景外，以草地为背景或以天空为背景，使花木或树木更出色，绿色的草地衬出花朵更娇艳；蓝色的天空使树木的天际线更加清晰，别具特色。

9. 绿篱整形植物

绿篱是指经过修剪成行密集栽植的篱垣，绿篱高者在人的高度以上，以屏蔽人的视线，控制空间，在欧洲古典园林中用作绿化剧场的背景天幕；或是作绿龛，其中放雕像。30cm 至 1m 左右，可作为花卉的背景，也可作为保护绿地的界标，起到栏杆的作用。在欧洲古典园林中与花卉做成刺绣花坛。欧洲 15 世纪开始把植物修剪成各种灯形、伞形的装饰物装点园林，以取其奇特的趣味。以后由于自然式园林的兴起逐渐稀少，近代也有把植物修剪成各种动物，甚至修剪成人形的

图5－28 美国华盛顿国会大厦前树阵
（自《World of Landscape Design》）

图5－29 法国狄德罗公园中的修剪植物花园树阵
（自《中国园林》）

图5－30 背景树（凡尔赛宫宫苑北苑）

做法（图 5-31、图 5-32）。

作为整形植物一般用常绿树种，如桧柏、侧柏、紫杉、黄杨、冬青、珊瑚树等，也可以用分枝、分蘖很密的色叶树修剪成绿篱，或用长枝条的开花灌木编织成花篱，都有特殊的效果。在国外也有少量的城市中把乔木修剪成柱形或方形者，成为一种标志（图 5-33）。

宽体花篱由不同颜色的花灌木组成。比较宽厚的植篱，富有装饰性，又有建筑感。

10. 花坛

在园林中由于花坛鲜艳夺目、娇美多姿而为众多人所关注。花坛起源于古代西方园林中，最初主要种植药材或香料。到 16 世纪末在意大利庭园中成为重要的观赏题材，通常以迷迭香或薰衣草镶边，其内种不同花卉作为图案。17 世纪后期在法国勒诺特式园林中登峰造极，常以黄杨矮绿篱组成刺绣花坛（Parterres de borderie），在近代园林中由于其栽植和管理费时费工已不多见。目前的做法是选用一年生草花、多年生花卉、或球根花卉、或与绿篱一起栽植是最简单、普遍的形式。平面布置成线形花阵，集中成大型花坛，或近年各城市中把花卉栽植成立体的塔形、伞形、柱形。有的把爬蔓的木本花卉支架成圆柱形、多角形。在草地中栽植不规则带形、如意形的花坛，颜色鲜明与草地相衬，简称色带，也可以算作花坛的一种（图 5-34 ~ 图 5-36）。

现时花坛除了在固定范围内种植花卉外

图5－31　意大利加佐尼别墅修剪植物配植（朱建宁摄）

图5－32　深圳公园中植物修剪成的各种造型

图5－33　广东中山市路旁（张小丁摄）

还有以各种盆钵临时堆摆成各式花坛，或是以带土的花株固定在网架上组成各种立体花坛。因而花坛的形式呈多样化发展。当然每处设置花坛应因地制宜、因时制宜选择形式。从法国古典园林中的花坛到现代各国公园绿地中花坛的样式多种多样，粗略地可以分为：集中大型式、围绕式、迎面式、分散式、草地背景式、阶梯式、带形式、色带式、立体式、林缘式、与常绿植物结合式、与乔木结合花台式和自由式等多种形式（图 5-37 ~ 图 5-49）。

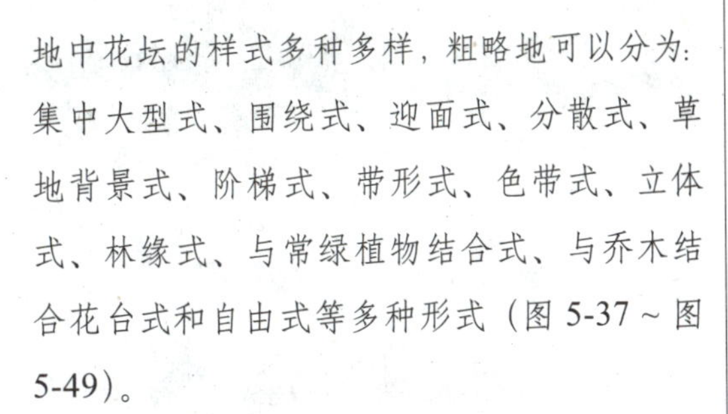

图5－34　法国维兰德里庄园中的“爱情花坛”（原庄园建于16世纪）（自《西方园林》）

花坛中的花卉颜色多种多样，有的以鲜明为特色，有的以淡雅为基调，所要表现的主题也不一样。在北京节日时，街道、广场上常以红黄色为主调，有与国旗颜色相同的意思。在法国巴黎的香榭丽舍大道上和 99 昆明世博会上法国园区的花坛颜色搭配是蓝色的霍香蓟、白色的三色堇和红色的雏菊，也是为了与国旗色彩相同。

图5－35　凡尔赛宫前水花坛以南的花坛（自《西方园林》）

图5－37　集中大型式花坛（北京皇城根公园）

图5－36　围绕式大花坛（［日］秋田县立中央公园）（自《World of Landscape Design》）

图5-38 迎面式花坛（日本迪斯尼乐园入口处）

图5-43 带形花坛（北京右安街旁花园）

图5-39 分散式花坛（天安门广场）

图5-44 色带式花坛（日本某山地休养所）

图5-40 草地花坛（奥地利维也纳国民公园）（自《北京园林》，1998,3,孙敬宽摄）

图5-41 阶梯式花坛（元大都城垣遗址公园）

图5-45 林缘式花坛（月坛公园）

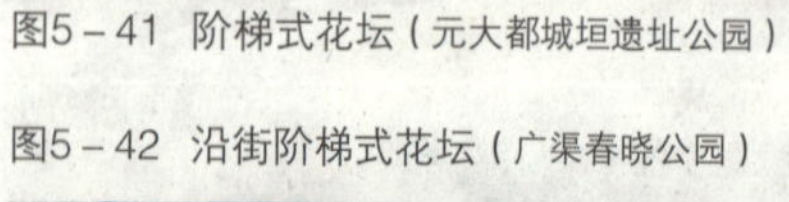

图5-42 沿街阶梯式花坛（广渠春晓公园）

图5-46 立体式花坛（北京天安门广场）（张小丁摄）

图5－47 与常绿植物结合式花坛（夏威夷喜来登酒店）（自《中国园林》,2006,2）

图5－48 与乔木结合花台式花坛

图5－49 自由式花坛（杭州太子湾公园）（自《中国园林》，2003,3，王秉洛摄）

11. 花境

花境也称花缘、花径，是用比较自然的方式种植的小灌木、宿根花卉或多年生草本花卉，常呈带状布置于路旁、草坪、墙的边缘，或溪河或树林的一侧。花境不同于花坛需要经常更换品种，而是常年栽植，因而花期不一致，只要求花株的色彩、形态、高度、稀密都能协调匀称。花境选用的花卉以花期长、色彩鲜明、栽培简易的宿根花卉为主，适当搭配其他花木（图5-50～图5-52）。

12. 草坪

草坪也称草皮，是由希腊、罗马的体育场上铺草的形式发展而来的。我国近代园林中才有大面积的铺草。铺草可以减少二次扬尘，减少地面辐射热，是地面上装饰性很强的绿化。目前草种很多，习性差别也很大，大致可以分为暖季型草（Warm

图5－50 花境（江苏省江阴黄山湖公园）（《中国园林》）

图5－51 英国Wisley花园内灌木花境（自《花园设计》）

图5－52 自然野生植物配植的花境（法国雪铁龙公园）（自《中国园林》，2006,9）

season grasses）：如结缕草（*Zoysia japonica* steud. Japanece lawngrass）、狗牙根（*Buchloe dactyloides* [Nut] Englm Buffalograss）；冷季型草（Cool season grasses）：如普通早熟禾（*Poatrivialis* L.Rough Bluegrass）、匍匐剪股颖（*Agrostis* tenuis Sibth. colonial Bentgrass）。冷季型草返青早，枯黄晚，绿色期长，但耐热性较差，夏季温度较高地区，易出现局部斑秃；暖季型草秋冬季节有一段休眠期。选择草种，要根据草坪的使用性质而定。在园林中装饰性要求高的草坪，草叶要纤细、色泽碧绿、生长整齐、绿色期长；护坡的草种要根系发达、分蘖性强、抗逆性强；林下的草种要有耐阴性，根系分布较浅，不要与树木根系争夺水肥；游人可进入的草坪，草种的上部分要耐践踏；运动场（网球、足球、高尔夫球等）上的草坪，其要求超出了园林草坪的要求，草种要有更强的抗逆性；在城市道路、绿地、河湖的边缘地区可以保留自然野生杂草，只需少量的养护和及时的修剪即可；园林中的草坪要有适当的坡度以利于排水，如果草坪能有起伏的缓坡，在柔美的地形上再加以少量花木或山石点缀，会更加自然优美；在禾本科或莎草科种类的草坪上可以杂种低矮的开花植物（石蒜、葱兰、韭兰、野豌豆、矢车菊、蒲公英、耧斗菜、雏菊、毛茛等）形成缀花草地，会更加自然优美（图5-53、图5-54）。

图5－53 草坪（北京紫竹院公园）

图5－54 自然草地（河北省围场）（刘东摄）

13. 地被

园林中除了用草坪保护和装饰地面以外，就是用地被植物。地被植物一般植株低矮，枝叶茂密，能严密覆盖地面保持水土，防止二次扬尘并具有观赏价值。地被植物种类很多，大致可分为草本植物、木本植物和蔓生植物类。草本植物类中如二月兰、点地梅、垂盆草、委陵菜、蛇莓、紫苑、葡萄水仙等；木本植物类中如平枝子、沙地柏、小叶黄杨、矮生月季等；蔓生植物类中如地锦、蔓生蔷薇、迎春等。

地被植物中大多数不需要经常修剪，只有少量木本植物在栽植前需要整枝（图 5-55 ~图 5-58）。

14. 垂直绿化

利用攀缘植物从根部垂直向上缠绕或吸附于墙壁、栏杆、棚架、杆柱及陡直山体的方式生长，简称垂直绿化。垂直绿化只占用少量土地而获得更大的绿量。建筑物的墙面绿化以后，在夏季可以降低室温，减少降温所消耗的能源。攀缘植物的枝上有很鲜艳的花朵，也有彩叶和各种果实，能美化环境。

图5－55　景天在绿地中的地被（北京元大都遗址公园）

图5－56　沙地柏、海棠类地被（北京元大都遗址公园）

图5－57　花叶蔓、长春花、大花萱草地被（杭州曲院风荷）（自《中国园林》）

图5－58　常春藤、沿阶草、杜鹃地被（杭州曲院风荷）（自《中国园林》）

在一定环境中很有装饰效果。攀缘的方式有：以缠绕茎蔓缠绕在其他物体上，向高处延伸生长的，如紫藤、金银花、牵牛、茑萝、南蛇藤等；以枝的变态形式卷须缠绕在其他物体上的，如葡萄、乌敛莓；以叶变态缠绕在其他物体上的，如香豌豆、葫芦、铁线莲；靠枝叶变态形成吸盘或茎上生气根吸附于它物上向高处生长的，如地锦、扶芳藤、凌霄、常春藤、络石等；还有是靠茎枝上的钩刺或分枝攀附在其他物体上向上方生长的，如蔓生月季、云实、木香等。以吸盘吸附于墙面上，墙面要有一定的粗糙度；对缠绕于物体上的藤蔓要能有格架供攀爬(图 5-59、图 5-60、图 5-61)。

图5－59 摩纳哥王宫垂直绿化（自《北京园林》，1998, 3，孙敬宽摄）

图5－60 慕尼黑瑞士保险公司垂直绿化（《中国园林》，2005,3，林箐摄）

15. 水生植物

在园林里适当的水面中，种植一些在水中能生长的植物，既可以装点水面，又可以净化环境。特别是能开出鲜艳的花朵，放出淡雅的清香；或叶形奇特的水生植物，更能丰富水景。

种植水生植物要适应水流、水深的情况，有的植物适合在浅沼泽地上生长，如菖蒲、慈菇、香蒲、旱伞草等；有的适应在中等水深（0.5～1.5m）中生长，如荷花、王莲、莼菜；在水面上漂浮生长的，如凤眼莲、浮萍对水的深浅都可以适应；有的水生植物根生于水底泥中，叶多浮出水面生长，如睡莲、芡实、菱角等（图5-62、图 5-63、图 5-64）。

种植水生植物和陆地植物配植同样要考虑种植的面积，留出水面的范围；为了和岸上的景色相衬，要考虑水生植物的高度和线条，如浮萍和芦苇就完全不同，差别很大。

图5－61 日本“2005爱知世博会”生物肺即垂直绿化（自《中国园林》）

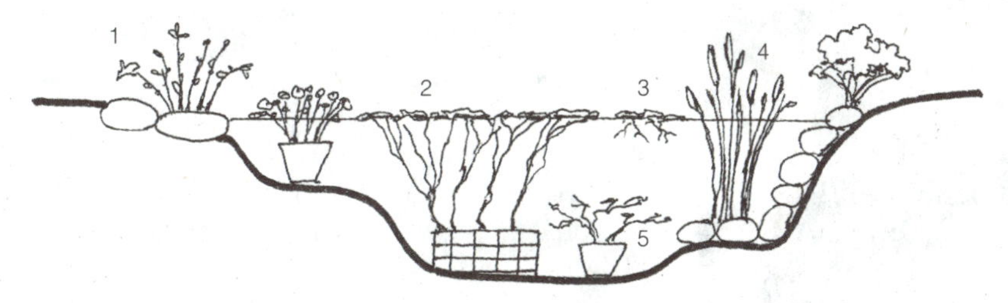

图5－62 水生植物不同性状分层生长
1-滨水性；2-浮叶性；3-浮水性；4-挺水性；5-沉水性

图5－63 水生植物（杭州湖村）（自《杭州新景观》）

16. 岩石植物

欧洲早期有岩石园（Rock Garden）。现代造园不拘泥于这种专类园，而是将山石与植物结合布置，取自然山野之趣，有的在山麓，有的在水边，有的在路旁，甚至有的还在室内。布置在岩石园中的植物适宜于生长在岩石缝隙，有的植物耐干旱，在瘠薄、少水的土壤中也能生长，如沙地柏、高山柏、偃松、景天、卷柏、瓦松、柽柳、荆条、小花溲疏、锦鸡儿。也有的植物着生于山体、山石的阴面，或靠近水体，多为苔藓类、龙胆科植物、报春花类、凤仙花类、秋海棠类、忍冬属、八仙花属，藤本的有虎耳草、常春藤、地锦、薜荔等（图5-65、图5-66）。

图5－64 北京植物园露地栽培的王莲（自《植物园规划与设计》）

图5－65 岩石园（德国切尔西花展）（自《中国园林》，2003,1， 陈进勇摄）

图5－66 岩石植物布置成的岩石园（自《植物园规划与设计》）

种植在假山石中的植物要预留种植槽，土壤量要能使植物根系能发展、成活。也要避免大量雨水的冲刷或淹没。

第二节 地形

地壳的变动会造成高处成山、低处成湖、海，我国的珠穆朗玛峰高8840多米，而南沙群岛一带海底最深处达到2000多米，从最高到最低竖向达到1万多米。我国幅员辽阔，地貌非常丰富，大体是从西北至东南呈三级梯度下降，其间有：巍峨的冰川、高原，奔腾不息的河流，侵蚀的丘陵，沙丘覆盖的平原，直至广阔的平原（图5-67～图5-73）。

上古人类对自然界的许多事物都怀着敬

图5－67 珠穆朗玛峰（自《中国自然地理图集》）

图5－68 塔克拉玛干沙漠（自《中国自然地理图集》）

图5－69 黄土高原（延安地区黄土梁峁）（自《中国自然地理图集》）

图5－70 华北平原（自《中国自然地理图集》）

图5－71 江南水乡（浙江省杭嘉湖平原）
（自《中国自然地理图集》）

图5－72 南国春早（三月间海南岛）
（自《中国自然地理图集》）

图5－73 圣马利诺山顶城堡（刘阳摄）

畏的心理，而在许多自然崇拜之中，山岳崇拜是最基本、最普遍的几种之一。在古人看来，山以其巨大的形体、无比的重量以及简单而强烈的线条显示着不可抗拒的力量。"高山仰止，景行行止"，就是这种山岳崇拜的心理表现。

上古人们逐水草而居，水是其生命延续的基本条件。许多古代民族皆以水泽及河流冲积地为其栖息地，水泽在古人心目中往往是祖先、神的象征。《墨子·明鬼下》说："燕之有沮（泽）。当齐之社稷，宋之桑林，楚之云梦也。"《管子·水地篇》说："地者，万物之本原、诸生之根菀也。""水者，何也？万物之本原也。"人们不仅在现实的领域里和山水建立着物质交换关系，而且在审美的领域里也和山水建立着精神交换的关系。

大地中的山水，一直为人所观察、颂扬，以其比作自己的心境、意念以抒发情怀。陶渊明《石壁精舍还湖中作》："昏旦变气候，山水含清晖。清晖能娱人。游子澹忘归。"王维在描写终南山的境界奇丽、气象雄伟的《终南山》中写到："太乙近天都，连山到海隅。白云回望合，青霭入看无。"王维还在《蓝田石门精舍》中有"落日山水好，漾舟信归风。"李白的《蜀道难》尤如一阕赞美大自然的交响乐章，其中有"连峰去天不盈尺，枯松倒挂倚绝壁。飞湍瀑流争喧豗，冰崖转石万壑雷。"对水的描写，曹操的《观沧海》中有："……水何澹澹，山岛竦峙。树木丛生，百草丰茂。秋风萧瑟，洪波涌起。日月之行，若出其中……"通过视觉描写出非常壮观的海上景象。柳永《望海潮》中有："重湖叠巘清嘉，有三

图5－74 99昆明世博会山体处理

秋桂子，十里荷花……"表现了西子湖的秀美，写出了独特的风貌。王安石的《泊船瓜洲》："京口瓜洲一水间，钟山只隔数重山。春风又绿江南岸，明月何时照我还？"是一首抒情的佳作。郭熙《林泉高致》论山水画的审美功能说："君子之所以爱夫山水者，其旨安在？丘园养素，所常处也；泉石啸傲，所常乐也……山光水色，滉漾夺目。此岂不快人意，实获我心哉？"

地球三维空间的变化形成地形，地形可以分为大地形和小地形。从前面所讲我国从西到东的地形变化，如高山、丘陵、草原、平原称作大地形。从园林来讲地形是大地形中的局部，相对来讲就是小地形，包含山地、台地、斜坡、平地、河湖。在园林中起伏最小的也可以称作微地形（图 5-74、图 5-75、图 5-76）。

《园冶》在"山林地"一篇中讲道："园地唯山林最胜，有高有凹，有曲有深，有峻有悬，有平而坦，自成天然之趣，不烦人事之工。"在"江湖地"一篇中讲道："江干湖畔，深柳疏芦之际，略成小筑，足徵大观也。悠悠烟水，澹澹云山，泛泛渔舟，闲闲鸥鸟，漏层阴而藏阁，迎先月以登台……"乾隆在

图5－75 以阶梯跌水对缓坡处理（北京朝阳公园）

图5－76 以植物布置对缓坡处理（北京北海公园）

北海《塔山西面记》中讲道："水无波澜不致清，山无曲折不致灵，室无高下不致情。"

一、地形设计的意义

（一）与环境因素相联系

1. 排水

场地完全呈平面则不利于降水后的排水；起坡后虽有利排水，但坡度过大则难以保持水土，容易形成水土流失，甚至泥石流。掌握好适宜的坡度要根据地域的降水和地下水的情况、土壤的结构和植被覆盖的程度进行设计。

2. 小气候

由于小地形或者微地形产生与地区或整个城市不同的气候特征被称为小气候。小气候常产生于山体和建筑物的附近。在北方山体的南坡与北坡气候分别为温暖和干燥。南坡有利于喜温暖植物的生长，但夏季则日晒、光反射较强且干燥，不利于喜潮湿植物的生长。而北坡在气候干旱的条件下却有利于植物的生长。

3. 地面利用

地面一般指平地；平地中间陷则积水为湖地；湖池中再有陆地则为岛；整体提升为平地则为台地；平地上突起则为山地。从功能上可以分别利用：山巅、水际往往是赏景、小憩的好去处，平地则适宜安排各种建筑设施、组织多种活动。

（二）美学特征

1. 空间构成

利用山体围绕可形成大小不同的空间，圆明园中很多景点就是以5～10m高的土山围合的，内部以建筑、水面、植物形成内在的空间。自然式园林中连续空间的构成，也往往运用山体来分隔。也可以一组或一座山体形成视线的焦点或是组成轴线中的一部分，例如，北京景山就是北京中轴线一个重要的节点。

2. 视觉感受

一般的斜坡路（10%～25%）无论上坡或者下坡都会给人以动的感觉，在峰顶人的视线可以从高处俯瞰低处景色，高一点的峰也可以远望云天，观日出、晚霞，高耸的山脊会给人以峻峭、雄伟的感受，如果连成群体会加重快节奏的感觉。

3. 增多层次

山体可以作为景点的前奏，作为"序曲"在中国古典园林中和现代园林中运用较多，《红楼梦》中的大观园入口即是"山体"，是作为园的"起点"。北京恭王府花园也有类似的"山"，以与"府"相区别。也有的像戏剧舞台的布景，作为建筑、植物的背景，大都能起到渲染、加重、陪衬的作用（图5-77）。

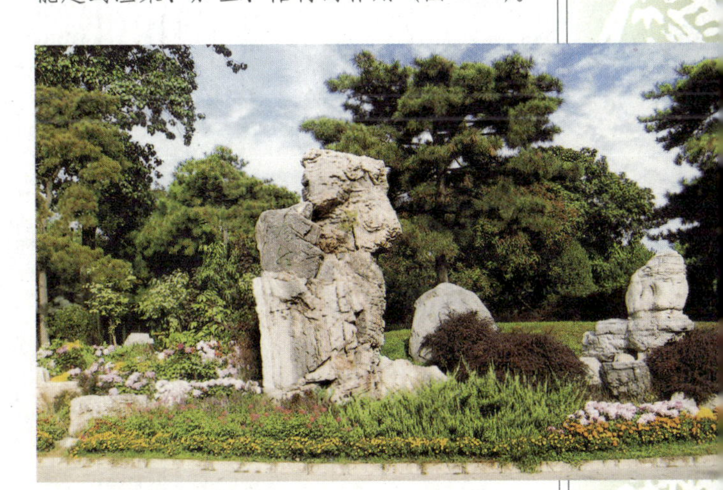

图5－77 陶然亭公园南门

二、地形设计的原则和方法

(1) 地形设计要与周围地区环境配合好，在城市园林中要与城市规划所制订的四周标高相协调，以利于城区排水和保持水土。

(2) 对较大面积的地形设计或特殊地形的改造，要对该处的水文、土壤、气象、植被资料有所了解，以保证生态环境的质量和地形的稳定。

(3) 简单的地形设计可以用断面法，即用等高线计算土方量，并表示各处标高；面积较大的场地可用方格网法。选用适当的电脑软件可以快速、准确地用电脑计算出土方量，并制出设计图。计算机图示方法的优点就在于能让使用者从各个角度来观察地形（图5-78、图5-79、图5-80）。

(4) 在布置自然式的山水庭园时，要对

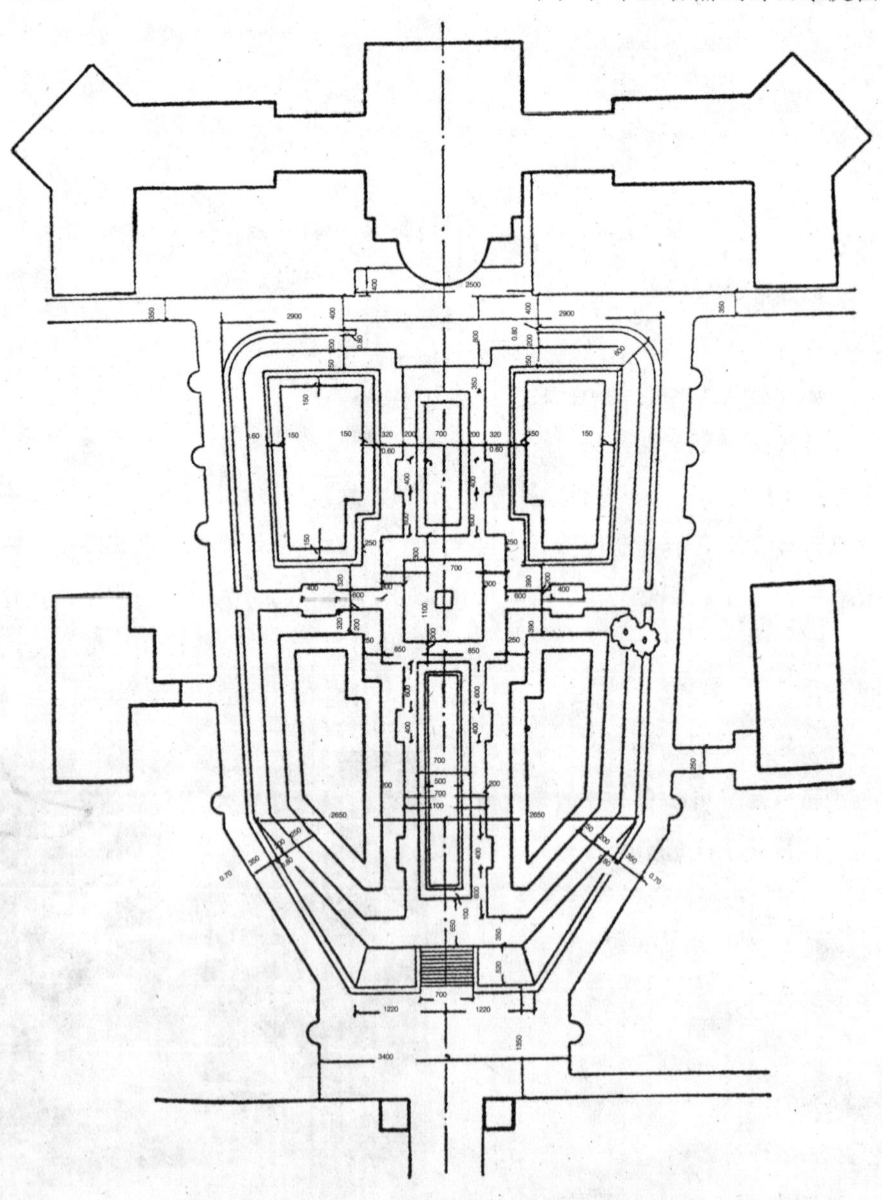

图5－78 广场平面图布置示例（自［前苏联］《绿化建设》）

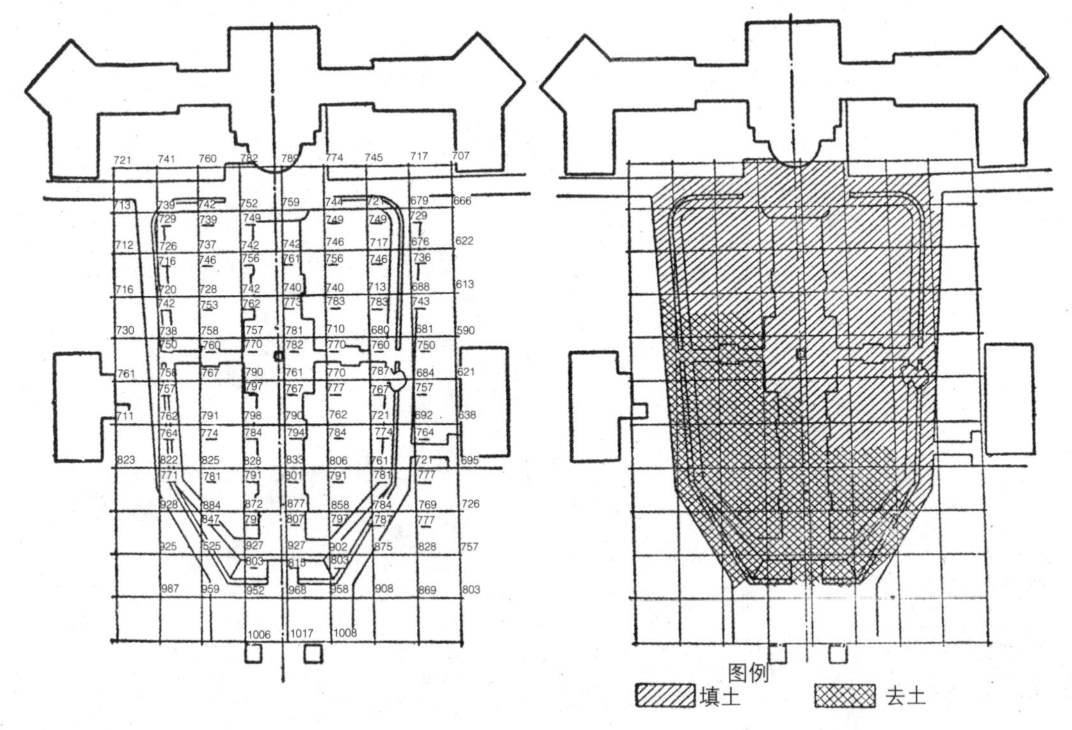

图5－79 竖向设计示例（按图5-81所示地段的竖向设计图。数字下画横道的为设计标高）（自［前苏联］《绿化建设》）

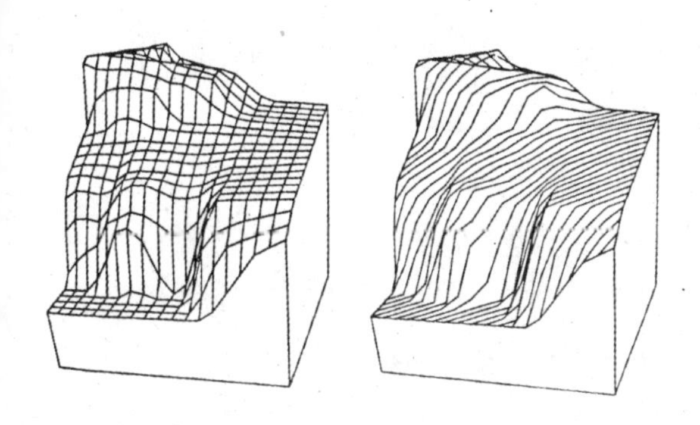

图5－80 计算机绘制的地形模型（自［美］《风景园林设计要素》）

山高、水深与周围环境的关系、比例尺度有全面的考虑。

（5）不同标高的地形要相互衔接，既要考虑到地形的稳定，又要具有美的效果。可以运用缓坡、挡土墙、自然山石、台阶各种手法来处理（图 5-81）。

三、天然与人工湿地

园林中从处理河湖、溪流到布置瀑布、跌泉都称为理水。传统上园林水面一部分是属于大多数国家所认定的湿地；一部分则是人工水景。1971 年 2 月 2 日公布于拉姆萨尔，并于 1982 年 120 多个国家共识修正后的《湿地公约》中指出："湿地系指天然或人工、长久或暂时之沼泽地、湿原、泥炭地或水域地带，带有或静止或流动、或为淡水、半咸水或咸水水体者，包括低潮时水深不超过 6m 的水域。"湿地的生态效益主要是维持和保护生物多样性，调蓄洪水，防止自然灾害，降解污染。1992 年 7 月 31 日我国正式加入了《湿地公约》，2005 年建设部公布了《城市湿地公园规划设计导则（试行）》（以下简称《导则》），确认了拉姆萨尔关于《湿地公约》的修正稿中的湿地

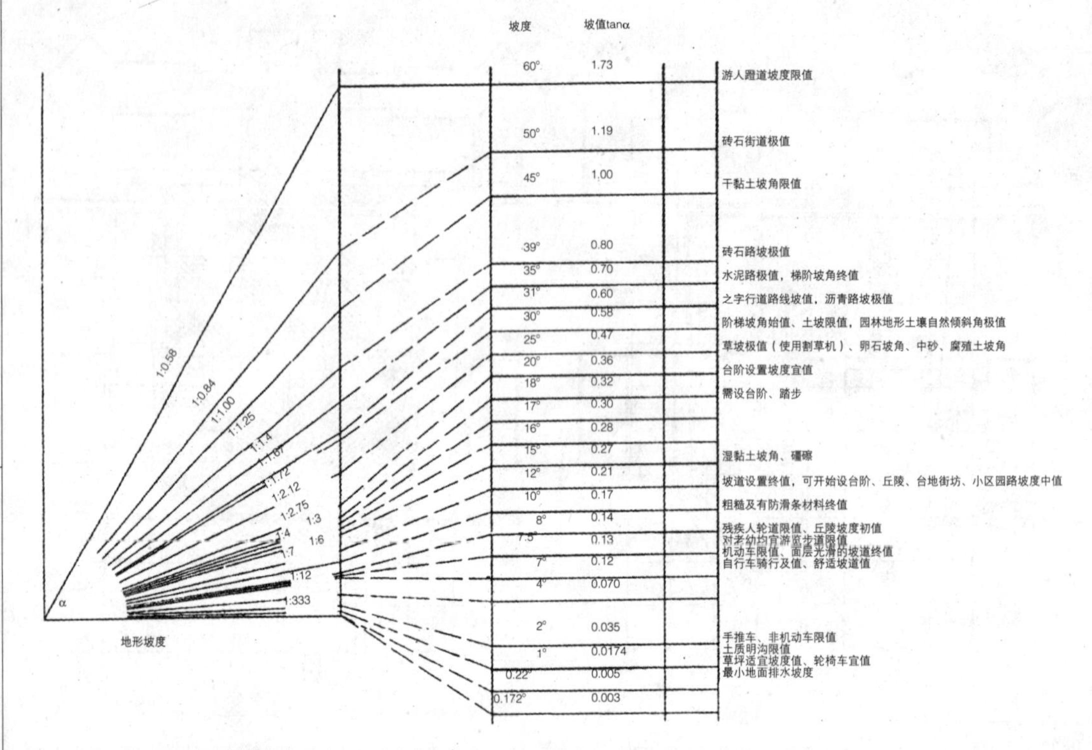

图5－81 常见地形设计坡度选用表（自《古建园林工程施工技术》）

定义。同时在《导则》中表述城市湿地公园与其他水景公园的区别，在于湿地公园强调了湿地生态系统的生态特性和基本功能的保护和展示，突出了湿地所特有的科普教育内容和自然文化属性。

美国鱼类与野生生物保护机构（FWA）对湿地的定义为："湿地表面暂时或永久有浅层积水，以挺水植物为特征，包括各种类型的沼泽、湿草地、浅水湖泊，但是不包括河流、水库和深水湖。"

湿地的种类有河流湿地、沼泽湿地、湖泊湿地、滩涂和河洪平原、湿草地和泥沼、海洋湿地和河口湿地。

正确认识湿地有三条准则：

（1）必须有优势的水生植物；

（2）在表土之下某一深度的土壤必须含水；

（3）在一最低限度之期间或频率内必须为水淹没或土壤水饱和。

建设部《导则》中，对湿地公园规划设计原则中明确规定："在系统保护城市湿地生态系统的完整性和发挥环境效益的同时，合理利用城市湿地具有的各种资源，充分发挥其经济效益、社会效益以及在美化城市环境中的作用。"

在我国城市化中，有很多原生湿地已经由于进行开发建设而不复存在。同样在美国过去300年来有超过4800万 hm^2 湿地由于造房、种田、城建等需要被回填、抽水而消失了。

由于湿地的生态价值日益为人们所认知，开发和复制湿地资源成为一种趋势。20世纪50年代开始，欧美发达国家利用人工湿地技术进行污水处理已见成效。

人工湿地基本的组成要素是各种透水性的基质（土壤、沙、砾石）、水生植物（能在饱和水和厌氧基质中生长）、微生物种群（水、好氧或厌氧微生物）。能够处理污水的作用主要是利用以上三种因素以物理、化学和生物三重协调作用，通过过滤、吸附、沉淀、离子交换、植物吸收和微生物分解来净化污水。

建造或修复湿地的功能性应该按照湿地的标准进行，否则达不到湿地的效应。首先，水利工程应该满足水位上下波动的要求、淹没的时间、频率，流速、面积大小，以使泥沙沉降有足够的时间；有机物及养分能够被吸收，和给动物（主要是鸟类）提供栖息地。如果在河流入海口附近，还要保证不致使海水倒灌，使水质盐分过大。

由于湿地种类繁多，功能差异，其结构也不尽相同。各种湿地的构造大体都可以分成底部、岸坡和顶部三个部分。以小型湿地的底部为例，湿地的岸坡也可以按图 5-82 所示。

为了顺从生态系统的演替发展规律，应该在调查气候条件和土壤的基础上，了解动植物可能生长的种类和演替过程，从而做出植被建立规划。

种植树木有利于鸟类和其他动物的栖息，

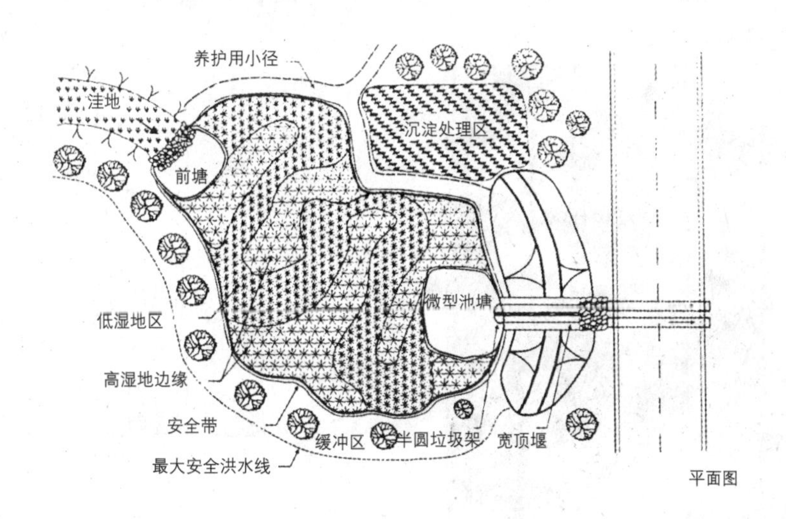

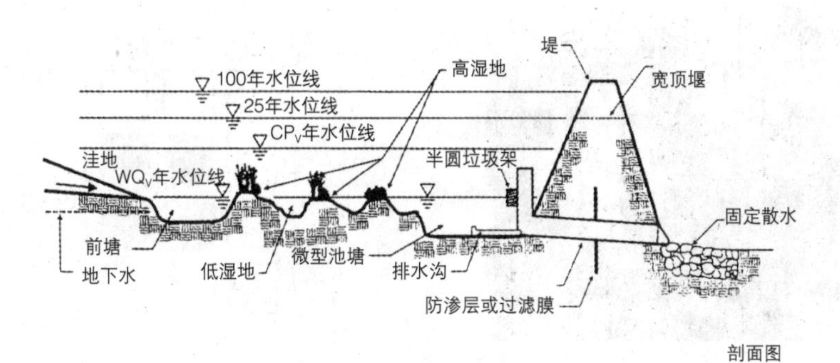

图5－82 小型湿地结构（自《区域建设中的湿地和暴雨径流管理方法》）

有些岸边还可以防止水冲刷；草本植物应按本地优先的原则选用，以达到自我维持。

湿地植物分为水生和湿生两类，要根据水位的变化规律确定种类。

四、理水艺术

水在园林里是一个重要的因素。园林设计者可以把水处理成各种形态供人欣赏、品味（图 5-83、5-84）。

中国在传统上以水为题来表现自己的意志、引起思念、抒发审美情趣，甚至用以传达孤独彷徨的心境。

水面有平远开阔，也有细小曲折（图 5-85、图 5-86）。大的水面视野广阔，使人的心情舒展，特别是水平似镜，更能收纳万象其中，体现出："天光云影共徘徊"的美。王勃在他的《滕王阁序》中，以非常华丽的诗句写道："落霞与孤鹜齐飞，秋水共长天一色。"小的水面

图5－84　建筑前的水景（北京卧佛寺）

图5－83　上海共青森林公园池畔（自《上海园林景观设计精选》）

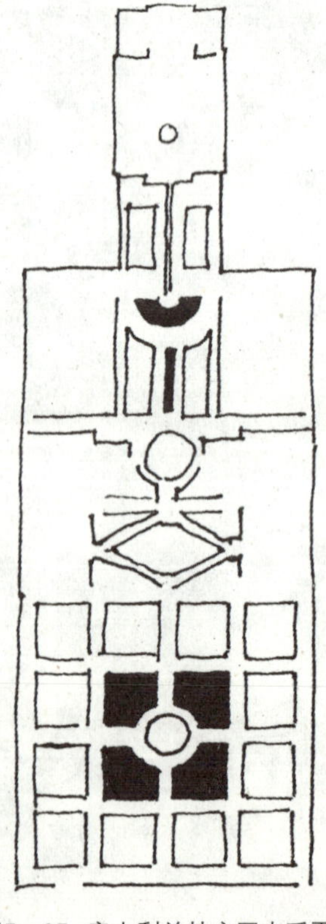

图5－85　意大利兰特庄园水系平面

幽漾清爽，使人的心情更加静谧清高。王冕以“墨梅”表现崇尚清高的气息：“我家洗砚池边树，朵朵花开淡墨痕。”

王羲之在《兰亭集序》中以“清流激湍，映带左右”来描写他的兰亭。

苏轼以清雄豪健笔调抒写士大夫的逸怀浩气，他对水的描写是：“白露横江，水光接天。纵一苇之所如，凌万顷之茫然。”

谢朓《与江水曹至干滨戏》：“山中上芳月，故人清樽赏。远山翠百重，回水映千丈。”山重水回，连绵映带，美在深厚萦绕，花簇草丛，诗人在探求山水花草的真魂。苏轼《念奴娇·赤壁怀古》中有形容长江境界雄浑的诗句：“乱石穿空，惊涛拍岸，卷起千堆雪。江山如画……”

元结《石鱼湖上醉歌》：“石鱼湖，似洞庭，夏水欲满君山青。山为樽，水为沼，酒徒历历坐洲岛。长风连日作大浪，不能废人运酒舫。我持长瓢坐巴丘，酌饮四坐以散愁。”

苏轼《饮湖上初晴后雨》：“水光潋滟晴方好，山色空濛雨亦奇。欲把西湖比西子，淡妆浓抹总相宜。”

张岱《湖心亭看雪》：“天与云与山与水，上下一白。湖上影子，唯长堤一痕，湖心亭一点，与舟一芥，舟中人两三粒而已。”

袁宏道《满井游记》中描写满井：“于时冰皮始解，波色乍明，鳞浪层层，清澈见底，晶晶然如镜之新开，而冷光之乍出于匣也。”

马致远：《越调·天净沙·秋思》中：“枯藤老树昏鸦，小桥流水人家，古道西风瘦马。

图5－86　意大利兰特庄园水景（自《西方园林》）

夕阳西下，断肠人在天涯。”以郊野的秋景传达了天涯游子孤独、彷徨的心境，而“小桥流水’的画境一直在园林中传诵。

杨万里《小池》：“泉眼无声惜细流，树阴照水爱晴柔。”用清新灵活的笔墨描写水影。

柳永《望海潮》：“云树绕堤沙，怒涛卷霜雪，天堑无涯。”描写钱塘江的壮观。

张九龄《望月怀远》：“海上升明月，天涯共此时。”格调清新，以描写生动壮丽的海开始，怀念远方亲人。

在理水艺术方面，每个民族、地域都有不同的特点，除了自然条件以外，各民族、地域都有不同的审美情趣，就是在一个民族之间，他们的社会地位、财富和支配能力不同，也会产生不同的理水形式。汉武帝造昆明湖，湖区周围40里，王羲之则选择在兰溪清流激湍映带左右的环境进行修禊活动。柳宗元则“坐潭上四面竹树环合”，后记之而去。中国传统的理水和国外都有很多不同。例如，中国江南的名园与意大利式庭园和法国勒诺特式的园林中水的形态就有很大的不同。意大利和法国地形不同，但水的平面构成大部分为直线组成的方正体。中国江南园林的水面分散成不同的水空间，与周围的建筑、山体和花木形成各种景致。中国的皇家园林与江南私家园林也有不同。皇家园林如颐和园和西苑（北海），水面广阔有“收千顷之汪洋”的气势，湖中有岛将水面分割，以岛衬湖，以小比大，愈显湖面之大。皇家园林和私家园林也有模仿江南园林之秀丽者，如颐和园之谐趣园仿江南无锡寄畅园，尽管水面仿佛，但周围景色已“皇家化”。北京的勺园、清华园也有江南水景的意韵（图5-87～图5-103）。

前面的例子尽管很明确，但理水的方式变化万千，有的由建筑包围形成规划形的水池。在规整中求得自然，水景中既有天空云影又有建筑，波光粼粼，十分生动。现代庭园中水池的形态既有传统又有创新，如北京香山饭店庭园水景（图5-104、图5-105、图5-106）。受中国庭园理水艺术的影响，如日本桂离宫的水面（图5-107）、朝鲜庭园的水景以及英国园林中的湖面形状等皆如是。

理水艺术无论在历史和现实当中都有很丰富的经验，其中主要有：

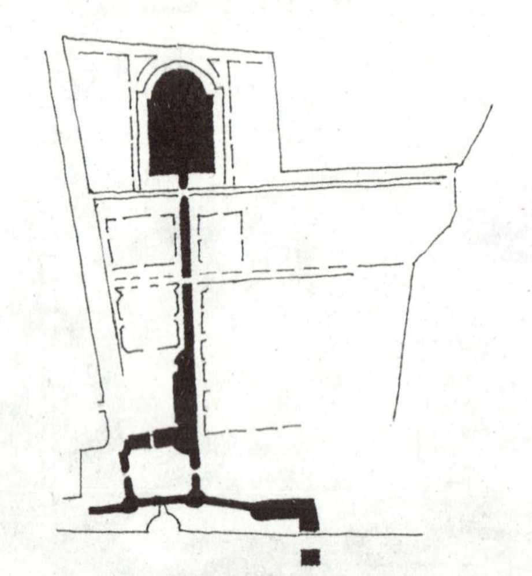

图5－87 意大利维兰德里庄园水系平面

图5－88 意大利维兰德里庄园水池（自《西方园林》）

图5-89 浅浅的水池中之字形花岗石石条对倒影切割（自《中国园林》，2007,1）

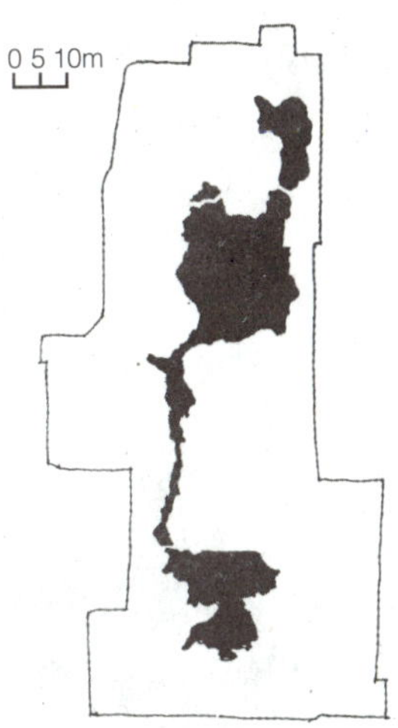

图5-90 南京瞻园水系平面

图5-91 南京瞻园山石水景（韩丽莉摄）

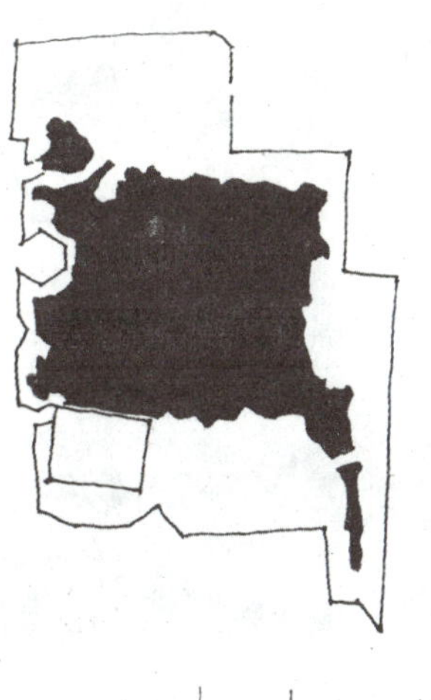

图5-92 苏州网师园水系平面

图5-93 苏州网师园水景（韩丽莉摄）

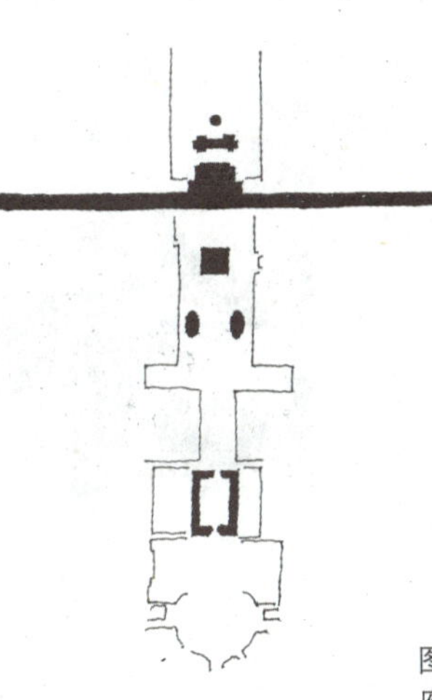

图5-94 沃-勒-维贡特府邸花园水系

图5-96 法国凡尔赛宫苑水景（阿波罗之车群雕）

图5-95 沃-勒-维贡特府（由东花坛王冠喷泉池望主建筑）（自《西方园林》）

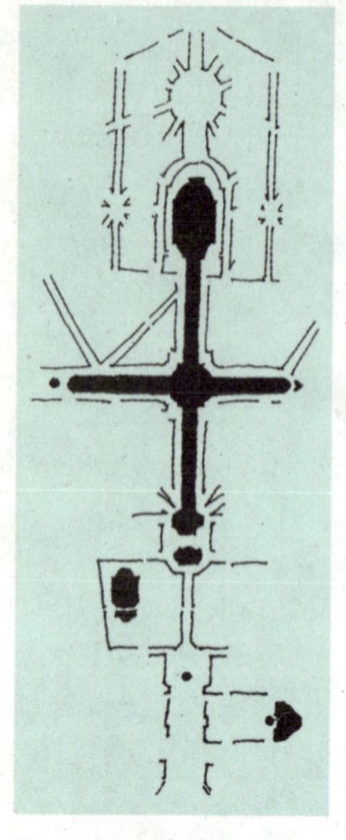

图5－97　凡尔赛宫苑水系

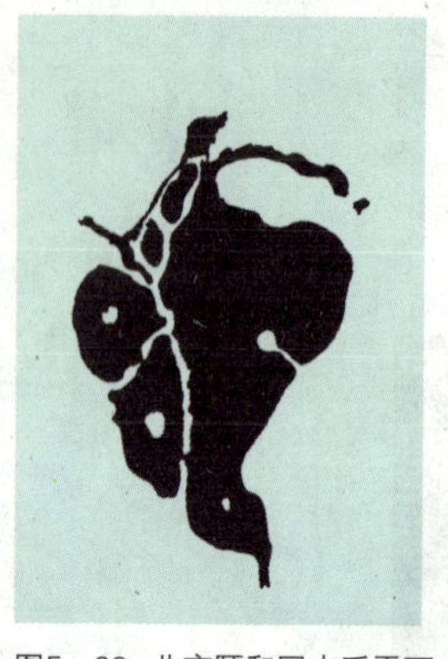

图5－98　北京颐和园水系平面

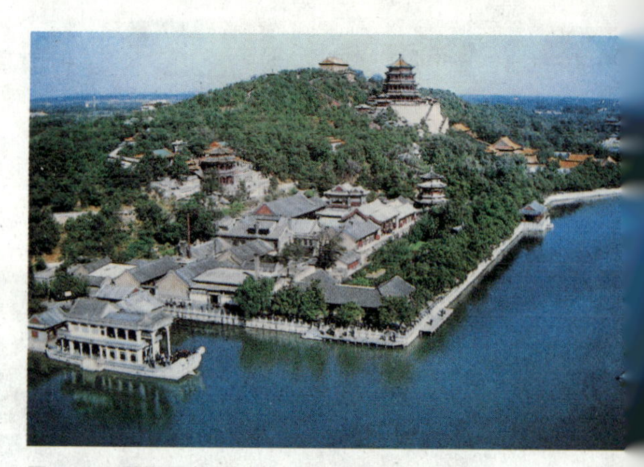

图5－99　颐和园湖山相映（自《北京揽胜》）

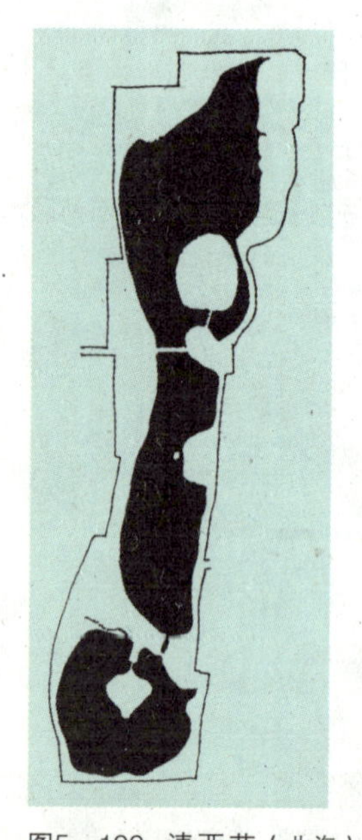

图5－100　清西苑（北海）水系平面

图5－101　北海景观（楼庆西摄）

图5－102　苏州拙政园水系平面

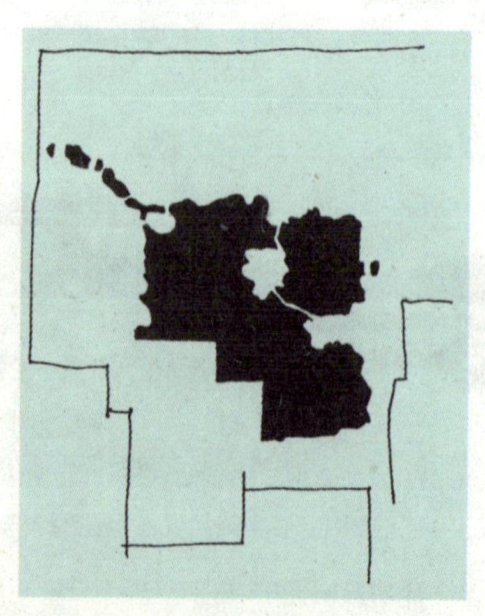

图5－103　苏州留园水系平面

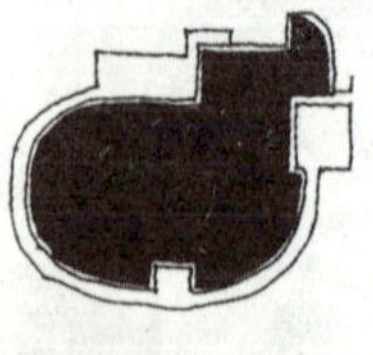

北京香山公园见心斋

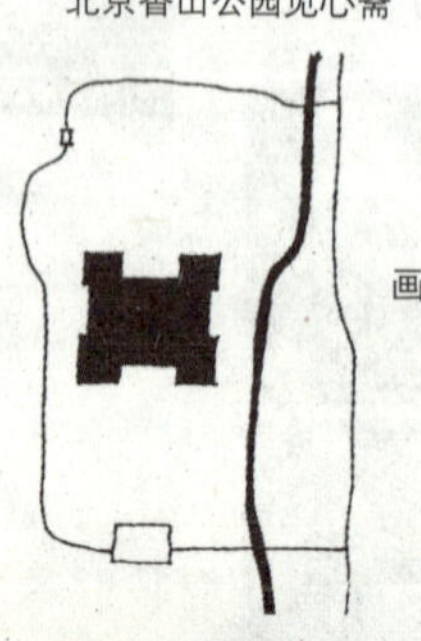

画舫斋

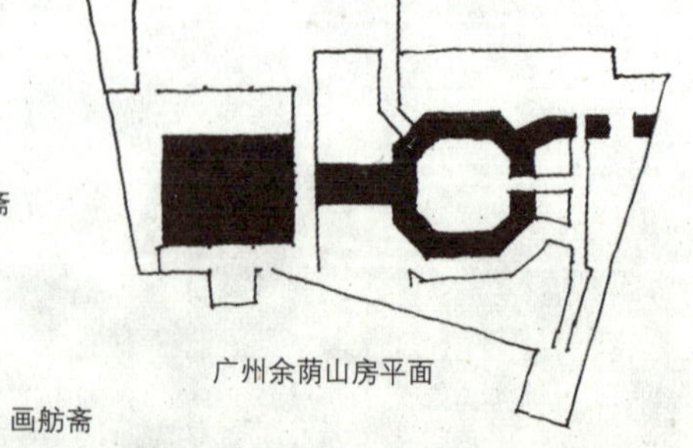

广州余荫山房平面

图5－104　古典园林中三组建筑与水面结合

（一）顺应自然、事半功倍

杭州西湖面积5.68km^2，三面环山，一面连城，在地质史上的第四纪是个浅海湾，浅海湾四周山岭上的岩石在海水长期的冲刷下，泥沙在海湾中沉积，更重要的是海里各种水流把较远的河口泥沙带到这里来，这样在沙洲内侧的海水就变成了一个湖，汉代形成了平陆和潟湖。经过千百年的治理，在天然美的基础上，以白堤连接孤山，以苏堤沟通南北，同时划分了内湖、外湖及西里湖的空间，疏浚西湖，以湖泥堆成小瀛洲，宋代则堆湖心岛，清代堆了阮公墩，形成了“夏雨染成千树绿，暮风散作一江烟”的自然风光，同时也有着“一色楼台三十里”的华美景象（图5-108）。

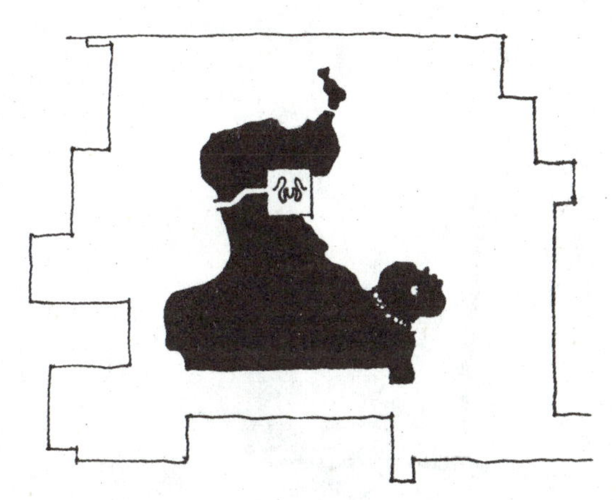

图5－105 北京香山饭店庭园水系平面

图5－106 北京香山饭店庭园水景

北京颐和园的水面也是自然天成，辅以人工。两千多年前，附近的泉水汇于瓮山前，名瓮山泊。元代（公元12 － 13世纪）疏浚了瓮山诸泉，送水至京城入通惠河，到了明代又在这里种稻、菱、莲等水生植物，由于景色优美，不少文人名士在这里吟诗唱和。文征明就有“春湖落日水拖蓝，天影楼台上下涵”的诗句。原瓮山前湖面东半部是陆地平原，清乾隆十三年（1749年）冬，扩湖堆山，首先将湖面向东扩展，利用浚湖的土方堆叠东部形成东堤（现在仍然可以看到颐和园东

图5－107 日本桂离宫水系平面

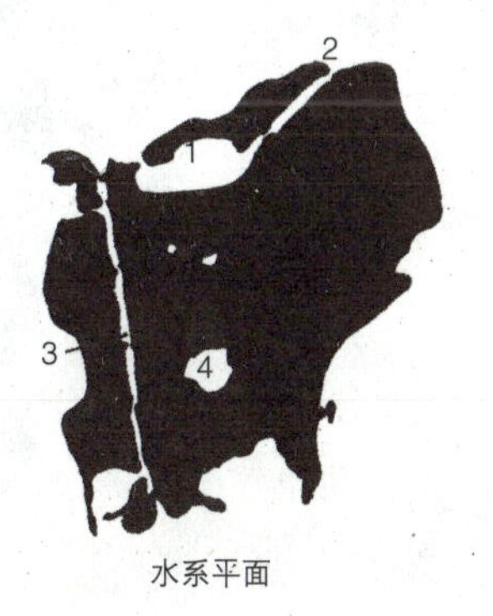

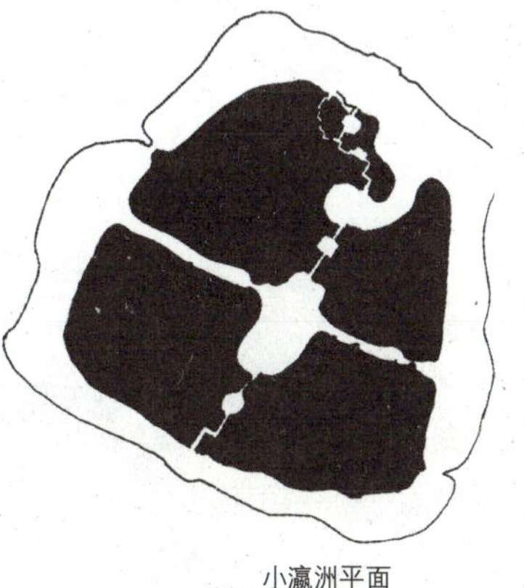

图5－108 杭州西湖
1-孤山；2-断桥；3-苏堤；4-小瀛洲

墙外道路低于墙内，证明扩展湖面不是完全靠挖方而成，而是拦堤蓄水，是扩大水面的巧妙之处）。向西扩展水面修筑了西堤，将湖面分成了三个大小不同的水域，使湖面有了层次的变化（图 5-109）。

扬州瘦西湖，原本是排洪和运输用的河道。由于历来诸多名家的改造、修建使这个带状水系形成了宽窄不一、断断续续的水上空间，组成了一系列的优美园林（图 5-110）。清代刘芳有诗句："两岸花柳全依水，一路楼台直到山。"

承德避暑山庄的湖面分割成澄湖、内湖、半月湖、如意湖、上湖、下湖和以后开辟的镜湖、银湖。湖面有长、有短，有开旷平远，也有曲折幽静，形成"湖波静影，胜趣天成"（热河志，见图 5-111）。

北京的很多园林中有湖面，都有天然的基础条件，例如利用了地下的泉水。如静明园（玉泉山）有天下第一泉的称呼。其他如紫竹院、莲花池、陶然亭。圆明园原地下有泉水趵出，直到 1952 年圆明园中仍有三处自地下冒出的泉水，北京大学北墙外仍有泉水冒出 1m 左右，在冬季形成冰柱。有水不一

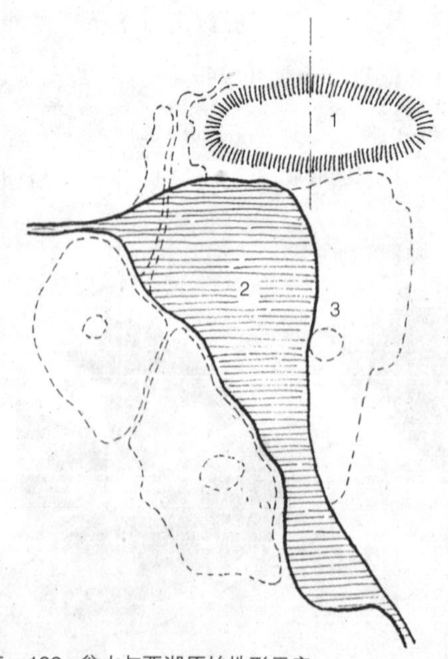

图5－109　瓮山与西湖原始地形示意
1-瓮山；2-西湖；3-龙王庙
（自《颐和园》）

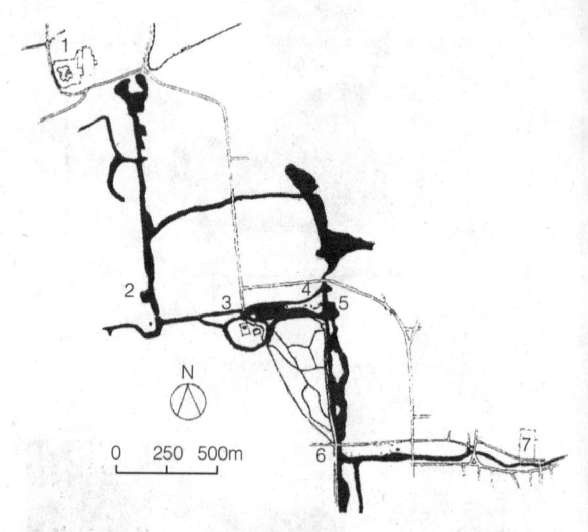

图5－110　瘦西湖平面
1-平山堂；2-二十四桥；3-五亭桥；4-小金山；5-四桥烟雨；6-红桥；7-天宁寺

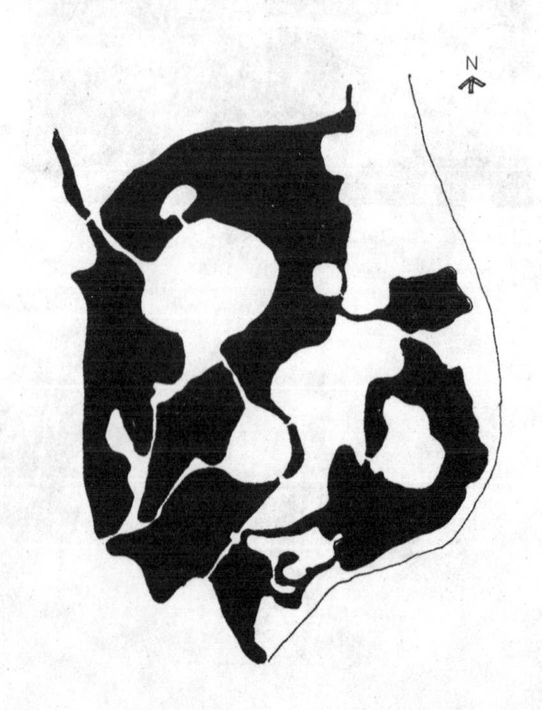

图5－111　避暑山庄水系平面

定成景，需要经过设计者的加工。

山水的利用在《园冶》中讲要“善于用因”，所以“江干湖畔，深柳疏芦之际，略成小筑，足徵大观也。”

（二）随曲合方、景以境出

在很多园林中水面有自然式，如北京颐和园、杭州西湖，国外也有很多实例。这是在自然形成的基础上加以人工的辅助、加工而成。也有很多整形式的水面，它是在建筑、广场、台阶包围下形成的。它与建筑等构筑物形成优美的空间，例如传统的园林中有广州白云宾馆前庭突于水面之上，光影晃动，形成生动清灵的空间。也有池岸形成曲尺形的；有的水面是圆滑的曲线，给人以柔美、轻巧的感受；在整形与自然形态之间有自然与整形相结合而更富于变化的。可以从图 5-112 中三组建筑与水面结合中体会到。

（三）尺度宜人、比例适当

水面可以形成单独的空间，在这个空间之外往往还会有更大的陆地空间，还会有山体、建筑、广场、树林相伴。山的高度、建筑的体量、广场的面积以及树林的规模，都要与水面的尺度、比例相协调。或形成山高水远、四面云山；或形成回廊萦绕、一池碧水，亲近水的甜美的景象；或小桥流水、清流急湍。形成完整优美的景观要能将水的体态与周围的环境做到景象和谐。

北京颐和园、北海、什刹海在城市园林中有较大的水面，它们的尺度足以让久居建筑群中的人感到开阔舒朗，同时也创造了宜人的小气候。颐和园万寿山东西长约 1000m、高出地面约 60m，智慧海基点海拔 108.6m，昆明湖水面呈桃形，南北水面：排云殿岸至南岸 1850m、东西最宽 1600m。

北海白塔高 31.69m。水面南北长，东西

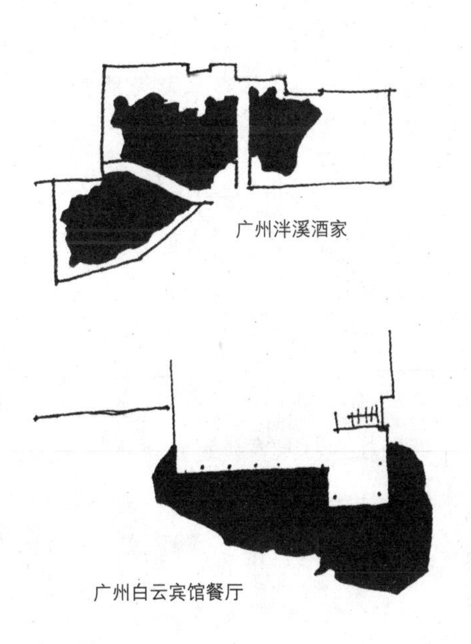

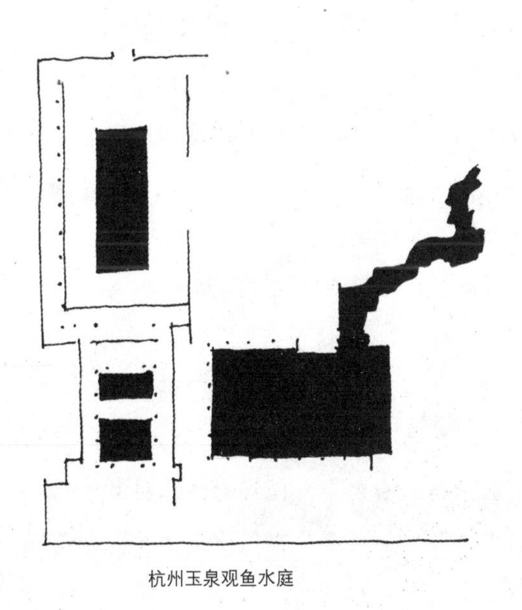

图5－112 建筑与水面结合

较短，从漪澜堂岸至北门岸边700m，东西宽560m。

(四)堆岛围堤、丰富层次

如同杭州西湖筑白堤、苏堤。北京颐和园也仿照西湖筑西堤、设六桥，所谓“西湖风景六吊桥，一株杨柳一株桃”。杭州建堤是为了交通的需要，以后成了一道风景线。而北京颐和园则首先是选景的需要。乾隆《万寿山即事》诗云：“背山面水地，明湖仿浙西。琳琅三竺宇，花柳六桥堤。”一道西堤确实为昆明湖增加了层次。在湖面的尽处花木间观到了湖面趣意无尽，水外有水。无论大小湖区中堆岛是传统园林中常见的。这样可以点缀湖面，丰富景观。特别是北方的皇家园林在湖面上“一池三山”，几乎成为一种程式化的手法。秦汉时期广泛传播着神仙境界的传说，其中以东海仙山最为神奇，如说蓬莱、方丈、瀛洲三神山上有壮丽的宫阙、珍禽异兽、不死之药和成仙不死的仙人等等，以致成为蓬莱神话系统。汉武帝曾多次东临大海，大规模入海寻求蓬莱。汉武帝修建帝宫，宫中太液池中建三岛：蓬莱、方丈、瀛洲，像海中神仙，从此确立了水中置三岛的体系。

北京圆明园福海中有“蓬岛瑶台”，其北有“方壶胜境”，都是仿照神仙境界。颐和园昆明湖上的藻鉴堂、治镜阁、南湖岛三个大岛明显地表现了“一池三山”的模式。

北京的香山饭店庭园湖面虽然以桥、堤分成了三处，但是不减整体水面的感觉，而取得了各自空间的趣味。中间的大水面衬托着主体建筑，流杯亭南面的水面与瀑布相伴，安静中有活泼，西部水面由汀步与主水面相隔，有分有连。

(五)水有急缓、动静结合

园林中很多潭、池、塘、湖，如韩愈《奉和虢州刘给事使君三堂新题二十一咏》中有镜、潭、月池的名号。在水态平静的状态中能清晰地映出优美的倒影，也能引起人们很多遐想。王维的《辋川集》中有：“分行接绮树，倒影入清漪”，山水之间显露了他的退隐意识。

水面平稳的湖面也能令人想起淡抹浓妆的西湖：“烟水茫茫，百顷凤潭，十里荷香。”同时西湖景中又有平湖秋月、花港观鱼、三潭印月等景点。清乾隆在《避暑山庄后序碑》中对水景的赞美为：“水态林姿”、“鸢鱼之乐”，有天然之趣。

潺潺流水，婉转的溪流，或是清流激湍浪花滚滚，都是一种富有激情的景致，特别是浪花拍打溪岸的声音，是按照大自然的节拍奏出的交响乐。

滴泉、瀑布、跌水是立体的水态。瀑布被称“飞流”、“银河”。

喷泉是以现代的技术形成立体的水态，形式非常丰富，按其喷发的强弱并伴以音乐称音乐喷泉。

(六)山水相依、山青水秀

郭熙在《林泉高致》山水训中讲到：“山以水为血脉……山得水而活”；“水以山为面，以亭榭为眉目，以渔钓为精神，故水得山而媚。”

依山傍水，山可以起到水的背景的作用，

即“水以山为面”；山可以把水的空间围合得更清晰；从山上的各处以不同高度和角度俯瞰水面，对水得到更全面的或是更好的视觉景观。

水是园林的灵魂，所谓山得水而媚，水可以有倒影加大空间，显得空灵通透、气势磅礴，如昆明滇池：“五百里滇池奔来眼底，披襟岸帻，喜茫茫空阔无边”；小水面也能唤起挚切的情思。张养浩《趵突泉》：“绕栏惊视重徘徊，流水缘何自作堆？三尺不消平地雪，四时尝吼半空雷。深通沧海愁波尽，怒撼秋涛恐岸摧。每过尘怀为潇洒，斜阳欲没未能回。”诗人对故乡的景色留恋而久久不肯离去。

五、假山

园林中造景常以堆叠假山为手段，以土、石为材料构成山景，创造地形，陪衬建筑，建造驳岸、护坡。

以土为主堆山要注意山的坡度、土壤性质和降水情况。沙性土、黏性很差的土质，坡度不能很大。干黏土坡角限制在45°，有暴雨的地区，或是风浪容易冲刷驳岸的情况下，45°的坡度在坡顶至坡角距离很大的情况下也不容易稳定。5%～15%的坡度在一定的区域内起伏延伸可以形成丘陵的地貌。山坡坡度在15%～35%的情况下可以形成山势，能创造出独特、动人的景观。

一般土山顺应自然规律，山坡在各处各角度应该有变化，例如山脚下或接近水域坡度应该较缓，能与地平接顺。山峰或山谷的顶部可以稍陡。

土山上植树应与山势结合。形成一定的形象，表现出主题。植物配植应有疏有密，应有适量的常绿植物。切忌在山顶处以植物遮挡俯瞰或远望的视线。

山坡与山路相结合，能防止雨水冲刷山体；山路的走向和坡度的选择要缓陡并存，以缓为主，以陡显示峻峭，满足登山者心理的需求。

以石为主堆叠的山体是中国传统的假山。堆山的技艺讲究颇多，所谓“有真为假，做假成真”。很难有统一的标准。所以说“园中掇山，非士大夫好事者不为也。”（《园冶》）国外也有人认为中国的假山如同抽象雕塑。根据当前情况，堆叠假山工程上应注意几点：

（1）山石组成的山体布局合理，位置、高度、体量要与环境协调，主次分明，宜露则露，宜隐则隐。

（2）山体完整，脉络清晰，山石纹理相通。

（3）山石聚密、疏散有序，能表现出一定的形象。

（4）石质、纹理、形状、色彩要与环境相协调，色泽有暖有冷，或火红或青灰；形状或透而圆润，或方整、坚实；纹理横竖顺平、斜向弯转；质地细腻、粗糙都要因地制宜（图5-113、图5-114、图5-115）。

（5）以山石堆叠成梯道、建筑的外楼梯、驳岸、土山的包镶、花台外缘，除去在功能的实用、安全外，在形象上要成天然之趣，应不在多，而在于巧。

（6）山石的相接要合乎自然，在山洞、门洞、石桥、磴道处，山石间应有连接、加牢措施。要保证安全，不致散落、倒塌，在接触游人较多的地段或地震活跃的地区尤要注意（图 5-116～图 5-123）。

（7）假山的基础深度要根据当地的气候条件而定。特别是用山石堆砌水边的驳岸。在北方要注意冬季有冻胀情况的发生。

图5－113　承德避暑山庄文津阁前假山（方圆形石料）

图5－114　承德避暑山庄烟雨楼附近山石（方正石）

图5－115　承德避暑山庄须弥福寿琉璃牌楼前山道（方正石与方圆形石相结合）

图5－116　北京双秀公园入口假山（竖向纹理）

图5－117　北京松鹤山庄假山瀑布（横向纹理）

图5－118　北京紫竹院公园竹深河静山石护坡

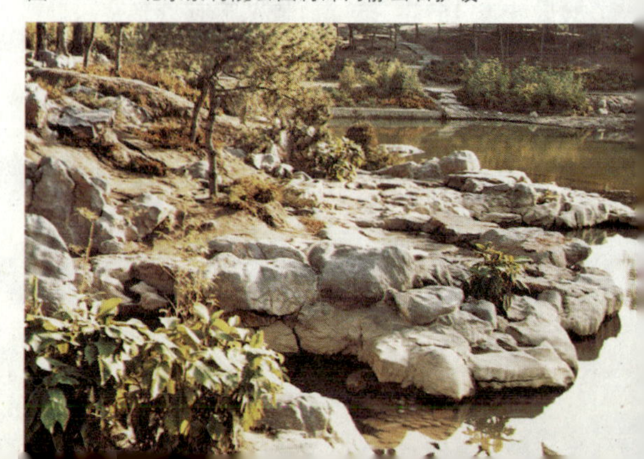

图5－119　苏州耦园黄石假山——邃谷（自《中国大百科全书》）

图5－120　苏州环秀山庄湖石假山（为乾隆年间叠山名家戈裕良之佳作）（自《中国大百科全书》）

图5－121　以山石为掩景（陶然亭公园）

图5－122　北京香山饭店庭园中飞云石（云南产）

图5－123　山石花台（孟兆祯摄）

六、置石

在园林中的路口、广场、庭院里或厅堂内单独摆放山石，起到点缀、装饰作用，也是一种标识。虽然不如山体量大，但是由于是天然材料，既传达了自然的气息，又是一种抽象的形体，可以引起人的各种意念、遐想。置石有单独摆设的，也有几块石头相伴的，也有用在建筑抱角的，也有在台阶两侧的，也有作为花台边缘、水池驳岸的。这些由几块石头相拼成的也称作山石小品。我国置石的历史久远，有很多文人名士玩石赏石。白居易在《太湖石》诗中有：远望老嵯峨，近观怪嵚崟；才高八九尺，势若千万寻。在江南有单独的名石，苏州有原清代织造府（现为第十中学）存有的瑞云峰，留园存有冠云峰，上海豫园有玉玲珑，杭州花园有皱云峰。在北京也有“青云片”、“青莲朵”和“青芝岫”等名石（图5-124～图5-127）。

图5－124　苏州留园冠云峰（高0m，为北宋花石纲遗物）（自《中国大百科全书》）

图5－126　置石（二马奔腾，北京二环路城市公园）

图5－125　颐和园乐寿堂院中的青芝岫（自《颐和园》）

图5－127　［日］新潟玉翠园入口大观音像山石（高8m）（自《玉翠园》）

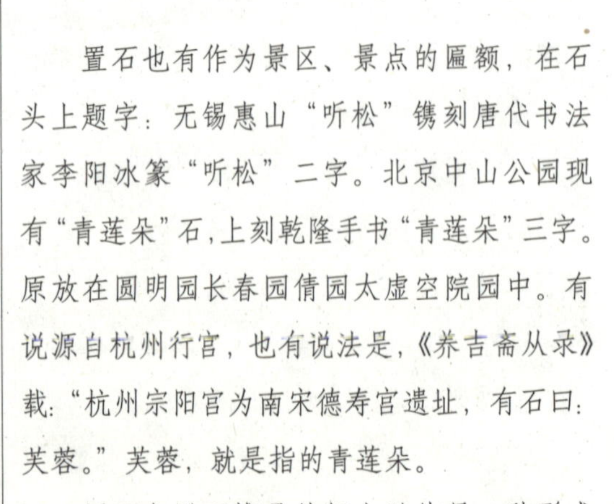

置石也有作为景区、景点的匾额，在石头上题字：无锡惠山“听松”镌刻唐代书法家李阳冰篆“听松”二字。北京中山公园现有“青莲朵”石，上刻乾隆手书“青莲朵”三字。原放在圆明园长春园倩园太虚空院园中。有说源自杭州行宫，也有说法是，《养吉斋从录》载：“杭州宗阳宫为南宋德寿宫遗址，有石曰：芙蓉。”芙蓉，就是指的青莲朵。

置石与以石堆叠的假山以外另一种形式就是自然石墙。墙高与一般墙相仿，宽度以山石单块大小为度，山石以自然形式堆砌，石与石之间留有大小不同的孔洞，内外景色都可以通透，是一种既可以起到围合作用的墙体，又可通透景色，具有自然气息的构筑物。原北京钓鱼台养源斋庭院内，在土坡上有这种构筑，把庭院又分割又有联系地形成两个空间（改建时拆除）。北京动物园鬯春堂四周有这种围合墙体，十分巧妙、自然。在墙边还有花木、草坪相衬，阳光下树影摇动，有着立体的画面感（图 5-128）。

近年有人造假山石问世，以天然块石为模具，外敷丝网、钢筋和水泥，养护成型，外壳成山石状，即可堆叠假山，其优点是可以任意选择山石形状，"石体"重量很轻，做屋顶花园及其他构筑物均可（图 5-129、图 5-130）。

图5－128 乭春堂外山石

图5－129 香港人造假山石（商贸会展中心屋顶花园）

图5－130 北京植物园温室内人造假山石（GFRC）（自《中国优秀园林设计集》）

第三节 地面

园林中联系在植物、山地、水面和建筑之间的就是地面。地面的起伏是地形，在前面已经论述。地面上主要是道路、广场和街接于它们之间的台阶、挡土墙。

一、铺装

园林中由于人行或开展活动的需要，平地要进行铺装，铺装的目的是为了保护地面，防止雨水冲刷、人为践踏磨损；人行舒适，不滑、不崴脚、不积水；引导步行者能达到目的地；对环境空间能起到统一或分割的作用；质地如何、砌块大小、拼装的花纹能起到装饰作用。在地形有起伏变化的情况下，如不能以缓坡处理，就要以各式台阶解决，以利人行。

（一）材料

铺装用材可分天然和人工合成两种。天然材料可以用自然界的石料、卵石、碎石、粗沙或木块。人工合成的材料很多，如：混凝土类制品、陶瓷类制品、废钢渣粉类制品、塑胶类制品、沥青类、废橡胶再生类制品等等。

园林铺装先选好材料是很重要的，材料很多，试举几例：

(1) 自然石料表现自然、优雅、永久。自然石料表面有粗有细，石块有大有小，还有方整和自然形状之分。小空间宜用小料；人多的地方不宜用自然纹理粗糙的石料；方整均齐的石块铺装会有高雅、永久性的感觉（图 5-131 ~ 图 5-134）。

（2）混凝土砖，大规格者宜于铺装广场，能与园外呼应，小块砖可以用于一般小广场或园路。不同形体砖可以铺成各种花纹或加以颜色更显别致。在管线未全入地之前宜铺方砖，以利于将来破路（图 5-135）。

（3）各种塑胶、彩色沥青路面会显得鲜明、欢快。由于是现场摊铺、浇筑，适宜于弯路

图5－132　彩色石材铺装（丹麦Vejle交通站广场）（自《风景园林》，2007，1）

图5－131　庭园中自然石料铺装

图5－133 彩色石材拼花铺装（丹麦哥本哈根市中心广场）（自《风景园林》，2007, 1）

图5－134 石料铺装（瑞典阿道尔夫广场）（自《风景园林》，2006, 1）

图5－135 混凝土砖铺装

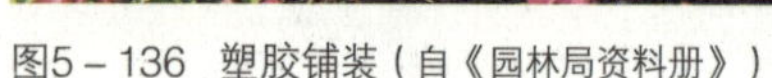

图5－136 塑胶铺装（自《园林局资料册》）

和异形广场（图 5-136）。

（4）铺透水砖有利于降水下渗，保护生态环境（图 5-137）。

（5）用木料铺装路面，一般用短木桩立铺，有原木的色泽和纹理，显得自然、古朴。也有以木板条铺路者，其条纹有特别的美感，也可保护原地面植被（图 5-138）。

（6）嵌草铺装，由于游客较多或是停车需要，在硬质材料中间种草，既可耐踏、耐磨，又有绿意（图 5-139）。

（7）天然卵石铺装，在我国传统做法中花纹比较细腻、复杂，在现代园林中可用比较简易的方法施工（图 5-140）。

（二）园林中铺装做法中的注意事项

（1）铺装的基础和面层是使用的关键。做法上应依当地的气候、土质、地下水位高低、坡度大小、路面承重要求而定。使用上要求严格，或条件较差的地区铺装的基础要较厚；其面层也要能经受高温或严寒的侵害。

图5－137 透水砖铺装

图5－138 木质道路（杭州杨公堤西侧林中步道）（自《杭州新景观》）

图5－139 嵌草铺装

图5－140　卵石铺装

(2) 块状铺装的接缝影响工程质量和美观。以方块整形砖铺装曲线的路面或不规则的广场时，在边缘处要铺一些异形砖，填满填齐，铺装时要注意平整均匀和整体效果。道路拐弯处、宽窄路面相接处或两种砖块大小不一的接缝处要有一定的设计，事先定点放线安排好图形。在我国传统园林中，这些细微之处都有细致的要求（图 5-141）。

(3) 用不同彩色砖或不同颜色卵石在路面上或广场上铺成花纹，是显得细腻、讲究的做法。花纹的平面造型要与周围的环境相衬，地形、场合、室内外都应有区分（图 5-142）。

(4) 在我国传统园林中铺装用砖、瓦和卵石拼成各种纹样，十分精细，有的花纹严正，有的生动活泼（图 5-143）。

二、台阶

在平地与起坡相接处，为了人行方便，一种做法是用缓坡，一种做法是用台阶。在

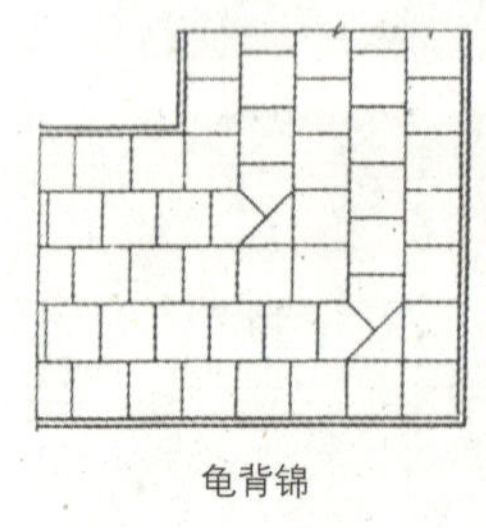

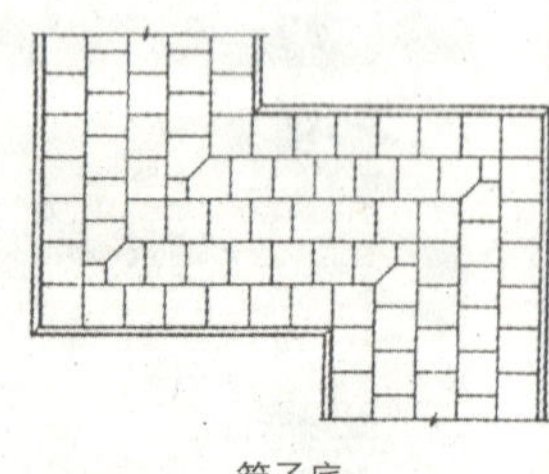

大岔
筛子眼
岔角
剑头
三趟交叉筛子底
三五交叉龟背锦

图5－141　方砖、甬路交叉转角处的排砖方位
（自《古建园林施工技术》）

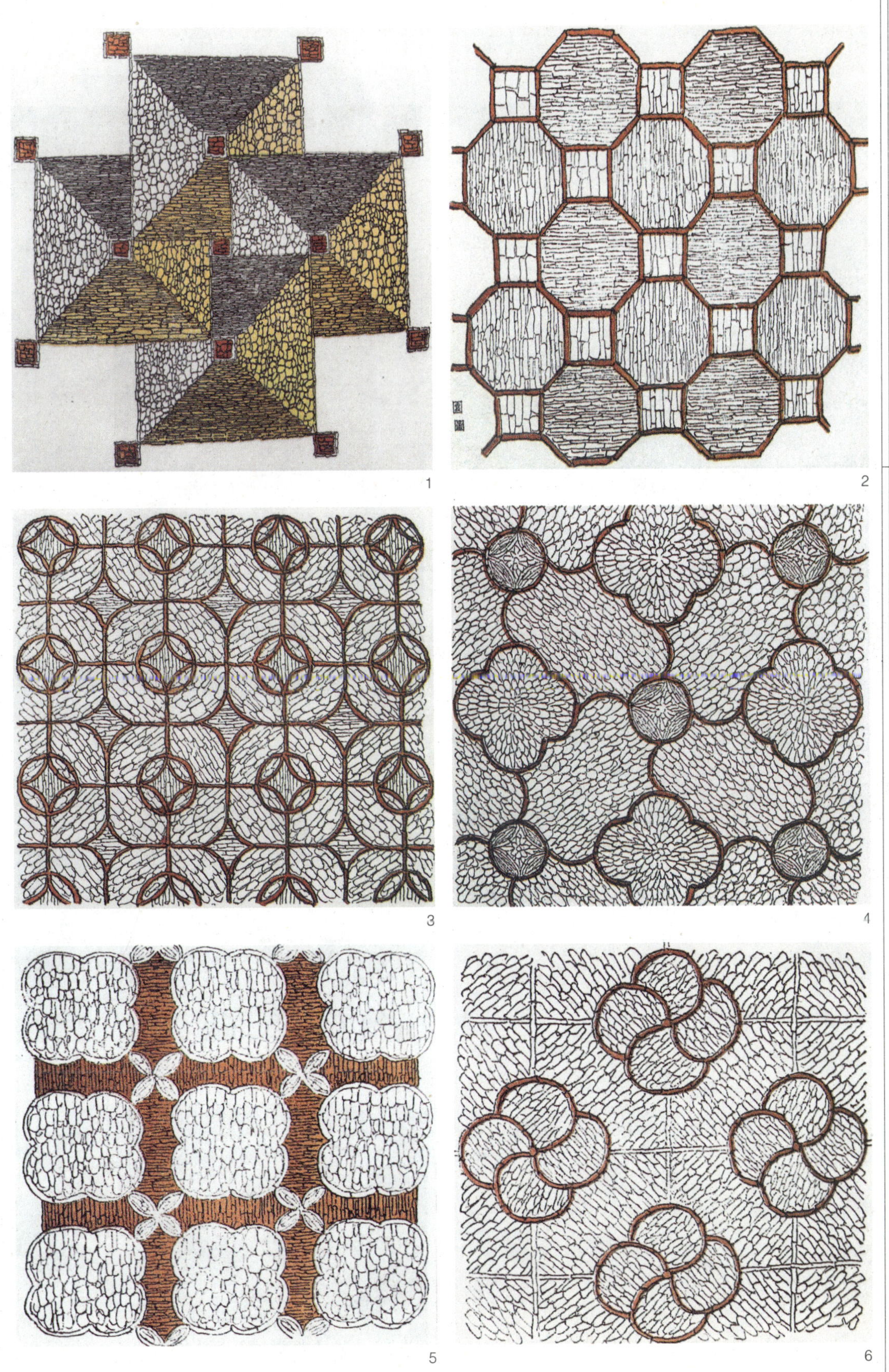

图5－142 传统卵石铺装（摘自《江南园林志》）
1-苏州西园（一）；2-上海内园；3-苏州留园（一）；4-苏州留园（二）；5-苏州西园（二）；6-苏州留园（三）

人字式　间方式

席纹式　斗纹式

以上四式用砖立砌成各种花纹，以在庭前为宜

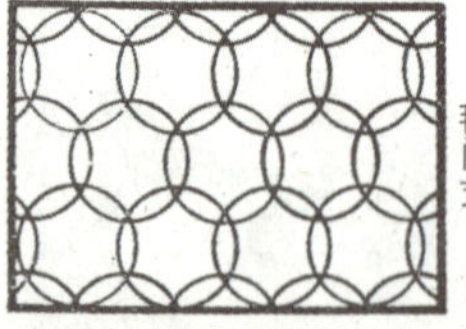

毬门式以鹅卵石镶嵌瓦片

香草边式外边用立砖镶边，用瓦当草，中间铺鹅卵石或砖

波纹式用废瓦片砌，波头宜用厚的，波旁宜用薄的

图5－143　传统铺装式样（自《园冶》）

进入建筑时往往也在门口设台阶，这是由于室内外有高差的缘故。在传统中建筑门口台阶的做法有一定的程式。在山地的台阶则比较自由。台阶的形式有以下几种：

（1）建筑前传统的台阶有几种做法，有垂带式、如意式和分开式。用料一般用方整石砌筑，在山坡上可以用整块山石堆砌成台阶，比较自然。在一些小型的亭、榭前也有以自然山石堆叠成台阶的做法（图5-144～图5-148）。

（2）传统的缓坡道路，有的是中间为缓坡可以走车、轿，两侧为台阶（图5-149、图5-150）。

图5－144　垂带式台阶

图5－145　如意式台阶

图5－146　分开式台阶（自《苏州师俭堂》）

图5－147　以自然山石做台阶（颐和园清可轩）

图5－148　颐和园万寿山顶上众香界琉璃牌坊前台阶（自《颐和园》）

图5－149　中间为路，两侧为台阶（北海公园）

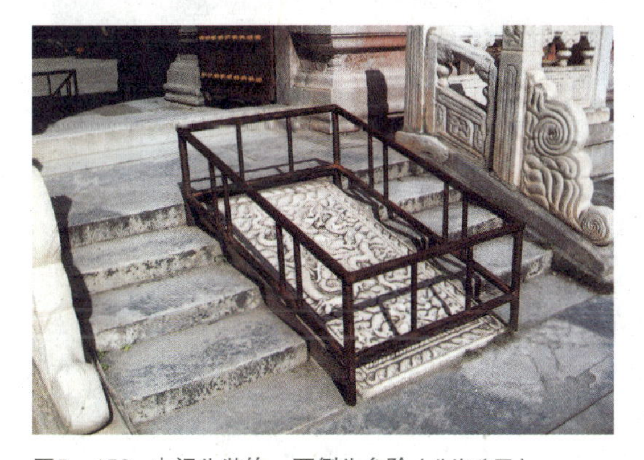

图5－150　中间为装饰，两侧为台阶（北海公园）

（3）现代园林中的台阶变化较大，平面上可以有半圆形、圆形、多角形、直线形，也可以在直线形台阶中间夹有花木或栏杆。各种形状的台阶交叉在一起更能具有变化生动的效果。

（4）在我国有的山地园林中由于地形的高差较多，台阶变化也很丰富，在一条道路上可以有几种台阶连续出现，使人走起来既有休息的可能，又能看到各种景物的变化（图5-151）。

（5）在一些大型园林的广场或是有地形变化的城市或郊区的别墅区，台阶的变化会更加复杂、自由而多样化（图5-152～图5-158）。

（6）礓䃰是在斜面上用石料凿成，可以代替台阶的形式，人行、车行均可（图5-159）。

（7）在水面沿岸也有用台阶式的驳岸，这样可以使人更亲水。在码头上使用可以更适应水位的高低变化（图5-160）。

图5－151　有休息平台的台阶（自《中国大百科全书》）

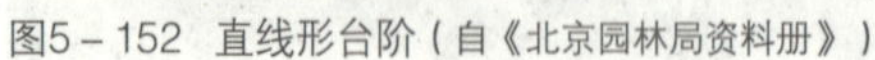

图5－152　直线形台阶（自《北京园林局资料册》）

图5－153　圆形台阶（自《北京园林局资料册》）

图5－154　直线与圆形混合台阶（自《北京园林局资料册》）

图5－155　锯齿形台阶（丹麦奥尔胡斯市街头广场）（自《中国园林》）

图5－156　折线形台阶（自《建筑设计与城市空间》）

图5－157　曲线形台阶（新加坡）

图5－158　人车两用型台阶（加拿大温哥华罗森广场）（自《风景园林》）

图5－159　礓𥔲

图5－160　混凝土台阶式湖岸（自《北京晚报》）

三、挡土墙

挡土墙是在不同高差的地平相接处用以防止土坡塌陷的墙（图 5-161）。

（一）挡土墙的作用

（1）有效地阻挡泥土不被冲刷流失；

（2）制约空间和空间边界；

（3）为其他园林要素充当背景；

（4）成为建筑物与周围环境的连接体；

（5）较矮的挡土墙（30～40cm）也可以代替坐凳；

（6）在传统园林中挡土墙和建筑与园林相结合，既达到使用功能又创造了很美的景观。还有很多花台就是以低矮的挡土墙围合的。现在一些公共绿地为了防止破坏，砌筑挡土墙也是一个可行的办法。

（二）挡土墙的设计

要根据使用功能、环境特色和美观的原则。青岛市一些地区高差较大，沿街建筑以挡土墙和台阶与街道相接，其做法有多样变化，园林中可作参考。[①]在较寒冷的地带砌筑

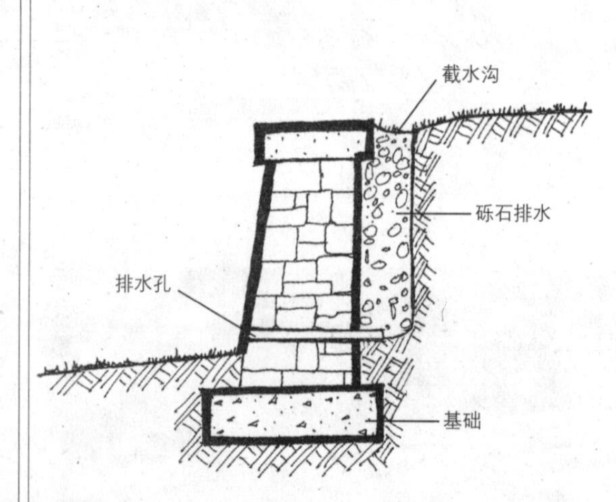

图5－161　挡土墙断面示意

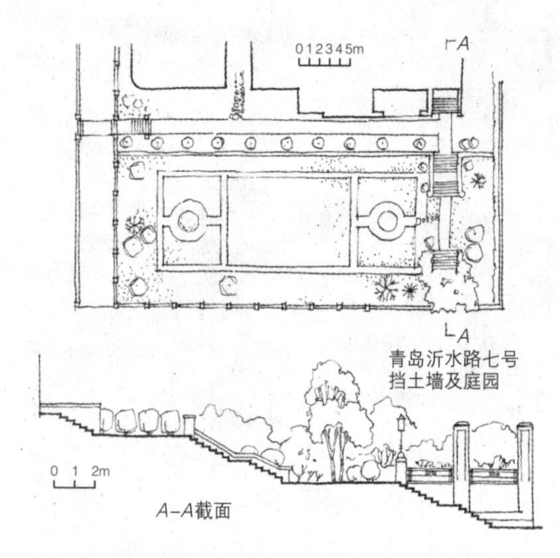

图5－162　青岛市挡土墙（一）
该处挡土墙为分层处理法，沿街墙面较矮，从正面视之庭园及建筑皆显露无遗，挡土墙用方石块勒脚，上砌砖墙米黄色粉饰面，再上设铁栏杆，刷绿漆，色调和谐。门退入，作为街与庭过渡，第二道挡土墙居高临下可凭栏远眺。二道挡土墙之间辟为游园又可防噪声。（建筑学报,1960,2，青岛的挡土墙，尤明宝）

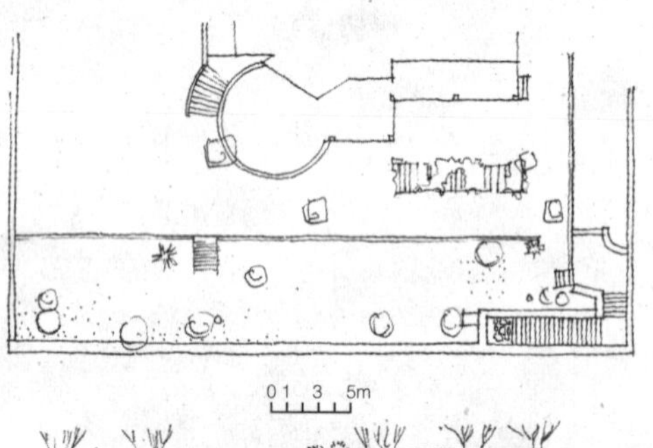

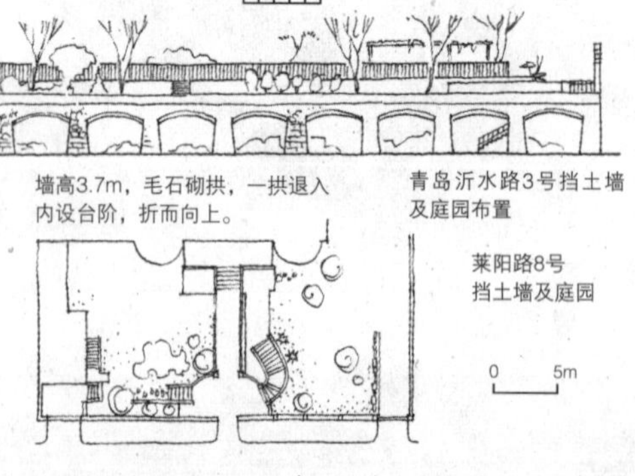

墙高3.7m，毛石砌拱，一拱退入
内设台阶，折而向上。
青岛沂水路3号挡土墙
及庭园布置
莱阳路8号
挡土墙及庭园
0 5m

图5－163　青岛市挡土墙（二）（建筑学报,1960,2 尤明宝）

①尤明宝. 青岛的挡土墙［J］. 建筑学报，1960,2.

挡土墙要注意挡土墙基础的深度应在当地冰冻线以下；墙体上部要有防水措施；靠近墙体最好填充沥水材料，并有细孔能将积水排出，以防冻胀。

建造挡土墙的材料可以用石块、砖、混凝土及木材（图 5-162、图 5-163）。

（三）挡土墙的装饰

墙体表面可以有各种装饰。

(1) 毛石砌筑的墙体，毛石要摆放合适，在勾缝时注意线形和深浅，以鹅卵石砌筑的墙体一般用干砌法，如用砂浆可不外露，以表现天然卵石的形态。

(2) 清水砖墙体，砖缝要平直，上下对齐。混凝砖墙体，表面可以贴瓷砖、石料或粉刷涂料，面层的质地、色彩都要与环境协调。

(3) 挡土墙顶端除了用压顶石以外，还可以加筑铁栏杆、木栏杆，用砖砌成图案，或琉璃制品做成花饰（图 5-164～图 5-167）。

(4) 驳岸也称作河岸、湖岸。它是陆地与水际相交界的地段，是人们在园林中欣赏水面、观照对岸的行走、立足的环境，所以园林中对驳岸比较重视，特别是岸上的绿化也能引起人们心境的变化。"杨柳岸晓风残月"描写的是岸上种的柳树；"清清河边草，一岁一枯荣"描写的是草坡岸；杜甫的《江畔独步寻花七绝句》写出了诗人愉快的心境。驳岸的形式多种多样，其做法也要根据水流情况和气候条件而定。山石驳岸比较自然、雅致，前面已论述。设计者还要根据环境加以精心创作（图 5-168～图 5-172）。

图5－164　块石挡土墙

图5－165　毛石挡土墙

图5－166　人造块石挡土墙（北京元大都城垣遗址）

图5－167　琉璃砖挡土墙

图5－168　天然山石驳岸

图5－169　鹅卵石驳岸（北京星期八公园）（自《星期八公园》）

图5－170　草坡驳岸（北京植物园绚秋园）（自《北京园林优秀设计集锦》）

图5－171　硬质驳岸（杭州西湖南线学士广场）（自《杭州新景观》）

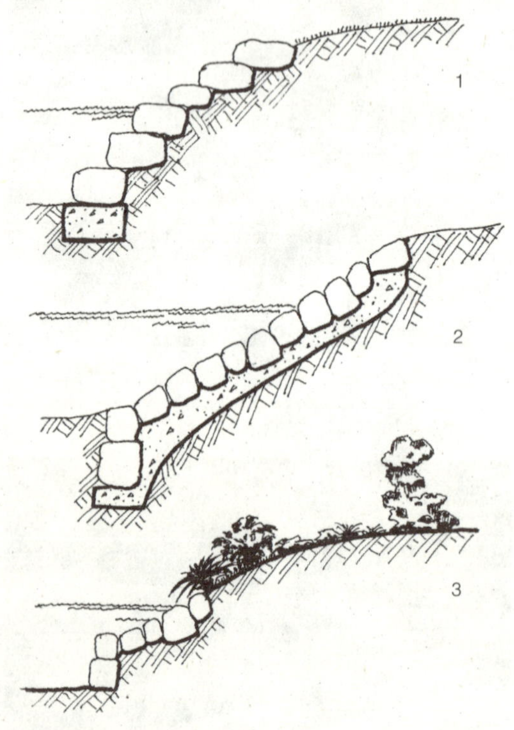

图5－172　自然式驳岸断面示意

1-干砌驳岸；2-混凝土基础块石驳岸；3-块石与草坡结合驳岸；4-草坡驳岸；5-阶梯式自然驳岸

第四节 建筑

园林建筑与城市或农村中的民用建筑有很多相同之外，园林建筑是因为处在园林环境当中，它与园林植物、水体和地形结合在一起，共同组成有审美价值的景观。园林建筑除具有休息、娱乐、游戏、饮宴等功能外，它的审美价值是有重要意义的。

一、园林建筑的类型

园林建筑的类型比较多，一部分是有围墙和屋顶的建筑物，如殿、阁、楼、堂等，由于社会观念的不同，在国外对建筑的分类很少有中国如此之细；另一部分是没有屋顶或是很小的屋顶，只有墙柱的构筑物，如牌楼、门、花架、影壁等；还有一部分是没有墙、柱的构筑物，如喷泉、坛、标牌、园椅等。后两部分虽然不是纯粹的建筑物，但是在园林中也有普遍意义，而且有的在设计时还需要相当的艺术水平，例如栏杆、标牌等。台阶、驳岸、挡土墙、铺装等论述与地形有关，已在前面叙述，在实际建设工作中很多地方与园林建筑关系也很密切。在园林中古建筑形式非常丰富，表现了我国高度的文明和高超的建筑艺术，应很好地继承和发扬。故本文不吝加以介绍。

（1）殿：高大的房屋，过去为封建帝王处理朝政或进行各种仪式的处所。在皇家园林中多为供奉佛像和神灵牌位或皇后游兴休息的屋宇。殿的形式较皇宫或大型庙宇灵活多样，一般为长方形或正方形，如北海极乐世界殿；也有十字形的，如北海承光殿；也有呈圆形的，如天坛祈年殿。屋顶的形式有庑殿顶、歇山顶、攒尖顶，其中有重檐、三层檐（图 5-173、图 5-174、图 5-175）。

（2）厅堂：为当正向阳的房子。《园冶》

图5－173 天坛祈年殿（自《北京揽胜》）

图5－174 北京卧佛寺大殿

图5－175 北京北海团城承光殿（自《北海景山公园志》）

中讲:“堂者当也。取堂堂高显之义。厅堂立基，古以五间三间为率。”在住宅和园林中都有，是为进行宴饮、休息或进行礼仪活动的房子。在园林中厅堂常常处在轴线上成为一处园圃的主角，《园冶》有:“凡园圃立基，定厅堂为主。”像颐和园中谐趣园的涵远堂是五开间又高又大的房子成园内的主角。扬州则有著名的平山堂,“负堂而望,江南诸峰,拱列檐下,故名。”(《舆地纪胜》)苏州拙政园有远香堂，也具相当重要位置。北京恭王府萃锦园中安善堂是当年园主人进行重要活动的场所，堂建在青石叠砌的台基上,面阔五间,前廊后厦,两侧有廊道连接东西厢房。扬州个园主轴线前端即为桂花厅，厅面阔三间，厅南丛植桂花，厅北为水池，处于园的中心（图 5-176、图 5-177、图 5-178)。

(3）阁：多为两层，四周开窗，造型比较轻巧，平面由四方形至多边形。历史上著名的阁有滕王阁，坐落于南昌赣江东岸，阁高三层 28m，由王勃名句“落霞与孤骛齐飞，秋水共长天一色”使其名扬天下。蓬莱阁由于是秦汉君主巡视的地方，并因苏东坡挥毫走笔，翰墨流芳，使其为世上绝胜。我国最

图5－177 松江醉白池池上草堂(自《中国园林建设公司》)

大的丛书《四库全书》分别藏于北京故宫文渊阁，圆明园有文源阁，避暑山庄有文津阁，沈阳故宫有文溯阁，世称北四阁。镇江金山寺文宗阁、扬州文汇阁、杭州圣因寺文澜阁，以上称南三阁。阁之名至为典雅，私家园林中也不乏其名，如苏州留园中有远翠阁，扬州瘦西湖丁溪有倚虹阁。这些阁的面积都不大，平面呈长方形，唯安徽歙县竹山书院桂花厅中有文昌阁，阁平面八角形，两层。北京颐和园有佛香阁，三层，高 30 余米，位于万寿山顶，俯瞰昆明湖，极目远望远山近水，舒爽畅怀。北京有新建高台仙阁，位于昌平公园内（图 5-179、图 5-180)。

(4）楼：两层以上的房屋称作楼。我国著名的楼有黄鹤楼、岳阳楼、鹳雀楼、大观

图5－176 庐山草堂(复建)

图5－178 北京北海古柯庭(自《北海景山公园志》)

私家庭园网师园中有撷秀楼、惠山园就云楼等，不胜枚举。在新园林中比较普遍，主要作用是开展文化、娱乐活动、观赏风景、餐饮、展览之用（图 5-181、图 5-182、图 5-183）。

（5）斋：在静僻处之学舍书屋，较为封闭的房子。《园冶》中讲："斋较堂，唯气藏而致敛，有使人肃然斋敬之意。"无论在传

图5－179　杭州文澜阁（自《中外建园林公司》）

图5－180　北京顺义区顺义公园弘文阁（自《北京园林优秀设计集锦》）

图5－181　北京北海庆霄楼（自《北海景山公园志》）

图5－182　杭州望湖楼（自《中国园林》）

图5－183　昆明金殿钟楼

楼、镇海楼、阅江楼、太白楼、烟雨楼、甲秀楼、望江楼。其中一些楼就建在园林中，也有的楼成为后人游览的场所，因此增加园林以为陪衬。历史上建楼的功能主要为帝王游兴。也有的是为俯瞰山水风光，后来由于文人墨客据楼而颂咏舒怀，因而成为文化名楼。也有的楼建于街市，成为地域的标志，如钟鼓楼等。楼的形式多为长方形、方形，也有方圆结合形，如北海阅古楼。楼的层数有二层以上者，如成都望江楼较高，共四层，高 27.9m；贵阳甲秀楼高三层，总高 22.9m。园林中有不少有楼的设置，如颐和园夕佳楼、瞩新楼；北海庆霄楼；承德避暑山庄烟雨楼；

统的皇家园林或私家宅邸中都有斋的屋宇形式。在红楼梦大观园中有探春的闺房为秋爽斋，小院内简约雅致，种植梧桐树，与大观楼的缀锦楼阁、碧瓦朱楹相比气质不同。在圆明园中有映清斋、思永斋。在北海有静心斋、画舫斋、道宁斋。都是皇家游兴休息或是子弟读书的场所。故宫乾隆花园中有抑斋、倦勤斋。承德避暑山庄中有致远斋、韵琴斋。香山（静宜园）中有见心斋。玉泉山（静明园）中有漱凉斋、甄心斋。斋的形式一般是适合居住、休息的几间连体的长方形房屋，比较淡雅朴素。位置处于较为幽静的环境中（图5-184、图5-185）。

（6）馆：成组的游宴、接待客人的处所，或起居客舍，规模可大可小，布置随意。园林中布置较多，如颐和园中有听鹂馆，取自杜甫诗“两个黄鹂鸣翠柳，一行白鹭上青天。”内有小戏台，是帝后欣赏戏曲和音乐的场所。故宫乾隆花园中有竹香馆，静宜园勤政殿后有横云馆，山上有雨香馆、梯云山馆。避暑山庄下湖和镜湖间有清舒山馆。圆明园后湖西北有杏花春馆，“环植文杏，春深花发，烂然如霞。”（《御制圆明园图咏》）私家园林苏州网师园中有蹈和馆，拙政园中有三十六鸳鸯馆与十八曼陀萝花馆相接，两面临水，一面临山，格扇通透，装修精美。现代各处园林中也有大小不同形式各异的馆的形式，如北京紫竹院坐落在筠石园中的友贤山馆，初想作为竹的有关屋室。北京动物园、北京植物园都有科普馆，具有一定规模和设施（图5-186、图5-187）。

图5－185 北京北海画舫斋（自《北海景山公园志》）

（7）榭：建在台上的敞屋称榭。北京绮春园西南湖岛上有招凉榭。后来很多榭多建在水边称水榭。在台湾台北市郊之林本源园林中有日波水榭，在水池中呈套方形。北京中山公园有临水的水榭，北京紫竹院公园内湖中也建有水榭（图5-188、图5-189、图5-190）。

（8）轩：有窗的长廊或小室。在很多园林中都有布置，如在皇家园林中的北海有山顶可眺望水面的揽翠轩；故宫乾隆花园符望阁西的玉粹轩；承德避暑山庄半山上半山亭

图5－184 北京香山见心斋（自《北京揽胜》）

图5－186 北京紫竹院公园友贤山馆

图5－187 北京动物园科普馆（自《景观》）

图5－189 北京紫竹院公园水榭（洛芬林摄）

图5－190 北京中关村软件园水榭

图5－188 美国纽约寄兴园知鱼榭（苏州园林设计院设计）（自《中国优秀园林设计集》）

侧的来青轩；玉泉山（静明园）西山坡上有崇霭轩。私家园林中如宋代富郑公园中临水的重波轩；苏州留园中有依山面水的闻木樨香轩。轩的面积不大，一般都选在环境优雅、风景佳处，以为文人雅士休息、读书、工作之所在。由此就是一些不大的建筑也有称轩的。有些聚会的场所也称作轩，如北京中山公园的茶室称来今雨轩（图 5-191、图 5-192）。

（9）观：在台上筑造的房屋，以远观。圆明园中有远瀛观，位于长春园北部山坡上，是西洋楼六组建筑之一，可于高处远望大水法和东部的线法山、方河。扬州瘦西湖小金山上有"月观"。在山岳风景区中常有道观，是道教修行之所，利用地势手法高妙，位于其中既可观赏山下风光，又是点缀山景的建筑（图 5-193、图 5-194）。

（10）亭：一般是由几根立柱支撑屋顶的小型建筑，除少数有墙和门窗者外，大都为通透或柱间有坐凳、栏杆。亭在园林里的主要功能是短时休息、眺望风景、遮阳避雨和点缀景观。亭的历史非常久远，在我国传统园林中应用极广，特别是皇家园林中，例如北京北海公园内就有亭 49 座。亭的形式也非常丰富，平面上有单体式、组合式与墙、廊、桥结合的三种形式。一般有三角形、正方形、长方形、六角形、八角形、圆形等。亭的立面有单檐和重檐之分，也有三重檐的。屋顶的形式有攒尖顶、歇山顶、盝顶等。园林中亭可设置在山谷、顶峰、水边、湖上、广场、路旁（图 5-195～图 5-208）。

图5－191 美国波特兰兰苏园清漪轩（苏州园林设计院设计）（自《中国优秀园林设计集》）

图5－193 珠海市仿建圆明园远瀛观（自朱钧珍：《园林理水艺术》）

图5－194 北京圆明园远瀛观遗址（自《园林理水艺术》）

图5－192 上海秋霞圃枕流漱石轩（自《中外建园林公司》）

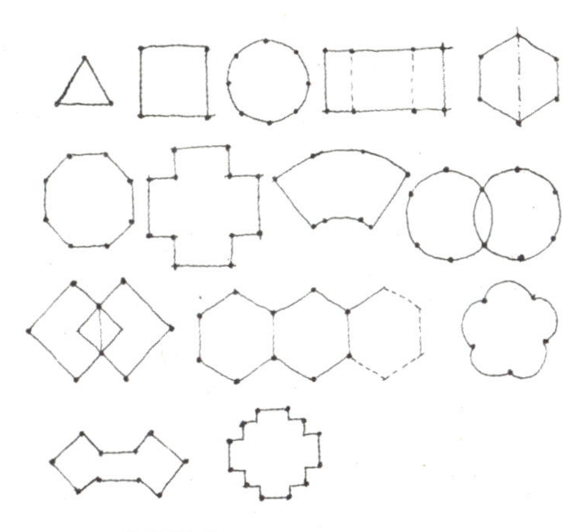

图5－195　亭的形式

图5－196　杭州三潭印月三角亭

图5－197　北京植物园双层方亭

图5－198　杭州柳浪闻莺亭

图5－199　淮阴荷风四面亭（自《中国园林》，1993,4）

图5－200　八角亭（北京中山公园兰亭八柱）

图5－201　西双版纳民族风情园

图5－202　苏州拙政园与谁同坐轩（扇面亭形式）（佚名）

图5－203 北京天坛双环万寿亭（自《中国古亭》）

图5－204 北京植物园双亭

图5－205 常州红梅公园水晶亭（自《中国园林》，1993,3）

图5－206 昆明金殿茶花园五柱亭

图5－207 苏州天平山一线天白云亭

图5－208 北京故宫万春亭（仿建）（自《北京园林设计院》）

（11）舫：又称双帮船，指两体并联的船。《说文》称："舫"，并舟也。也称"方"、"枋"、"方舟"、"枋船"。有时还有写作"航"的。古时对有些游船虽然不是两船相连也称舫，如画舫、石舫等。在园林中水上能游动的舫，是一种能活动的设备。以后在水边修建一种砖木结构的舫形建筑，也称作舫或不系舟。可以休息、宴饮。如颐和园中有石舫名清晏舫，是舫中规模最大者。北京的勺园中也有舫；广东园林中也不少见；苏州拙政园、狮子林、南京原总统府煦园中都有舫，各有特色且装修考究。在一些现代园林中也有一些新的创作（图 5-209 ~ 图 5-213）。

（12）廊：有顶的过道为廊，房屋前有出檐可避风雨，《园冶》中讲“廊者，庑出一步也。”也有与临近建筑相接成组的。廊不仅有联系交通的功能，而且成为空间联系和空间分隔的一个重要手段，因而在园林中运用很多。廊的形式以横断面为准大体有双面空廊、单面空廊、复廊和双层廊等四种。从廊

图5－209　清晏舫（颐和园石舫）

图5－210　苏州狮子林画舫（自《苏州园林》）

图5－211　德国柏林得月园石舫（北京园林设计院设计）（自《中国优秀园林设计集》）

图5－212　日本天华园中的舫（自《天华园》）

图5－213　苏州拙政园中的舫（香洲）

的整体形态来分有直廊、曲廊、抄手廊、回廊、爬山廊、迭落廊、水廊、桥廊等。廊的规模不一，宽窄长短各异，一般私家园林宽度大都在1.5m以内；皇家园林如颐和园的为双面空廊，宽2.3m，柱高2.5m，长273间，728m，中间有留佳亭、对鸥舫、寄澜亭、秋水亭、鱼藻轩和清遥亭相连接，为国内最长的游廊。北海琼华岛北侧游廊为单面空廊形式，两层，东西向，从东边倚晴楼至西头分凉阁共65间。上层正面装横楣及寻杖栏杆，背面木坎墙、推窗，下层装横楣坐凳，背面砖坎墙、推窗。为国内最为敞亮恢弘的游廊。廊也可以独立组成建筑，如圆明园的万方安和（万字廊）和我国南方较多的廊桥，其形式十分优美，既可作河上交通，又可休息、避雨（图5-214～图5-221）。

（13）温室：按照一定要求增温或降温，扩大窗棂以增加自然光照，以利于不适宜在露天存活植物生长的房屋，称作温室。温室有两大类，一类是生产性温室，一类是观赏性温室。生产性温室一般不对外，是内部进行生产栽培、科学试验用；一般园林中设置的是观赏温室，有永久性的栽培或是临时摆放一些观赏性较高或珍奇植物，供游人参观。也有的温室可供小型饮宴。温室的屋顶都是斜坡或圆形，以利充分透光。我国北方按照冬至太阳照射角度，屋面坡度以26.5°为最好。由于热能充分又能人工补光，再者是所

图5-214　北海漪澜堂前长廊（自《北京揽胜》）

图5-215　北海静心斋半壁爬山廊（自《北海景山公园志》）

图5-216　长廊（颐和园）

图5-217　苏州拙政园“小飞虹”走廊
（自《中外建园林公司》）

图5－218 云南丽江木府迭落廊

图5－219 伦敦维多利亚广场长廊（自《中国园林》）

图5－220 香港公园内游廊

图5－221 北京动物园雉鸡馆走廊（佚名）

栽培植物对温度和光照要求不严，所以温室形状也可以变化。现代的温室结构大都是轻钢屋架、金属窗棂。建筑形体多种多样（图5-222～图5-233）。

（14）别墅：指本宅外另置的园林建筑、游憩处所。我国造园史上记载，唐代别墅又叫作山庄、别业、山亭、水亭、池亭、田居、草堂。别墅园有三种建置形式：王维的辋川别业是依附近庄园的别墅园；李德裕平泉庄和杜甫的浣花溪草堂为独立建置的别墅园；白居易的庐山草堂为建置在山岳风景区内的别墅园。现代的别墅是按规划设立的区域内，

图5－222 北京中山公园唐花坞

图5－223 英国伦敦邱园温室（自《绿色的梦》）

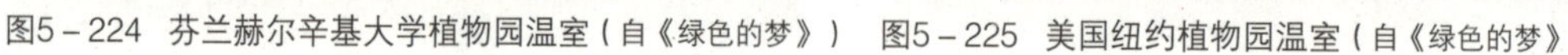

图5－224　芬兰赫尔辛基大学植物园温室（自《绿色的梦》）

图5－225　美国纽约植物园温室（自《绿色的梦》）

图5－226　美国密苏里植物园网架式结构的大跨度温室（自《植物园规划与设计》）

图5－227　法国巴黎植物园长方形温室（自《植物园规划与设计》）

图5－228　比利时布鲁塞尔Miese植物园王冠形温室（自《植物园规划与设计》）

图5－229　美国Wilwaukee城米歇尔公园内网架式温室（自《植物园规划与设计》）

图5－230　美国密尔沃基米歇尔公园植物园温室（自《北京园林》，赖娜娜摄）

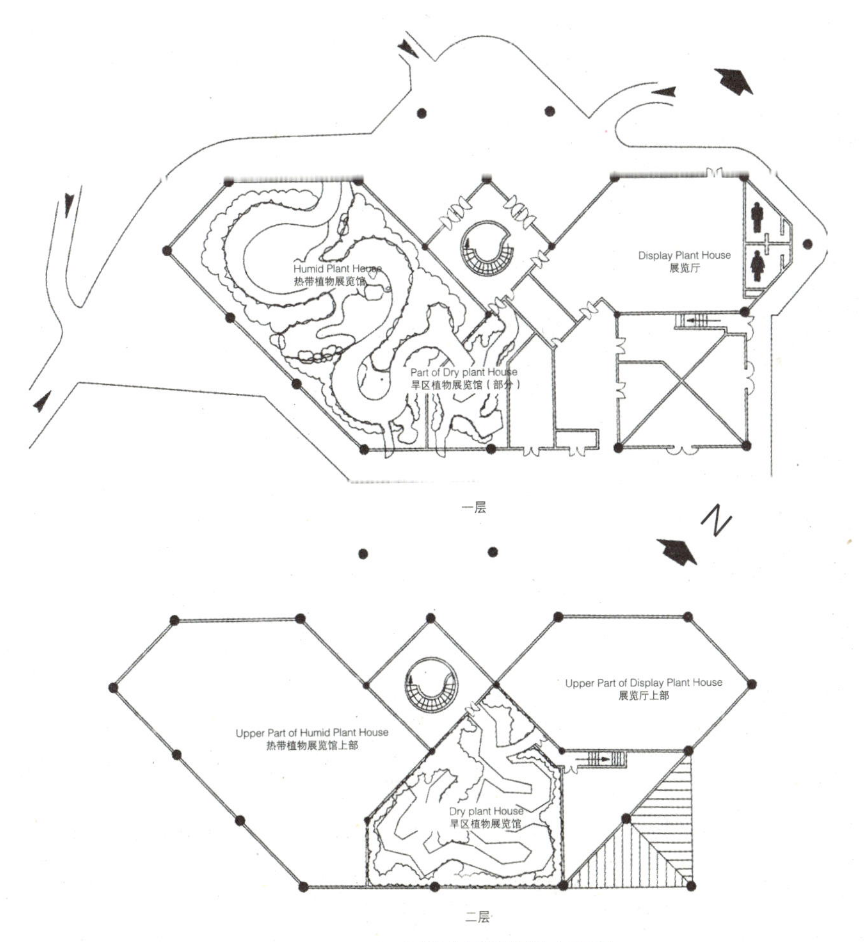

图5－231　香港公园展览温室平面

大都在郊区环境较好的地段。国外数意大利于文艺复兴后，在山地所建别墅最为著名，直到现代意大利仍能在山地运用地势设置别墅。世界各国在建别墅方面各有建树。解放前我国在北戴河、庐山、烟台等处都建了不少别墅，形式规模都有很多不同。20世纪40年代美国流水别墅，形式新颖与自然环境相谐，为成名之作。以后萨伏伊别墅、玻璃别墅都很有特色。别墅形式多样，大小也不同，主要是与环境协调，选好地势，既适宜观景，又比较幽静、安全（图5-234～图5-237）。

（15）餐饮：在宫苑和中国宅园中作为吃饭、饮茶的房屋。到了近现代公共园林中也多有这供游人吃饭、喝茶的建筑，特别是在游人作为一整天游览的较大园林中是需要的。建筑除要有餐饮的功能外，还要与环境结合好，既要对外有景可看，建筑物又不能影响广大游人欣赏风景或是有碍景观。餐厅所处

图5－232 香港公园依山而建的温室

图5－233 北京植物园温室（自《北京植物园资料》）

图5－234 意大利费索尔的美第奇别墅园林与建筑融为一体

图5－235 意大利科莫湖山地别墅（刘阳摄）

图5－236 美国匹兹堡郊区流水别墅平面
（自［日］《造园空间构成》）

图5－238 北京香山公园松林餐厅

图5－237 美国匹兹堡郊区流水别墅

地点对外交通要通畅，位置比较明显，游人容易找到。在园中所需能源和三废处理，都须保证清洁、安全。在国外很多大型园林的餐饮都在园外，在园内则是比较简单的小型建筑物（图 5-238 ~ 图 5-242）。

（16）店铺：公园中为游人服务的商店。商店规模大小主要根据公园的性质和经营的商品而定。由一个小卖亭至几间铺面房组成的综合性商铺都有可能。形式既要有商业的特点，又要与环境谐调，不要过分装饰显眼，也要使游人容易辨认。国外这种在公共绿地中的商店比较少，我国游人有在公园中购物、

图5－239 北京中山公园来今雨轩

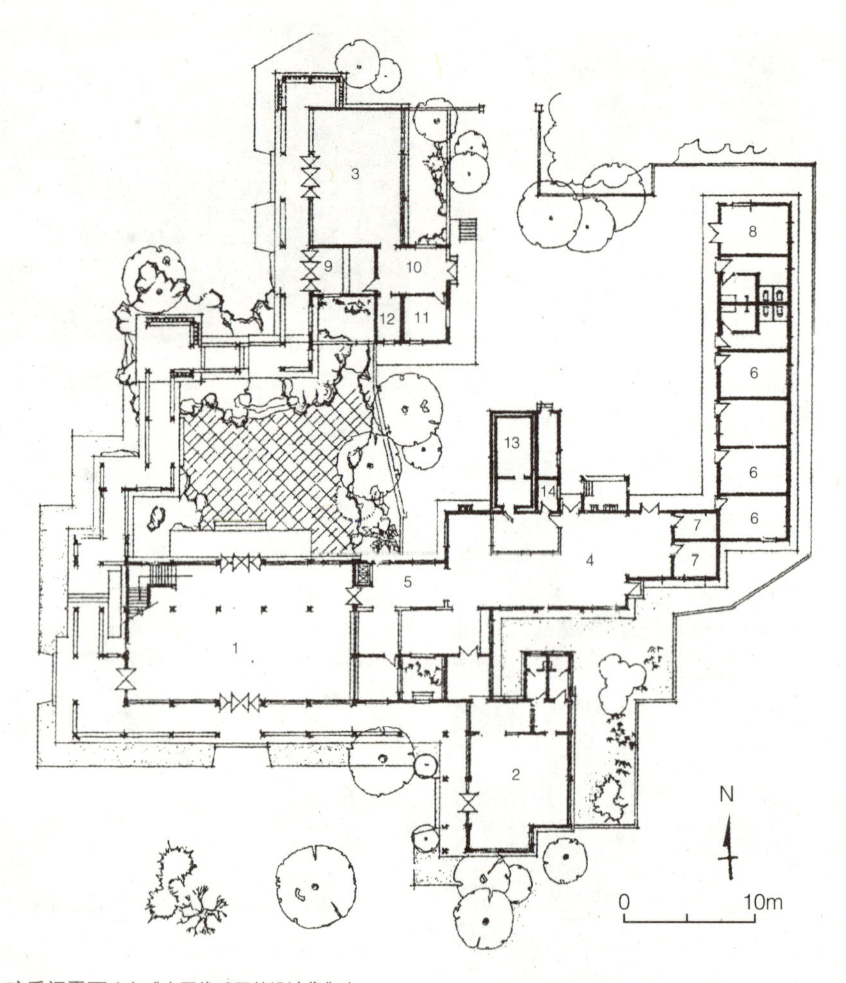

图5－240　暗香阁平面（自《中国优秀园林设计集》）

1-餐厅；2-接待室；3-茶室；4-厨房；5-备餐间；6-办公室及库房；7-更衣室；8-锅炉房；9-小卖部；10-备茶间；11-值班室；12-贮藏室；13-冷藏库；14-调味品库

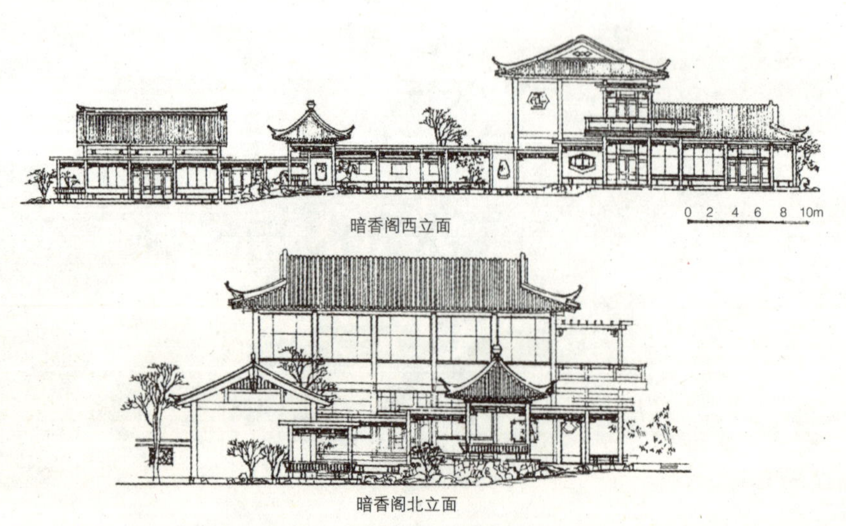

图5－241　暗香阁立面（自《中国优秀园林设计集》）

图5－242　南京暗香阁茶社（自《中国优秀园林设计集》）

吃喝的习惯，特别是在游赏内容丰富的大公园内。在游人多的园林中，有一种专卖纪念品的商店，也是需要的（图 5-243、图 5-244）。

（17）洗手间：在园林中适当地放置洗手间，可以供游人补妆、洗手、大小便，是必要的。洗手间最重要的是整洁、方便、通风良好。洗手间的位置既有一定的隐蔽性，又容易找到，外部造型简洁，有别于游览建筑（图 5-245～图 5-248）。

（18）影壁，作为屏障的墙，在门的内外

图5－243　台湾九族文化村售货亭

图5－244　上海浦东公园售货亭

图5－245　日本上野动物园厕所

图5－246　法国拖乐斯（Toulouse）地区在草地下的厕所（李中原摄）

图5－247　东京多摩市厕所（通风、采光和安全性）（自林静娟摄）

图5－248　公园内永久性厕所（北京动物园）

图5－249 北海九龙壁

都可安放，可作屏障或衬景。在中国的宫苑、府邸、宅门、庙堂内外都有。北海九龙壁为国内尺度最大者，面宽 25.52m，高 5.96m，厚 1.60m，原在大圆镜智宝殿前真谛门正南。现殿毁，门在（图 5-249）。圆明园宫门前的影壁及颐和园门前的影壁，尺度都很适宜，比较简洁。另见图 5-250、图 5-251 示例。

（19）园门：进入园林或景区之间设置出入口的标志。在皇家园林入口处门的建筑比较壮观、富丽，还配有影壁、石狮、下马碑等。北方较具有规模的宅园有正门和二道门，二道门常作为垂花门。晚清受西方巴洛克建筑形式的影响，中南海内和恭王府内的门都有西方风格。南方园林入口规模不大，园内景区之间的门，形式极为丰富，有圆形、六角形、海棠形、花瓶形等等。现代各公园的门更是花样翻新，创作出的形式也与地域风情有关。国外园林的门差别更大(图 5-252～图 5-269)。

（20）纪念物：为了纪念某人、某事，显示某种荣耀和文化而立的永久性物体、碑刻。

图5－250 上海大观园影壁

图5－251 日本新潟天寿园影壁

图5－252　北京颐和园东宫门（自《颐和园》）

图5－253　承德避暑山庄丽正门（自《承德》）

图5－255　昆明民族园彝族园入口

图5－254　法国凡尔赛宫入口大门

图5－256　西双版纳热带植物园主要入口（自《植物园规划与设计》）

图5－257　泰国北揽动物园入口（自《园林局资料册》）

图5－258　日本东京上野动物园入口

图5－259　新加坡圣陶沙入口

图5－260　北京动物园大门

图5－261　日本新潟县翡翠园入口（自［日］《名信片》）

图5－262　日本天寿园垂花门

图5－263　天坛皇穹宇殿前门（自《中国古建筑》）

图5－264　上海大观园二道门

图5－267　园林内粉墙洞门的各种形式

图5－265　昆明梅园入口

图5－268　上海秋霞圃海棠门洞（自《中外建园林公司》）

图5－269　上海大观园圆洞门（自《悲金悼玉》）

图5－266　上海豫园砖雕门（自《中外建园林公司》）

无论国内外，在园林中修建永久性的纪念物有各种各样。它不仅有教育意义，而且有很多是艺术品，给人以美的享受。众多的雕塑可以建成雕塑公园，大批的碑刻可以成碑林。除此而外，独立的纪念物可以布置在园林中的广场、路旁、林中、台上，与自然环境结合好，可以成为有积极意义、有趣味的一景（图5-270～图5-276）。

(21) 塔：一种高耸的建筑物或构筑物，如灯塔、宝塔。塔原是佛寺中的一种建筑，

图5－270　北海仙人承露盘（自《北京揽胜》）

图5－271　泰山石壁（寓意风月无边）（自《泰山名胜介绍》）

图5－272　洛阳王城公园中河图洛书

图5－273　公园中的图腾柱（佚名）

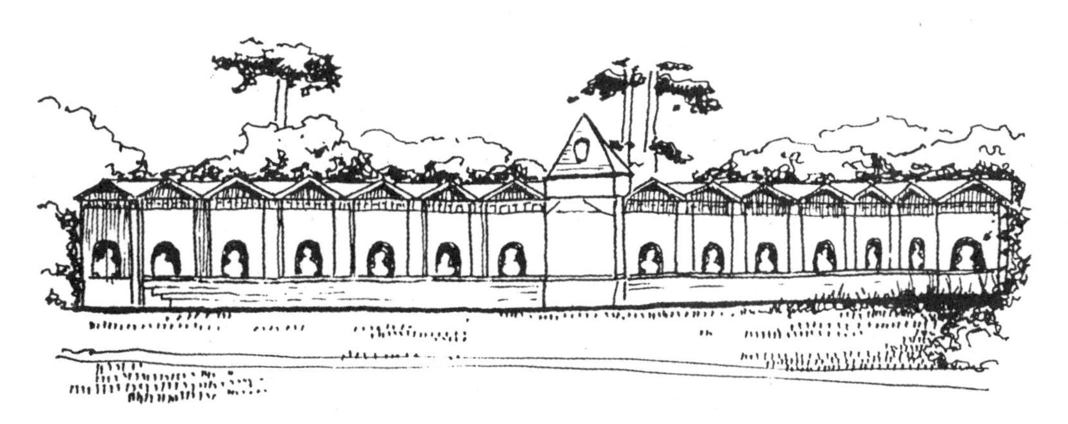

图5－274　英斯陀园中“英国贵族光荣之庙”（为仿古罗马墓穴半圆形纪念碑式。内放英国杰出的政治家、哲学家、科学家、作家的雕像14尊）

图5－275　法国麦莱维林园中的“海战纪念柱”

法国麦莱维林园中的“海战纪念柱”采用仿古罗马战舰的“喙形舰首柱”的形式，是拉波尔德为纪念伟大的航海家拉贝鲁兹（Laperouse）而建的，也借以表达金融家对在随拉贝鲁兹征战中失踪的两个儿子的思念。

图5－276　日本纪念聂耳碑

由于佛寺就在园林中，或是园林中建塔以作眺望风景、游戏用的跳塔，以及点缀景观之用，因而在园林中建塔也多有之。在国外很多园林中都有塔形建筑，如法国的埃菲尔铁塔等。杭州西湖的雷峰塔、钱塘江边的六和塔、北京北海的白塔、玉泉山的玉峰塔，都成了园林中的标志性建筑。因而在国外创作中国式园林中也有建塔者，如英国1761年在邱园中就建了10层的中国式的塔，20世纪90年代在新加坡裕华园和日本登别市天华园中都建了中国式的塔（图5-277～图5-286）。

图5－277　北京香山昭庙内琉璃塔（自《北京揽胜》）

图5－278　香山碧云寺金刚宝座塔（自《中国古建筑》）

图5－279　台湾日月潭畔慈恩塔（自《中国大百科全书》）

图5－280　日本北海道登别市天华园宝塔
（北京园林设计研究院设计）

图5－281　日本奈良县室生村室生寺塔（自《美しき日本》）

图5－282　北京北海白塔（高67.04m）（自《景观》，2004，1，创刊号）

图5－283　昆明民族村傣族园

图5－284　北京海淀区玲珑公园宝塔

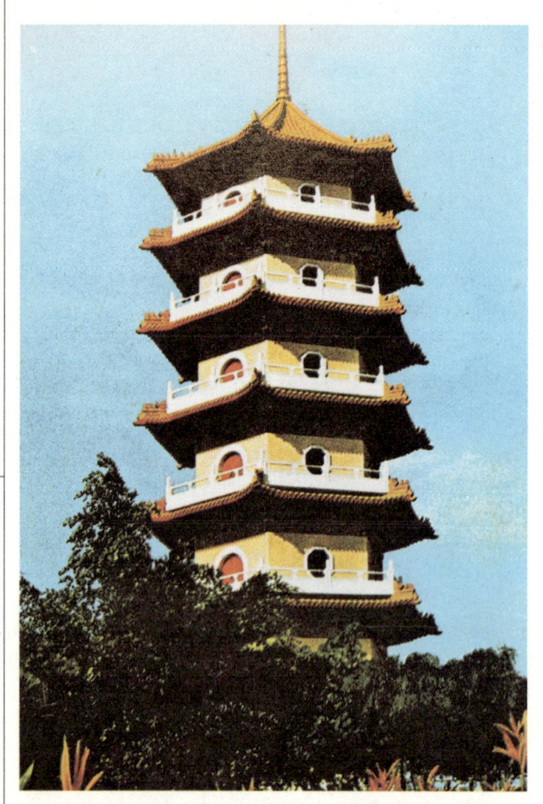

图5－285　新加坡裕华园宝塔（自《裕华园》）

图5－286　［英］邱园中的中国塔（18世纪后期建）（自《西方园林》）

(22) 桥：架在水上或空中以便通行的建筑。在园林中桥极为普遍，横跨水面的必然有桥，在空中架的桥也不少。桥的形式不仅是满足交通功能的需要，在园林中还能起到装点景观、划分空间、作为标志的作用。桥的形式、体量、尺度，在水上和园林环境中都很重要。张继《枫桥夜泊》诗的前两句“月落乌啼霜满天，江枫渔火对愁眠。”把天空、水面、岸上的远近景物描写得十分生动，脍炙人口。李白有诗：“雨水夹明镜，双桥落彩虹”；杜甫有“柳桥晴有絮”。乾隆在《万寿山即事》诗云：“背山面水地，明湖仿浙西。琳琅三竺宇，花柳六桥堤。”是说颐和园西堤六桥仿照杭州西湖苏堤六桥。颐和园的绣绮桥、玉带桥形式极为精美而生动，为桥中独有。江南园林中很多桥体轻巧绝妙，成为园中佳景。国外传统中石桥较多，近现代多有混凝土、铁构件桥（图 5-287～图 5-311）。

(23) 棚架：也称花架，由竹、木、铁、

图5－287　绍兴宋代高桥（自《中国园林》）

图5－288 颐和园玉带桥

图5－291 云南丽江黑龙潭桥（自《黑龙潭》）

图5－289 杭州西湖杨公堤景区中双孔桥（自《中国园林》）

图5－292 扬州五亭桥（自《中国古建筑》）

图5－290 北京北海陟山桥

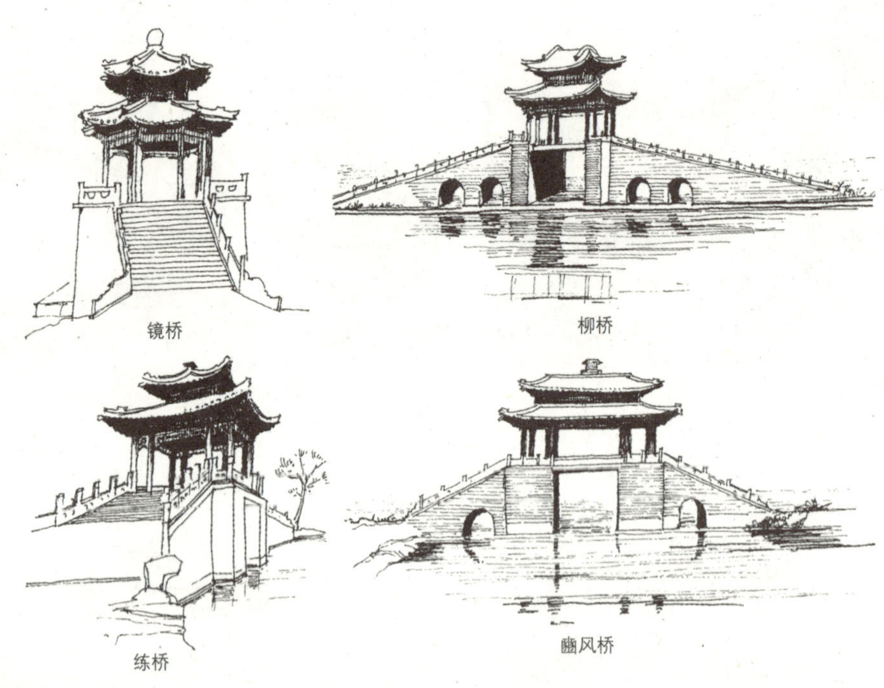

图5－293 颐和园西堤亭桥

图5－294 绍兴石桥（自《中国园林》）

图5－296 石桥（杭州西溪百家桥）（自《杭州新景观》）

图5－295 浙江兰亭石板桥

图5－297 苏州园林中小桥

图5－298　承德避暑山庄山石堆叠成小桥

图5－299　杭州太子湾公园中木桥

图5－300　圆明园蓬岛瑶台曲桥（复建）
（自《中外建园林公司》）

图5－301　广东余荫山房桥（自《中国园林》，2004, 11）

图5－302　仿木桥

图5－303　昆明民族村风雨桥

图5－304　俄罗斯圣彼得堡夏宫花园桥

图5－305　英国18世纪经布朗改造的桥和水面

图5－306　英国斯陀园帕拉第奥式桥

图5－307　亭廊桥（日本平安神宫后湖）
（自《世界景观大全·3》，李中原摄）

图5－308　日本醍醐寺三宝院草桥

图5－309　德国沃尔夫斯堡大众汽车城水边花桥
（自《中国园林》）

图5－310　德国沃尔夫斯堡大众汽车城水边花桥内景
（自《中国园林》）

图5－311　玻璃桥（北京市中关村软件园）

混凝土等材料搭建成的屋架，上面爬有藤蔓类植物作为遮荫或装饰，下面可供人休息。棚架可单独设置，也可与建筑相接。它是小品建筑与植物相结合的一种造园元素，既有建筑构架形成的空间，又有园林植物攀爬与绿色相结合，刚柔相济。在国内外古典园林中都有设置。欧洲中世纪称作凉亭或绿廊的也可以说是花架的一种形式。中国农家园圃中常立有“豆棚花架”。北方庭院中也有覆满紫藤的花架。近现代园林中花架形式有很多变化，所植爬蔓植物品种也有很多，逐渐成为一种园林配置的形式(图 5-312～图 5-322)。

(24) 坛：土筑的高台，古时用于祭祀、讲学的地方。北京有祭祀天、地、日、月的四坛，以外还有社稷坛、先农坛。天坛祭坛为圆形、

图5－312 99世博会内花架

图5－313 泰国花架

图5－314 北京旱河万米绿化带内花架
（自《景观》，2005, 3）

图5－315 新加坡热带兰园内花架（自《园林局资料册》）

图5－316 香港街旁游园内花架

图5－317　新加坡圣陶沙花架（自《园林局资料册》）

图5－319　金属棚架（秦皇岛汤河公园）
（自《风景园林》，2007，2）

图5－318　金属棚架（美国亚利桑那州梅萨艺术中心）
（自《风景园林》，2007，2）

图5－320　北京亦庄企业文化园内花架

图5－321　北京工体路旁花架

图5－322　新加坡公园内花架（自《园林局资料册》）

图5－323　北京天坛圜丘坛（自《北京揽胜》）

地坛为方形，坛周围墙有琉璃瓦顶，坛有石刻栏杆，围护十分精美。山东曲阜县孔庙大成殿前有杏坛，是孔子讲学的地方，宋时改建。现代园林中把集中种花的地面称花坛，形式多样（见花坛一节）。另外还有为纪念和庆祝而建的坛，如北京的世纪坛（图5-323、图5-324）。

（25）码头：水边停靠船舶、上下游客的岸边建筑。码头的大小、形式主要根据游船的形式、数量而定，水的涨、落、水位和水深也对之有影响。皇家宫苑中只是少量画舫使用的码头，所以位置和规模不是很明显，私家园林中也是如此。在现代公园园林中码头规模有的很大，能停靠大船，也能存放不少的游船，有多层台阶，能适应水位涨落，还有小型建筑供管理人员使用。园林中的码头，也是水面上的标志，有的形式新颖，有的与附近的建筑形式呼应，都具有点缀风景的作用（图5-325～图5-328）。

（26）露天表演场：在室外有舞台和观众席，进行各种表演的场地。其规模和形式有多种多样。有的观众席就是铺草的山坡，观众可席地而坐；有的就在水边，隔水而观演出，显得十分自然。有的观众席上有罩棚，有的观众席后还有游廊，都可成为园中一景（图5-329～图5-334）。

（27）牌楼：门式建筑，由立柱支撑顶部，有一间、三间、五间不等，由木、石、砖、混凝土构成，也有用琉璃贴面的琉璃牌楼。在园林上是一个园区的起点也可划分空间、点缀景观或陪衬主要建筑。在中国古典园林中常见。北京颐和园、北海公园从大门至园内大小牌楼都有。有的金碧辉煌，有的素雅精巧，因环境而异。各地区，不同民族的牌坊都独具风格。在现代园林中，有时也有设置牌楼的，除出口园林仿古或应用庆典外，多以简约明快为准（图5-335～图5-342）。

图5－324　世纪坛（北京西区）

图5－325　颐和园水木自亲船码头（自《颐和园》）

图5－327　北京玉渊潭公园内码头

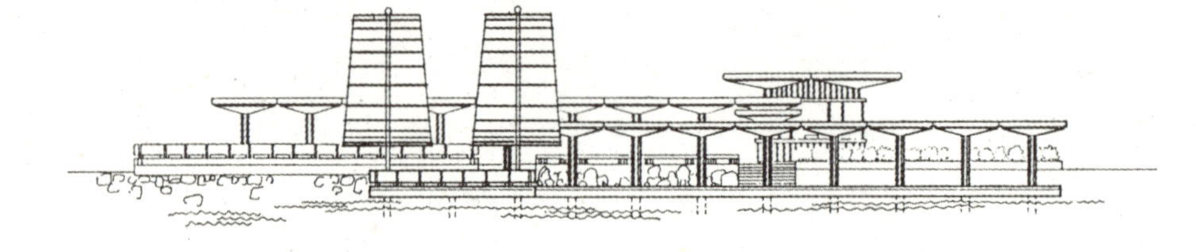

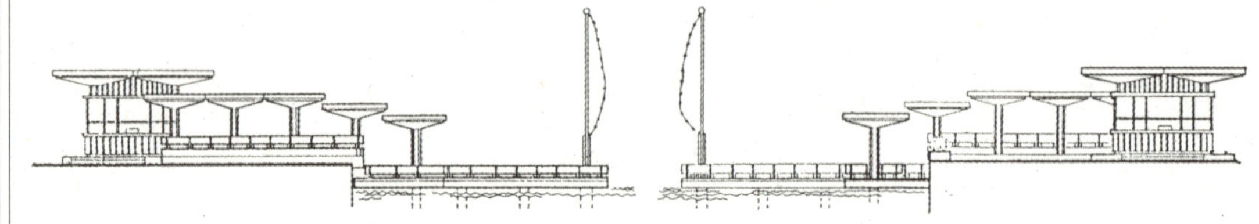

图5－326　北京玉渊潭公园内码头（自《北京园林优秀设计集锦》）

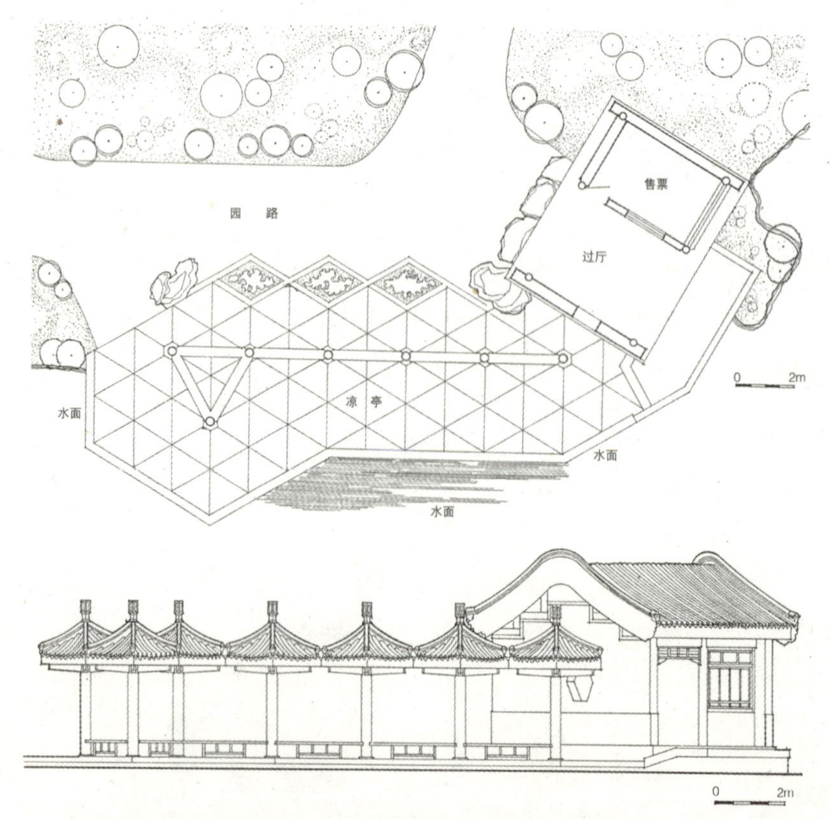

图5－328　北京顺义公园码头平立面（自《北京园林优秀设计集锦》）

图5－329　香港公园露天剧场（自《香港公园》）

图5－330　台湾九族文化村娜鲁湾剧场（自《九族文化村》）

图5－331　香港海洋公园露天表演场

图5－332　新加坡露天剧场（自《园林局资料册》）

图5－333　台湾亚哥花园露天剧场观众席

图5－334　台湾亚哥花园露天剧场表演台

图5－335　颐和园谐趣园中知鱼桥上石牌坊（自《颐和园》）

图5－336　北京昌平公园入口牌楼（自《北京园林优秀设计集锦》）

图5－337　沈阳北陵石牌楼

图5－339　昆明民族园白族形式牌楼

图5－340　颐和园前牌楼（牌楼正面额上写“涵虚”影射水，背面额上写“罨秀”暗示山）（自《颐和园》）

图5－338　99世博会安徽石牌坊

图5－341　琉璃牌坊（北京卧佛寺）

图5－342　北京十三陵神路上牌坊（面阔29m，高14m）（自《北京揽胜》）

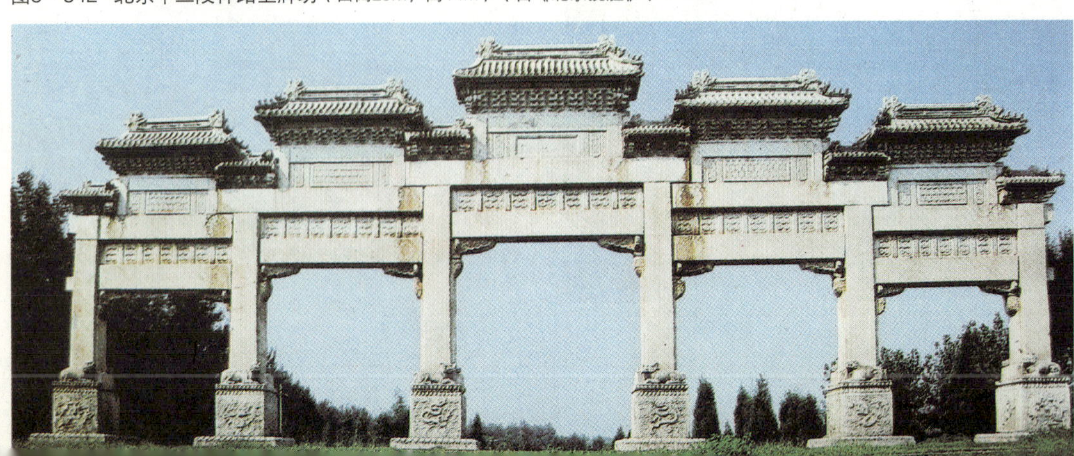

(28) 喷泉、跌水：喷泉是借助动力将水从地面涌出或喷至空中，形成多种花样，作为水景。跌水是从各种形状的建筑体顺流而下，依建筑体形的变化而有不同的水型。喷泉的规模大小、池形都有很大不同，喷出的水型也各异。现代喷泉大致可分为池型喷泉，由水池中喷出各样水柱；暗喷泉也称旱喷泉，喷水嘴在地坪或地下，平时是一个小广场，喷水时从地下喷出很多水柱；音乐喷泉，是按照音乐的节奏产生不同的水型；彩色喷泉，在夜间水柱显现出不同的色彩（图 5-343～图 5-359）。

图5－343　法国巴黎埃菲尔铁塔下喷泉

图5－346　北京地坛公园南绿地内喷泉

图5－344　美国哈佛大学泰纳喷泉（自《中国园林》）

图5－347　彼得宫前台阶上的喷泉群（自《西方园林》）

图5－348　匹卡迪亚花园喷泉（变换不同高度喷泉）（自《中国园林》,2005, 11）

图5－345　泰国东巴乐园喷泉

图5－349 法国泰拉松直射喷泉（自《中国园林》）

图5－350 2000年悉尼奥运会无花果林喷泉（自《中国园林》）

图5－351 涌泉式水体（北京滟澜山别墅区内）

图5－352 香港中环路旁跌水

图5－353 香港中银大厦前跌水

图5－354 香港公园路旁跌水

图5－355 台湾阳明山庄跌水

图5－356 台湾亚哥花园跌水

(29) 标牌：能够标明某处具体地点和内容或带有指示方向的牌匾。在园林中特别是内容丰富的大型公园、植物园、动物园，需要指明去各游览点的方向。需要在门口、道路交叉口适宜位置设置。标牌要指示明确、具体。如果能带有装饰效果与该处园林的风格相近更好。除此以外公共园林中还有一些提醒游人不应作为的警示牌，如水边、高峰、兽舍前、草坪、花台等处。牌子的设计除了内容明确，造型也要美观（图 5-360～图 5-364）。

图5－357 香港跌水小品（佚名）

图5－360 香港公园内指路牌（自《北京园林局资料册》）

图5－358 ［美］演讲堂前广场跌水（自《中国园林》）

图5－361 香港海洋公园内指路牌（自《北京园林局资料册》）

图5－359 法国狄德罗公园中轴线上的瀑布（自《中国园林》）

图5－362 香港公园内指示牌（自《北京园林局资料册》）

图5－363　新加坡公园内示意牌（自《北京园林局资料册》）

图5－365　新加坡绿地中金属制园椅（自《园林局资料册》）

图5－364　泰国公园内指路牌（自《北京园林局资料册》）

图5－366　新加坡绿地中木质园椅（自《园林局资料册》）

（30）园椅：在园林中为游人在室外休息的椅子。其尺度造型宽松而舒适。一般园椅设置在处于环境优美的路边、水边，也有放置在冬季阳光充足的地方，专为老人或小孩晒太阳的座椅。有的座椅变成适合各种方向而坐的园凳，也有的把花台、挡土墙边缘加宽可以代替座椅。也有把天然石块表面稍加磨平，显出自然纹理，二三块分别摆放，既可以坐人又是一种点缀(图 5-365～图 5-376)。

图5－367　新加坡绿地中成组园椅（自《园林局资料册》）

图5－368　新加坡绿地中成组造型园椅（自《园林局资料册》）

图5－369 罩棚园椅（自《Game Time》）

图5－373 爱尔兰都柏林渡口广场蛇形长椅（自《中国园林》）

图5－370 新加坡绿地中坐凳（自《园林局资料册》）

图5－374 日本东京新宿座椅（自《世界景观大全》，林静娟摄）

图5－371 泰国公园座椅与树结合

图5－375 泰国六世王公园坐凳组群

图5－372 台湾亚哥花园中以天然石做成的桌凳

图5－376 园凳（99昆明世博会）（自《中国优秀园林设计集》）

(31) 栏杆：是维护安全、分割空间、装饰环境的构筑物，栏杆的制作材料有木、金属、石料、砖等。形体有高有低，格纹花样非常之多，有的庄重整齐，有的活泼生动，依环境和材料而异。栏杆用料较少，可做花样的空间较大，结构和材料又无一定的限度，因而是小题材、高水平的设计。设置地点要适当，不可过多，否则有繁文缛节之嫌（图 5-377～图 5-383）。

图5－380 木栏杆（美国马萨诸塞州法拉地住宅）（自《风景园林》,2007, 2, 基姆设计所）

图5－377 沈阳北陵石雕栏杆

图5－381 木栏杆（德国汉诺威）（自《世界景观大全》，方智芳摄）

图5－378 台湾亚哥花园石质栏杆

图5－382 砖制栏杆（矮墙，北海公园）

图5－379 花厅木栏杆（自《苏州师俭堂》）

图5－383 琉璃砖制栏杆（北海公园）

(32) 儿童游戏设施：在公园或住宅区内为儿童准备的游戏设备和地面上布置的各种图形、池坛都称作儿童游戏设施。按照服务对象的年龄把儿童分成婴儿、学龄前儿童和学龄儿童三个阶段。依次每个年龄段的儿童所要求的设施由小到大，由小的沙池到涉水池；由简单到复杂，由小跷跷板到联合游戏架；由低处到高处，由低矮的攀登架到高空的降落伞。根据儿童的特点，所有设施应保证儿童活动中的安全，其次要形象生动、色彩鲜明，能引起儿童游戏的兴趣。规模比较大的儿童游戏场地，要配备儿童厕所和陪同儿童来游戏的家长休息处。儿童游戏场场地要平整、不积水，以不扬尘又有弹性的地面为好。所有的设施构筑物不能带有尖刺、尖角（图 5-384～图 5-390）。

图5－386　攀登架（自《Game Time》）

图5－384　压板（自《Game Time》）

图5－387　法国巴黎东区住宅区内儿童游戏设备

图5－385　滑梯（自《Game Time》）

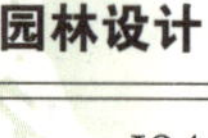

图5－388 法国巴黎东站附近住宅区内儿童游戏设施

图5－389 地面儿童游戏设施（马甸公园一）

图5－390 地面儿童游戏设施（马甸公园二）

二、园林建筑与美感

园林建筑在园林中不仅能起到使用上的功能作用，也能产生美感，成为人们审美的重要对象。无论在园林造景上或是在建筑物内，甚至是在一些建筑围合的空间中都具有审美价值，尤其是在我国古典园林中其造型十分考究。

（一）欣赏建筑所产生的情怀

“窗含西岭千秋雪，门泊东吴万里船。”（杜甫）

“隔窗云雾生衣上，漫卷山泉入镜中。”（王维）

“晴虹桥影出，秋雁橹声来。”（白居易，《河亭晴望》）

“粉墙光影自重重，帘卷残荷水殿风。”（高濂，《玉簪记·琴桃》）

“隔墙送过秋千影，小艇归时闻草声。”（张先，《题西溪吴柳道诗》）

“书窗梦醒，孤影遥吟。”（《园冶》）

（二）在建筑的空间内也会引起很多诗情

“窗回侵灯冷，庭虚近水闻。”（李商隐，《微雨》）

“绿树浓荫夏日长，楼台倒影入池塘。”（高骈，《山亭夏日》）

乾隆在圆明园碧桐书院有感：“前接平桥，环以带水。庭左右修梧数本。绿荫张盖，如置身清凉国土。每遇雨声疏滴，尤足动我诗情。”“月转风回翠影翻，雨窗尤不厌清喧。即声即色无声色，莫问倪家狮子园。”

（三）在建筑围合空间中的意念

萧悫《春亭晚望》"春亭聊自望，楼台自相隐。窗梅落晚花，池竹开初笋。"

故宫宁寿宫花园萃赏楼有对联："四围应接真无暇，一晌登临属有缘。"

三、园林建筑与环境

园林建筑位于园林之中，必然要与周围的造园要素产生相互关系，而形成一种更加富有意趣、激情的景致。

（一）建筑与园林植物

人们从生活中可以看到林海中的小白屋，园林中红色的屋顶、红墙旁的垂柳。从而设计者有意利用色彩的对比，如白色的建筑与深绿色的植物；粉墙前种竹子、松柏；栗色的建筑与白色的花卉，如木犀、白兰花；绿色的建筑与红色的花卉，如美人蕉、石榴；其他如米黄色的建筑与红桑、变叶木的对比等等。这种花木的天然色彩会与其他矿物质或化学合成颜料不一样，这种对比会有瑰丽、鲜明，而无俗媚、妖艳的效果。

园林建筑的线条能与植物形成对比，例如横线条的建筑与铅笔柏、黑杨产生横竖对比；同样竖线条的建筑与平行枝比较多的合欢、朝鲜槐产生对比。

建筑体形与植物的对比，如轻巧的建筑与高大的毛白杨、悬铃木；厚重的建筑与纤细、轻盈的鸡爪槭。

园林植物还可以加强建筑体形的感觉，例如圆头形的馒头柳与圆穹宇形的建筑；宝塔形的雪松与尖塔形的建筑。

（二）建筑与地形

园林建筑能与地形结合可以产生很好的效果。北京的皇家园林中，颐和园的佛香阁、北海的白塔、景山的万寿亭、玉泉山的玉峰塔，都是在山顶上构建园林建筑，成为园内的重心，给人以深刻的印象。在较小的环境中、在山坡地构建迭落廊，可以产生层层叠叠的多层次的建筑感，如北海的酣古堂、丽江木府的迭落廊。利用山地创造各种台地，建筑和游廊穿插于台地上，使游人的视角不断变化，大增游兴，如颐和园的松云巢、画中游，都使建筑大为增色。我国南方很多寺庙、道观，选址极佳，充分发挥了地形的特色，成为风景区中的标志。

在国外像意大利的台地园，是利用山地构建别墅，就是一种典型；俄罗斯的圣彼得堡夏宫花园利用地形建造的雕塑群和水景也很精彩。

也有一些建筑建在险峻、高耸的山顶，成为标志性的建筑，游人站在高处还可以俯瞰、远眺。相反，在山谷中建造一些亭、廊、茶座，也会产生十分幽雅的效果。

（三）建筑与水体

园林建筑建于水边、水中，能产生活泼、轻快的效果，特别是所产生的倒影加大了空间感，构成美妙的图画。颐和园的乐寿堂、夕佳楼、北海漪澜堂、香山见心斋，临水而建，倒影飘动，风采倍增。中南海湖中的水云榭是燕京八景之一。康熙《水云榭闻楚声》诗："水榭围遮集翠台，熏风扶处午云开；忽闻梵诵惊残梦，疑是金绳觉路来。"庐山的庐山湖水中小亭，虽然体积很小，云光映水，碧带环绕，山亭如出水之芙蓉。

我国的西南地区河中建风雨桥，既作为交通设施，也是风景建筑。广州番禺余荫山房湖池中有亭桥造型小巧，朱栏映水，色彩鲜明，为园内增色不少。承德避暑山庄的水心榭，在水面上丽影倒映，都是闻名于世的桥体建筑。

在日本很多的庭园中，水边的建筑都成为园内极佳的景致。

四、园林建筑的布局

园林建筑与周围环境结合好，可以提高景观质量，同时建筑本身也可以通过一定的布局，显现出特有的景观。

（一）运用轴线重点突出

在国内外很多皇家园林中，由于使用功能所致，宫殿都成了园内的重点，如圆明园入口的正大光明殿以及其后的九洲清宴，成为处理朝政、居住、游赏的中心。承德避暑山庄、颐和园、静宜园也如是。法国的凡尔赛宫入口也是宫殿，其后便是大面积的刺绣花坛。俄罗斯的彼得宫也大体相仿（图 5-391、图 5-392）。

在主要入口采取强烈的对称布局，显露

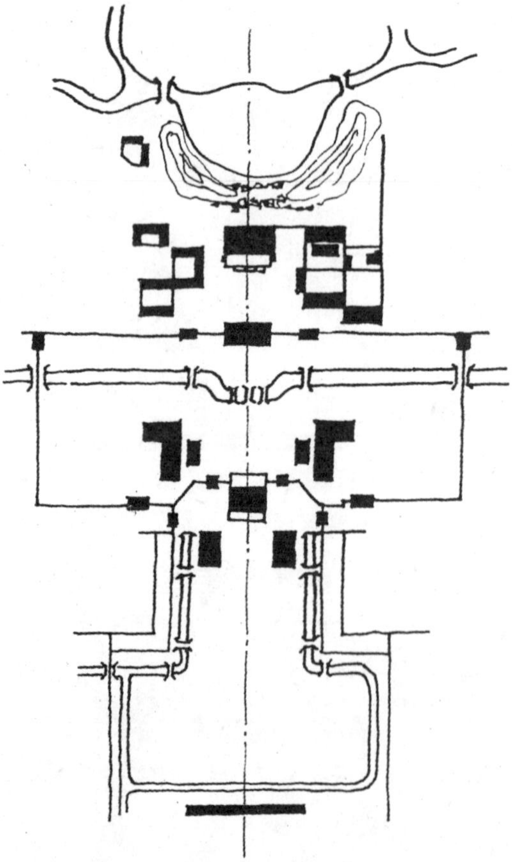

图5－391 圆明园大宫门

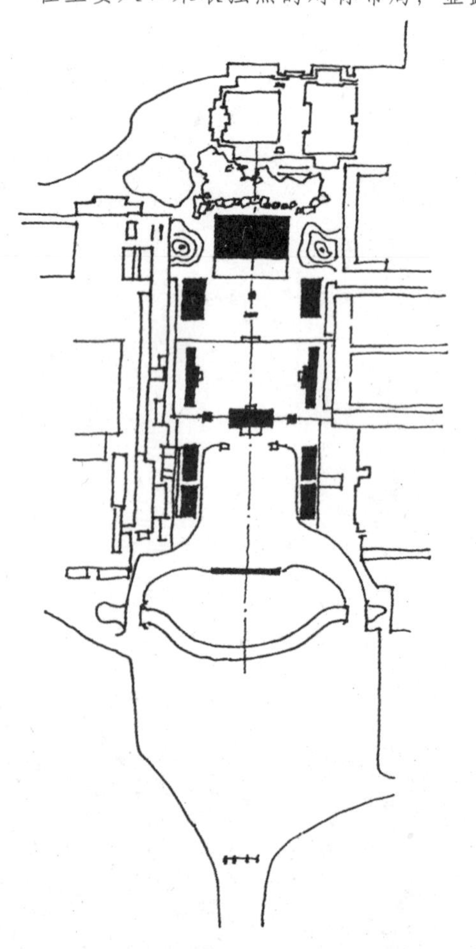

图5－392 颐和园东宫门景区建筑平面

主要建筑，形成强烈的轴线形式，也成为日后一些园林的形式，如北京的玉泉公园、广州的云台山公园。德国汉堡城市公园从入口的餐饮、游泳区一直到西北的体育馆、天文馆，全园形成了强烈的轴线，不过相对称的不是建筑，而是场地。甚至一些广场也是如此，如上海人民广场、青岛五四广场等等（图5-393、图5-394）。

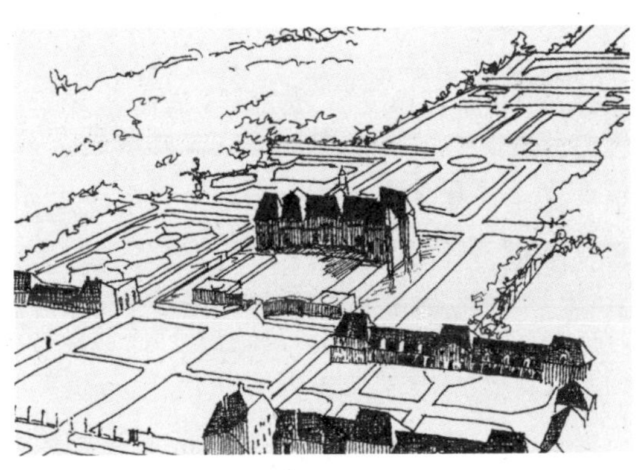

图5－393 法国沃－勒－维贡特府邸

（二）灵活布置自然多趣

在江南的一些园林中具有潇洒自然的文人气质，以形态不同的池水与体量大小不同的建筑相互交叉形成多层次、多单元的景观。苏州拙政园内约有30组建筑，430m长廊，约6000m^{2}的水面以及几座面积不大的山体。在灵活的布局中形成了：完全由建筑围合的独立空间，小而幽静；建筑之间形成对景，相互映衬；池水与建筑内外交叉形成多角度的丰富景观（图5-395）。

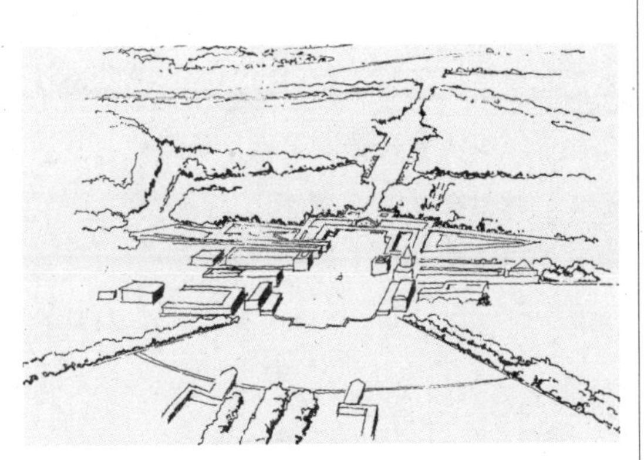

图5－394 法国凡尔赛宫苑鸟瞰

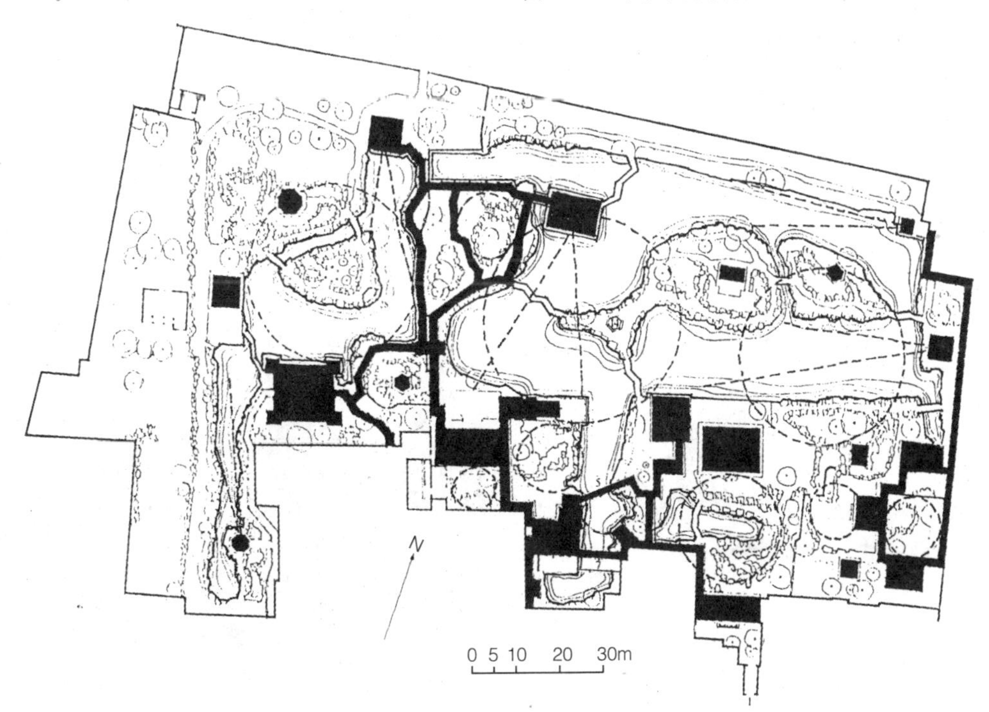

图5－395 苏州拙政园平面（自《中国古典园林史》）

（三）依附山势展开序列

轴线居中，山势升高，逐次展开建筑布局，对称的布局更能显出壮丽恢弘的形象。北京景山五个亭子横向依高度不同排列在山上，十分壮美。北海琼华岛前山永安寺等建筑依山的高度竖向前后排列，层层叠叠的建筑将白塔衬托得高耸而秀丽（图5-396）。

（四）严正中求变化

在一些皇亲府邸中，由于社会观念、礼教影响，花园的整体格局比较严正。北京恭王府萃锦园，进入中间的园门有一条比较强烈的中轴线：首先是垂青樾、翠云岭对称的山体，然后依次是飞来石、蝠池、安善堂、邀月台和蝠厅。东边有大戏台一组；西边有榆关、观鱼台一组，形成三道轴线贯穿全园。

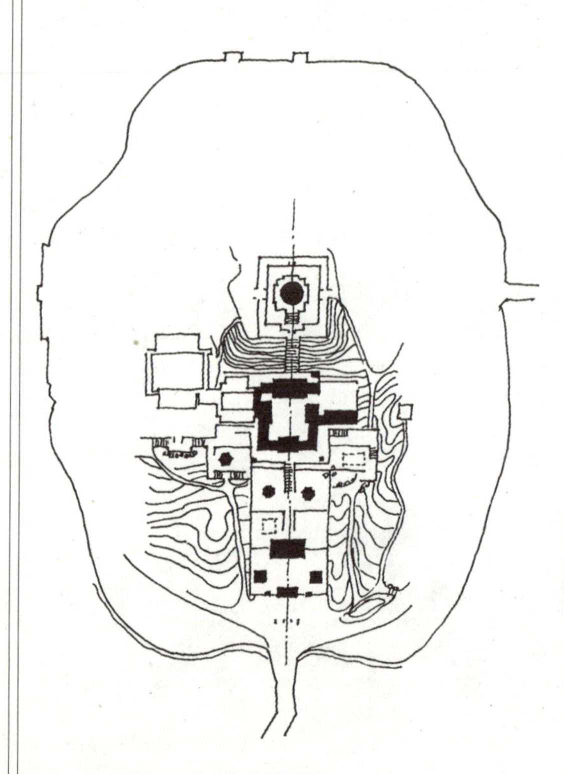

图5－396　北京北海琼华岛南坡建筑布局

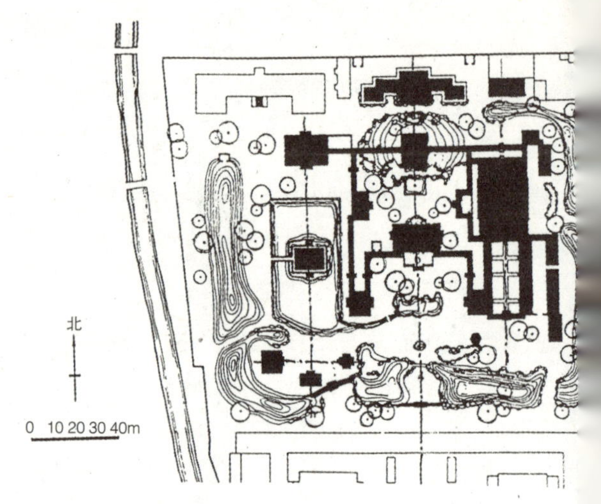

图5－397　北京恭王府萃锦园平面（自《中国古典园林史》）

由于每组轴线都有山石、水体，地形起伏，建筑的高低、体量也都不同，因而形成严正中有变化、均齐中有活泼，走入其中妙趣自然（图5-397）。

（五）占据峰侧居高临下

占用山峰的一侧，自由灵活地临斜坡、临悬崖布置建筑，既可俯瞰山下，又可眺望远景，高山处或有松涛云雾会使人心旷神怡，也会使人观赏山景时多一处特色。中国的风景区中有一些山寺、庙观就达到了这种绝妙的境界（图5-398）。

图5－398　西山九龙亭（佚名）

（六）互相映衬扩大景域

在广阔的空间中布置各种建筑互相借景、对映，扩大了景域。例如：圆明园中的福海，周围有平湖秋月、双峰插云、涵虚朗鉴、夹镜鸣琴等十几处建筑沿湖边布置（图 5-399）。北京陶然亭公园近年围绕湖区也布置了将近10 处大小不同的建筑衬托湖面，成为公园的重要景点。

（七）围合空间园中有园

很多皇家园林以建筑围合自成一个内在空间。如承德避暑山庄的月色江声，北海的静心斋、画舫斋；颐和园的绮望轩、扬仁风、谐趣园；北京紫竹院公园的集贤茶室；宣武公园的静雅园等，都成了园中园。

（八）空间走廊曲径通幽

中国传统的园林中很多是布置走廊，既是功能上的通道，又在布局上联系各处建筑空间。在没有走廊的情况下，利用各种形式的建筑物也可以形成空间走廊，人行其中忽宽、忽窄，有放、有收，有明、有暗，心情随之变化，还可以欣赏到各处景观，之后可能达到风景绝佳的境地，即平常所说的“连续空间”、“曲径通幽”。例如，无锡的寄畅园，从郁盘－知鱼槛－清响－涵碧亭－嘉树堂；北京北海公园的濠濮涧，从大门－云岫石－崇淑室－濠濮涧－曲桥，都是以建筑为主形成的空间走廊(图 5-400)。在江南园林中，

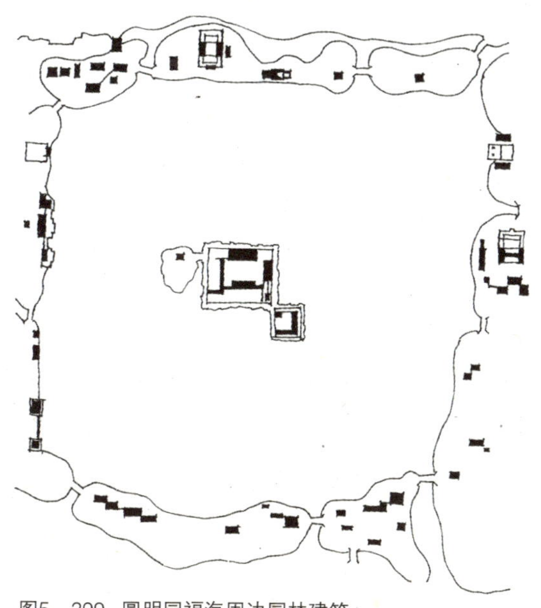

图5－399　圆明园福海周边园林建筑

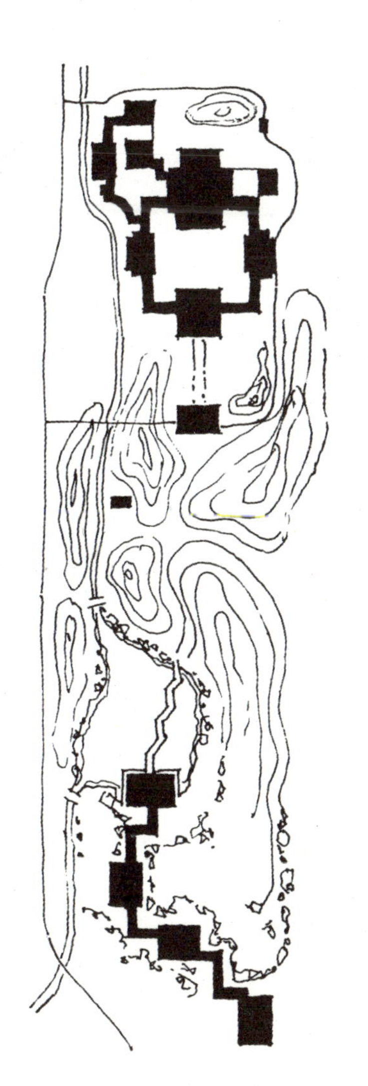

图5－400　北海濠濮涧画舫斋景区建筑平面
（自《中国古典园林史》）

有时要通过一些居住建筑而达到花园，居住建筑的布局左右错落，或开或合，光线或明或暗，形成有节奏的建筑空间走廊。

（九）单独存在借助其他

无论园林大小都会有单独园林建筑存在。除了建筑本身造型优美以外，还需要借助于台地、台阶、栏杆、山顶、水边、树木、花草来陪衬。

园林建筑类型很多，每种类型中又有很多形式。例如桥，就有平桥、拱桥、曲桥、廊桥、亭桥等等。不仅宽窄不同，而且各种用料也很多。园林建筑的平面形态和屋顶也都是多样的。园林建筑与环境和自身布局也都很复杂，所以园林建筑的设计必须是园林师和建筑师很好地合作。

第六章
项目设计

第一节 街道绿化

城市道路交通是城市的重要功能。道路的绿化景观构成人们认识城市的重要因素，它表现了城市的文化、历史和优美的风貌，让人们感到愉快、亲切和舒适。

一、街道绿化的历程

据记载世界上最古老的行道树种植于公元前10世纪，此路建于喜马拉雅山山麓的街道上，称作大树路（Grand Trunk），是联系印度的加尔各答至阿富汗之间的干道。在路中央与左右，种植三行树木。传说亚历山大大帝曾率领大军由此进兵。

大约公元前8世纪后半期在米索布达米亚（Mesopotamia）由人工整地而成的丘陵上兴建宫殿，并以对称的规划布局配植松树与意大利丝柏（Italian Crypress）。

希腊时代（公元前5世纪）在斯巴达的户外体育场，其两侧列植法国梧桐作为绿荫树。

罗马时代（公元前7世纪至公元4世纪）在神殿前广场（Forum）与运动竞技场（Stadium）前的散步道路旁种植法国梧桐。据记载当时罗马城之主要街道种植意大利丝柏。

中世纪（5～14世纪）时期的欧洲，各国于巡礼的街道上种植当地的乡土树种。即大都是用意大利丝柏。在多数的城堡内，其用于街道栽树的空间几乎没有。在农地的边界线上常以很多树列来作为标志。

文艺复兴时期以后，欧洲一些国家街道绿化有了较大发展。法国亨利（Henri）二世依据1552年颁布之法律，命令国人在境内主要道路栽植行道树。因而有在国道上种植欧洲榆的记载。

在同一时期的德国有计划地在国内各干线栽植法国梧桐之类的行道树，其目的是为了战时补给军用木材。

1647年在柏林曾以特尔卡登为起点设计菩提树大道，在道路东侧配植了4～6列树木的林荫大道。这条美丽的林荫大道对日后法国巴黎辟建的园林大道（Boule-vard）有极大影响。

1625年英国于伦敦市的摩尔菲尔斯地区，格林公园西，圣詹姆士公园（St. Jame's Park）以北，设置了公用的散步道（Public Walk），兼作车道，长约一公里，种有4～6排槭叶法国梧桐。这条林荫路是女王陪同国宾乘坐马车巡视时所通行的优雅美丽的街道。这条路开创了都市性散步道栽植的新概念，即所谓林荫步道（The Mall）。它成为闻名于世的美国华盛顿市的林荫步道（具有四排美国榆树的园林大道）之原型，也是美国各大都市设计林荫道的典范，也是日本购物街的起源（图 6-1～图 6-7）。

18 世纪后半期，奥匈帝国国王约瑟夫二世在 1770 年颁布法令：在国道上种植苹果、樱桃、西洋梨、波斯胡桃等果树当行道树。因此，至今匈牙利、南斯拉夫、德国和捷克等国的各地仍延续这种特色。

18 世纪末至 19 世纪初法国政

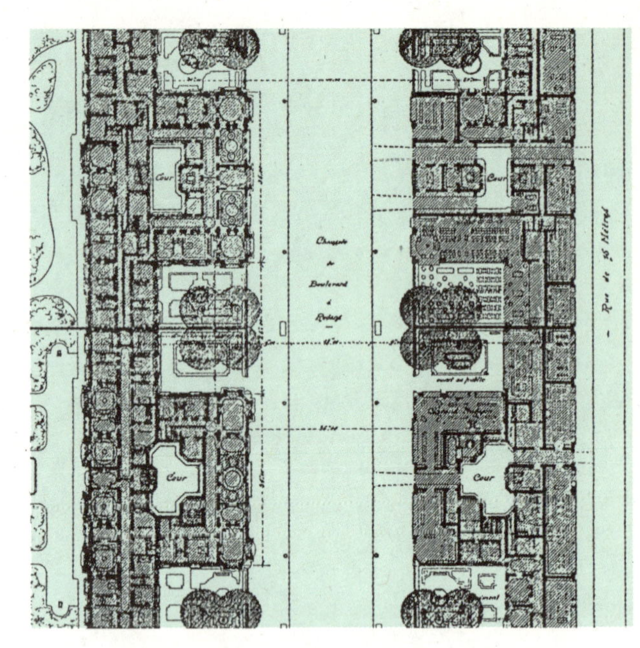

图6－2　法国建筑师对沿街种树的设想平面（其一）（佚名）

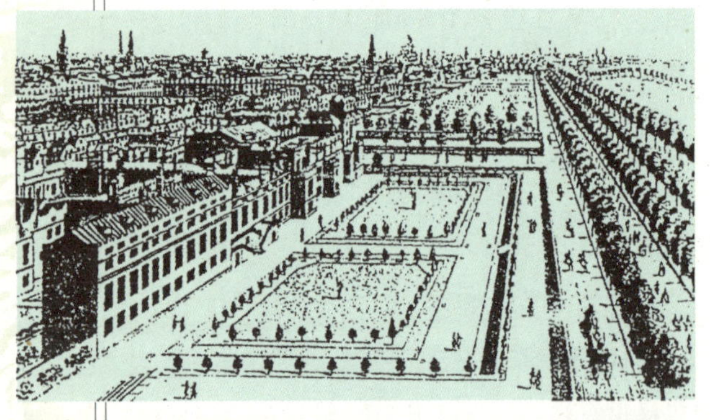

图6－1　18世纪前半叶，伦敦的林荫步道与圣詹姆斯宫（佚名）

图6－3　法国建筑师对沿街种树的设想透视（佚名）

图6－4　法国建筑师对沿街种树的设想平面（其二）（佚名）

图6－5 法国建筑师对沿街种树的设想立面（佚名）

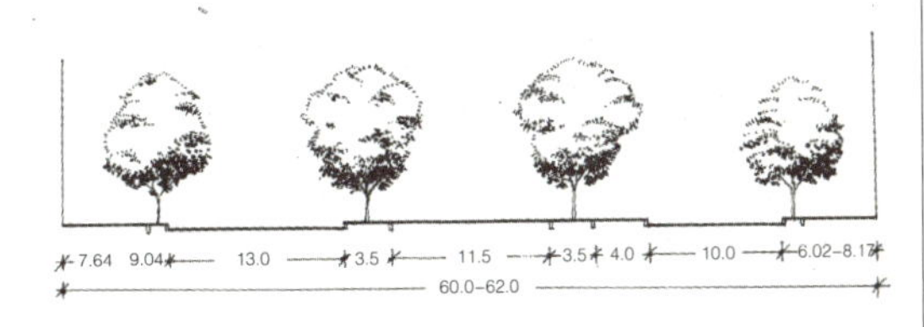

图6－6 德国柏林菩提树下大街（m）

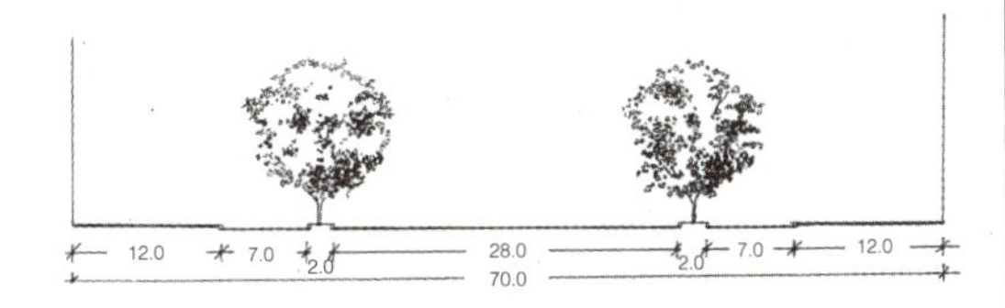

图6－7 法国巴黎香榭丽舍大街西段（m）

府正式制定了有关道路须栽植行道树的法令，相继颁布的有：枢密院令(1720年)；勒令(1781年)；国道及县道行道树的管辖法令(1825年)；行道树栽植法令（1851年）等。这些法令对于栽植位置、树种选择、树苗检查、树杈、砍伐与修剪的手续等事宜均加以规范。这是法国自16世纪亨利二世以来，在欧洲各国当中，道路行政方面，特别是栽植行道树的相关法令方面最先进的。

工业革命之后，人口向都市集中，市区急速扩充，都市计划进展，辟建干线，行道树栽植日渐盛行。

19世纪后半叶，欧洲各国将中世纪的古城墙拆除，壕沟填平，建成环状街道或将其局部辟为园林大道，以修饰景观为主要功能，有宽阔的游憩散步路，使得城市面貌更加生动活泼。

巴黎在1858年由当时的塞纳县知事奥斯曼（Georges Eugene Haus smann）建造了香榭丽舍大道，成为近代园林大道之经典，对欧美各国都产生了极大的影响。

18世纪末由法国陆军技师朗凡（Pierre charles L.Enfant）完成的华盛顿市规划，多处配植了法国式的林荫大道。在1872年曾对30个树种进行试验，最后限定了10～12种为最适合栽植的行道树树种。

十月革命后的前苏联，在街道绿化方面取得了较大的成就。通过街道绿化的实践在理论和规定方面都有所建树。例如在城市绿化方面规定了林荫道的最低规模和一般应具备的功能。特别是在莫斯科等几个大城市建立了街头游园和绿化广场。它们不仅与周围的环境协调，在比例、尺度上恰当，而且内部的布局、配置层次都是完整的。这方面对我国也产生了一定的影响。

我国城市街道绿化具有悠久的历史。在两千年前的周、秦时代就沿着道路种植行道树。据《汉书》记载：“秦为驰道于天下，东穷燕齐，南极吴楚，江湖之上滨海之观毕至。道广五十步，三丈而树，原筑其外，隐以金椎，树以青松。”修驰道是秦代的功绩之一，在两千多年前这样大规模地沿路种青松，在世界上也是仅见的。驰道指的是城市与城市之间的道路，也就是现在所说的公路，我们可以设想当时在公路旁边能植树，城市内道路的绿化情况也会有相似之处。

汉以后城市建设有了很大发展，各个朝代都建设了规模宏大的都城。如汉长安，北魏洛阳，唐长安和洛阳，宋东京，元大都，明南京和北京等。根据古书记载，这些都城道路宽广笔直，在城市主要街道两旁均种植树木。例如：西汉长安“路衢平整，可并列车轨，十二门三涂洞辟。”

汉长安城有南北并列的14条大街，东西平行11条大街，用这些街道将全城划分为108个街坊。中轴线上的朱雀大街宽150m，安上门大街宽134m，通往春明门和金光门的东西大街宽120m，街道都是土路面，为了排水两侧有宽深各2m的水沟，街道两侧种有成行的槐树，称“槐衙”（图6-8～图6-12）。

对于“槐衙”，按唐时中朝故事记载：“天街西畔多槐俗号为‘槐衙’。历史上对槐至为推崇，周官外朝之法：左九棘孤卿大夫位焉，右九棘公侯伯子男位焉，面三槐三公位焉。”“三公”即当时的太师、太傅、太保。槐树也就作为高贵、高位的象征。槐树不仅如此，还有“忠正”之品格,即“槐系取其黄中外怀，又其花黄其成实玄之义”。春秋时有“树棘槐听讼于其下”之说。以后历代都对槐树大加

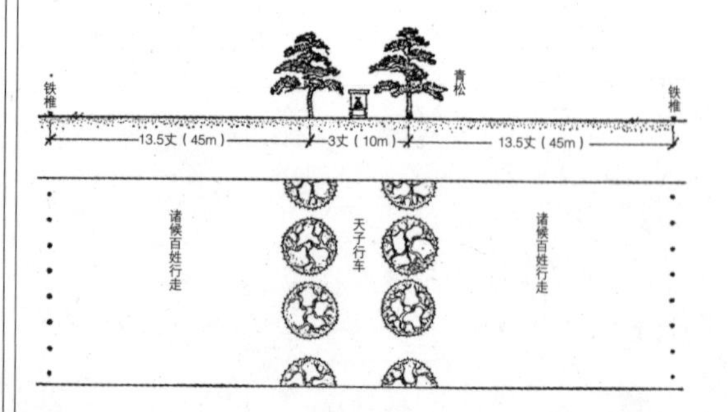

图6－8 秦代驰道布置推想图（自《城市街道绿化设计》）

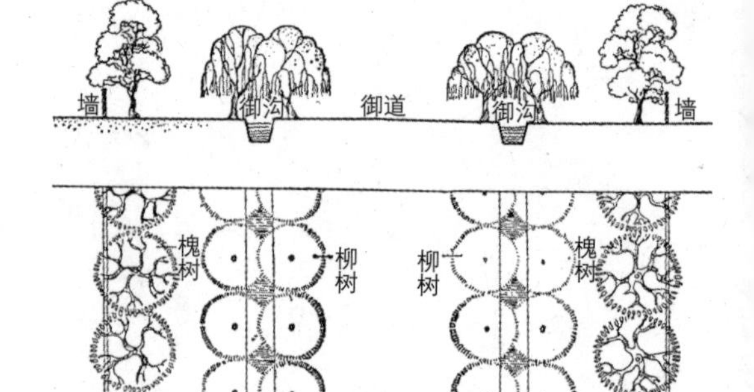

图6－9 北魏洛阳铜驼街布置推想图（自《城市街道绿化设计》）

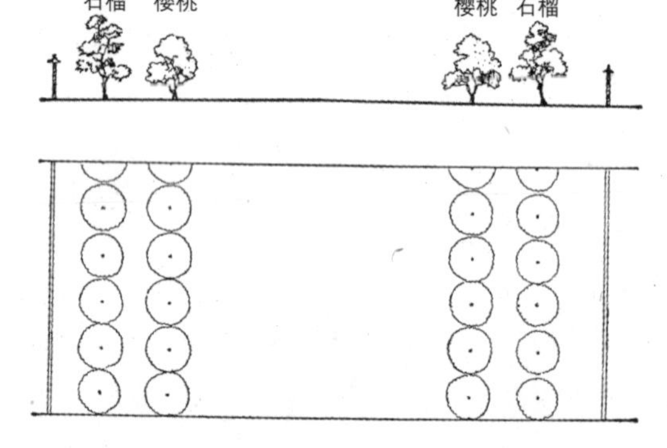

图6－10 隋东都天津街布置推想图（自《城市街道绿化设计》）

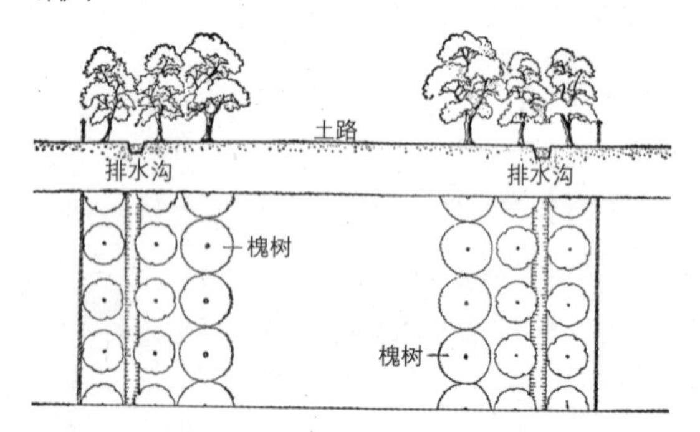

图6－11 唐长安朱雀门大街布置推想图（自《城市街道绿化设计》）

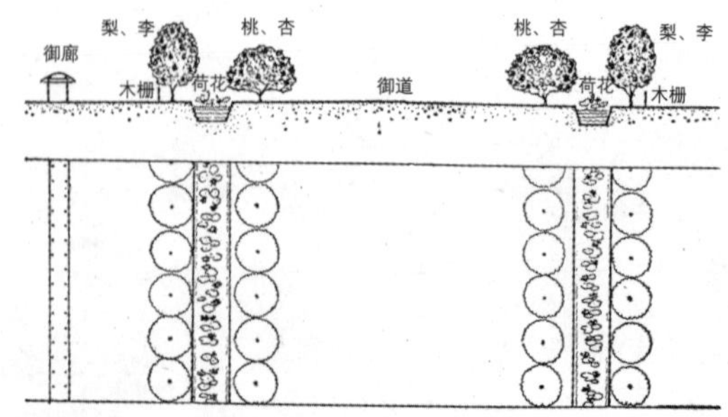

图6－12 北宋东京御街布置推想图（自《城市街道绿化设计》）

赞赏。曹丕说："有大邦之美树，唯令质可嘉，托灵根于丰壤，被日月之光华"。特别是历代都为行道树写了不少溢美之词："青槐夹道多尘埃"(魏阙名句)。"落日长安道,秋槐满地花"(唐·李涛)。"夹道疏槐出老根"(唐·白居易)。"六月御沟驰道间，青槐花上夏云山"（宋·梅尧)。"荫作官街绿,花开举子黄"(宋·杨万里)。

东汉洛阳，除官苑、官署外有里间及二十四街，街的两侧植栗、漆、梓、桐四种行道树。

西晋洛阳（今洛阳以东），"官门及城中央大道皆分为三，中央御道，两边筑土墙，高四尺余……夹道种榆槐树，此三道四通五达也。"南北朝建康（今南京），是宋、齐、梁、陈各朝的首都，它的布局是曲折而不规则的，但是中央御道砥直，御道两侧夹开御沟，沟旁植柳，所以有"飞甍夹驰道，垂杨荫御沟"的记载。

大体说来，汉至南北朝间，都城御道多用水沟（或土墙）隔成三道，沟旁植柳，路旁种榆树。

隋炀帝大业元年，在周王城故址（今洛阳城西）营建东都，正对宫城正门的大街（天津街）宽一百步，道旁植樱桃和石榴两行作为行道树，自端门至建国门南北长九里，四望树木成行，人由其下。

到了唐代（公元前7世纪至9世纪），国家强大，疆土扩大，国内外贸易发达，国内增加了不少工商业城市。唐的京都长安，是当时世界上最大、最繁荣的国际城市，是世界性的贸易和文化中心，同时长安城以它的宏大规模、严谨的规划、细致的管理著称于世。长安城里笔直的南北十一街、东西十四街，纵横交错形成方格网布局。各大街两侧都种植了树木，这些行道树以榆树为主，并有桃、李、垂柳，株行距整齐划一，纵横成行，并且保养及时，如有缺株很快补植。这些宽广笔直的林荫大道，为长安城增添了壮丽的景色。唐玄宗时定有路树制度，也有关于城市街道种植果树的记载。唐玄宗曾在两京（长安和洛阳）的道路和苑内还种植果树，并派专职官员巡检这项工作。

唐朝国威远播，长安城扬名天下，强烈地吸引着各国人来学习观光。日本史书记载，前后任命"遣唐史"共19次，每次都偕有留学生同来，他们将唐朝的文化和法令制度等介绍到日本。日本曾模拟长安的建制，先后兴建平城京和平安京，并曾根据从中国唐代学习归来的僧侣们的建议，在关西各街道种植行道树，并发布命令定为制度。当时中国沿路种植果树的方式也传到了日本。据木宫泰彦所著《中日交通史》中记载："日本中古之制……多仿唐制也。如天平宝字二年，东大寺普照奏请畿七道诸国驿路两侧并植果树，旅行者夏日憩于木荫以纳凉，饥则摘果以充饥……按二元二十八年普照适在唐留学，盖见唐有此政，乃移之于日本者。"

北宋东京（今开封），是在后周都城基础上建成的，其宫阙布局系模仿洛阳旧制。在宫城正门南的御街用水沟把路分成三道，并用桃、李、梨、杏等花果树木列于御道两侧北沟边；沟外又设木栅（杈子），以限行人，沟中植以荷蕖莲花。春夏之间这条街上繁花似锦，盛夏荷花飘香，秋季硕果累累。可以说宋朝的街道绿化已把传统的形式发展到极为丰富的程度了。

唐宋时代中国南方的行道树多采用木棉(*Bombax Ceila*)。

金建中都于燕（靠北京城西南），宫城正门宣阳门外的御街仿宋东京，用水分成三道，渠边植柳。

清中叶以后，欧美经商和入侵中国，加之沿海城市新建一些街道，引种来刺槐、法国梧桐、意大利黑杨等树种作为行道树。

街道绿化的历史发展伴随着政治、经济和文化的发展。它表现了一定时期的生产力水平和人的愿望。中外古代的道路虽然有征战、防卫、交往和通商的需要，但具体到每条路来说功能往往还是单纯的。加尔各答的"大树路"主要是军事目的，秦的"驰道"也类似，同时附带有经济、文化的作用。功能的单纯就容易添加上主观的意愿，有比较大的随意性。"驰道"宽82.95m，中间天子走的道宽7.29m，汉长安朱雀大街，路宽几乎是"驰道"的一倍，达到150m宽。在功能需要的基础上，体现了"天子以四海为家，非壮丽，无以重威德"的思想。以超乎寻常的广阔尺度来表现庄严雄伟。

根据文献的记述，街道绿化的树种选择是能达到"适地适树"的程度。如槐树确实是一种抗性比较强的树；在水多潮湿的建康（今南京）除了采取挖御沟的措施外，还选种了柳树，形成"垂柳荫御沟"；在洛阳种石榴也是既好看又实惠的形式。不少文献突出地记载了对树种的神幻般的想象。如槐树既有"三公位焉"的高贵地位，又"黄中外怀"其"实玄"。秦始皇上泰山，风雨暴至，休于松下，封其松为五大夫。这与"驰道"两侧植青松，也是出自同一渊源。如此等等可以说是多少带有图腾色彩。

随着社会的进步，人的观念从神幻转向现实，从天上转向人间。人的审美观念发生了变化，特别是科学技术的发展。近代发达国家依靠科学试验选择、确定行道树种类。

日本、美国从外国引进了一些新品种，有胸径50cm的银杏树种在街上。他们开始进入了优中选优、尽量保持街道优美、稳定的绿化景观的阶段。北京市曾使用的乔木类行道树约有23种，由于栽培养护条件一般，近年不再提倡的种类有加拿大杨、黑杨、元宝枫、核桃、馒头柳、红花洋槐、美国白蜡、柿、合欢、糖槭、银白杨、悬铃木等，估计在气候变暖和有针对性地改善某些栽培、养护条件下，还有可能增加一些新树种。

欧洲工业革命后资本主义发展，城市兴起，商业繁荣，交通为了适应城市生活而形成网络，城市行道树突破了"一条路两行树"的简单模式而出现了园林大道等新的模式。这与欧洲中古时期城堡内街道少树的情况形成鲜明的对比。现代街道绿化可以构成优美的街景，从而使城市、街道成为重要的标志。加之绿化效应也广为人知，街道绿化的加快已成为必然趋势（图6-13～图6-19）。

二、构成道路景观的因素

道路景观影响到整个城市面貌，街道绿化是道路景观的重要组成部分，国内外很多知名的大街都是以绿化出众而得名的，像法

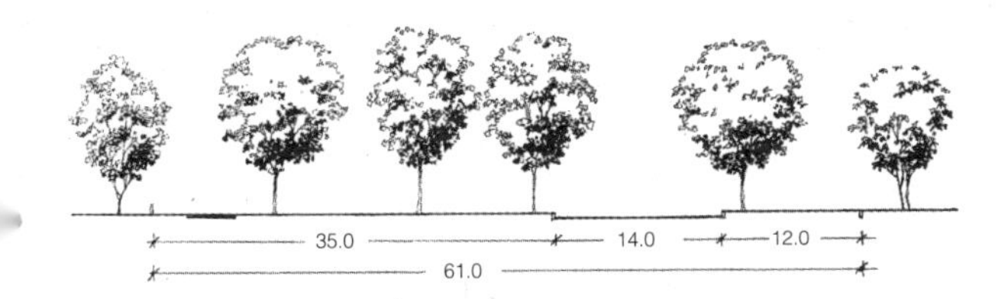

图6－13 英国伦敦商店街（m）

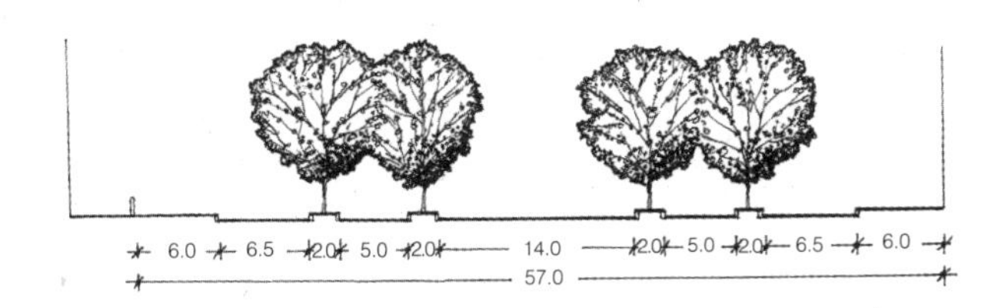

图6－14 奥地利维也纳施特拉塞大街（m）

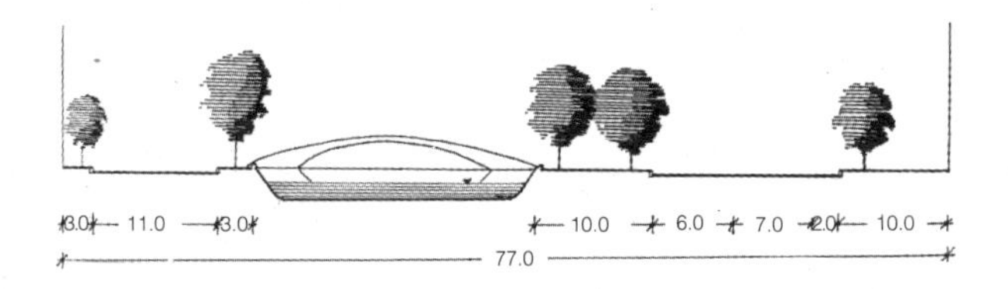

图6－15 德国杜塞尔多夫的凯尼希斯阿莱大街（m）

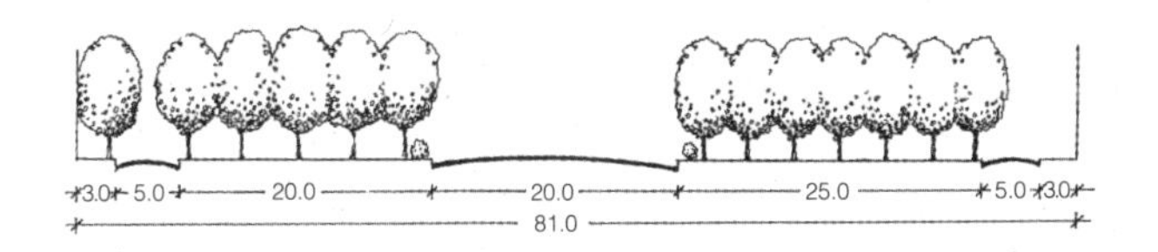

图6－16 列宁格勒无产阶级胜利大街（1965年）（m）

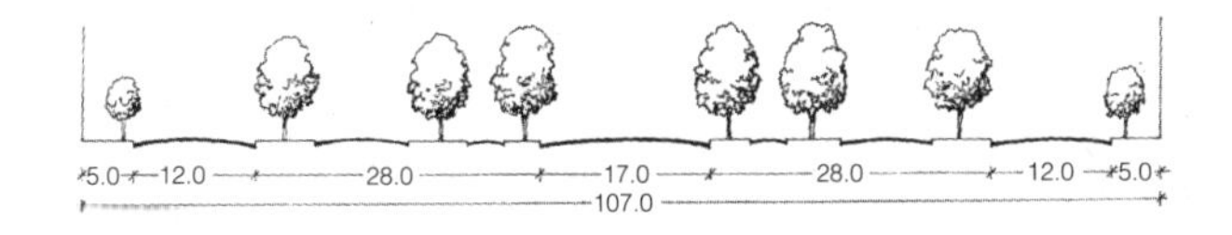

图6－17 莫斯科列宁格勒大街（1965年）（m）

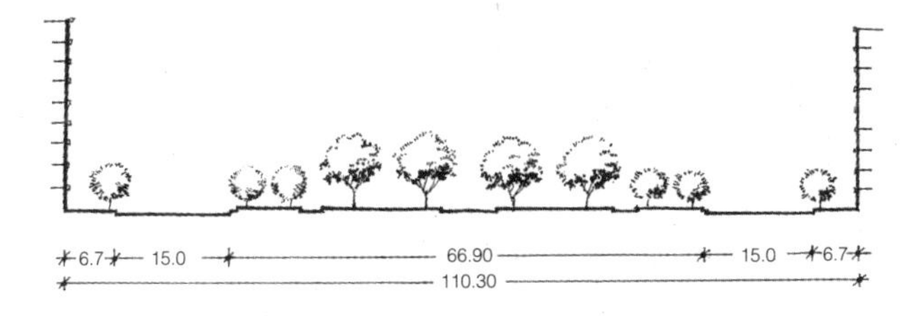

图6－18 日本名古屋久屋大街（m）

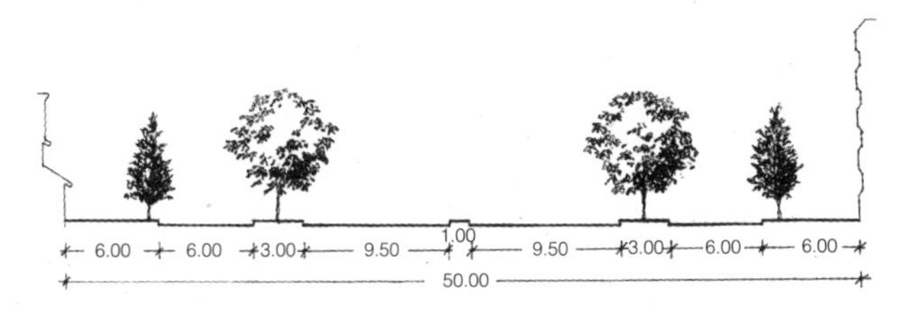

图6－19 日本京都御池大街（m）

国巴黎香榭丽舍大街、德国的菩提树下大街和英国圣詹姆士公园北面林荫步道等等，都影响了其他城市。道路的景观因素除了道路绿化栽植以外大致还有11种因素。

（1）道路性质、宽度、路面铺装；

（2）道路栽植的乔木、草地、灌木、绿篱配植形式及生长效果；

（3）沿路附属物，如道路标志、防护栏杆、立交桥、人行过街桥、路旁车站、地铁车站、停车场、电线杆及架空线、垃圾箱、邮筒、广告牌、排水明沟；

（4）建筑物的性质、形式、特点；

（5）沿街广场、公园、小游园、交通岛的布局；

（6）地面高差、起伏坡度、挡土墙；

（7）山岳、海、湖泊、森林的距离；

（8）古迹中塔、城墙、纪念碑、牌楼的历史价值、遗存状况；

（9）行人、自行车、小汽车、公共汽车的状态；

（10）地下部分，如地下管线造成的地面空白、地铁通风口、电缆通气口、地下商场出入口、各种管线探井、雨水口；

（11）自然界变动因素，如气候（雪、雾、风、干旱、低温等），这些因素与绿化的关系密切程度不同。有的直接影响不能栽植树木，如地下管线、车站、广告牌等所在位置上；有的公共建筑物前需要很强的绿化装饰效果；有的古迹需要绿化的陪衬与保护；山水、森林、日出、晚霞等美景要以绿化来加以强调；行人便道、自行车道要绿化遮荫；路中的隔离带、交通岛能保证行车安全，可以遮挡眩光等等。这些因素在设计行道树时都应认真考虑。

三、街道绿化的作用

由于植物具有活力、质感、特征形态、色彩，因而街道绿化不仅有城市景观上的文化内涵，而且在改善生态环境和交通安全上都有许多重要作用。如下列结构所示。

四、街道绿化设计的基本原则

高水平街道绿化的形成，在现代化城市中都是对构成道路景观因素协调重视的结果。因此，设计者必须考虑各方面的问题。

（一）要与城市道路的性质、功能相适应（图6-20～图6-28）

城市从形成之日起就和交通联系在一起，交通的发展与城市的发展是紧密相连的。现

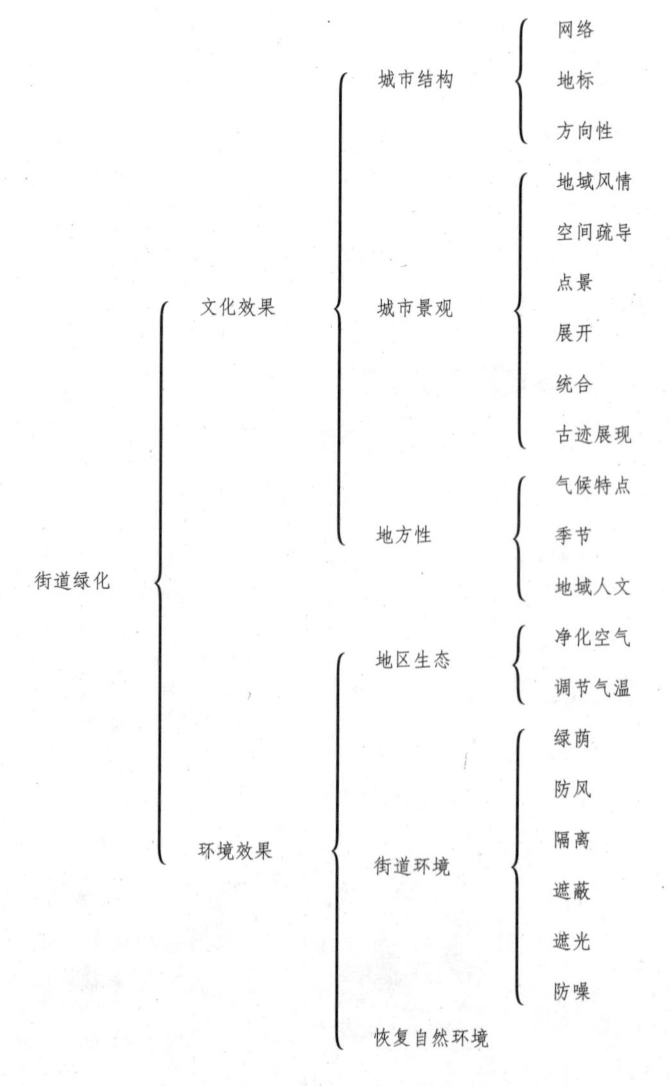

图6－20 北京长安街（城市干道）绿化（逸夫会展中心门前）

图6－23 ［美］尼克莱商业街（步行街）（自《中国园林》）

图6－21 北京三里河路（支路）北段绿化

图6－22 ［日］扎幌市大通花园（自《美しき日本》）

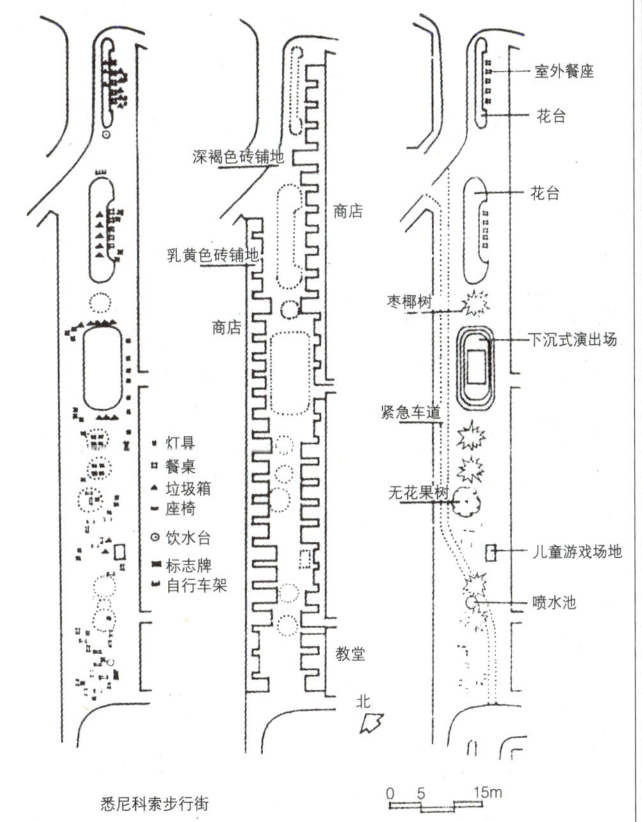

图6－24 悉尼科索步行街（该街位于悉尼曼来海滩，1979年改建为步行街，改建时保留了高大的枣椰树，增设了花坛，由于街道地面色彩和设施的统一以及富有地域特色的枣椰树使街道空间十分和谐。）

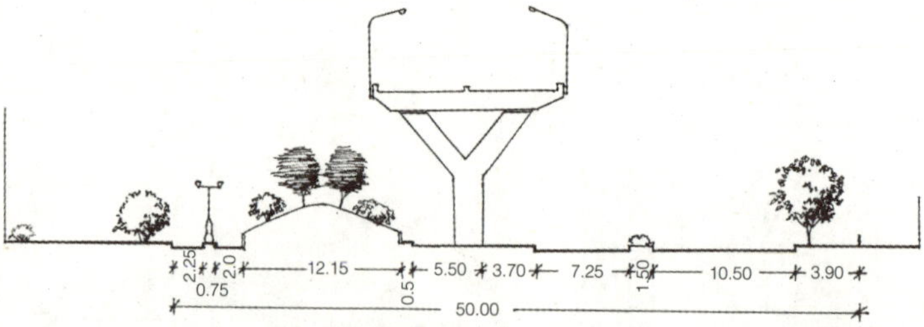

图6－25 日本东京首都高速公路9号线辰己高架桥（高架路）（m）

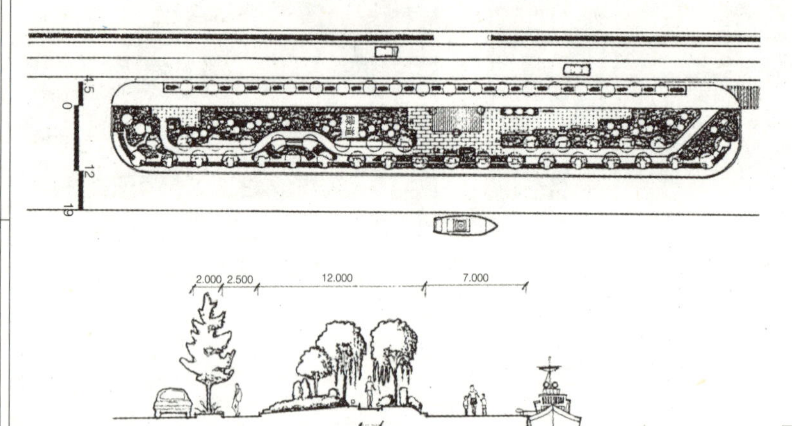

图6－26 日本新潟滨海路绿化平、断面（m）

图6－27 新加坡机场路

图6－28 日本筑波市路边绿化

代化的城市道路交通已成为一个多层次复杂的系统。由于城市的布局以及地形、气候、地质、水文及交通方式等因素的影响，会产生不同的路网。这个路网是由不同性质与功能的道路所组成的。

以北京的街道为例，从功能上可以分为交通性、商业性（繁华的商业街）和政治性的国道。道路的种类大致可分成六种，见表6-1。

道路的种类　　　　表6–1

道路种类	宽度（m）
主干路	80
次干路	60
区间路	20～30
小区路	16～18
居住生活单元（路）	3.5～6
宅前路	2.0

主干路代表城市面貌，绿化布置、节奏、色彩都应该在空间尺度上协调，风格庄重大方；树种应选择乡土树种中优良者；各种绿化设施（树箅、排灌、围栏）完好；在重要的节假日，能有开花灌木应时更好，同时还要照顾冬景。次干路重要性稍差于主干路，不过通往国家级宾馆或旅游胜地的道路也相当重要。区间路和小区路在布置上可以有自己的特色，像老北京的枣林街、椿树胡同、槐柏树街都以路树为名。可以讲究细节。居住区内的道路尺度是城市空间与居民的私人空间相联系的道路，具有生活化的特点。

（二）符合用路者的行为规律

每个城市、每条路都有自己的特点，应了解用路者的行为规律以满足其需要。有的城市在路上骑自行车的占多数；有的城市以公共交通为主；有些小城市旅游观光的人很多，主要街道上步行者占多数。街道上的行人也有各种情况：出行的居民中步行的人有过境者、购物者、观光者和散步锻炼者。过境的人中有上班、上学、办事者，他们的行进速度比较快，有时间感。购物者有目的性，关心商店的橱窗、招牌，有时在街上来回穿行。参观旅游者的行为主要是逛街、逛景、观看人群衣着、观看街头小品和漂亮的建筑，有时停留休息，看热闹。公共汽车平时上下班时乘车者集中形成高峰。在这些地带栽植树木不可过密，灌木、特别是遮挡视线或占据很多人行道面积的灌木要选择好位置，不可过多。

（三）发挥绿化的防护功能

在我国属于大陆性气候的城市，特别是在北方，夏季烈日当头，冬季时有风沙，街道绿化仍应以落叶乔木为主。常绿乔木和灌木对防噪声、防尘有较好的效果，开花灌木更有美化作用，可以在适当位置种植。绿篱可以起到隔离人和车的作用，在中央分车带上还可以起到防止汽车眩光的作用。

（四）要注意现代化道路的景观

道路不应仅仅满足于功能的要求，也应符合美学的要求。因为现代化的城市交通设施占整个城市用地多达30%～40%。

某些学者提出构成人们对城市印象的心理因素有五个方面：路（Path）、边界（Edge）、区域（Districh）、节点（Node）、标志（Land Mark）。这五个因素构成城市特性，是分析城市的尺度，而给人第一印象的是路。也可以说对一个城市的绿化来说，第一印象是街道绿化。

现代城市道路一是空间加大，一是大多数用路者速度加快。交通的发展使得过去的步行、马车的交通方式逐渐被现代化的交通工具所代替。很多人是坐上汽车或骑自行车观察城市。因此观察街景要加上时间与速度的概念。同时街道的加宽，观察的位置也发生了变化。这些变化是人处在运动中观察，是一种由静态的视觉艺术到动态的视觉艺术；由比较窄的固定空间到宽阔高大的移动的空间（图6-29～图6-35）。

街道绿化的布局、配置、节奏以及色彩的变化都应与街道的空间尺度相协调。切忌

图6－29 卢森堡街道（赵志汉摄）

图6－30 北三环马甸桥旁绿化（自《景观》，2005, 5）

图6－31 深圳上步中路绿化（自《中国园林》）

图6－32 深圳泥岗立交绿化（自《中国园林》，2004, 1）

图6－33 北京三元立交绿化（自《北京地图集》）

图6－34 北京安慧立交绿化（自《北京地图集》）

图6－35 北京菜户营立交绿化（自《北京地图集》）

追求技巧、趣味而纠缠于细节上的倾向，在街道两侧失去合理的空间秩序。

目前要着重研究街道绿化中的动态视觉。静态视觉的研究在不少的资料中可以看到。譬如：正常人的两眼视野范围可达160°左右，其中一侧为100°时，另一侧为60°。头部固定，注视野一般正常单眼平面范围上侧55°，下侧70°，颞侧为90°，鼻侧为60°。色视野以白色为最大，其次为蓝色、黄色，绿色视野最窄。对于动态视觉有很多测定资料，一般认为头部不动，转动眼球，一般容易转动角度为30°，头部转动，最大为120°。汽车行驶，车速提高，视野变小，汽车以60km/h行驶时可看清前方240m处标志；汽车以80km/h行驶时可看清前方160m处标志。进行街道绿化设计时应该注意到车速加快形成的注意力集中点，所获得的印象的距离与可看清前方标志的距离形成反比；另外车速越快两侧能看清楚的距离越大。

由于乘汽车的人要观看路两侧的景物，所以便道上的树木要留有适当距离。这个距离关系到汽车行驶方向的视角、树冠的直径。按照汽车行驶方向的视角为30°，当树间距为树冠直径的2倍时，则树木将视线全部遮挡。加上汽车行驶速度的因素，司机、乘客在树木之间要看到景物，树木之间必须有足够的间隙。按照遮蔽理论，辨认的反应时间为0.2s，露出时间为0.03s。因此，辨认的最少时间为0.23s（也有的理论认为一般电影、电视从开始注视到看清楚必须有一定的时间，即4～5s）。

街道绿化应能够加强道路的特性。要能保持街道的连续性，使街道有完整的形象，使街道有距离感，利用各种形状的绿块、树丛形成的间距、各种色调出现的韵律来形成；利用不同的树种产生不同街道的个性。

现代交通条件下干道车速提高带来一切环境尺度扩大，带来道路与周围环境产生新的比例关系。车辆高速行驶，一般认为需要5s的注视时间才能获得景物的清楚印象。5s注视时间获得景物印象的车速与距离关系如表6-2。

5s注视时间获得景物印象的车速与距离关系　　表6-2

车速（km/h）	20	40	60	80	100
距离（m）	8.55	16.95	24.45	33.95	42.5

一般交通干道车速在40～60km/h，从表6-2上可以看出辨认距离为16.95～24.45m，而单项车道宽为9～12m，顺行车辆是无法看清路边绿化景物的，因此只有加大绿化景物的尺度，才能满足观看景物的要求。路边种植的树丛，在车速40～60km/h时5s所经过的距离为55～83m，也就是树群的大小或变化节奏以此为依据才能留下完整明确的印象（图6-36）。

按照自行车的车速10～19km/h，5s的视野为13.9～26.4m，步行者一般速度是5km/h，5s的视野为6.94m。

很多城市的道路是各种车辆混行，行人也不少，在这种情况下绿化栽植的节奏和树丛的大小就要根据实际情况通盘考虑。

路边树木的株距应该保持多远，才能

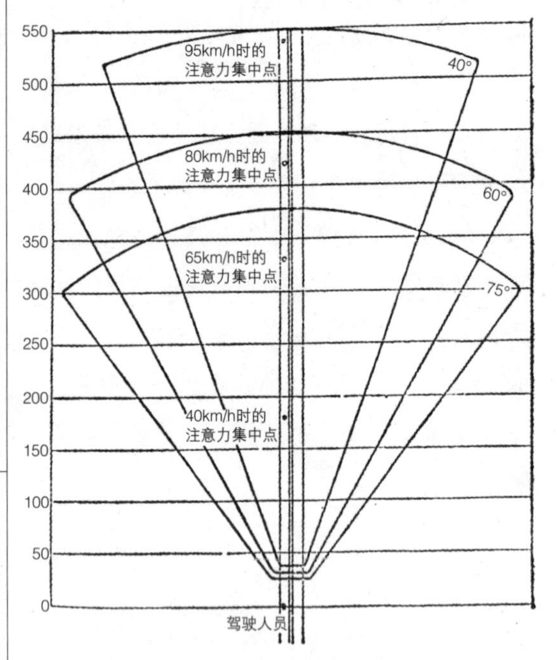

图6－36 注意力集中点和视野、车速关系

避免车祸和增加行驶的安全，在德国一般认为高速公路距离4.50m已足够了（自《Deutscher Rat fuer Landespflege》，1968年）。

北京市曾有过行道树株距过密的教训，主要是树木根际营养面积不够，通风透光不好，以致树木生长不良，早落叶。

（五）要选好园林植物

要选好适宜在街道上种植的园林植物，形成优美的、稳定的景观。人行便道、慢车道上种植的乔木应该进行严格的选择。选择的一般标准是：

（1）树冠冠幅大、枝叶密；

（2）抗性强，耐瘠薄土壤、耐寒、耐旱；

（3）寿命长；

（4）深根性；

（5）病虫害少；

（6）根干材质坚硬，抗人为破坏力强；

（7）耐修剪；

（8）落果少，或没有飞絮；

（9）发芽早、落叶晚。

街头游园、公共建筑前、居住建筑前、绿化广场和立交桥等处的园林植物种类是比较多样的，选择时应该各有特点。

街道绿化设计受到各方面因素的制约，环境对行道树有很多干扰的因素，成为选择行道树的难点。可见街道绿化设计确实需要经过一个实践和研究的过程。例如：

（1）建筑物出入口汽车、自行车通过造成的地面压实和分枝点的提高，车辆行人刮蹭树皮；

（2）交通信号灯、标识牌视觉距离的确保；

（3）高架线（电力、电话、通信）路通过树冠上方进行修剪；

（4）路灯照明；

（5）商业招牌、橱窗、门前停车；

（6）住宅居民的日照、通风；

（7）地下管道（强电、弱电、热力、通信、自来水、污水、雨水、中水、煤气、埋设物）形成切断根系和不适合树木生长的土壤的填埋；

（8）经常落叶造成清扫困难；

（9）大量行人经过踩踏根系上表土，造成板结（图6-37）；

（10）停汽车时尾气、热气直喷花木；

（11）不良融雪剂危害树根。

半个世纪以来，北京行道树的种类一方面在引进一些新品种，一方面原有的品种也在减少，像杨树类中的银白杨、杨、合作杨、二青杨等；合欢、枫杨、梓树、复叶槭都不

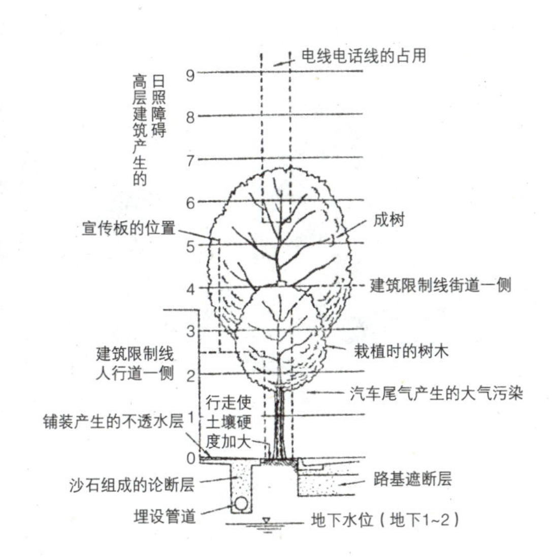

图6－37 行道树的环境压力示意（m）（自［日］《道路景观设计》）

再种植，同时还发现油松、洋槐作行道树也有不少缺陷。

五、街道绿化的形式

街道绿化的形式直接关系到人对城市的印象，现代化大城市由于有很多不同性质的道路，因而其形式会是丰富多彩的。道路绿化主要形成带状，其两侧也会有各种块状绿化。带状绿化的配植形式可以分为几种：

（一）密林式

指路两侧有浓浓的树林，主要以乔木为主，再加上灌木、常绿树和地被封闭了道路。行人或汽车走入其间加入森林之中，夏季绿荫覆盖，凉爽宜人。一般用于城乡交界处，是城市通往外埠的快速路，或环绕城市或结合河湖布置。沿路绿化可以作为城市的林带，构成生态走廊，能将郊外的新鲜空气引入市内，植树要有相当宽度，一般在 50m 以上。往往在郊区是耕作土壤，树木枝叶繁茂，两侧景物不易看到。如果是自然式种植，能适应现状地形，可结合丘陵、河湖布置。采取成行成排整齐种植，须将地形整平，方能显示景象庄重（图 6-38 、图 6-39）。

（二）田园式

路两侧的园林植物都在视线以下，大都种草地，空间全部敞开。在郊区直接与农田、菜田相连，在城市边缘也可与苗圃、果园相邻。

a. 密林式有绿荫夹道的效果

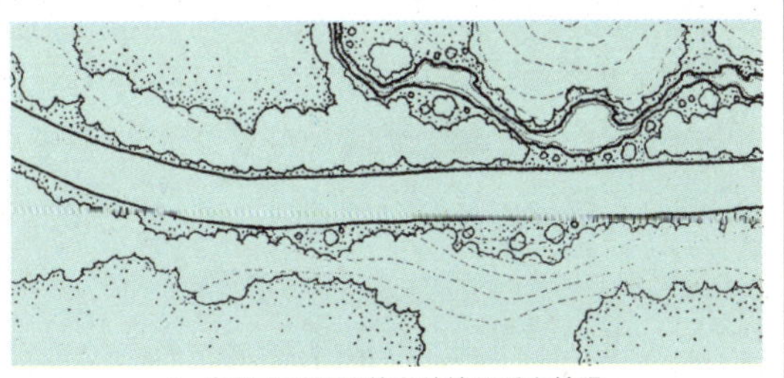

b. 密林式对周围的自然地形适应性强

图6－38 密林式道路绿化

图6－39 北京快速路

图6－40 田园式道路绿化（法国嘎纳至里昂路旁）（赵志汉摄）

图6－42 北京东皇城根绿化

这种形式具有开朗、自然和乡土气息，可欣赏田园风光或极目远望可见远山、白云、海面、湖泊。在路上高速行车，视线极好，主要适用于气候温和地区。城际间交通主要靠机动车，地区的人口、设施也不能太密集，空气不能有污染（图6-40）。

（三）花园式

沿路以外布置成大小不同的绿化空间，有广场，有绿荫，其间可设小卖、冷饮，可小憩、散步。或可停放少量车辆和设置幼儿游戏场。路树可分段与周围的绿化结合。这种形式可在商业街、闹市区、居住区前使用，路侧要有一定的空地，在用地紧张、人口稠密的街道旁可多布置孤立乔木或绿荫广场（图6-41、图6-42）。

（四）防护式

有两种形式，一种是在交通频繁、复杂的道路上设置隔声带、交通岛，将机动车、自行车分开，以达到安全行驶；隔声带主要是种绿篱，使司机感到安全，也防止眩光。另一种形式是沿街以防噪、防尘或防空气污染的林带与街道绿化相结合。在工业区、居

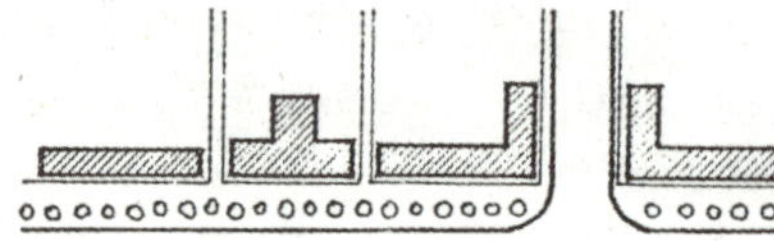

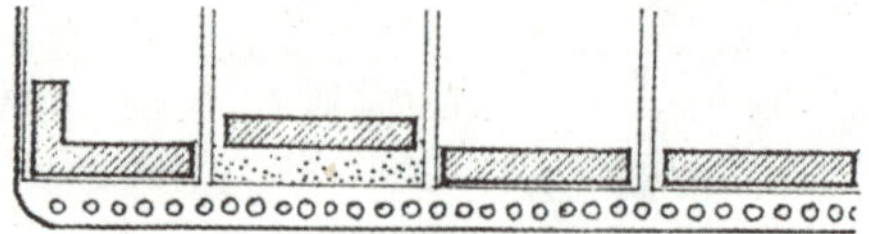

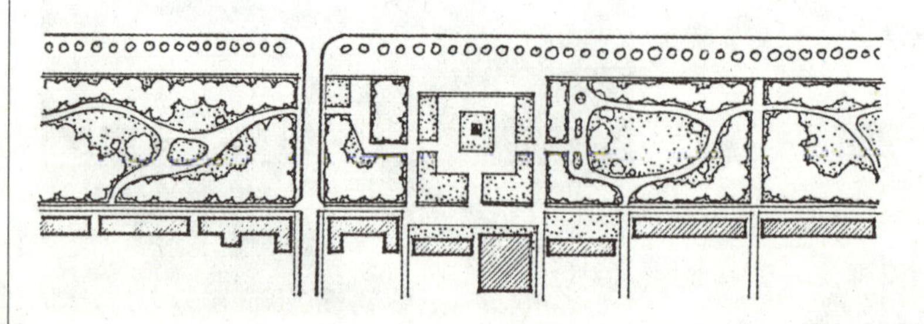

图6－41 花园式道路绿化（对街道有较强的装饰性并能为附近居民创造较好的游息环境）

住区周围作为隔离林带。因此，需要一定的用地，一般用于市内小规模的隔离带用15～18m的宽度（图6-43、图6-44）。

（五）自然式

沿街在一定宽度内布置有节奏的自然树丛，树丛由不同植物种类组成，具有高低、浓淡、疏密和各种形体的变化，形成生动活泼的气氛。这种形式能很好地与附近景物配合，增强了街道的空间变化，但夏季遮荫效果不如整齐式的行道树，在路口、拐弯处的一定距离内要减少或不种灌木以免妨碍司机视线。在条状的分车带内种植自然式，需要有一定的宽度，一般要求最小6m。还要注意与地下管线的配合。所用的苗木，也应具有一定大的规格。除了沿街在条形绿带内布置自然树丛外，在一些交通枢纽、立交桥下为了软化硬质景观，也可以布置以乔木为主的自然式绿化景观（图6-45、图6-46、图6-47）。

图6-43 深圳华侨城道路绿化（自《中国园林》，2004, 1）

图6-44 北京东二环街旁公园

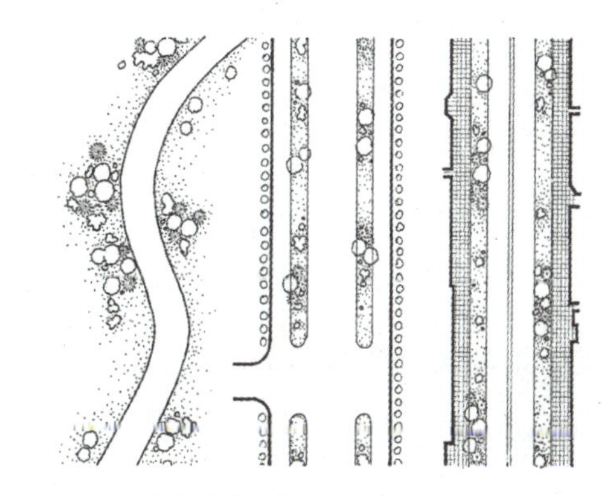

图6-45 自然式道路绿化（自然式配置树丛间要留出适当距离并有所呼应）

图6-46 自然式道路绿化效果（自然式配置使街道空间富于变化，线条柔美）

图6-47 北京紫竹院路自然式行道树（1995年）

（六）多层式

沿路两侧布置多行落叶乔木、常绿树、灌木或绿篱，形成高低不同、色彩各异的层次。特别是常绿树和花灌木能显露观赏的特色。行进在路中可感到整齐中富于变化。这种形式对于减噪、滞尘的作用相应增加。在用地上可根据层次的多少安排相应的面积。这种形式多用于要求装饰性强的街道，例如，通往重要宾馆、纪念场地、使馆区或是滨河的道路（图6-48、图6-49）。

（七）棋盘式

乔灌木种植距离比较大，主要适用于步行街或停车场。在步行街上乔木株行距8～20m，摊位和行人都在树下，既可以遮荫，又不妨碍商业经营。在停车场也可以用灌木分区隔离停车，既容易识别车位，又能改善环境。关键是要选择好树种（图6-50）。

（八）简易式

沿路两侧各种一行乔木或灌木形成一条路，两行树的规模，在街道绿化中是最简单的形式（图6-51、图6-52）。

以上8种形式可以根据实际情况，由设计者交叉或混合使用，以不失其特色和树木能正常生长为准。

街道绿化的历程很长，古代的街道绿化由于没有实物可作为借鉴，只靠一些简单的

图6－48　多层式道路绿化（多层式具有明显的层次感，并有较好的防护效果）

图6－49　北京机场路（1980年）

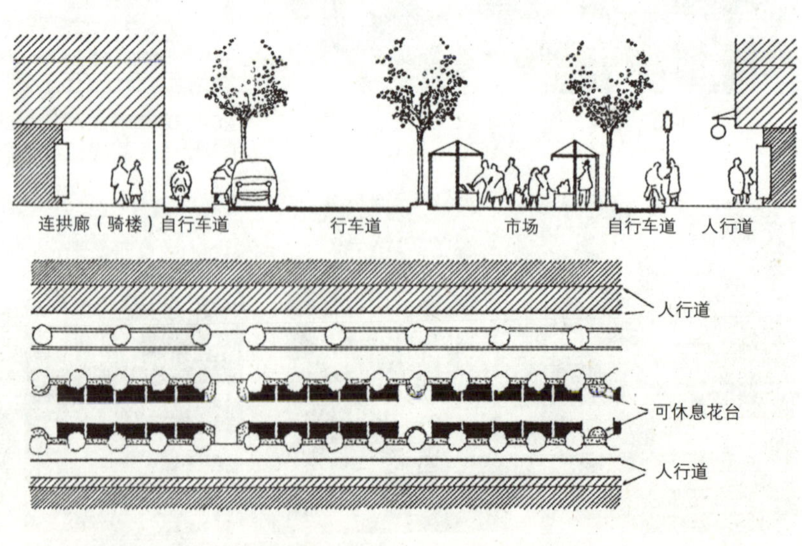

图6－50　棋盘式道路绿化（商业街绿化形式之一）参考《城市景观设计方法》

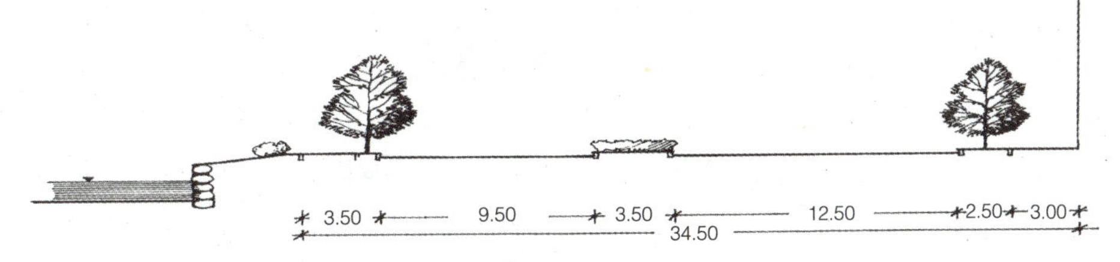

图6－51　日本东京日比谷大街（m）

图6－52　北京健安东路国槐行道树（栽植18年）

记载从中作为参考。当前街道绿化对形成城市面貌至关重要，它是认识一个城市的主要标志，它不仅改善了环境，美化了城市，而且也表现了文化内涵。外国很多城市的街道，由于选择的树种得当，绿化与历史文化相结合，效果极佳，为世人所称道。同时也是造福当地人民的一大好事。

第二节　广场绿化

历史上随着城市的发展都有广场的发展过程，从无秩序的狭窄的空白走向自觉的、有秩序的、有计划的发展。1933 年国际现代建筑协会发表《雅典宪章》，认定现代城市的四大功能是居住、工作、游憩、交通，城市的空间也相应地分为四大空间。当代有学者将四大空间进一步细化，发展成 10 种类型。

(1) 城市道路空间；

(2) 广场空间；

(3) 带形、环形、半环形的游憩空间；

(4) 生活小空间；

(5) 文体、科技展览中心的活动空间；

(6) 商业、娱乐空间；

(7) 园林名胜空间；

(8) 标志性建筑物及其周围的空间；

(9) 生产运输集散等工业交通空间；

(10) 鸟瞰城区的综合视野空间。

实际上广场空间不单纯是一个大的几何空间，它与其他空间是重叠的。

现代城市广场，它是城市的核心，不仅是城市居民庆典、集会、欢乐的活动中心，而且是城市建筑艺术的集中表现，甚至很多城市的中心广场上建有标志性建筑物，因而带有强烈的象征性，它成为一个城市的标记。广场的绿化要与广场的整体协调，可以作为建筑艺术的补充或加强。广场绿化还可以改善小气候，使四季景观有所变化。很多城市的市民广场可以供广大居民休息、乘凉、欣赏夜景、放宽视野以及儿童们嬉戏。广场也有的作为交通的枢纽。

广场以周边建筑取胜，欧洲在古典城市广场中少有种植树木、花草者，例如著名的法国的协和广场、意大利的罗马市政广场、威尼斯的圣马可广场等等；俄罗斯的莫斯科红场，也只在靠红墙边种了两排树木。日本筑波城的中心广场铺装的花纹与罗马市政广场相似。同时主要地区也没有绿化（图 6-53、图 6-54）。

一、广场绿化与广场的性质

城市中心带有政治集合、群众联欢的广场，在我国 20 世纪五六十年代常组织大规模的活动，在北京就以天安门广场为场地；公共建筑前的广场，如影剧院、展览馆、体育场、车站、码头前群众集散用的广场；再有是交通广场，包括桥头、十字路口、街道放宽、拐弯处。现代广场尽管在功能上已趋于复合型，但每种广场的绿化形式仍各有不同。

二、广场绿化平面构成

（一）广场周边绿化形式

德国柏林文化广场、美国波士顿柯布雷广场、纽约洛克菲勒中心广场、澳大利亚墨尔本市政广场、澳大利亚堪培拉中心广场，这些广场中心可以有较大的活动面积；行人也可以自由穿行。周边绿化可以和建筑密切结合，衬托建筑（图 6-55 ~ 图 6-58）。

（二）广场中心绿化形式

如太原五一广场、华盛顿中心广场、巴

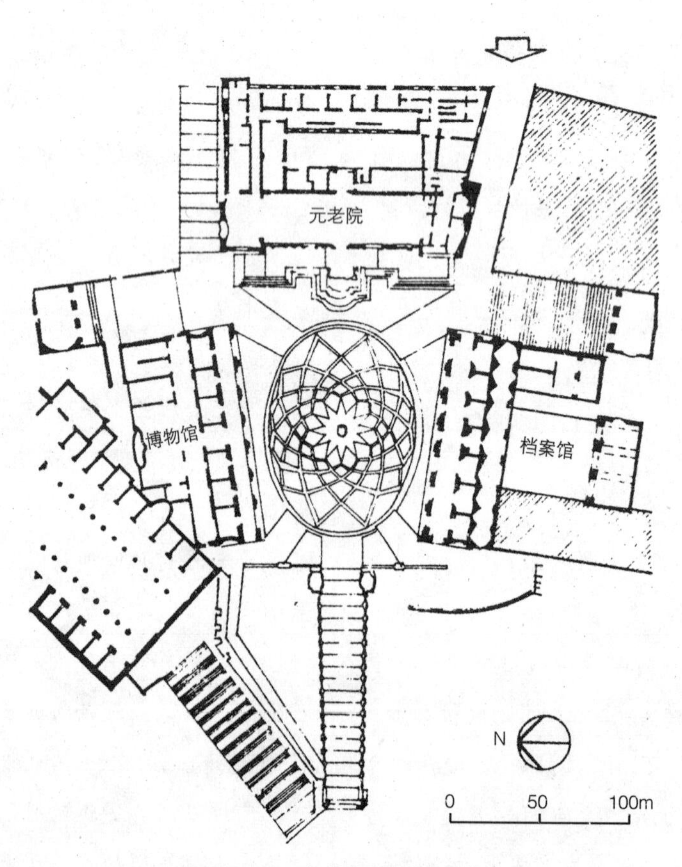

图6－53 意大利罗马市政广场

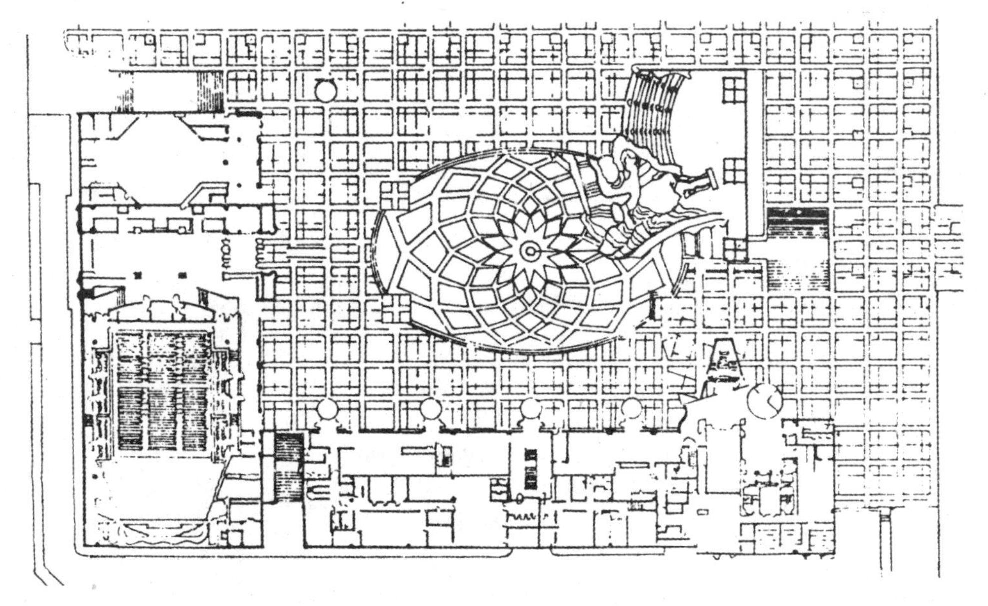
图6－54 日本筑波城文化中心广场

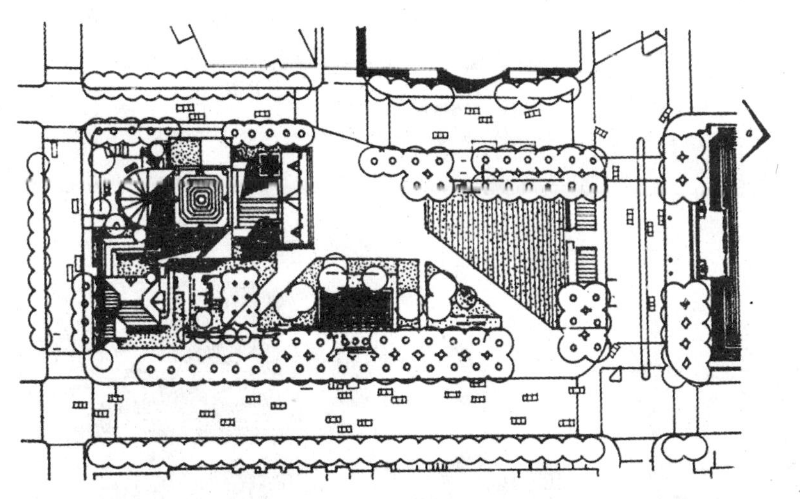
图6－55 美国波士顿柯布雷广场（1986年一等奖）

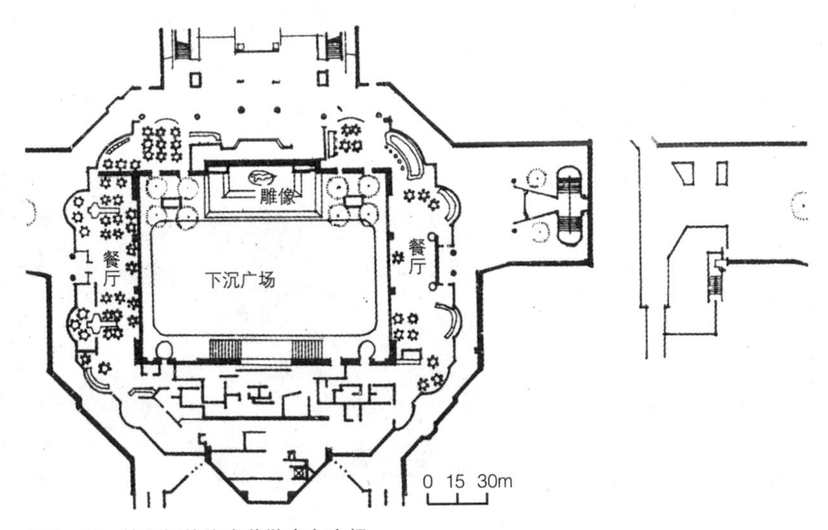

图6－56 美国纽约洛克菲勒中心广场

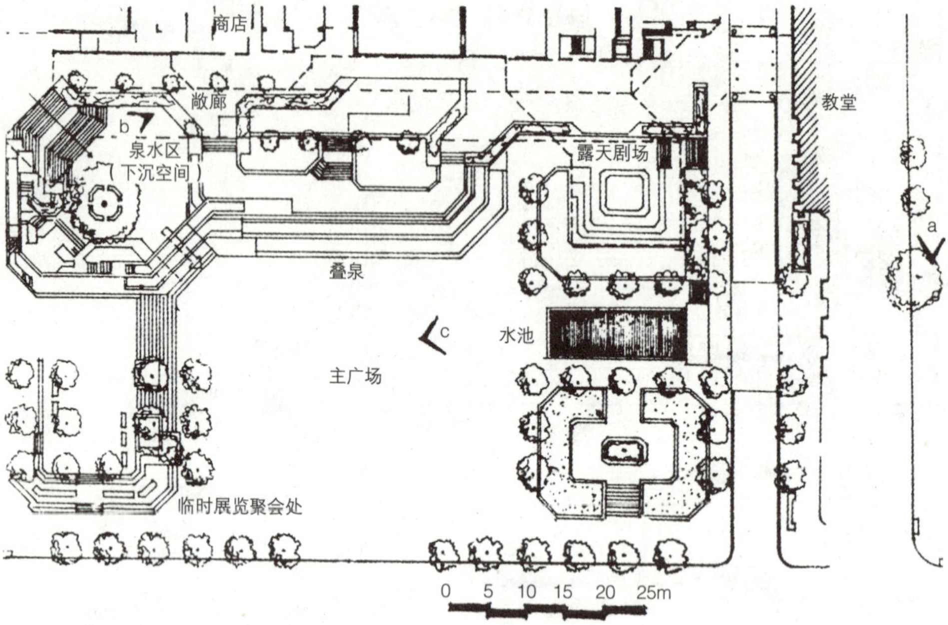

图6－57 澳大利亚墨尔本市政广场

图6－58 秘鲁利马市大教堂前广场（自《绿色的梦》）

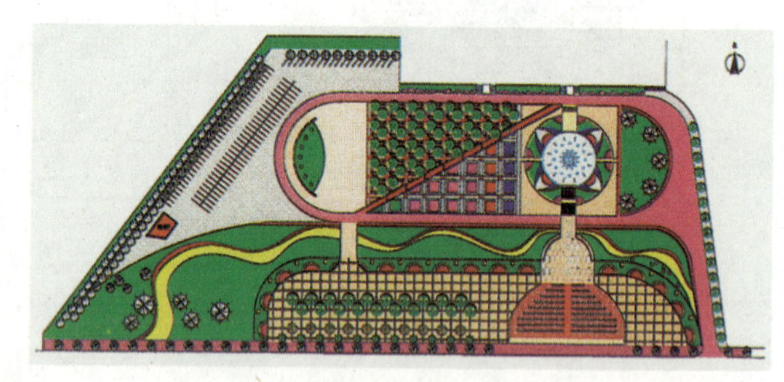

图6－59 北京石景山绿色文化广场平面（刘秀晨供稿）

黎埃菲尔铁塔前、上海浦东新区、青岛五四广场、北京石景山广场、北京西单文化广场、广州火车站站前广场。

在一些城市中一些中小型广场也采取中心式绿化，如意大利罗马和俄罗斯莫斯科市内的一些广场。实际上有时这些小广场与街旁游园也很难区分。这些广场中心突出，能集中人们视线，显示出绿化的自然美，给广场添加生气（图6-59～图6-61）。

图6－60 北京石景山广场（自《北京园林》，2000，3，张小丁摄）

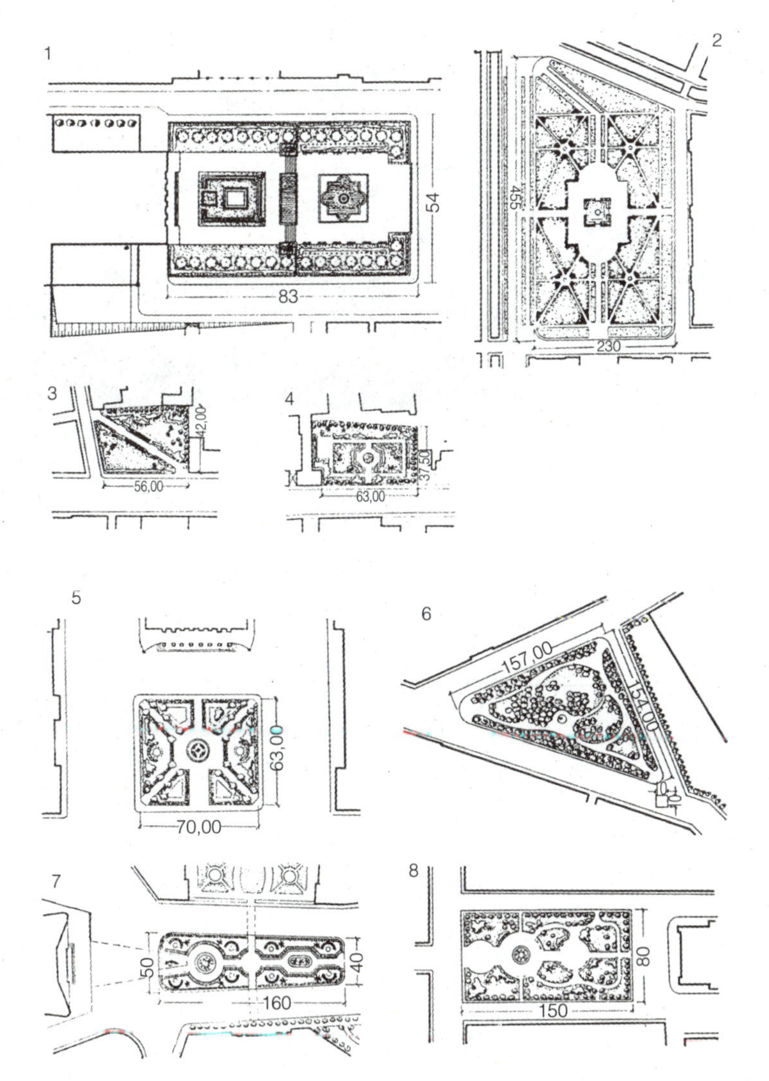

图6－61　前苏联城市绿化广场［前苏联］龙茨（自《绿化建设》）

1—莫斯科苏维埃广场；2—列宁格勒前练兵场；3—花园大街；4—民主广场；5—莫斯科斯维尔 特洛夫广场；6—雷蒙托夫广场；7—公社广场；8—列宁格勒普希金剧院大街小游园

（三）混合形式

广场周边绿化形式与广场中心绿化同时存在，形成又有周边绿化又有中心绿化的格局（图 6-62～图 6-65）。

三、广场绿化立体构成

广场的三种形式中分别以乔木、灌木、花卉和草坪为主进行绿化，也有把各种类型植物组合成一定形式的。北京天安门广场、华盛顿市中心广场主要是由乔木构成。大连

图6－62　巴基斯坦伊斯兰堡城市广场（自《北京地图集》）

图6－63　维也纳美泉宫旁小教堂前广场（自《绿色的梦》）

图6－64　上海浦东世纪广场（自《绿色的梦》）

过去的斯大林广场、现在的文化广场、北京的西单文化广场都是以大片的草地为主的结构。欧洲一些城市广场都永久性或临时种植了大片花卉；武汉市的中山公园中部广场、杭州的时花广场则是以草地上的花灌木组合的形式。

四、广场绿化的特色

广场绿化与地域和气候的关系十分密切。在我国属于热带和亚热带地区的广场上种植大王椰子表现了南国风光；长江流域种植阔叶常绿乔木显示出温暖湿润的江南特色；寒冷的北方常常种植油松、桧柏等常绿树和花

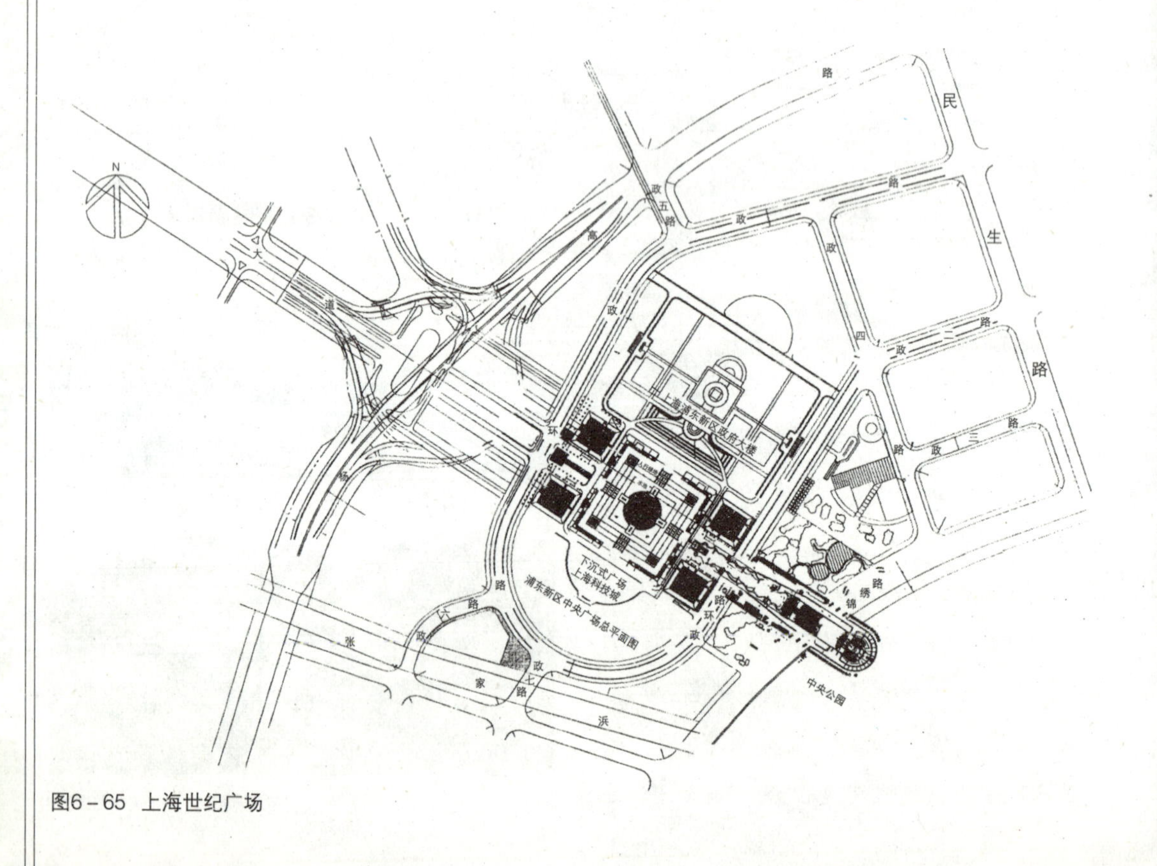

图6－65　上海世纪广场

灌木显示出四季分明的北国情调。不少地方广场种植市树、市花也是很好的选择。在我国广场主要是山地寺庙前受地形的影响较大，在国外城市中有地形起伏的地点很多，如西班牙、意大利等国。

广场的性质决定广场绿化用地的结构。作为大型活动的广场，绿化面积不可能很多，植树往往是在边缘地带。又有在湿热地区可以大面积地种草，短时间人为踩踏草地仍然能很快恢复。如越南河内的巴亭广场。交通广场、体育场前广场有大量人流活动，必须保证交通的畅通；博物馆、影剧院前广场要考虑有一定的装饰性，表现它的文化气质，并要安排出人们短期停留的位置。市民休息广场要布置有不同的空间，既要有开朗的空间留有远望的视角，还要有适当座位和儿童嬉戏的场地，在大陆性气候地区还要考虑夏季遮荫。

广场绿地与历史文脉有关。广场的形成一定有一个过程，必须保证把历史上有意义的痕迹能留下来。同时其形式也要有民族特色。

北京天安门广场绿化从1958年人民英雄纪念碑南侧绿化开始，当时种植了506棵油松，纵横成行排成两块长方形，松林、碑侧和路旁有花坛。1959年在建设人民大会堂、革命历史博物馆的同时，将广场扩展到40hm^2，周边种植了大规格油松和柳树等2400棵、灌木14800棵、草地58500m^2、草花85000株。1977年人民英雄纪念碑南侧松林被移走，建毛主席纪念堂，周围有绿化环护，绿化面积2.14万m^2，共种植乔木428株、灌木566株。天安门观礼台前绿化一字排成四条带状，共长320m，以绿篱、黄杨球和草坪三个层次进行种植。这种矮型的绿化以不遮挡观礼台上人的视线为准，同时也显示天安门城楼的整体面貌。另外也为准备在绿化上搭建临时观礼台，做好准备（图6-66、图6-67、图6-68）。

南京汉中门市民广场，汉中门位于南京城西，广场内有全国重点文物建于南唐的石城门，广场面积2.2hm^2，于1997年建成。广场设计将丰厚的历史文化积淀融于现代设计手法之中，使之成为既有文化历史、文化内涵，又有时代气息的广场（图6-69、图6-70）。

上海人民广场由解放前的跑马场到解放后的集会广场，改建为以绿化为主，既有时代气息又有传统文化内涵的园林广场。广场是由人民大道和武胜路围合的半圆形，东西长约600m，南北长260m。广场的轴线是北边的市政大厦，南部的上海博物馆，当中是下沉式铺装，其中为旱喷泉，广场东西绿地内分别设置“旭日廊”、“明月廊”和花坛。广场绿化面积达到总面积的80%，广场外围绿化由香樟、雪松和灌木构成环状复合常绿林带，以增加广场的绿化氛围。绿带中设有青石板嵌草的步行路和半圆圈椅，供游人散步、休息。广场内部则以低矮灌木、花丛、草地为主，形成开阔、明快的绿化空间（图6-71、图6-72）。

郑州市绿城广场原建于1987年，经改造后呈长方形，用地约10.8hm^2。广场以“绿”为主题，广场既要避免大型政治集合广场的空旷肃穆，又要打破小型街头绿地的内向和封闭。广场西部以六座音乐喷泉为主景，称

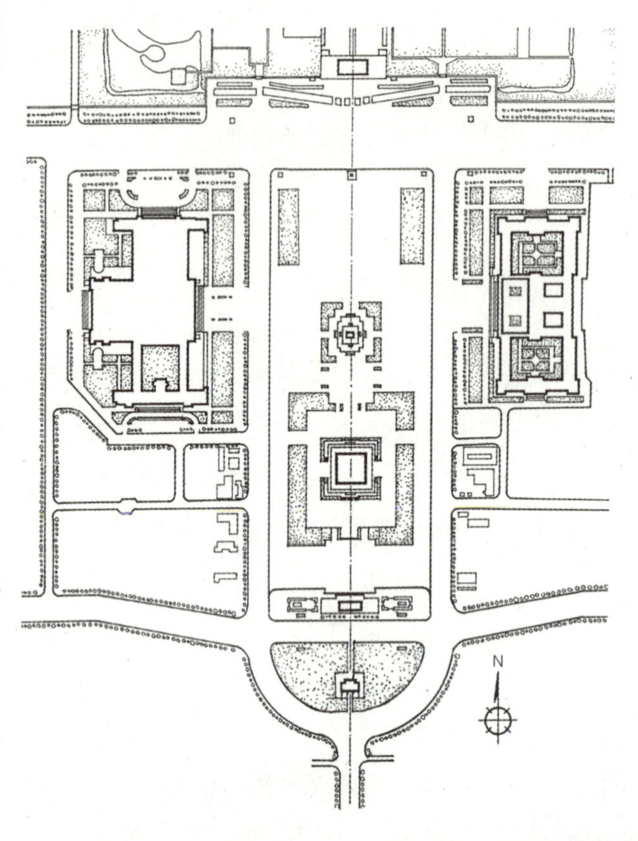

图6－66 天安门广场绿化平面

图6－67 天安门广场鸟瞰

图6－68　天安门观礼台前绿化

图6－70　南京汉中门市民广场景观（自《中国优秀园林设计集》）

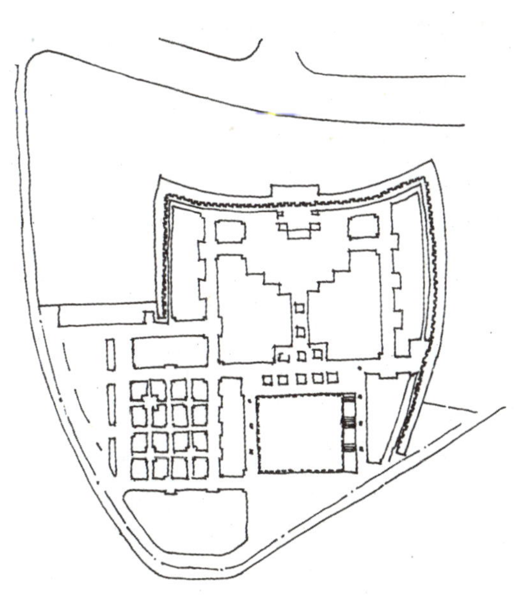
图6－69　南京汉中门市民广场平面（自《中国优秀园林设计集》）

水广场；广场东部以下沉式的石料铺装为主，中心有主题雕塑“滔滔黄河”。围绕着广场的东西两个主景种植有垂柳、白皮松、大石楠、棕榈、国槐等乔木，种植的灌木有西府海棠、金叶女贞、红枫、南天竹、花石榴、紫叶小

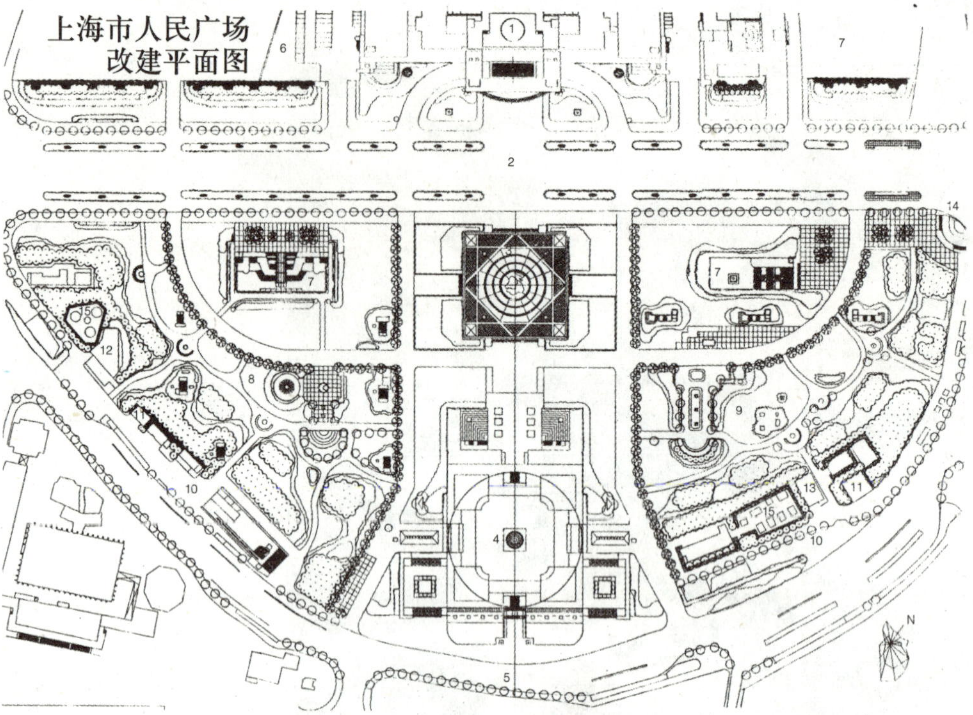

上海市人民广场
改建平面图

图6－71 上海人民广场平面
1-上海市政府——人民大厦；2-人民大道；3-旱喷泉广场；4-上海博物馆；5-武胜路；6-上海大剧院；7-地下街；8-地下商场；9-地下变电站（200kV）；10-地下车库出入口；11-厕所；12-广场管理处；13-派出所；14-地铁出入口；15-冷却塔

檗等。除道路铺装外全部种植草皮（图 6-73、图 6-74）。

青岛五四广场位于市政府大楼以南，由东海路与环海路之间的南广场（也称海滨公园广场）和由香港路与东海路之间的北广场组成。广场的主轴是由政府大楼往南延伸720m。北广场当中是长 330m、宽 90m 的草坪。草坪两侧种植成行的银杏、水杉，草坪中央

图6－72 上海人民广场景观

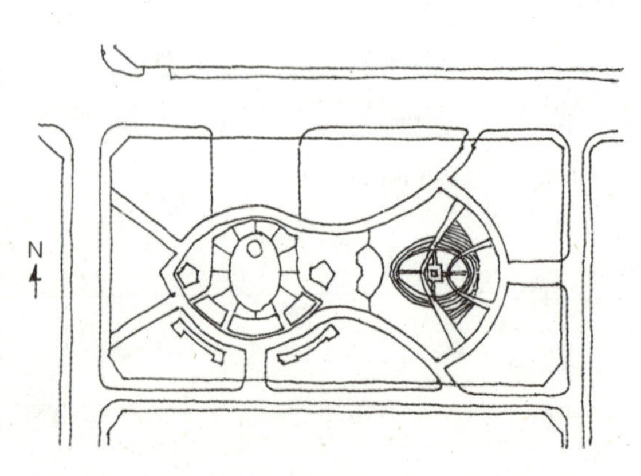

图6－73 郑州绿城广场平面示意

图6－74 郑州绿城广场景观（自《中国优秀园林设计集》）

图6－76 青岛市五四广场全景（自《中国优秀园林设计集》）

是喷泉，东西两侧是方形绿荫广场。南广场以“五四的风”雕塑为中心，东西弓形曲线长420m，南北220m，围绕雕塑的圆形广场直径115m。广场主要是用草坪和花篱布置(图6-75、图6-76)。

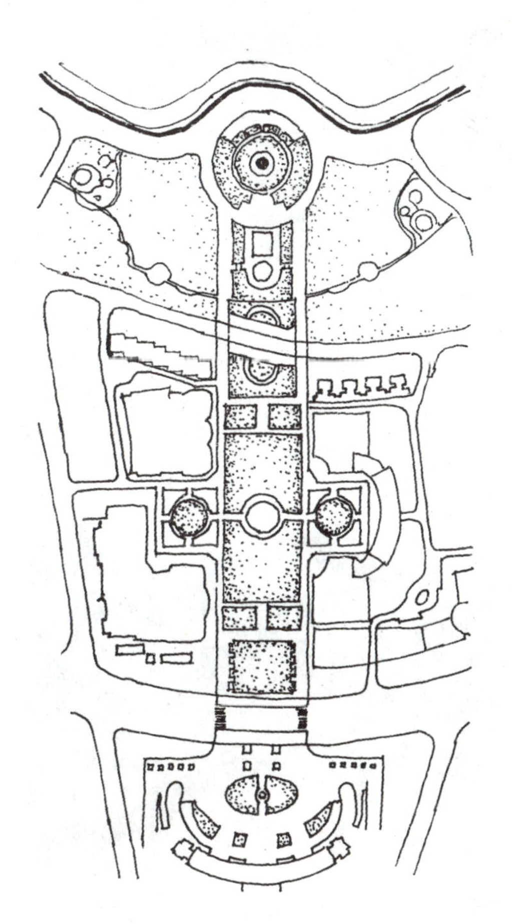
图6－75 青岛市五四广场总平面

北京石景山广场位于长安街西延长线上，在石景山游乐园前，面积66hm^2。上广场由三个景区组成，“嬉水迎宾”是靠近游乐园的大型喷泉；“华灯初上”靠近石景山路，由大型广场灯与银杏、国槐、白皮松、玉兰林组成；“绿波流霞”是在广场与石景山路高差5m的斜坡上用树木、草坪和大型色带组成。下广场由环绕全园的红色沥青机动车道围合成一个大椭圆，轴线交会处有下沉式花园。

广州市天河东站前广场是以大型模纹花坛和水景为主体，周围种植成排乔木的城市绿化广场。占地8hm^2,2001年8月底完工(图6-77、图6-78)。

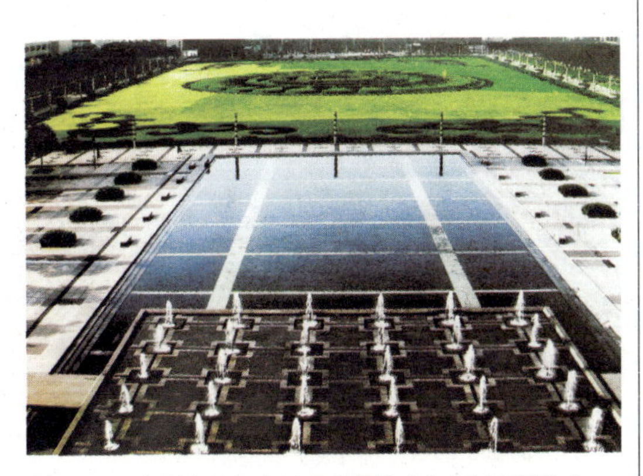
图6－77 广州市天河东站广场绿化（自《中国园林》）

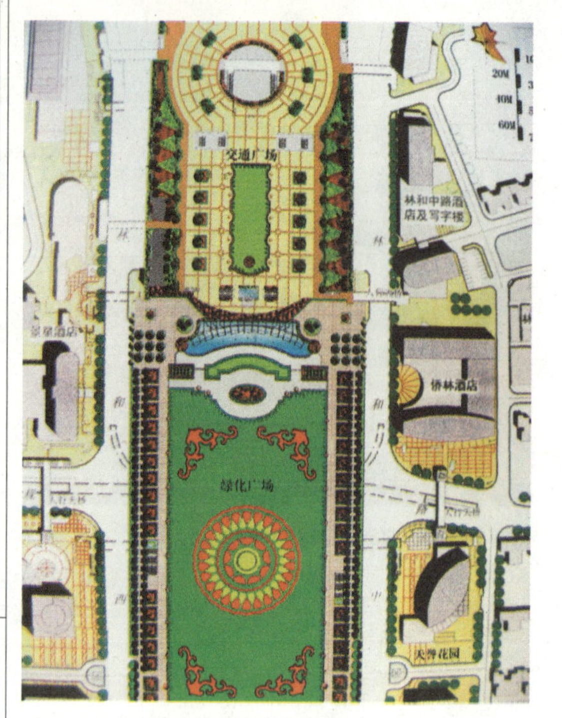

图6－78　广州市天河东站广场平面

华盛顿市中心广场有大片的绿地和草坪，绿带长 4km，宽 1.5km，国会和政府机关都坐落在绿化的环境之中（图 6-79、图 6-80）。

第三节　居住区绿化

居住是城市的四大功能之一，安居才能乐业。在城市中用地比例较大，北京在 2003 年居住用地占城市建设用地的比例为 29.4%；居民停留在居住区内休息、学习、活动的时间最长，特别是老人和青少年。可见用绿化

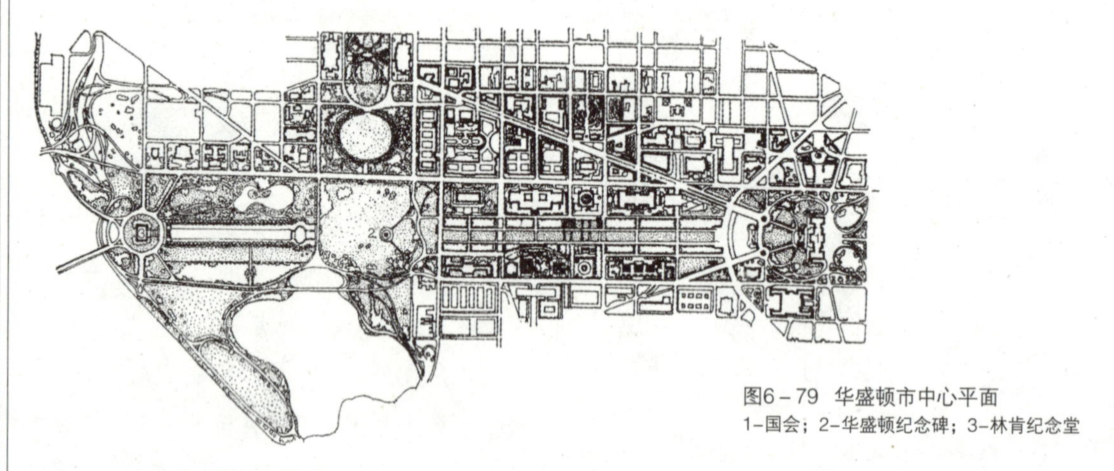

图6－79　华盛顿市中心平面
1-国会；2-华盛顿纪念碑；3-林肯纪念堂

图6－80　美国华盛顿市从林肯纪念堂望华盛顿纪念碑（刘阳摄）

来改善、提高居住区的环境质量是非常必要的。其布置直接影响到居民的身心健康。

一、居住区绿地的类型

一般由五部分组成，即：居住区公园、居住区集中绿地、宅旁绿地、道路绿地和居住区专用绿地。

(1) 居住区公园应建在三四个小区之间，服务半径在500m以内，内容除安静休息外，可安排少量群众性活动场地。这类绿地按规定每个居民应有$2m^2$的指标，一般居住区人口为3~5万人，根据人口多少公园面积宜在5~$10hm^2$之间（图6-81~图6-86）。日本居住区公园标准规模为$4hm^2$。

(2) 居住小区游园在规划上也称居住区集中绿地、组团绿地或居住区花园。一般按每个居民有$1m^2$绿地指标，小区游园规模不宜小于$0.5hm^2$。绿地是为居住小区内居民服

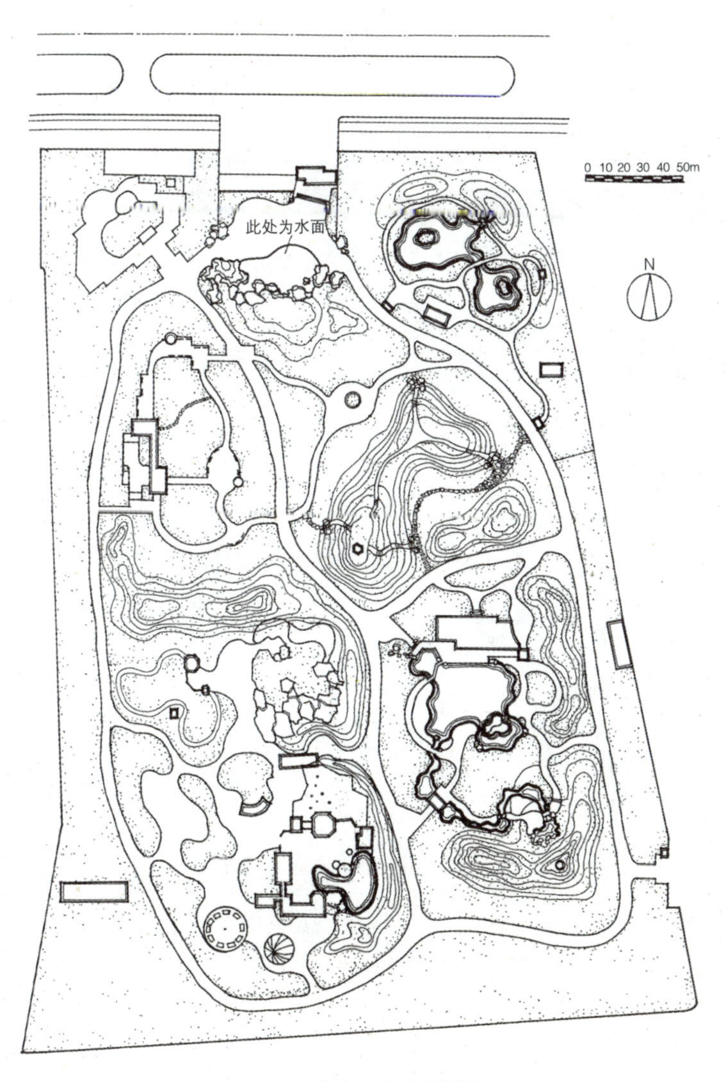

图6-81 北京双秀公园平面

图6－82 北京双秀公园汇芳园（自《北京园林优秀设计集锦》）

图6－84 北京南馆公园景观（自《北京优秀景观园林设计》）

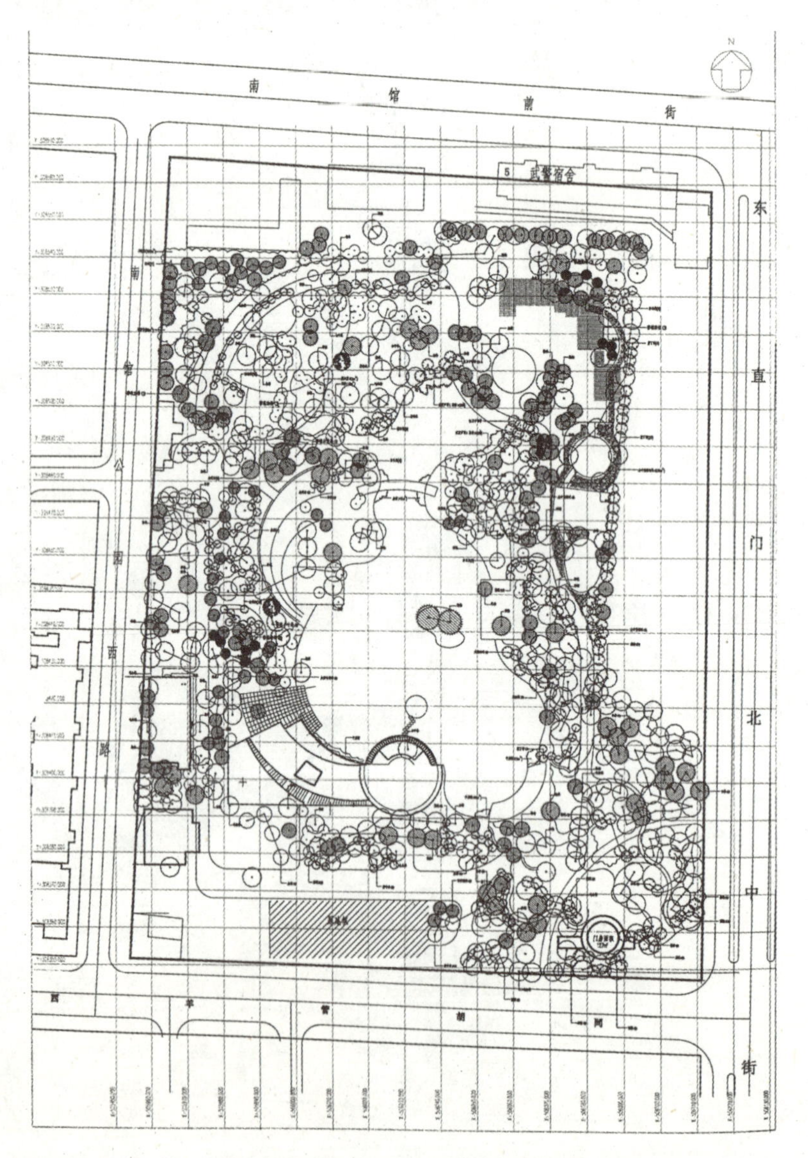

图6－83 南馆公园种植设计平面（自《北京优秀景观园林设计》）

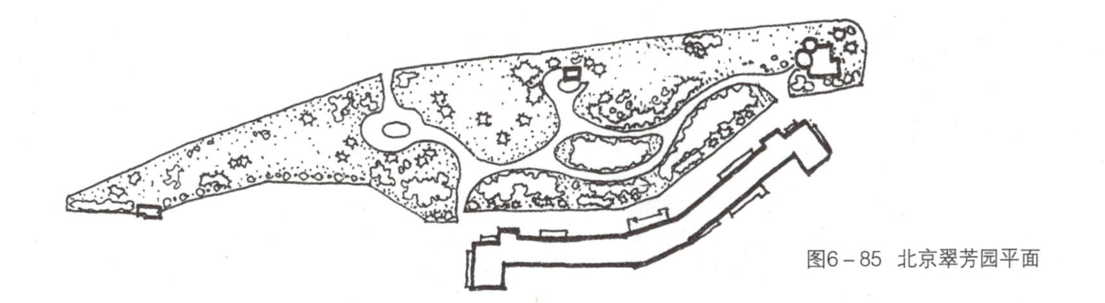

图6－85 北京翠芳园平面

图6－86 北京宣武区翠芳园景观（自《北京优秀景观园林设计》）

图6－87 北京通州区天赐良缘住宅区集中绿地内人工湖

务的，面积相对较大的公用绿地，包括儿童游戏场、青少年活动场地和老人休息绿地（图6-87～图6-90）。

（3）宅旁绿地是居住建筑四周或住宅内院的绿地。这种绿地一部分是居民住宅前庭，归居民自行管理，一部分仍然属于楼内居民公用（图6-91～图6-96）。

（4）居住区和小区内的道路绿地，这种道路主要是联系居住区内外、区内各部分之间或居住小区外围的道路，其绿地即居住区主要道路及次要道路上的沿街绿地。

（5）居住区专用绿地是居住区公共建筑院内的绿地，如幼儿园、俱乐部、食堂、老年活动室、社区医院、招待所等单位在建筑外、围墙内的绿化，规模虽较小，但都有特色。

图6－88 北京观澜国际花园住宅区内集中绿地水景

图6－89 北京瀛海名居住宅区花园式集中绿地

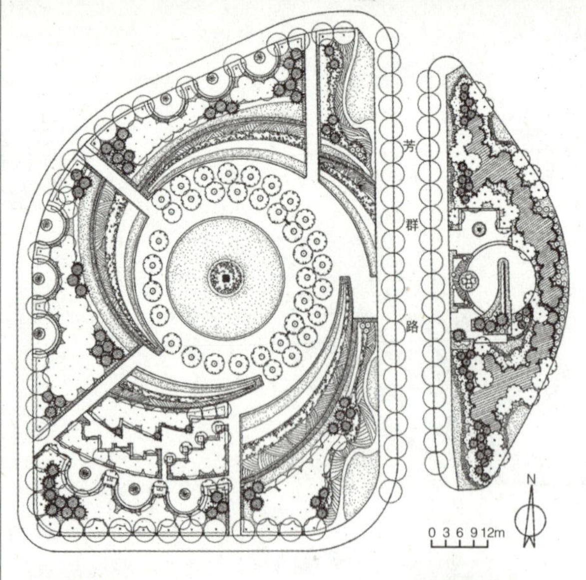

图6－90　北京方庄居住区芳群园集中绿地（中心花园）平面《北京园林优秀设计集锦》

图6－91　北京某单位宅旁绿化（自《天下公司》）

图6－94　加拿大渥太华住宅旁绿化（张树林摄）

图6－92　北京顺义区万科小区住宅旁绿化

图6－95　瑞典斯德哥尔摩东南地区住宅旁绿化

图6－93　新加坡住宅旁绿化

图6－96　［美］加利福尼亚住宅旁绿化（自《北京园林》）

二、各类绿地的布置原则

(1) 居住区内绿地布局要简约，不可过分繁复，居民出入要便捷。

(2) 绿化种植形式要爽朗，除一般需要密植起防护作用的以外，不可过密，以便于通风和清扫。

(3) 安全是居住区加以考虑的重要原则，乔木种植的位置要考虑与楼内窗户的距离，一般乔木不可在5m以内，以保证室内通风、采光和避免外人从树干攀爬入室的可能。绿地的栏杆、挡土墙、台阶边缘等，应尽量避免突出的尖刺、尖角，以保护老年人和儿童的安全。

绿化的布置要求出入口、甬道要通行便利，要留出适当的居民小憩的地点、运动锻炼的场地；选择居民短时间集中垃圾的小场地或垃圾箱的位置有时也颇具难处。

(4) 住宅区边界在可能的情况下，可以种植防护林以隔离风沙、噪声和过境人的干扰，特别是在有害风向的风口更有必要进行防护。

(5) 住宅区内的绿化既要在夏季能为居民遮阴，冬季能让老人和儿童有充足的日晒，满足实用功能的各项要求外，同时也应考虑有优美的景观，使居民能在优美的环境中生活。

(6) 利用地势造就住宅，这样既可以节约建造资金，又可以取得自然优美的效果，在西方国家例子比较多，美国的一些城市中，在比较陡的坡地上建造住宅，其绿化别具特色。在意大利，一些住宅建在山地上，苍翠的植物群落穿插在住宅之中，更觉自然怡人。

住宅区中的小游园，有的设计成自然山水园式，有水面、小桥、花木、假山；有的由于有地下车库，地面上设计成大片草坪、花坛、广场、喷泉、雕像，像屋顶花园一样；也有形成沉陷园的，斜坡周围种植各样花木。各种形式不拘一格应以改善环境，更好地适合居民安全、舒畅、清洁、审美为准。

三、楼间绿地的布置形式

在住宅小区中，楼间绿地是最靠近居民的地点，由于居民楼内居民多少各异、职业不同、年龄结构不一、建筑的布局结构不同，其绿化的形式可以有多种多样。

（一）图案式

绿化用低矮的灌木或地被植物做成各种图案。很少遮阴，室内阳光充足，室外开朗，居高临下，有若花毯铺地（图6-97、图6-98）。

（二）疏林草地式

在较大的草坪上种植少量乔木，点缀一些灌木或花卉，树影婆娑，有遮阴效果，也有更多的阳光，通风也比较好（图6-99）。

（三）列植式

在楼间种植成行的乔木和灌木，在楼间小路有遮阴的路树，楼间也能遮挡视线，保持安静（图6-100）。

（四）山水式

在楼间布置假山、池水、点缀花木，园路逶迤，有“小桥流水”之趣，也具天然之色，但往往缺少活动场地（图6-101）。

图6－97 北京某单位楼间绿化（图案式）（自《天下公司》）

图6－100 北京西山庭院楼间绿化（列植式）

图6－98 台湾基泰新村（图案式楼间绿化）（自《建筑设计与城市空间》）

图6－101 北京山水文园住宅区楼间绿化（山水式）

图6－99 北京某单位住宅楼间绿化（疏林草地式）（自《天下公司》）

（五）院落式

每户前以篱笆或绿化围出单独的前庭，有山、水、小品、点缀花木，自享幽静空间之美，但往往缺少舒展、开朗的情趣（图 6-102）。

（六）林网式

在楼间种植以乔木为主的树林，比较简洁，林荫浓郁，需注意留出人的停留和活动空间（图 6-103）。

图6－102 北京某住宅区楼间绿化（院落式）（自《天下公司》）

图6－104 顺义区万科住宅小区楼间绿化（基础绿化式）

图6－103 北京丰台区住宅区楼间绿化（林网式）

（七）基础绿化式

紧靠住宅楼基础进行栽植，可以保持室内的私密性和安静（图 6-104）。

第四节 公共建筑绿化

每个城市中都有很多公共建筑，其中不乏成为当地标志性的建筑物，做好这些建筑周围的绿化具有重要的意义。可以衬托建筑，加强艺术表现力，美化城市。如日本新潟县谷村美术馆的绿化，就加强了高尚、清爽的内部佛雕艺术风格。作为建筑的外在空间，可以延续建筑内的功能，例如，台湾自然博物馆将一些大型展览放在室外的绿地中，参观者既可以在室外休息又可以看展品，也可以作短时间的休息停留。绿化还可以改善建筑外的环境，防止噪声、空气污染和城市嘈杂的侵扰，北京人民大会堂东侧绿化原为月季花园，后改为现在的形式。国外的一些议会、教堂周围都进行了很好的绿化、美化。如日本国会（参众两院）前的绿化，巴黎市政厅前、瑞典斯德哥尔摩市政厅前的绿化（图 6-105 ~

图 6-109）。

公共建筑绿化应重视建筑的性质和服务对象。车站、体育场会有集中的、大规模的人流疏散，绿化上应该壮观、通畅、鲜明、尺度较大；宾馆、名人故居一般会有零散的光顾者出入，应该比较细腻亲切而富有特性。美国达拉斯南方大学楼前两株大树，苍翠丰满，既衬托了建筑，又表现了校址的古老历

图6－105 ［日］新潟谷村美术馆前绿化（佚名）

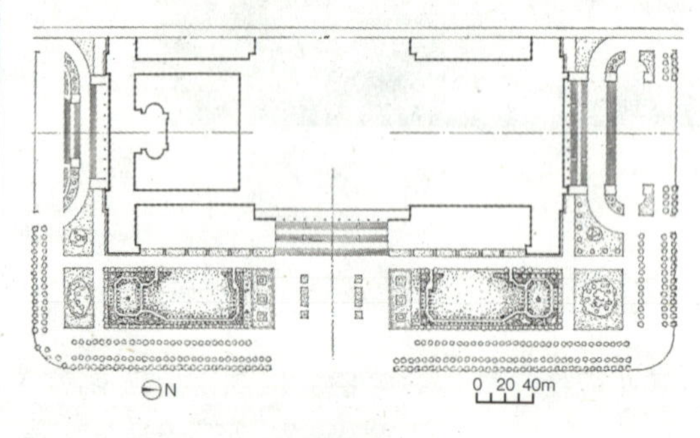

图6－106 人民大会堂绿化平面（1959年）

图6－108 人民大会堂前月季花园（1959年）

图6－107 人民大会堂前绿化（1959年）

图6－109 ［日］国会（参众两院）前庭（自《美しき日本》）

史（图 6-110）。

北京最近竣工的国家大剧院，其建筑颇具特色，在绿化上也有新的特点。

中国国家大剧院位于北京西长安街南侧，人民大会堂以西，总用地面积为 14.65hm^2，绿地面积 3.90hm^2。2007 年 7 月底绿化竣工。2007 年 9 月底对外演出。剧院外环绕水面，反射出天空和建筑的倒影。绿地环护在水面周围，高低错落，苍翠葱茏。绿化配植形式总体是浓重、典雅、简洁，并配合几个地铁出入口、停车场、市政便道和出入口功能需要，采取不同的形式。园林植物品种选择天安门地区现有植被作为骨干树种，这样既能保证树种生长稳定，又能与周围绿化协调（图 6-111、图 6-112、图 6-113）。不同的建筑应有不同的绿化，亦或是同是一种性质的建筑物因其所处环境和形式不尽相同，就应该从建筑物的高度、体量、质地、线条、色彩来考虑种植园林植物的种类。

图6－110　美国达拉斯南方大学建筑前对称的大树（李应奇摄）

图6－111　国家大剧院绿化平面

（1）高耸建筑前可以布置平展的草坪或是密集的乔木林。平展的草坪与高建筑形成对比，可以在开扩的地面上显示出建筑的高耸雄伟；密集的乔木林，会与高耸的建筑相匹配，显得协和而壮观（图 6-114）。

（2）大体量的建筑，敦厚而庞大，会在

图6－112　国家大剧院绿化

图6－113　国家大剧院小花园

其环境中缺少亲切而显得生硬，以自然式的植物配置容易与环境协调，如美国华盛顿国会大厦前和林肯纪念堂旁都是自然式乔灌木种植（图 6-115）。

（3）高直纵线形的建筑，可以用尖塔形的植物加强它的高耸感，如俄罗斯国民经济展览馆两侧种植了深绿色的冷杉，在色彩上是强烈的对比，在线形上是协和的；日本广岛和平纪念馆体形平直，窗户装修是纵线条，布置了喷泉和草坪式的前庭，取得一定效果（图 6-116、图 6-117）。

（4）严肃的建筑应该在绿化布置上显得庄重严肃，如北京毛主席纪念堂周围的绿化带，布置得整齐肃穆，只是在出入口处有不同的树丛布置，以显示庄重（图 6-118、图 6-119）。

另外公共建筑物所处的环境也有不同，如在山顶、山坳、斜坡、水边、背阴、风口、高大建筑或嘈杂的交通枢纽一侧，其绿化布局和树种选择也应各异。

（5）山顶建筑应与山势一致，要使建筑物更加突出，俯视更加方便。山坳上的绿化

图6－116　俄罗斯国民经济展览馆绿化（张树林摄）

图6－114　瑞典斯德哥尔摩市政厅前（自《绿色的梦》）

图6－117　日本广岛和平纪念馆（自《美しき日本》）

图6－115　美国会大厦前绿化

图6－118　毛主席纪念堂全景（自《建筑学报》，1977，4）

图6－119 毛主席纪念堂绿化（自《建筑学报》，1977，4）

图6－120 德国巴登奥依豪森市温泉公园俱乐部（刘阳摄）

种植要选择好稳定位置，保证植物能生长好，利用斜坡能表现植物的立面或侧面。

（6）水边的建筑物园林布置要有助于人们亲水，园林植物要在建筑立面构图上起到衬托作用，使建筑与树木共同反映在水中的影像更有层次，更富于色彩。

（7）小型公共建筑物如县乡博物馆、社区俱乐部等都宜表现得亲切、明快、清爽，以示对来访者的欢迎和衬托建筑（图 6-120、图 6-121）。

（8）风口的种植要选择抗逆性强、枝叶稀疏适度的植物，其高低、层次都要根据实际情况决定，要种好地被植物尽量防止有害风的扬尘。

图6－121 意大利斯卡里诺乡村会所（刘阳摄）

（9）在高大建筑物或嘈杂的交通枢纽一侧的建筑物，其绿化要有一定的封闭性和保护性。要防止噪声、灰尘的污染，同时在视觉上也要有完整的园林景观（图 6-122、图 6-123）。

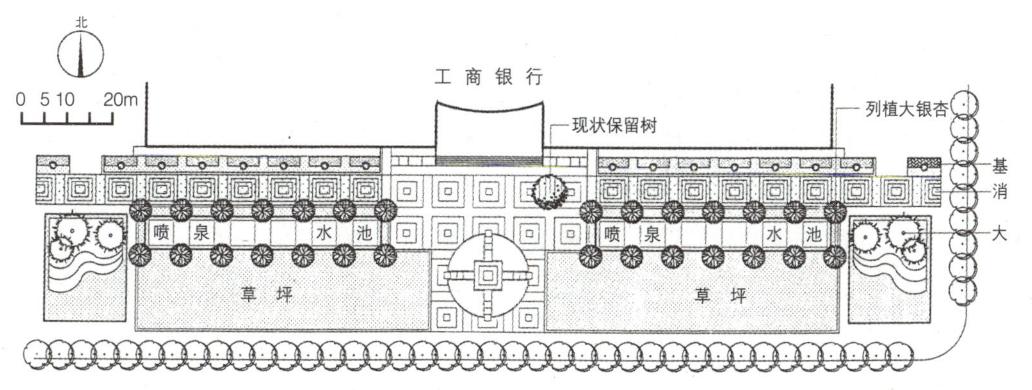

图6－122 工商银行总行前绿化平面（自《北京优秀景观园林设计》）

图6－123　工商银行总行前绿化（自《北京优秀景观园林设计》）

第五节　校园绿化

校园是学校老师、学生教学和生活的园地，其环境质量直接影响师生的身心健康，同时也表现学校的形象。当前学校的绿化，广为各界人士所重视。因此校园绿化不同于住宅区、机关单位内部的绿化，更不同于公园、风景区的绿化。学校的绿化应以师生的活动为中心，使其达到安全、便利、优美，同时具有高尚的文化气质为宗旨。

一、校园绿化的原则

(1) 校园绿化应因校而异，综合性院校和专科院校；完全新建的和改建的院校；地形复杂和地势平坦的院校都各有侧重，不能简单地加以统一。同时还要因地制宜，布局要因校园所处的地形（如山、水、坡地）而变化。另外，还要考虑院校周围环境的状况。

(2)我国园林植物按南北气候带分布不同，各地土壤也不一样。绿化配植应恰当适宜，要有校园的特色，如一般要求整洁、明快、开朗、大方、有相当的品味等等。在建设中对原地被的保护相当重要，要有行之有效的措施，特别是对原有古树名木的保护和利用。

(3) 使用功能结合美观，如学校可以根据需要分成办公区、教学区、科研实验区、体育锻炼区、生活区（宿舍区）、中心活动区（展览、会议、礼堂）和室外读书、休息区，每个区的绿化布置各有不同，既要满足使用功能的需要，又要有一定的美的形式。

(4) 重点突出，每个学校的面积不等，规模大小不同，校园中可能有的重点可以从一个到几个。例如对外部分的入口、活动中心、礼堂、办公区；对内部分的休息区、科研实验区等等，在园林布局和树种选择上都应有所讲究。

(5) 绿化要可持续发展，配植的形式要按照生态的原则，起到改善环境的作用，例如防止沙尘、噪声的林带、道路或广场上的遮荫树、保持水土的地被、室外的垂直绿化、改善水质的水生植物；树种的选择要以乡土树种为主，以保证长期稳定；绿化地面要能留住降水，景观用水和灌溉用水要尽量使用再生水。

二、校园规划设计个案简介

（一）综合性大学

辽宁大学新校区占地总面积92.87hm^2，此次规划面积63hm^2。辽宁大学是国家重点大学，地处东北三省门户，是满族的发源地，气候寒冷，白山黑水间孕育的人民，性格豪爽、直率、宽厚，因此该方案突出恢弘、大气的景观特征。方案中特别注意了总体构图中的轴线、界面和节点空间。在主要轴线上以天、

图6－124 辽宁大学新校区景观设计方案（自《北京园林》）

地、山、水的理念塑造景观空间，在次要轴线上穿插生命的主题。校园内分为入口标志区、主要教学区、体育场馆区、生活区、休闲活动区和水域景观区及滑冰区，共六个区，每区各具特点，同时又共同构成一个完整的校园环境（图 6-124）。

福州大学新校区环境规划，新校区占地 146.7hm^2，地貌形成依山傍水之势。新校区的设计要求充分体现该校以工科为主、理工科相结合、现代化、开放性、综合性大学的特点，突出数字、人文、绿色的特色，弘扬该校的校训："明德至诚，博学远志"。规划对精神层面的要求是注重景观文化意境，对学生的"励志"，对教师的"师德"，起到润物无声的潜在作用。对物质层面的要求是"以人为本"，合理地确定功能分区，满足使用要求。以上述要求规划的构架形成：南区山水逶迤，开阔大气，北区简约精致、典雅、亲切。利用宽大的林荫道打通视觉走廊，联系东南西北四个大门，贯穿整个校园。同时注意上下课、上下班的交通和频繁的学生活动场地（图 6-125）。

山东大学新校区环境设计，山东大学新校区占地 96.8hm^2，全校地形空间脉络清晰，

图6－125 福州大学新校区环境规划（自《中国园林》）

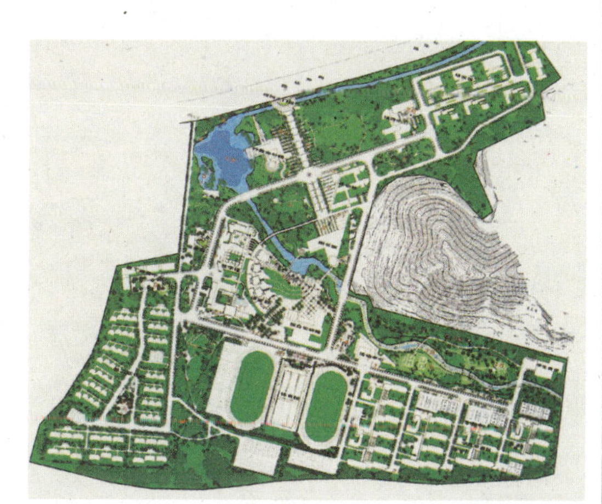

图6－126 山东大学新校区环境设计（自《中国园林》）

形成天然的依山傍水之势，贯穿校园的沟谷形成个性化的空间。设计中使人工构筑物从宏观上不对整体格局造成控制性影响，从而造成地域性特色。山大精神与齐鲁文化有着一脉相承的气质。山大校训为"山之韵，海之魂"。因此设计中要把自然地形与丰富多彩的山东人文景观相结合，才能造就鲜活而独具意境的空间环境（图 6-126）。

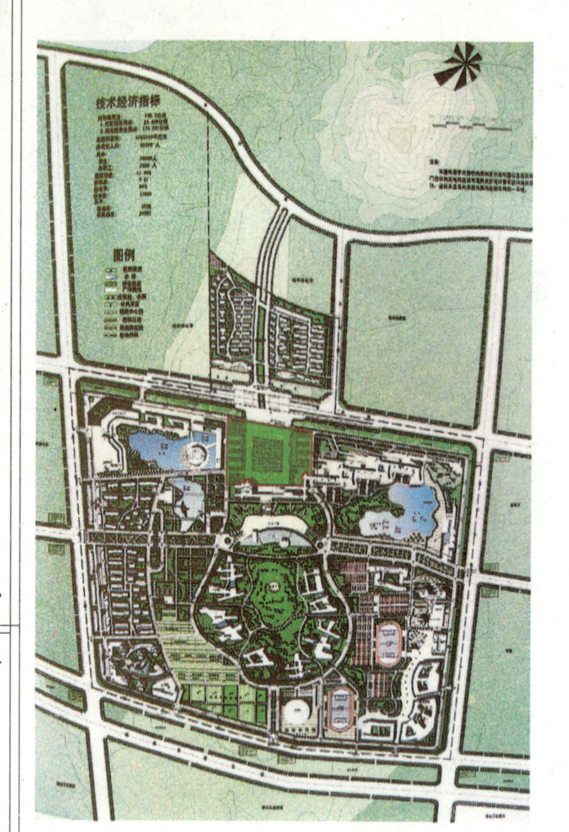

图6－127　中国农业大学烟台校区规划总平面（自《风景园林》）

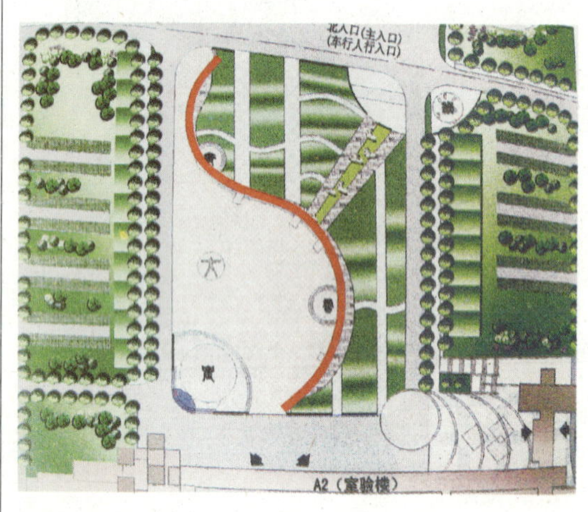

图6－128　中国农业大学烟台校区中部广场平面（自《风景园林》）

（二）专科性大学

中国农业大学烟台校区总体规划，校区总用地199hm^2。现代潮广场位于校区北端，位于校门与行政办公楼之间，是迎新送往、举行重大仪式之所在。地势皆高于周围环境，视野十分开阔。向北望去蔚蓝色的大海尽收眼底。作为校园的重点设计，将大海"浪潮"符号导入其中，以诠释学子们学习的"热潮"以及人才不断涌现的表征（图6-127、图6-128）。

山东中医药大学占地115hm^2，景观规划中一方面营建一系列使用者可感知、可享受的环境层次，为师生提供一个高质量的户外活动与学习交流的场地；另一方面在塑造人性化校园景观的同时，形成具有时代感，又蕴涵传统文化特色鲜明的校园。总体规划中有纵横两条轴线，将"易经为体，中医为用"，"河图为体，络书为用"隐入景观轴线中。如将修剪的绿篱球、喷泉、地灯的布置符合"河图"的象数。将广场以不同铺装手法体现"络书"形式，在植物园规划中按植物分成五色，寓意"五行"。大学校园强调强烈而宏大的从主校门至图书馆轴线，轴线两侧种植乔木银杏和两行法桐，中间草地种植花卉，整个林荫道表现出清新、大气的风格（图6-129、图6-130）。

北京人民警察学院校园占地面积60hm^2，其中绿化面积35hm^2。整个校园创造自然大气绿意盎然的环境。为突出警察学院的特殊风貌与气质，将警院文化融入景观设计中，入口处为半开放式大门，气势宏大庄严。以长达100m常青树墙为背景，突出了警察学院严谨求实，又开放豪爽的风采；中轴线景观大道形成浓郁、整齐的风貌；利用地形创造丰富的微地形景观；全校区植物配植乔灌木比例较大，注重大乔木的遮阴，特别选用适应当地恶劣气候的树种，以保证今后的景观效果（图6-131、图6-132、图6-133）。

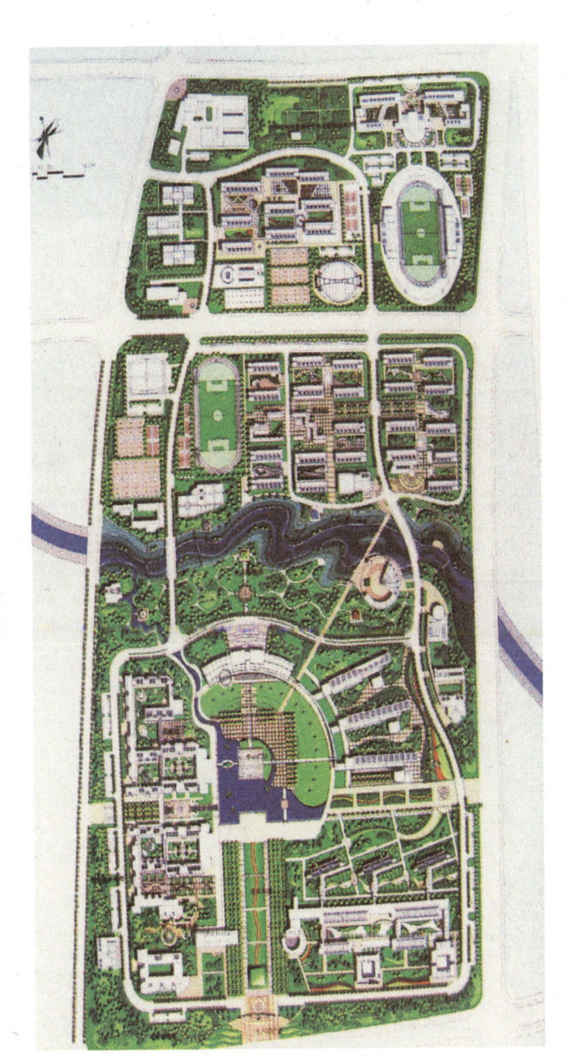

图6－129 山东中医药大学长清校区景观规划平面（自《风景园林》）

图6－130 山东中医药大学长清校区景观规划鸟瞰（自《风景园林》）

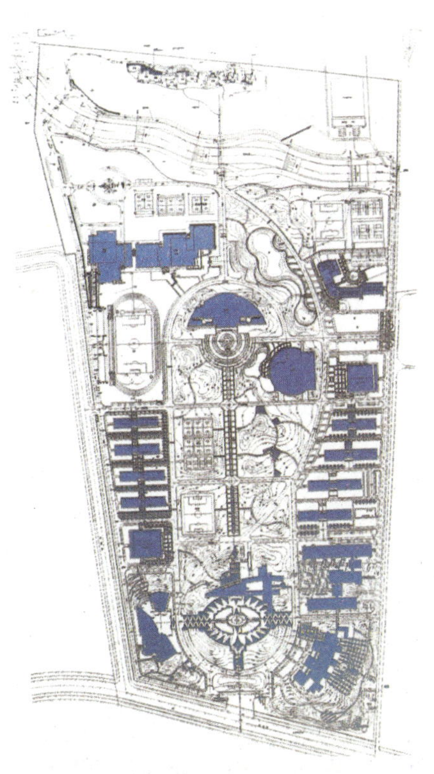

图6－131 北京人民警察学院环境设计（自《风景园林设计》）

图6－132 北京人民警察学院中轴线景观大道（自《风景园林设计》）

图6－133 北京人民警察学院教学楼区内（自《风景园林设计》）

（三）校园改建

清华大学核能与新能源技术研究院 $60hm^2$。主楼居中而立，轴线明显，长达 350m。院内大量栽植了圆柏，几乎所有道路两侧形成了 7～8m 高的圆柏篱墙，尤其是主楼前中心绿地层层绿墙，将主楼南边的景物完全隔离。中心水池两侧的油松，胸径已达 50cm。设计者采取了“有度开敞”的理念，在中轴空间对水池宽度范围内遮挡南向视野的柏墙进行必要的移除。柏树墙外的空间被“激活”以后，松树和花灌木也成了内向景境（图 6-134、图 6-135、图 6-136）。

北京林业大学校园绿化和其他很多已建成的校园一样留给环境的余地较少，因此涉及景观改造有很大难度。如新图书馆环境设计中就考虑并解决了三个主要问题：其一，东部与教室和教工宿舍毗邻，就微地形作台阶供师生夏日纳凉休息；其二，对地下一层博导工作室以绿化作视觉和安全防护；其三，南部主要出入口处作广场（图 6-137、图 6-138）。

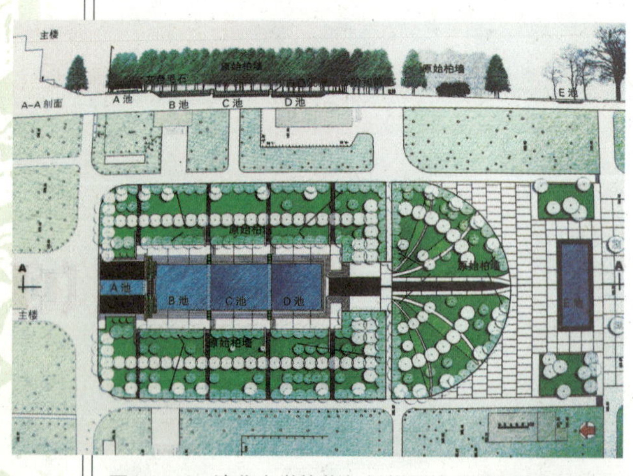

图6－134　清华大学核能与新能源技术研究院中心环境改造《中国园林》

图6－135　清华大学核能与新能源技术研究院（一）

图6－136　清华大学核能与新能源技术研究院（二）

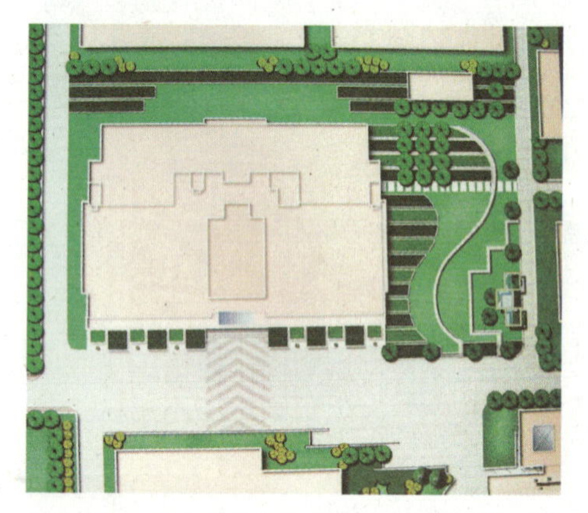

图6－137　北京林业大学图书馆外环境设计（自《风景园林》）

图6－138　北京林业大学图书馆东部绿化（自《风景园林》）

第六节　屋顶绿化

城市中建筑密集，硬质铺装累积，使环境不断恶化，城市热岛效应日益显著，而绿化用地往往得不到应有的满足。为了改善环境、增加生态效益，在建筑物的顶层或是地下车库、车站、超市的顶层进行绿化，是近年一些城市开始实施的举措。

图6－140　以地被植物绿化的屋顶花园（哈佛大学研究生公寓）（自《风景园林》，2007, 2）

一、屋顶绿化的作用

屋顶绿化是室内的隔温层，夏季可以降低室温，冬季可以防止寒冷；屋顶绿化可以为居民或顾客创造休息、室外活动和锻炼的场所；屋顶绿化还可以美化城市，使干枯的景观覆盖上绿色，减少尘土飞扬和污染。

图6－141　德国杜塞尔多夫3000m²屋顶绿化（自《风景园林》）

二、屋顶绿化的类型

1. 简易覆盖型

一般住宅楼或写字楼屋面上覆盖草坪或地被植物，可以起到减少室内外温差的作用，也可以成为居民的晒衣场、养飞鸽或夏季乘凉的场所（图 6-139～图 6-142）。

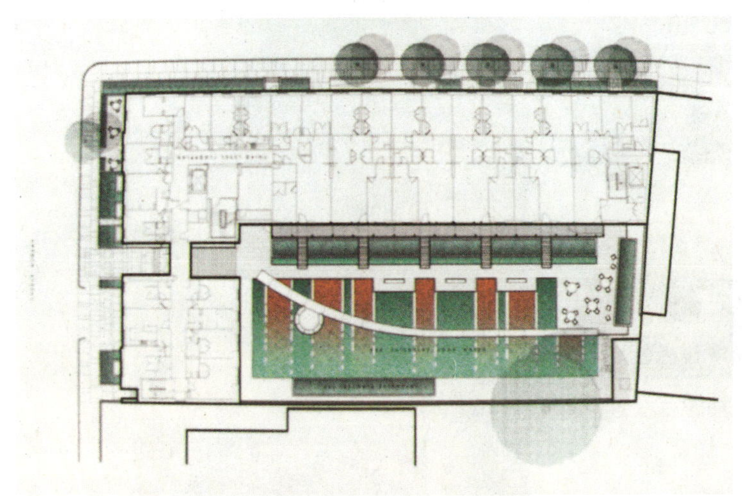

图6－139　哈佛大学研究生公寓屋顶花园平面（自《风景园林》,2007, 2）

2. 绿茵广场型

在用地紧张的情况下，将地下停车场顶板上覆土进行绿化，其整体效应虽不如一般绿地，但也能发挥屋顶花园的作用（图 6-143、图 6-144、图 6-145）

3. 普通型（密集型）

在屋顶上布置花灌木、绿篱、少量的小乔木。布置小广场、座椅、灯光、水景，布置简单的服务设施，一般市民都可以在这里饮茶、乘凉、小憩（图 6-146、图 6-147）。

图6－142　英国Rolls Royce汽车制造厂40000m^2屋顶绿化（自《风景园林》）

图6－145　德国慕尼黑展览中心4000m^2的地下车库顶板绿化（自《风景园林》）

图6－143　北京王府世纪停车楼屋顶花园9层花园（自《北京优秀景观园林设计》）

图6－146　斯图加特（德国巴登－符腾堡州）屋顶绿化（自《风景园林》）

图6－144　北京王府世纪停车楼屋顶花园8层花园（自《北京优秀景观园林设计》）

图6－147　北京京伦饭店屋顶绿化（自《风景园林》）

4. 多元型

屋顶上布置游泳池、网球场、座椅、亭子、花架、喷泉、水池、灯光、厕所，种植乔灌木，布置花坛，可以进行文化、体育活动，也可纳凉、休息（图 6-148、图 6-149）。

三、屋顶绿化的技术

1. 荷载

简易覆盖型（经济型）屋顶绿化的屋面荷载按一般规定，不上人屋面为 $0.5kN/m^2$，上人屋面为 $1.5kN/m^2$。北京市 20 世纪 80 年代以后，框架结构建筑物一般为 $150kg/m^2$ 以上。①合适的种植土 6cm 厚不需要特殊处理，北京王府世纪停车场屋顶花园 8 层屋顶荷载达到 $450kg/m^2$，9 层平均荷载为 $600kg/m^2$，局部位置上达到 $1500\sim1800kg/m^2$，游泳池、网球场、厕所、花架等设施，需要按实际情况计算荷载。

2. 树种选择

选择种植的植物要考虑重量、土壤深度、排水、土壤稳定性、植物壮年期的高度、根茎和树冠的扩展范围、根茎类型、耐旱和抗涝能力、生命周期、伴生树种、更新植物的难易程度等因素，同时还要考虑观赏效果。一般简易型屋顶绿化可选用各种景天类植物，一般不须施肥，能保存水分。

3. 基质

以人工轻质、高强、保温性强的为好。现在一般用材料为草炭、有机肥料、珍珠岩和沙的混合基质来代替自然土壤。理想的基质密度应该在 $0.1\sim0.8g/m^3$，最好的是北京王府世纪停车场屋顶花园使用的基质干密度为 $850kg/m^3$，湿密度约 $1100kg/m^3$。②

植物栽培土内饱和后所余水分应能顺畅排出，可在栽培土壤下部安置排水管网，集中后排出。为保持屋顶排水畅通，基质的排水性和持水性必须很好地协调，即对孔隙度和大小孔隙度比有很高的要求。一般大小孔隙度比在 1:(1.5～4)，或有 30%～50% 的持水孔隙和 15%～20% 的通气孔隙，植物生长良好。

4. 灌溉

所有屋顶绿化树种和草坪都应有喷灌、滴灌或渗灌设施。

①殷丽峰，李树华·屋顶花园基质的选择及绿化种植模式建立[J].风景园林，2006,4.

②（法）莫尔旺，王显红·王府世纪停车楼屋顶花园[M].北京优秀景观园林设计·沈阳：辽宁科学技术出版社，2004.

图6－148 香港商贸展览中心屋顶花园设计（自《香港》）

图6－149 北京望京A4区屋顶绿化（温涛摄）

5. 整体构造

由植物、基质和各种设施构成完整的屋顶花园，其构造的示例如图（图 6-150、图 6-151、图 6-152）。

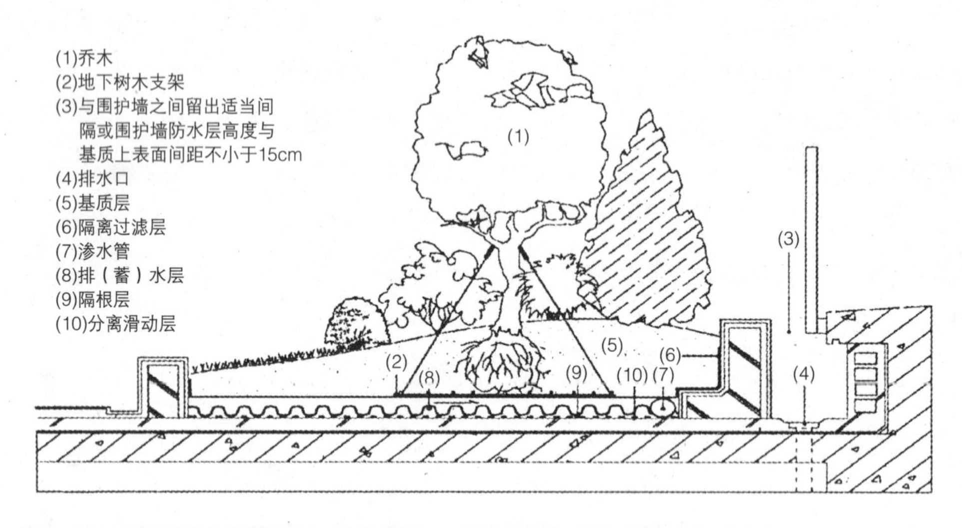

图6－150 屋顶花园构造断面（自《中国园林》：“科技部节能示范楼屋顶绿化的设计与施工”）

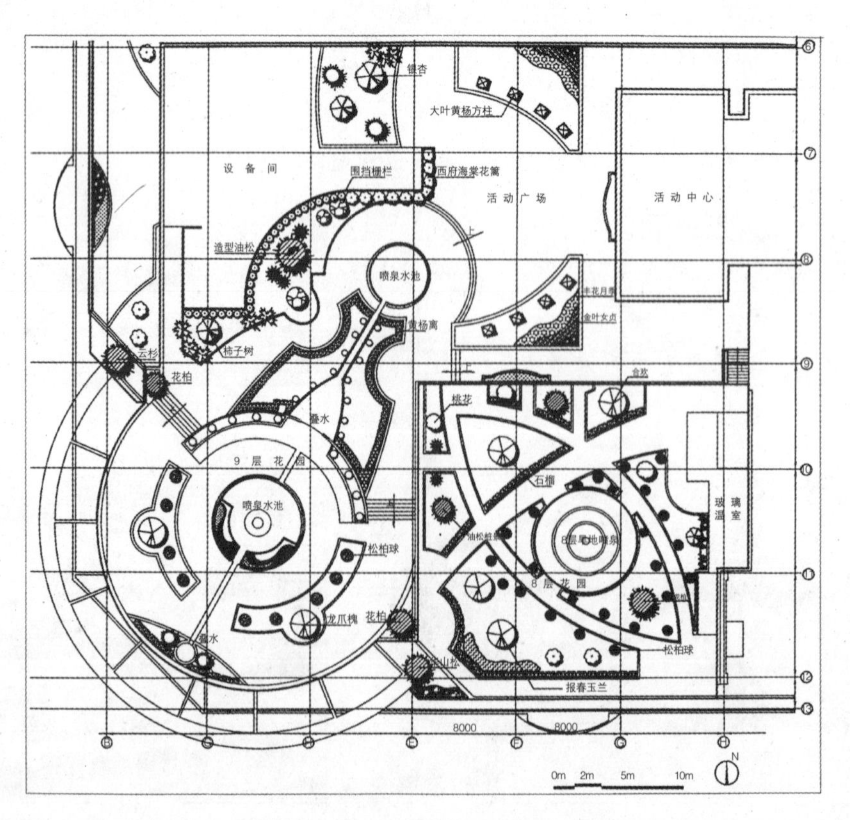

图6－151 北京王府世纪停车楼屋顶花园平面（8层、9层）（自《北京优秀景观园林设计》）

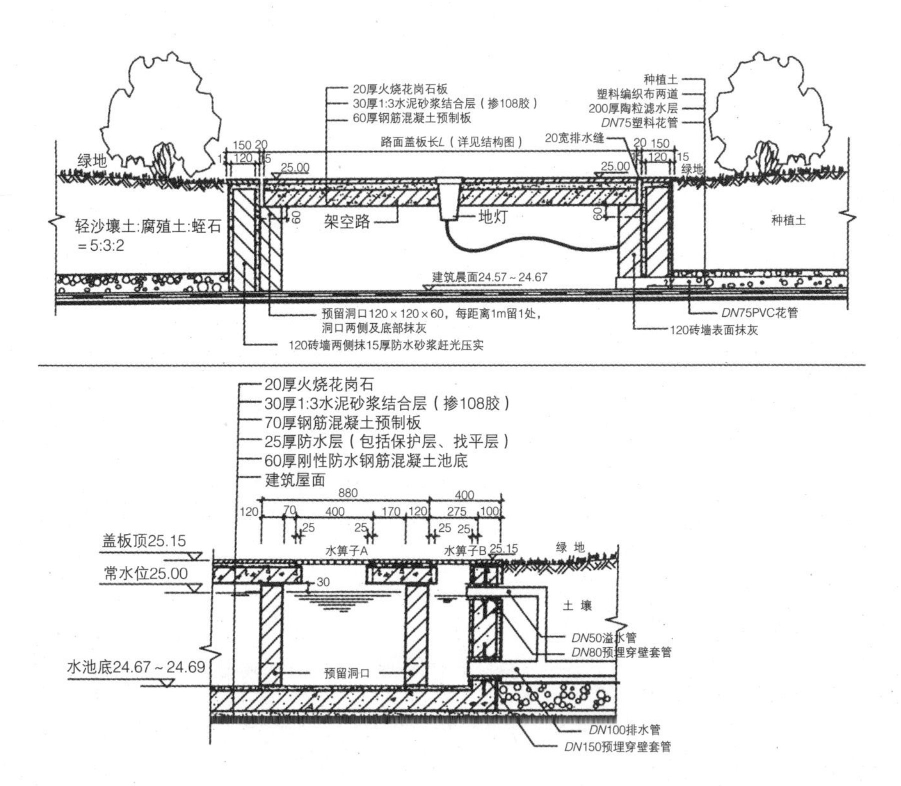

图6－152 北京王府世纪停车楼屋顶花园（8层）绿地、架空路、水池构造断面（自《北京优秀景观园林设计》）

第七节 公园规划设计

一、公园发展的历程

由于城市居民生活的需要，现代城市公园成为现代城市内不可缺少的板块，18世纪中叶出现了现代城市公园，很多城市一方面建设了新型公园，一方面把历史的禁园相继开放，由于有了历史名园而享誉世界，如：凡尔赛（法国巴黎）、彼得宫（俄罗斯列宁格勒）、颐和园（北京）、拙政园（苏州）。

公园占用了不少土地，在城市规划中具有一定的地位，尽管在不少城市建设中，从规划或建成的公园用地中蚕食了不少面积，但是由于它起到了公众游憩、观赏、娱乐、改善城市生态环境、防灾避难等作用，在城市地盘紧张的矛盾中仍然生存和发展。

公园的历史可以上溯到公元前4世纪，在古希腊就有城市广场、运动场、竞技场等，其中设置了林荫道、草坪，点缀着花架、凉亭，也布置了雕像、座椅。公元前1世纪，罗马人把希腊的体育馆园林形式与自己的城市庭园结合起来形成学园（Academy），实际上就是公共园林的雏形。

在我国古代园称囿。《孟子》："文王之囿，方七十里刍尧者往焉，雉兔者往焉，与民同之。"陈植先生认为这是"开近世公园之滥觞"。唐长安城南的曲江岸宫殿连绵，楼阁起伏，有紫云楼、芙蓉园，菰蒲丛翠，垂柳为烟，花卉环周，烟林明媚。胡人也在这里开设酒店，十分兴盛。李白："五陵少年金市东，银鞍白马度春风。落花踏尽游何处，笑入胡姬酒肆中。"每当中和（二月初一）、上巳（三月三日）、中元（七月十五日）、重阳（九月九日）等节日，平民也都可以来游乐。那时的文人学士、达官贵族常游宴于江上。中第后留名雁塔，帝赐宴曲江，吟诗、作画，风雅异常，有"曲江流饮"之说。

明代什刹海湖内有许多渔船，游人饱饮后乘舟东游，过德胜桥一直驶进鼓楼前的莲花池。高珩《水关竹枝调》："酒家亭畔唤渔船，万顷玻璃万顷天。便欲过溪东渡去，笙歌直到鼓楼前。"

到清同治年间，什刹海已是茶棚连座、戏馆林立、各式小贩云集的地方了。

唐长安曲江、北京什刹海实际上也是公共园林，也就是说在城市中的公共园林早就植根于城市生活之中，施政者顺理成章，居民也乐在其中。

现代公园在欧洲产业革命中，由英国开始，比利时、法国、德国相继其后，1776年美国独立，这些国家的社会变革大大改变了城市面貌，产生了不同形式和内容的新型园林。18世纪英国皇室首先开放了狩猎公园。法国巴黎郊外的布劳涅狩猎林园也向市民开放。19世纪上半叶伦敦很多皇家林苑都向市民开放，1835年占地107hm^2，风景优美的摄政王公园，也向群众开放了，以后开放的还有肯辛顿、海德公园，到1889年开放的公园面积有1074hm^2，到了1898年增加到1483hm^2。

19世纪50年代美国建立了纽约中央公园。这个公园围着围墙，十分优美，以求与大城市恶劣的环境形成强烈对比，满足城市居民返回自然的愿望。这种观念正好与这一时代潮流相适应，代表了这个时代造园发展的主流。

日本在明治维新后，在大阪市建立了住吉公园。十月革命后前苏联莫斯科于1929年建立了高尔基文化休息公园。

19世纪中叶以后，外国人在上海、天津等地租界内，建立了为他们享用的公园。1868年在上海黄浦江边建立"公花园"，1897年在黑龙江齐齐哈尔建立龙沙公园，以后在无锡、广州建立公园。北伐战争后三个城市的市政开始建设：南京开始建立玄武湖公园；北京1906年成立农事试验场于1908年开放，1912年开放城南公园（先农坛），1914年10月10日为纪念辛亥革命开放中山公园，1918年天坛正式开放，1924年开放颐和园，1925年开放北海公园。2006年8月18日在纪念北京公园百年华诞中公布北京市年接待游人1.1亿人次，总之，公园的开放是一个时代的象征，具有重要的意义。而且各国的园林建设和发展都互有影响，法国的勒诺特式园林、英国的自然式园林对欧洲、美洲都有相当的影响。

二、国外园林的建立和发展对我国主要的影响

（1）辛亥革命后，将皇室园林交由社会组织管理并对外开放，有的边改造边对外开放。

如中山公园原名为中央公园，经由当时

朱启钤负责董事会，添建了行建会（小高尔夫球场）、动物角、格言亭、来今雨轩等。

(2) 圆明园西洋楼的建立，将西方的园林建筑形象展现在国内；其他园林内的建筑如动物园中的畅观楼、中山公园的格言亭、恭王府中的园门、中南海静谷园门等等。

(3) 租界内公园的风格传播开来，如上海兆丰公园（现中山公园），建于1914年，传播了当时世界上风行的英国自然式园林，在我国建国初期有些新造园林，其形式也有英国自然式园林的影子。法国的复兴公园整形式园林，对各地新建园林也有一些影响。

(4) 前苏联文化休息公园的影响，主要是在规划设计上更加注意功能分区；在几个公园中建立一些露天剧场；开始进行文化活动，例如北京市园林局与文化局组织文化联谊社，成立公园文工团、音乐茶座，组织一些演出。

(5) 在设计上按照前苏联的“三段设计”（初步、技术、施工图），将设计、施工和养护管理分别按专业设置。

三、新型公园的建立

我国改革开放以来，从20世纪80年代开始，各地相继新建和改建了各种类型的园林，这些园林设计理念有了新的变化，形式风格多样，性格比较鲜明，为了满足人民日益增长的物质文化的需求，公园的形式和内容更加丰富。自然形式的太子湾公园；山地造园的广州云台花园；北京元大都城垣遗址公园；还有在市中心进行了大量拆迁而建的上海广场公园。

（一）杭州太子湾公园

太子湾公园位于西湖西南隅，原是南宋庄文、景献两太子的游憩地，东邻张苍水，南倚九曜山和南屏山，西接赤山埠，北临小南湖。1990年建园，面积17.75hm^2。本着遵从西湖、回归自然的理念，公园确定为与左邻右舍相协调、呼应的自然山水园，并充分体现以植物造景为主的原则。在造园手法上，以继承传统为基础，借鉴欧美园林文化之精华，创造一种蕴涵哲理、野逸、简朴、壮阔的田园风韵。

太子湾公园布局遵循山有气脉、水有源头、路有出入、景有虚实的规律，重点工作在地形改造、水系处理、道路设计的关键环节上。全园共分六个区，即入口区、琵琶湖景区、逍遥坡景区、望山坪景区、凝碧庄景区、公园管理区。

琵琶洲是全国最大的环水绿洲，带状的山岗，呈半开放的林中空地，南高北低，绵延起伏。逍遥坡有若干小丘，自南向北逐渐减少，恰似九曜、南屏两山向平陆延伸的余脉。

公园引钱塘江水形成湖区，后分三个出水口泄入西湖。为了保护自然面貌，公园内溪流尽量少做硬直的驳岸。公园内水系引水时是高水位，不引水时是常水位（西湖常水位是黄海标高7.5m），两水位高差是60cm以上。溪流两岸做成缓坡，常水位以下驳毛石坎，常水位以上则断断续续、疏疏密密地点缀少许湖石，并用湖石堆几个高低石矶，以方便游览和丰富景观，临水驳岸种植水生植物以防冲刷。植物配植力求单纯简单，高层突出乐昌含笑、川含笑等木兰科植物；中层春季突出樱花和玉兰，秋季突出丹枫和银芦；低层突出火棘和三颗针；地被为宿根花卉和湿生植物；草坪为剪股颖和瓦巴斯常绿草种，也有少量狗牙根。公园与南山路、虎路之间的隔离带以水杉、池杉为主，边缘部分配植桂花、石楠、绣球、金钟、棣棠、鸡爪槭、红枫、火棘、三颗针等植物。主入口配植几株无患子，铺装地北缘土丘上配植成丛的含笑，林下植柊树，形成一列高大的障景。琵琶洲及玉鹭池水面的岛上，成丛种植着乐昌含笑、玉兰、鸡爪槭、红枫、樱花、红花檵木、十姐妹等植物。曲桥两岸红枫与水生植物形成丹枫白芦景观。逍遥坡以西和天缘台以北是麻栗、化香、青风、苦槠、白栗、香樟为主的杂木林，林缘种植了适量的樱花。望山坪与琵琶洲之间是樱花林，琵琶洲四周有为数不少的玉兰，构成樱花与玉兰景观。

建筑为数不多，体量不大，格调求新，造型要求统一。建筑材料简朴粗犷，以带皮原木做柱子或墙面，茅草盖顶，渲染野逸（图6-153～图6-156）。

用地平衡见表6-3。

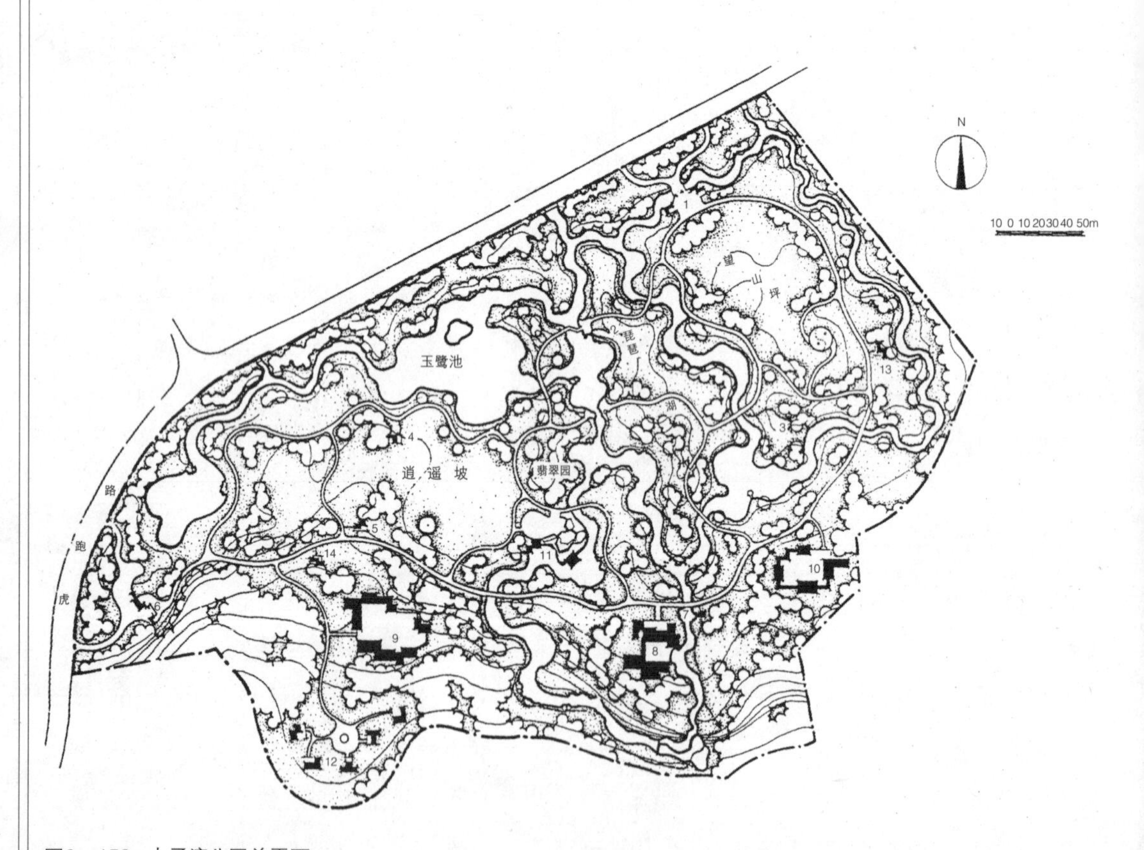

图6－153　太子湾公园总平面

1-主入口；2-悠然亭；3-放怀亭；4-小木屋；5-竹楼；6-次入口；7-观瀑亭；8-九曜楼餐厅；9-凝碧庄；10-颐乐园；11-天缘台；12-听涛居；13-厕所

图6－154 杭州太子湾公园樱花道（自《中国优秀园林设计集》）

图6－155 杭州太子湾公园曲水流英（自《中国优秀园林设计集》）

图6－156 杭州太子湾公园花海融春（自《中国优秀园林设计集》）

杭州太子湾公园用地平衡表 表6-3

	绿地	水体	道路	建筑	其他	合计
面积（m^2）	35530	26370	12800	2500	300	177500
百分率（%）	76.3	14.9	7.2	1.4	0.2	100

（二）广州云台花园

云台花园坐落在广州白云山风景区南麓的三台岭内，南临广园路，东倚白云索道，北靠连绵群山，花园总面积12hm²，其中绿化面积达85%以上，花园于1995年10月建成。

花园以新的立意吸取国内外园林特别是现代造园的精华，充分利用花园的有限面积设置草坪、疏林草地、林缘花境、喷泉雕塑，力图营造一个繁花似锦、舒朗大方、美丽宜人的自然环境。花园内尽量少设建筑，建筑形式力求明快开朗。

云台花园原是一山凹谷地，为处理好山水关系，削低两个山头，使最高山头降低12m，削去的土方用来填山凹各地，创造出一个比较优美的山水骨架。

花园有若干景区，公园入口正对主轴线，前面是一条“飞瀑流彩”，在高差9m的坡地上有跌水、喷泉、花带和花盆。再往上是滟湖，它是园的中心，湖南北长70m，东西长80m，呈琵琶状，沿湖设置岩石园、谊园、荧光湖和温室。岩石园以真石与人工塑石相结合，用花岗石雕凿的十二生肖太阳广场以及假石上的岩画、少数民族的图腾和各种岩生植物，反映出石头与人文景观相结合的审美特性。谊园原是一座山岗，削去6m高的山头成缓坡状大草地，利用不同植物作背景，摆设了与广州市缔结友好城市的外国城市赠送的标志性展品。温室高24m，平面为兰花瓣形，内有三个区：多浆类植物区、棕榈科植物展区和兰科植物展区。植物配植种类突出了南国热带的种类，如飞瀑流彩景区大草坪上数丛大王椰子、金山葵、假槟榔、董棕、鱼骨葵。谊园景区绿化选用有南洋杉、龙柏、罗汉松和可修剪的大红花、红绒球、勒杜鹃、双荚槐等，以及红桑、紫槿木、金边紫苏、山丹、各色马缨丹等一批花灌木。

岩石园选用的植物，有体形美观的鸡蛋花、砂糖椰子、美丽针葵、苏铁军，路旁、石隙间种山丹、太阳花、何氏凤仙、荷兰勒海棠、花叶假连翘等，或点缀几株金边箭麻、文殊兰，以显自然野趣（图6-157～图6-160）。

种植的形式以自然式为主，采用开朗、明快的布局，大片草皮上以色彩斑斓的美人蕉、黄蝉、金边红桑、红绒球、杜鹃等布置其间。点缀在草坪中的花灌木，边缘曲线自然流畅，或成丛或成片种植。局部地区采用规则式种

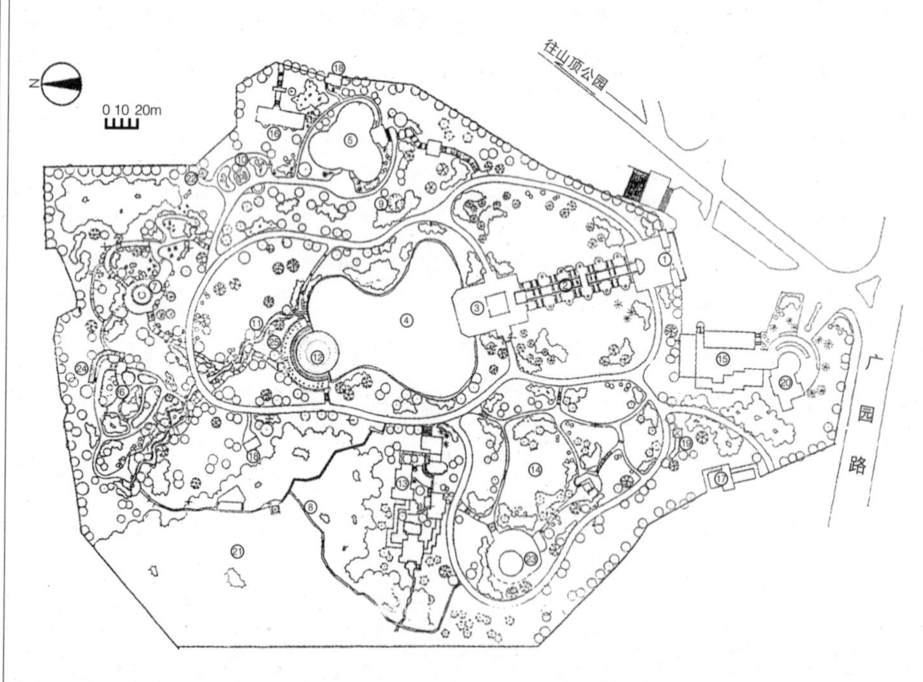

图6－157　广州云台花园总平面

1-大门；2-飞瀑流彩；3-喷泉广场；4-滟湖；5-玻璃温室；6-玫瑰园；7-岩石园；8-林中小憩；9-花钟；10-装饰花坛；11-花溪浏香；12-荧光湖；13-醉花苑；14-谊园；15-风情街；16-文物点；17-管理室；18-厕所；19-休息廊；20-白云酒家；21-山林；22-小卖部；23-主雕塑；24-花架廊；25-柱廊

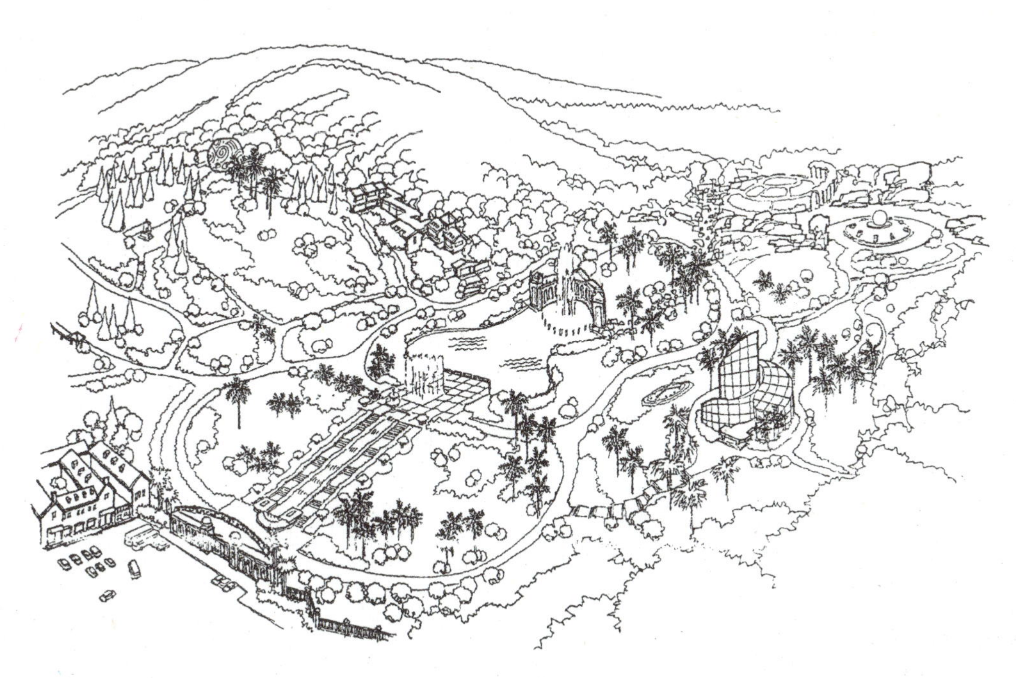

图6－158 广州云台花园鸟瞰

图6－159 广州云台花园入口喷泉、跌水
（自《绿色的梦》）

图6－160 广州云台花园植坛
（自《绿色的梦》）

植，如温室旁装饰花坛，将勒杜鹃、九里香、福建茶修剪成圆柱形、球形、尖塔形，并布置有图案或花坛、矮篱、绿墙等。

公园开放以来，群众对公园的布局形式、建筑风格、绿化配植和景点布置方面都给予了好评，一些不足之处是忽视了乔木的种植，遮阴不够；另外园林空间层次还不够。

（三）元大都城垣遗址公园

元代大都城始建于1267年，是闻名于世的宏伟、壮丽的城市。明代城垣北部南缩2.5km被遗废的元代土筑成的城墙逐渐荒芜，坍塌和随意取土时有发生。1956年进行了大面积保护性绿化，1957年列为市文物保护单位。20世纪80年代，随着小月河（原土城的护城河）的整修，作为游览休息的绿地初步进行了改造。整修了蓟门烟树景区，全面铺设了园路，安装了一些简易设施。

为了迎接北京奥运会、提高景观水平，2003年2月开始筹备进一步整治公园。

全面整治的重点是：

（1）保护土城遗址，根据文物部门确定的保护范围，在范围内设计了围栏、台阶、木栈道、木平台及必要的穿行、参观道路。整修的重要节点为水关及角楼遗址等。

（2）改造小月河，创造水环境。原小月河在20世纪80年代改造成直立的块石或混凝土驳岸后，失去其郊野自然的形貌。这次把有的地段河岸降低，形成斜坡绿化，部分河道加宽，有的形成码头，有的种植芦苇、菖蒲等水生植物。

（3）强化植物景观的季相变化，公园是城市的一条绿色屏障，与城市有9km长的界面，应该有植物色彩季相变化来装点街景。以大片的海棠、山杏、紫薇、松柏树，形成了城台叠翠、杏花春雨、蓟草芬菲、紫薇入画、海棠花溪等景点。

（4）原元代土城高16m，经过700余年的变化，现状已多为3～5m高的土丘，再加树枝掩遮，感觉平淡。为了表现元大都的昌盛和产生新的兴奋点，选择土城已无存的平坦地段，树立了群雕壁画、城台及各类小品。在海淀区西土城地段树立“大都建典”主雕高9m，总长80m的群雕，表现忽必烈骑象辇入京的典故。规模最大的雕像群在朝阳区北土城地段，主题为“大都鼎盛”，主雕加城台高12m，长60m，表现元朝经济文化发达、军事强盛的气势。

整治后公园景观水平有了很大提高，使人文景观和生态环境有了显著变化。参观者有评价认为：不足之处在于雕像规模过大，新硬质景观稍多（图6-161～图6-166）。

（四）上海广场公园（延中绿地）

上海广场公园是在市中心拆迁了大量旧建筑后修建的公园，占地28hm^2，位于延安中路高架桥与南北高架桥交会处。公园分七个区域，既互相呼应，又各具特色。

春之园，有绿色的森林为开端，南面有喷泉广场和月季花园。

岩石园，占地3.2hm^2，展现水岩、石与植被的关系，突出地质岩石的景观。有高8m、长约120m的天然黄石构筑的假山，从中部泻下的双瀑为主景，中部双瀑对景为樱

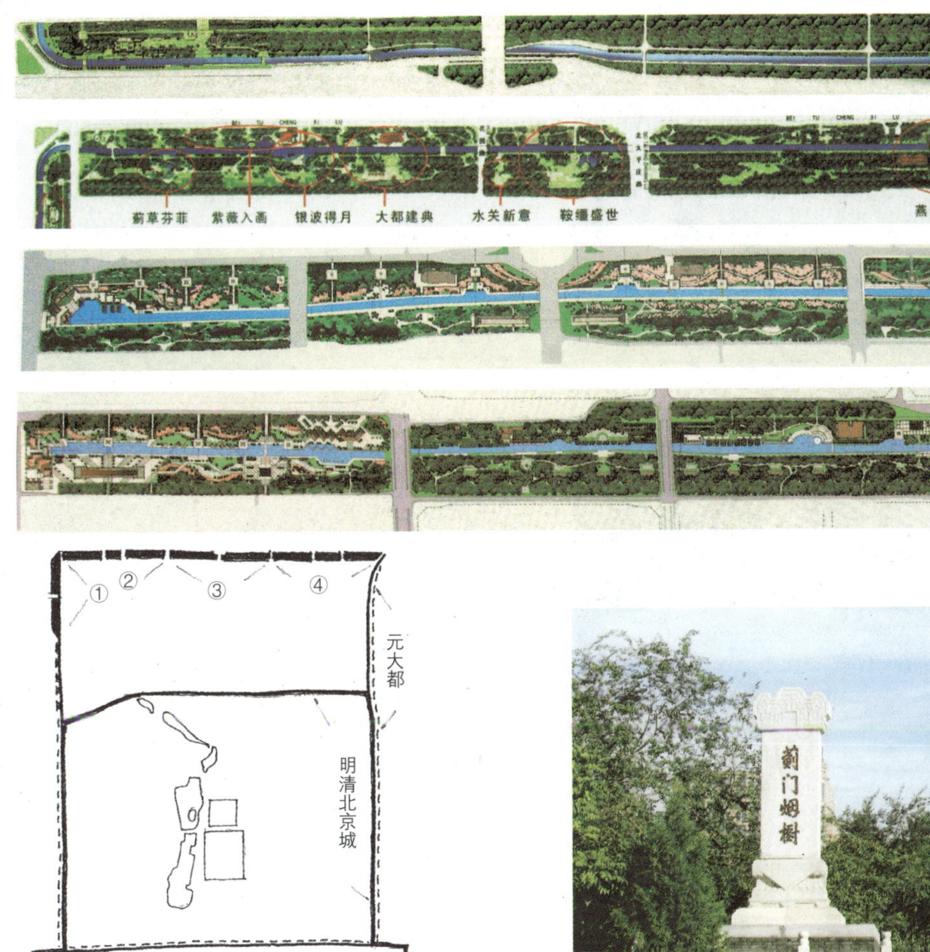

图6-161 元大都城垣遗址公园平面

图6-162 城垣遗址西部的燕京八景之一“蓟门烟树”

图6-163 城垣遗址中的忽必烈雕像

图6－164 遗址中树林成为群众休闲的好去处

图6－165 元大都城垣遗址前的树林

图6－166 元大都城垣护城河遗址（小月河）两岸绿化

花路和玉兰路。园中保留了中共二大会址及平民女子学校旧址等有历史价值的纪念建筑物。

干河园，平面呈三角形与岩石园呼应，以象征的手法表现在茂盛的树林中出现一条曲折迂回的河流，两侧有丰富的植物配植。

芳草园，绿树环抱草坪，村中有休闲与观赏的空间，芳草园中植物以松科、玉兰科为主，秋色叶点缀其间，园中还有表现现代生活的雕塑。

感觉园，试图通过一系列的空间设计组合，将“以人为本，人与自然和谐共存”的主题作深入的尝试和体验，给人以轻松、情趣、惊奇、感悟等不同感受。

自然生态园，占地8hm^2，是园中占地最大的。水流汇集于园中，在园的西端高6m的山坡上，水从石亭下涓涓流出，河中的杉树小岛颇具特色。茂密的水杉、池杉挺拔林立，水葱、柽柳带来淳朴的野趣。自然生态园植物品种二百余种，形成很好的人工植物生态群落。

上海音乐厅花园，绿地东端是以上海音乐厅为中心的花园。在植物配植上，西侧以榉木、樱花、银杏等乔木林形成现代感强的路网格局，东侧是大片草坪，栽植秋色叶植物，音乐厅主入口广场以银杏为主，南侧的植物修剪成波浪起伏的造型，有音乐节奏的象征（图 6-167～图 6-171）。

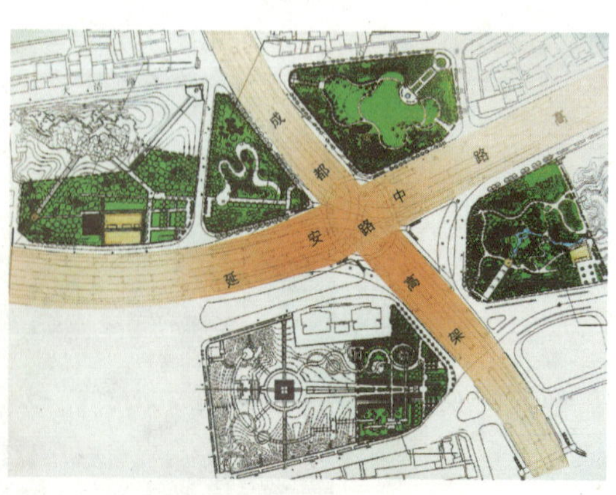

图6－167 上海延安中路绿地平面（一期工程）
（自《中国优秀园林设计集》）

图6－168　上海广场公园（延中绿地）芳草园
（自《中国园林》）

图6－170　上海广场公园（延中绿地）岩石园中瀑布
（自《中国园林》）

图6－169　上海广场公园（延中绿地）栈道和树林
（自《优秀园林工程获奖项目集锦》）

图6－171　上海广场公园（延中绿地）小河花木
（自《优秀园林工程获奖项目集锦》）

（五）香港公园

香港公园位于港岛中环路地段，原址是英军域多利兵营，公园占地面积 $10hm^2$，1985 年开始建设，1991 年 5 月完工。香港公园是近年建设的有代表性的游憩公园。在设计上公园结合地形，尊重自然，利用原有现状，尊重历史。在空间组织上把游戏空间与静憩游赏空间有机地组织在一起。新建在山上的观赏温室，利用地形，采取灵活的多面体，把功能和审美结合得十分巧妙（图 6-172、图 6-173）。

北京奥林匹克森林公园①

北京奥林匹克公园位于北京市区北部，是举办 2008 年奥运会的核心区域。北部为奥林匹克森林公园，占地 $680hm^2$。北京城南北的中轴线将消融在这个自然山林之中。它是奥运中心重要景观背景，也是具有中国传统人文审美和现代公园活力的休闲花园。为体现绿色奥运的宗旨，森林公园将生态与绿色理念作为基本原则。对地形、污水和生物多样性等方面，都作了各种各样的科学处理，并为保障五环路南北两侧的生物系统联系、提供物种传播的途径、维护生物多样性，而

①森林公园：2007年大规模开始建设，从命名到各处山水的创造都具有崭新的特色。以历史上建成名园的历程来讲还须经过一定时间的细部修整和经验总结。

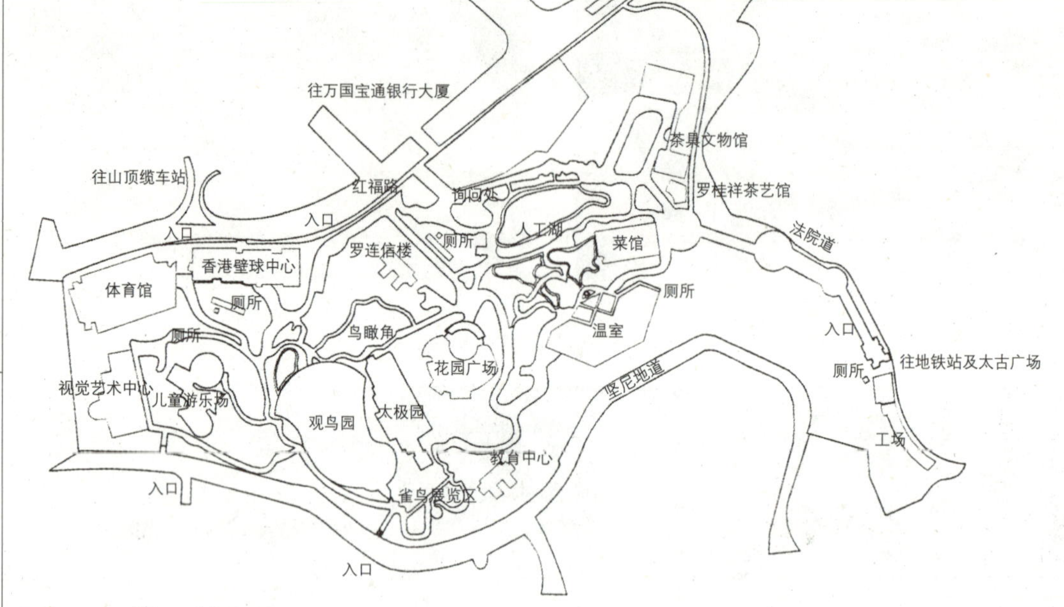

图6－172 香港“香港公园”

设计了中国第一座城市的跨高速公路的大型生态廊道。南部定位为生态森林公园，主湖面面积24hm^2，山峰高度48m。形成“奥运中国龙”的头部，以“曲水架构主轴，游龙若隐，气韵生动；环山主脉蜿蜒，风水流转，气象万千”。景观湿地是公园重要景观之一，通过种植各类湿地植物，一方面是创造一个舒适、优美的环境，一方面使游人了解、认识各种湿地植物的特性和功能。

设计者力求达到中国传统园林意境、现代景观建造技术、环境生态科学技术三者的完美结合，让奥运会为北京留下一份绿色遗产（图6-174、图6-175）。[①]

四、建立公园规划设计工作程序

（一）公园规划设计的前期准备工作

现场勘察是对要建公园场地的初步认识，传统的造园学讲现场勘察是“相地”。认识场

图6－173 香港公园湖面

①摘编自胡洁的“北京奥林匹克森林公园景观规划设计综述”（《中国园林》，2006,3）。

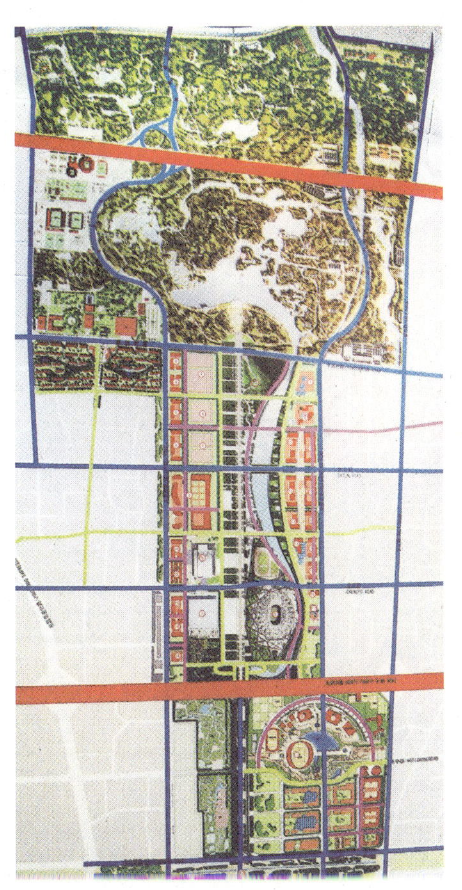

图6－174 奥林匹克公园总体规划（北部为奥林匹克森林公园南部建有各场馆）

地的深刻程度是园林设计师的基本功，面积较大、地貌复杂的场地绝不是一次就能够认识清楚的。应随着设计的逐步深入，认清读懂这块场地的面貌特征、可利用的因素和需要改造的方面。

准确的现状地形图是设计的基础，设计的成果就在现状上产生，特别要注意在具有古树的场地上进行设计时，现状图应该具有适当的比例，每棵古树下地面标高、胸径、树冠范围，都应标明在图纸上。对当地的地质土壤也要有全面的调查，对特殊地段的土壤要进行化学和物理性的测定。必要时对当地的星光云雨、虹霞蜃景等天景特点也要注意。

图6－175 奥林匹克森林公园总平面（自《中国园林》）

1. 历史风物调研

在一般城区，对场地上及其周边现存建筑、遗迹的历史要掌握准确、清楚的资料，同时要对其进行历史价值的评估，必要时协同文物专家进行。

同时对当地民族风俗、宗教礼仪、神话传说等风物也要了解。

2. 植被调查

主要是植物类群的调查，如山林植物、旱生植物和水生植物；植物季相景观，一年四季植物表现的特色；古树名木和市花市树。古树的树龄及其历史，当地的特有植物；调查现场各种植物的种类、分布、生长状况。对当地苗圃、花圃所生长能供应的品种、数量、规格，要有明细的目录，并了解其栽培条件及特殊要求。

3. 气象、水文、地质调研

气候带与植物分布有很重要的关系，温度、湿度、降水、光照、霜期、风力都影响植物的生长，尤其是温度决定着植物的生存，譬如极端最低、最高温度持续的长短，就能决定有些植物能否生长。水关系到植物生长和公园景观，地下水位情况和地面水的流速、流量、水位和水质，属于调研范围。地质构造、地震情况也都属于调研范围。

4. 群众情况调研

公园地区群众情况及其需求在规划公园前应有所了解，这对于安排公园内容及设施至关重要。例如居民的年龄结构，老年、中青年和儿童的比例；居民的职业、文化程度情况；居民的流动状况以及特殊的人群组成。在可能的情况下，对附近居民的习惯、爱好、经常活动规律都要进行了解。

（二）公园的性质、内容

公园的性质、内容应该在城市绿地系统规划中，根据全市绿地的分布来确定。各国甚至各城市都根据各自的情况对公园进行分类（表6-4～表6-6）。

美国公园分类（hm^2）　　表6-4

地方公园	1.6
市单位公园	1.6
公园原始地域、自然保存地域 科学纪念物、历史纪念物	地方：6 州：12 国家：80
大公园	40～120
近邻公园（街坊、邻里）	
游憩公园	80
公园（高尔夫球场、野餐、徒步 旅行休憩所、划船场、动物园 树木园、花卉园、艺术中心）	最小20
海滨、湖、人工湖	
运动公园	4.8～20
儿童游戏场	0.019～0.095

我国绿地分类按2002年建设部颁布的《城市绿地分类标准》，如表6-7。

（三）公园游人量的测算和用地比例

（1）游人量：公园主要服务对象是游人。

前苏联文化休息公园总游人数，是按城市人口的5%计算的。假日游园人数，公园是按全市人口的10%计算的，按照前苏联

日本公园分类 表6–5

性 质	地 域		面积（hm^2）	距离（m）
都市公园	住区基干公园	幼儿公园	0.05	100～250
		儿童公园	0.25	200～250
		近邻公园	2.0	400～500
		地区公园	4.0	1000～1500
	都市基干公园	综合公园	＞10	5000～10000
		运动公园	15～75	5000～10000
	特殊公园	风致公园	＞10	
		动植物园		
		历史公园		
		其他		
	大规模公园	广域公园	＞50	
		游憩公园	1000	
	缓冲绿地		＞20	
	都市绿地		＞1.0	
	绿道		＞20m	
国营公园	国民公园			
	国营公园			
自然公园	国立公园		＞10	
	国定公园			
	都道府县立			
	自然公园			

的规定，文化休息公园每个游人应占面积60m²，公园的游人量应该按照下列公式计算：

$$C=A_m/A$$

式中 A——公园游园人数；

A_m——公园总面积（m^2）；

C——公园游人人均占有面积（m^2/人）。

根据我国目前人口众多、东西部不平衡、农村人口正在向城市集中等情况，市区级公园游人人均占有公园面积理想数值以60m²为宜，居住区公园、带状公园和居住小区游园以30m²为宜。近期公共绿地人均指标低的城市，游人人均占有公园面积可酌情降低，但最低游人人均占有公园的陆地面积不宜低于15m²。风景名胜公园游人人均占有公园面积宜大于100m²。

前苏联公园分类（1987年） 表6–6

文化休息公园分成 市级和区级 以及小城镇级	$60m^2$/人 按城市人口 5%计算
体育公园	分市、区、国家三级
游乐公园	绿地占40%
市立公园	大片绿地
展览公园	绿地占35%～40%
植物园	
动物园	
森林公园	
群众休息区	有疗养机构 一日休养所
保护区公园	有特殊科学、 文化价值， 只组织参观
国家公园	
历史公园	
民俗公园	
纪念公园	有历史革命意义
儿童公园	
15种	

（2）游人游次系数：一般大公园游人一天只游一次，而小公园游人可能一天去两三次，这样同时在园人数应该是：

$$O=B/F$$

式中 B——公园游人总数；

F——游人系数；

O——公园同时在园人数。

（3）公园内用地比例，按照公园设计规范用地比例如表6-8。

（四）公园与城市整体建设的协调

（1）公园内容的选择要与临近较大的设施相协调，特别是文化、体育设施如剧场、游乐场、体育场、展览馆等，尽量避免与其重复。

（2）公园的周边道路性质、通行能力、主要来去公园游人的交通通道、交通工具、站场位置及私人停车场的规模。

（3）公园四周的竖向标高，公园给水排水情况；包括水体的水源供给量，水位变化；水质中有害物质的存留情况；雨、污水的排放去向，管道标高。

（4）公园附近大型建筑的体形、体量、高度。

（5）能源供应：电、热、煤气供给线路，供给量。

（6）噪声、废气的污染情况及高压电网、放射物体有碍游人安全的各种因素。

（7）其他方面，如城市建设中将来影响公园发展的设施（如地下设施、管线通道等）；公园“三废”处理的去向和防灾避震的要求等。

（五）整体形式的构成

公园的形式可以简单地分为整形式、自然式和混合式三种，已经建成的公园很少有单纯绝对的形式，而是以哪种形式结构占主导而划分。影响形式、格局的因素很多。主要是主管部门（业主）、社会影响（有影响的人士、哲学家、科学家、文艺家的言论）和规划设计者三个方面。当然财力对每座园林都是基础性的保证和影响。

客观合理地去分析构成不同形式的因素，

表6-7

我国城市绿地分类

类别代码			类别名称	内容与范围	备注
大类	中类	小类			
G1			公园绿地	向公众开放，以游憩为主要功能，兼具生态、美化、防灾等作用的绿地	
	G11		综合公园	内容丰富，有相应设施，适合于公众开展各类户外活动的规模较大的绿地	
		G111	全市性公园	为全市居民服务，活动内容丰富、设施完善的绿地	
		G112	区域性公园	为市区内一定区域的居民服务，具有较丰富的活动内容和设施完善的绿地	
	G12		社区公园	为一定居住用地范围内的居民服务，具有一定活动内容和设施的集中绿地	不包括居住组团绿地
		G121	居住区公园	服务于一个居住区的居民，具有一定活动内容和设施，为居住区配套建设的集中绿地	服务半径：0.5～1.0km
		G122	小区游园	为一个居住小区的居民服务、配套建设的集中绿地	服务半径：0.3～0.5km
	G13		专类公园	具有特定内容或形式，有一定游憩设施的绿地	
		G131	儿童公园	单独设置，为少年儿童提供游戏及开展科普、文体活动，有安全、完善设施的绿地	
		G132	动物园	在人工饲养条件下，移地保护野生动物，供观赏、普及科学知识，进行科学研究和动物繁育，并具有良好设施的绿地	
		G133	植物园	进行植物科学研究和引种驯化，并供观赏、游憩及开展科普活动的绿地	
		G134	历史名园	历史悠久、知名度高，体现传统造园艺术并被审定为文物保护单位的园林	
		G135	风景名胜公园	位于城市建设用地范围内，以文物古迹、风景名胜点（区）为主形成的具有城市公园功能的绿地	
		G136	游乐公园	具有大型游乐设施，单独设置，生态环境较好的绿地	绿化占地比例应大于等于65%
		G137	其他专类公园	除以上各种专类公园外具有特定主题内容的绿地，包括雕塑园、盆景园、体育公园、纪念性公园等	绿化占地比例应大于等于65%
	G14		带状公园	沿城市道路、城墙、水滨等，有一定游憩设施的狭长形绿地	
	G15		街旁绿地	位于城市道路用地之外，相对独立成片的绿地，包括街道广场绿地、小型沿街绿化用地等	绿化占地比例应大于等于65%

公园设计规范用地比例　　表6–8

陆地面积（hm^2）	用地类型	公园类型												
		综合性公园	儿童公园	动物园	专类动物园	植物园	专类植物园	盆景园	风景名胜公园	其他专类公园	居住区公园	居住小区游园	带状公园	街旁游园
10～＜20	Ⅰ	5～15	5～15	–	5～15	–	5～15	–	–	5～15	–	–	10～25	–
	Ⅱ	＜1.5	＜2.0	–	＜1.0	–	＜1.0	–	–	＜0.5	–	–	＜0.5	–
	Ⅲ	＜4.5	＜4.5	–	＜14	–	＜4.0	–	–	＜3.5	–	–	＜1.5	–
	Ⅳ	＞75	＞70	–	＞65	–	＞75	–	–	＞80	–	–	＞70	–
20～＜50	Ⅰ	5～15	–	5～15	–	5～10	–	–	–	5～15	–	–	10～25	–
	Ⅱ	＜1.0	–	＜1.5	–	＜0.5	–	–	–	＜0.5	–	–	＜0.5	–
	Ⅲ	＜4.0	–	＜12.5	–	＜3.5	–	–	–	＜2.5	–	–	＜1.5	–
	Ⅳ	＞75	–	＞70	–	＞85	–	–	–	＞80	–	–	＞70	–
＞50	Ⅰ	5～10	–	5～10	–	3～8	–	–	3～8	5～10	–	–	–	–
	Ⅱ	＜1.0	–	＜1.5	–	＜0.5	–	–	＜0.5	＜0.5	–	–	–	–
	Ⅲ	＜3.0	–	＜11.5	–	＜2.5	–	–	＜2.5	＜1.5	–	–	–	–
	Ⅳ	＞80	–	＞75	–	＞85	–	–	＞85	＞85	–	–	–	–

注：Ⅰ——园路及铺装场地；Ⅱ——管理建筑；Ⅲ——游览、休憩、服务、公用建筑；Ⅳ——绿化用地。

是当前设计者的重要责任。

1. 自然式园林

自然式园林会使人感到活泼、亲切、雅致、柔美。破碎的地面上有丘陵起伏或河湖港叉交错，当然是形成自然形式的基础。

北京在20世纪50年代开始建设一些新型园林，虽然也有一些土山、河湖，但没有大型园林建筑可放在园内，也就没有形成主轴，广场和建筑对称的形式，大都为自然式。

2. 整形式园林

整形式园林可以让人感到庄重、大方、壮丽、简洁。

整形式园林是在比较平坦的地块上，具有能形成平直轴线的条件，特别是能有足够体量、形式的实体，作为轴线的终点或目的物。在古典皇家园林中常以宫殿为主轴线，从此展开整形的园林。现代园林中常以大型建筑（如体育馆、展览馆、温室）为轴线上的重点，从而展开整形式。

3. 混合式园林

混合式园林可以让人感到丰富多样、适度、融合。

在前面两种条件都具备，但又不充分的情况下，为了使景观更加丰富就采取混合式园林，直线与曲线交叉，有形的轴线与无形的轴线并存，既满足公园大型活动的需要，又能使爱好自然、悠静的人徜徉在园林之中。

（六）对园内造景要素的要求

公园是综合地面上道路、广场、园林植物、水体、建筑及其他设施等各要素的一个整体。应该要求各要素发挥出高水平，经过综合后才能有高水平的园林。

1. 园路、广场

道路是公园的骨架，它是表现公园结构的主要因素。园内靠园路来联系各处的交通；也是分区的界标，它能起到无声的导游作用——引导游人穿越各个空间，欣赏到各种景色。强烈的轴线往往要靠道路广场来表现或衬托，弯曲自然的道路能不断转移人的视线，景色不断变化，有不尽之意。因此，设计道路、广场时要求主次分明、疏密得当，既便利还要和景观相结合。

道路、广场承载游人数量最多，既能通过，也能停留、休息，同时还能帮游人找到目的地。在居民密集的市中心，游人多的公园道路、广场占全园总面积的比例要大，植物园和郊野公园与一般公园功能不同，大多在郊区，绿化面积要多，道路、广场面积要少。由此关系到道路的宽窄的密度。

2. 地形

与道路、广场衔接的是公园的大部分地面，实际上道路、广场的标高也要与整个地形标高接顺。公园原有场地地形高低如果不大面积地变动，是最好的选择，很多原有植被和成熟的土壤可以保留。按照生态的原则，移动原地面的地被时，应移至临时地点，然后整完地形时再复原。变动地形的主要原因，一般是为了找出适合地面排水的坡度；创造景观或是造成适宜的小气候。地面排水的坡度要根据地面的构造而定，草地坡度可稍大，而一般硬质铺装可略小。

堆山要考虑水土保持和种植植物的适宜坡度，坡度过陡时可以借助修筑山路时砌挡土墙、堆叠山石的办法解决。

3. 园林植物

构成公园的植物形态一般有自然式纯林、整齐的树阵、乔灌木构成的混交林、树丛、树群、成行的树木、独立树、地被、草坪还有成带、成块的花坛以及水生植物。

在总图的方案中，除了表现园林空间的区划外，还应该表示出各种形态的组成。由于要显示功能和审美的意图，在每种形态之内还应该确定其中的主要树种。纯林中还分常绿树、中等乔木、高大乔木；乔灌木混交林地中乔灌木的主要种类、比例、密度；地被植物选择常绿、落叶种类；草坪主要种类。

4. 水体

公园中有河湖、潭池、溪流、湿地、瀑布和喷泉等水体，每种水体都有其各自的布局和造型。在研究外部形态的同时必须以水的来源状况为基础。

我国是个缺水的国家，特别有的城市水源很困难，因此景观用水首先要确定水的用量，以便确定水源。河湖、潭池按照水面、水深和经常的蒸发、渗漏以及换水次数的损失，来计算用量。瀑布和喷泉要计算喷流用量和损失量。

河湖水面还要确定最低、最高和常水位的标高及其变化的频率、时间，这些情况对设计驳岸关系十分密切，特别是对码头、水榭和某些水生植物。

河湖渗漏程度与湖底的沙石、土壤结构有关。为了保护水体周围建筑的基础或地下室、构筑物和管线，需要保持河湖不能漏水；也有的是为了保持水中生物系统的生态平衡和补充地下水，对湖底不需要作防渗漏的衬砌，这些问题都要在设计前期做好论证。

在我国北方，冬季寒冷，湖面结冰，结冰的时间、持续时间、厚度以及胀力，对驳岸及湖边道路都会有不同影响。持续时间对于开展冰上活动也有关系。

水质清洁程度，经过处理后的再生水是否含有对人体有害的物质，对开展水上活动十分重要。

水的温度、流速对水生植物的生长和群众开展游泳活动也都有关系。

5. 园林建筑

(1) 选址

园林建筑的选址要根据建筑的性质、规模来布置。众多游人活动的大型建筑，如展览、会堂、动物园的主要动物馆（如熊猫馆）、植物园的大温室等，位置要明显、出入方便，尽量与其他游人少交叉，室外还要有适当的集散广场。

茶座、食堂的选择，要注意选择有适当景观，但不要占据风景最好的景点和欣赏美景的顶峰，避免少数人占据大多数人游览的最好位置。

管理公园用的建筑最好对内、对外都比较方便，不必占用园内最好位置。

厕所的建筑则应既能让游人容易找到，又不过分显露而破坏景观。

点景和游人休息的建筑是影响景观质量和欣赏风景的重要建筑，例如园中的塔、观日出的亭子、看海潮的廊子、赏月的阁，设计者都需要细心勘察、实际观测而定。

其他建筑如仓库、变电室、集中供暖设施、

安全管理处（派出所）、垃圾处理设施等附属设施，也需要有适当位置。

（2）标高

建筑的标高影响建筑的布局，同时也会影响从建筑往外看和外界看建筑的视线。在山上的建筑不一定都放在最高处，特别是在几座山都在一个园内的情况下，切忌雷同，要按性质和附近风景的情况，充分利用地形特点，考虑内外空间的变换、流动来选址。在水边的建筑要认真考虑水面的水位变化，一般是按常水位确定建筑地坪，但也要考虑洪水对建筑的危害，在地下水位较高的地方，建筑要避开其侵害，以高燥处为宜。

（3）体量

一切园林建筑都要考虑与周围环境的协调，比例、尺度不能过大或过小。特别应该避免过高、过大的建筑挤在窄小的空间中，或是与其他建筑互相“干扰”。在功能需要较大的面积的情况下，将建筑分散组织，就可降低高度，缩小单个建筑的体量。在我国传统园林中实例很多。

（4）色彩

在我国传统的园林建筑中，无论北方皇家园林或是江南私家园林中的园林建筑，色调都有一定的程式。现代建筑材料、结构、涂料都有了新的发展。在色彩上应该更注意与环境和建筑彼此之间的关系。重点的建筑用突出的色彩也是必要的，但应该是在有计划统筹的情况下进行。

五、丰富多彩的国外公园

随着社会的进步、人民生活水平的提高，公园的内容更加多样化，无论在审美、环保、安全、节约方面都有更新的创造。

（一）内容丰富

随着人们物质文化水平的提高，公园的内容也逐渐增多，公园已不仅是散步、游览、赏景的场所，而是有大片的树林，提供新鲜的空气，可以进行运动、锻炼、游戏、演出，群众还可以组织唱歌、舞蹈、戏剧演出、科普、展览等活动，志愿者也参加公园的管理，甚至捐款资助养护公园等等。

（二）设施完好

道路交通水平进一步提高，游戏设施、通信设备先进，照明水平得到改善，园内清洁、灌溉、安全管理等设备不断更新。

（三）形式多样

（1）公园的平面构图更具特色，例如大胆地利用方整形和不规则的几何图形；解构主义的出现；也有在对称的布局或是自然式的道路系统中，大胆地插入斜线线形以统筹整体的创作。

（2）园林植物的配植有大片的森林或草坪，也有树阵，在树林下布置临时或永久的花展；品种多样而瑰丽的植被和鲜艳亮丽的色带，花境也常常出现在公园中，新的形式已经代替了古老的刺绣花坛。

（3）园林建筑新颖而精美，无论造型、色彩，都包含着宜人、亲切、开朗、鲜明感。

（4）地形、驳岸、台阶处理等方面，都更加自由活泼，具有人性化。

第三篇

国外园林

中国园林有悠久的历史，其博大精深一直为世人所称道。而国外文明的发展，各民族智慧所培育的园林艺术，也是人类的共同财富。在我们继承和发扬优秀传统的同时，也应该吸收中国以外的世界园林中的精华。这些具有特色的园林是在不同的气候、环境条件下，经过漫长岁月的创造和社会文化积累而成的。据记载公元前27世纪以前埃及神殿已有神圣丛林（Sacreo Grove）。公元前1世纪巴比伦建造了空中花园（Hanging Granden）。以后有古希腊、罗马的古典园林和东西方融合的伊斯兰园林。中世纪封建割据连年战争的西欧主要是修道院和城堡庭园。只有经过伟大变革的文艺复兴运动，使人们获得了精神上的解放，才出现了惊世的文化，也包括园林艺术。意大利的台地园、法国整形式园林和英国风景园成就突出，成为欧洲园林的主角，也影响了世界各地。16世纪初期不少西欧国家开始重视园林植物的发展，着手从境外搜集园林植物，一百多年前英国就从中国搜集了数千种园林植物。其他地区植物和本土植物经过长期的培育出现了很多优良的园林植物品种。以致欧美很多国家的园林植物栽培、配植水平都有很大提高。

19世纪后期很多国家封建制度开始消亡，公园逐渐成为大型园林的主要类型。1847年英国利物浦伯肯里德公园（Birkenhead Park）被称作世界上第一个公共投资的城市公园。19世纪中期奥姆斯特德（Frederick Law Oimsted）创建了纽约中央公园，开始了创建公园系统的先例，促进了城市公园的发展。园林形式也逐渐多样化、个性化。社会阶层中的中产阶级增多，私人庭园大量发展。同时园林植物的新品种也大量应用。工业发达，城市人口骤增，环境恶化，生态园林（Ecological Garden）应运而生，田园城市（Garden City）设想问世。现代化园林形式逐渐展现在人们面前。

在东方，比如日本，大部分地区气候温和湿润，风景秀丽，人们有喜爱自然的传统。7～9世纪，中日交往频繁，日本吸收了大量盛唐文化，在造园上热衷于“唐风意匠”。直至16世纪80年代（桃山时代），在造园艺术上破除了抄袭中国的作风，发挥了日本本民族的个性。明治维新大量吸收欧美风格，直到二战以后，园林艺术趋向于在继承传统的基础上，创造新的民族风格。在漫长的历史过程中，从模仿学习到消化融合、精心创作，以致使日本的园林有了静雅、精细、动人心绪的风格。

从欧美到亚洲，现代化的园林形式或者进一步说“后现代化”的园林形式都更加丰富多彩、异彩纷呈，其中很多内容和形式更加贴近实际、贴近生活，更趋群众化，更趋多元化。同时，支撑现代化园林的建造技术、材料，更加科学、经济，很多设施也更加先进，这都为真正的现代化园林，提供了可持续发展的可能。

学习国外园林，既要看到其文化背景的不同、哲学思想的差异，各时期兴衰的规律，影响成败的各种因素，又要学习其苦于探求，大胆创作的精神和技术细节，博采众长、兼收并蓄，以促进我国新园林的发展。

第七章
东 方 园 林

在亚洲的日本、朝鲜半岛（朝鲜人民民主共和国和大韩民国）和南亚的新加坡、泰国等国家都不同程度地受到中国园林艺术的影响。这是由于民族传统观念类同；同时受到佛学和中国儒家思想的影响，在园林上表现为崇尚自然、尊重佛学、提倡人格修养。直到现在仍可看到某些遗风与新形式的结合。

第一节　日本园林

古代日本哲学思想比较滞后，没有出现过像希腊从泰勒斯（Thales of Miletus）到亚里士多德（Aristotle）的时代和古代中国诸子百家的时代。因而必然会引进别国具有社会影响的思想。中日两国民族从形体到肤色都有相似之处，又是一衣带水的邻邦，于是中国文化包括园林文化在成熟阶段直接进入了日本。大约3世纪后期，中国儒教传入日本。6世纪中期日本从中国引进佛教。盛唐时期中日文化交流高潮中，道教思想深入日本。在不同的历史时期在中国文化影响下产生了各种形式的园林。同时由于日本造园家和一些有识之士的不断创新，追求完善，曾经出现了形式精美而高于中国的造园名作。传统的日本园林形式与中国园林一样都是崇尚自然。不过，中国园林显示自然中人的尊严，人是园林中的主人；而日本园林更显自然的盛况，对园林有敬畏、保持相当距离的观照。一位日本业内人士认为："由日本的风土所产生的是感情的具有冥想的，并且表现出变化剧烈的性格，不像西欧人那样遵循着几何学的比例法则，也不像中国人那样不拘细节、大方磊落的心情，而是诉诸感情，使力得到平衡。"日本园林总的特点是：以山水林石创造出再现自然的境域，构成十分精致、素雅，并富有诗意和哲学理念的园林。室町时代以后，庭园中不重视色彩，有意模仿水墨画；在很多园林中园林植物种植密度很大，其层次也丰富，有意表示林野风情；在置石上多用伏石，少山体立石，庭园中用步石或自然石块铺砌较多，也有用碎石、白沙石铺盖广场、道路的；建筑大都为茅顶原木，不施彩绘；水体以平静为多，少有瀑布、跌水。

一、日本庭园的历程

日本的园林史悠久而丰富，如果从奈良时代算起到明治时代，一般分作七个时期，每个时期都有自己的特点（表7-1）。

从园林设计者来说，就需要考究产生某种形式和它的历史背景，进而比较深入地研

日本庭园的时代变迁表　　表7-1

时　代	特　点	样　式	代表作品
上古时代	神观念	神社庭园	
710-794年 奈良时代	儒学思想，以 忠孝礼义为准则	“三山一池” 须弥山石组	
794-1192年 平安时代	贵族政治 造园艺术诞生	大泉式 舟游式 寝殿式	大泽池、嵯峨院池庭、 平等院凤凰堂
1185-1333年 镰仓时代	武家政治 禅宗的影响	武家书院式 枯山水式庭园 开始出现	鹿苑寺（中期、池泉回游式）、天龙寺 （缩景式山水庭园）、西芳寺、 南禅寺方丈院（枯山水）
1336-1573年 室町时代	受明代文化 影响 淡雅幽幻	枯山水样式兴盛 林泉筑山式 造园的黄金时代	龙安寺、慈照寺（银阁）、 大德寺大仙院、 清水寺成就院
1574-1598年 桃山时代	绚丽豪华	书院式庭园 茶庭	醍醐寺三宝院、 孤蓬庵、二条城（末期）曼殊院、仙洞 御所、桂离宫（末期，池泉回游式）
1603-1867年 江户时代	现实的 实用的	借景、缩景 书庭茶庭 真、草、行的形式	修学院离宫、南禅寺金地院、 六义园、小石川后乐园
1868-1911年 明治时代	西洋的影响	喷泉、花坛、草坪 等造园要素出现	公共庭园、公园
现代	传统与时代	新的枯山水、大众公园、 现代街道广场绿化	

究其有代表性的园林，以提高设计水平和丰富创作的思路。以下按历史年代将日本名园作一些形象介绍。

日本自上古时代至奈良时代的园林只见于文献记载。《日本书记》（完成于720年）卷七景行天皇条载：“宫之池放养鲤鱼。”卷十六武烈天皇条载：“穿池起苑，以盛禽兽，而好田猎，走狗试马，出入不时。”卷十五显宗天皇条提到仿汉土曲水宴（即曲水流杯饮宴）。

奈良时代以前的寺庙园林有法隆寺和兴福寺，这些园林都是毁石重修的形式。法隆寺是推古天皇时代木建筑，由圣德太子（607年）建造。其西院的主要建筑：塔、佛殿、中门和回廊是日本现存最古的建筑物，建筑形式仍保持飞鸟时期的特色（图 7-1）。

兴福寺是和铜三年（710 年）移建于奈良的。寺中五重塔是镰仓时代修建的(图 7-2)。

奈良时代天平宝字二年（758 年）唐鉴真和尚创建唐招提寺。寺中金堂是鉴真和尚率弟子建造的，反映了中国唐代的建筑风格（图 7-3）。

平安朝时代贵族庭园中以“寝造殿”为当时大观。平等院凤凰堂建于永承七年（1052年），集中了绘画、雕刻、工艺、建筑各方面的精品。中世纪左右唐制建筑传入日本，庭园也随之传入。经过揉进日本形式成为“寝造殿庭园”。“寝造殿”形式在住宅前面有水池，池中设岛，池周布置亭阁和假山，按中国海岛（一池三山）的概念布置而成（图 7-4、图 7-5）。

镰仓时代在 12 世纪末建立后，日本进入了封建时代，武士文化有了显著发展，对庭园的观赏利用发生了变化，与过去贵族华丽的样式不同，重朴素和实用。宋传入禅宗，武家书院式和枯山水式庭园开始出现。

金阁寺原为幕府将军足利义满于公元 1397 年所建别墅之北山殿，后改为寺院，名鹿苑寺。又因建筑物外部镀金箔，故名金阁寺。阁三层，1950 年被火焚毁，1955 年复建。镰仓时代建立蓬莱海岛式庭园。室町时代将阁前镜湖池作为中心庭园建成池泉舟游式庭园（图 7-6）。

图7－1 法隆寺［日］（自《美しき日本》）

图7－2 兴福寺［日］（自《美しき日本》）

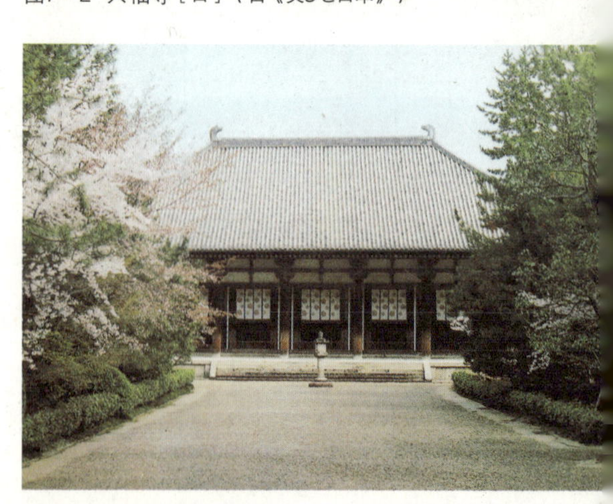
图7－3 唐招提寺［日］（自《美しき日本》）

天龙寺位于京都岚山渡月桥畔，历应二年（1339 年）梦窗国师应足利尊氏之请在后醍醐天皇生前所住的龟山殿原址上修建而成，是日本庭园的代表作，以南宋残山剩水手法创缩景式山水庭园。室町时代（1336-1573 年）曾为京都五山之首。后遭火灾，全部烧

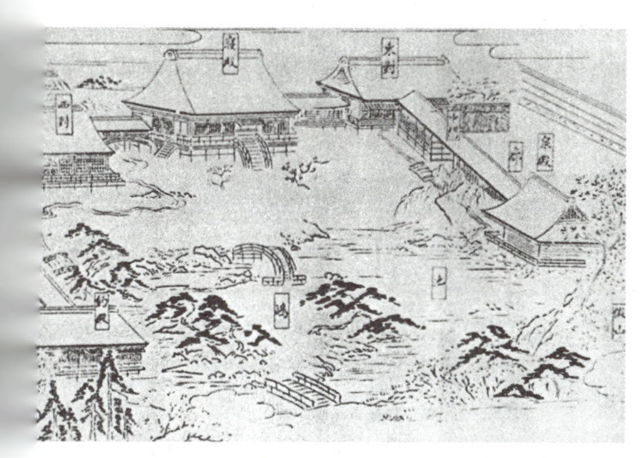

图7－4 寝造殿庭园［日］（自《造园の空间と构成》）

图7－5 平等院［日］（自《美しき日本》）

图7－6 金阁寺庭园（许联瑛摄）

毁，重建于明治时代（1868-1911年），有方丈、法堂、正殿等，其庭园背靠龟山和岚山，其方丈室前凿池注水名“曹源池”，池中浮岛，岩石树木分列其间（图7-7）。

西芳寺位于京都，梦窗国师曾任主持，以营林泉之胜，园北有山丘，南部有溪流，西部引飞泉入水池，池作心字形，池中有岛，岛间有桥。溪水右边有青苔盈盈，景色自然，战乱毁后又重建。

南禅寺建于正应四年（1291年），为龟山天皇离宫改建。其寺内听松院为梦窗国师弟子相阿弥所作。其方丈院内枯山水，以虎渡子法在江户时代称著于世（图7-8、图7-9、图7-10）。

室町时代初期仍受镰仓时代的影响。后来中国明朝文化传入，茶道风尚兴起，史称日本造园史上之黄金时代。梦窗国师、相阿弥为当时造园之权威。

龙安寺原为德大寺之别庄，宝德二年（1450年）为禅寺，面积约10hm^2，方丈庭内敷白沙象征海面，置15石以示海中岛屿，依5、2、3、2、3相次顺列，称之为“虎渡子法”（是仿中国传记中母虎衔子以渡大河，三儿中一为豹子，为防止二子被吃，用此法渡河）。龙安寺枯山水意境深远，俊雅灵秀，闻名于世（图

图7－7 天龙寺庭园［日］（自《美しき日本》）

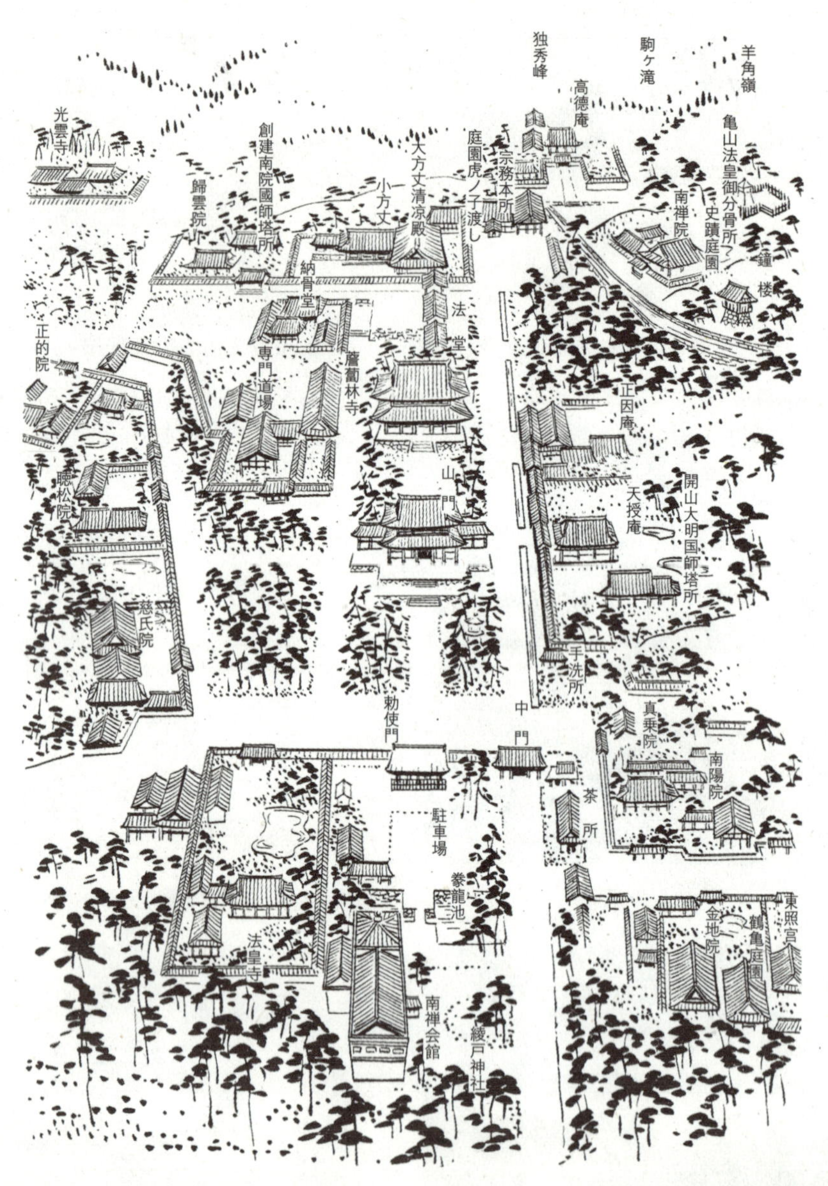

图7-8 南禅寺全图［日］（自《南禅寺》）

图7-9 南禅寺方丈庭园（佚名）

图7-10 南禅寺后庭园

7-11）。

慈照寺的庭园常称银阁寺，位于京都左京区，为室町时代中期幕府将军足利义政（1436-1490年）按北山金阁寺的造型，在东山营建的山庄：原计划在屋宇的外壁镶装银箔未果，足利义政去世，后由梦窗国师建成，楼阁上只涂漆未镶装银箔。银阁为有名的佛寺和住宅相结合的书院式建筑。由求乐堂、银阁和锦钟池组成的庭园是室町中期的代表作。阁北护国庙殿前铺白沙称银沙滩，积成圆锥称向月台，为沙庭之一种（图7-12、图7-13、图7-14）。

大德寺建于永正六年（1509年），是后醍醐天皇为大灯国师创建之巨刹，其中大仙院建于1513年，庭院出自相阿弥之手迹，其短墙内仅宽5～6m，东北处峙立“不动”、“观音”等石并有其他伏石配置，以一组有“瀑布”的石组为主体，象征峰峦起伏的山景，山下有溪，用白沙耙出波纹代替溪水（图7-15）。

清水寺位于京都东山的山腰，面积有

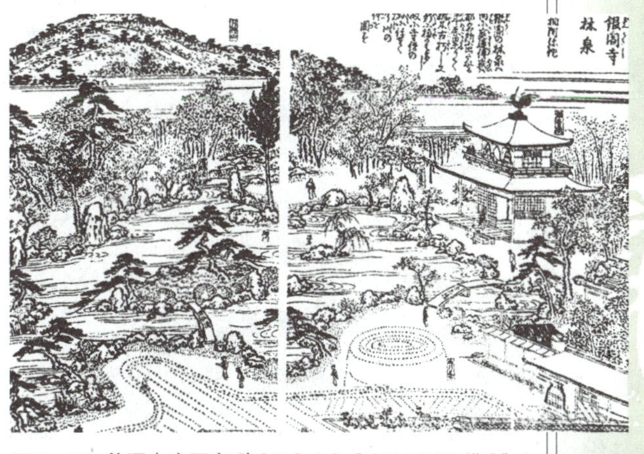

图7－12 慈照寺庭园鸟瞰［日］（自《造园の空间と構成》）

图7－13 慈照寺庭园［日］（中根金作，园林研究所资料）

－11 龙安寺方丈院［日］（自中根金作：《庭》）

图7－14 慈照寺（银阁寺）枯山水中向月台［日］（自《美しき日本》）

图7－15 京都大德寺（自《世界景观大全》，李中原摄）

13hm²。建于奈良时代（710-789年），创建人是唐僧（玄奘）的第一弟子慈恩大师（窥基法师），他的墓还在中国西安。寺遭数次火焚，现寺为1633年重建。寺内有正殿（本堂）、钟楼、三重塔、经堂、地方神社、成就园等。正殿前部是由139根高大圆木支撑的“舞台”，从“舞台”可以看到大半个古都，如天气晴朗还可以远眺大阪。与正殿相映成趣的是音羽瀑布，流水清冽，终年不绝，为日本十大名水，清水寺之名也由此而来。正殿后面成就园，采用“借景”手法，把音羽山的景致和园内的山石流水融为一体，幽雅动人，后成为江户时代初期庭园的代表性作品（图7-16）。

桃山时代是造园上发挥了日本个性的时代，兴起绚丽豪华之风尚，一破抄袭中国之旧风。书院式庭园、茶庭应运勃起，写山居间趣于咫尺之间。

孤蓬庵庭园为小堀远州（法号宗甫）设计，于庆长十七年（1612年）建，风格洒脱，为书院式庭园，有枯山水和茶庭（图7-17）。

二条城是日本著名古城堡，位于京都市

图7－16 清水寺成就园［日］（中根金作，庭园研究所资料）

图7－17　孤蓬庵庭园［日］（中根金作：《庭》）

图7－18　二条城鸟瞰［日］（自《美しき日本》）

中京区，建筑物面积 2.3 万 m^2。德川幕府第一代将军德川家康于 1603 年作为行辕而营建，1626 年建成。城堡以巨石砌筑城垣，有东西长 500m、南北长 300m 的护城河，过护城河的石桥，是形状像大牌坊的“唐门”，其形制系模仿中国唐代长安城的类似建筑。“二之丸”御殿是家宅，是日本桃山时代的典型大书院式建筑。大广间长廊的地板，人行其上就发出莺鸣似的声音，称“响屧廊”。“二之丸”庭园为池泉回游式庭园，池中间有蓬莱岛，左右有鹤、龟二岛，池西南有瀑布，池畔有假山，庭园西部和南部草地如茵，遍植松，樱（图 7-18、图 7-19）。

图7－19　二条城庭园［日］（中根金作，庭园研究所资料）

曼殊院为小堀远州作品，明历二年（1656 年）建。格调高雅，书院内植山水上有龟岛和鹤岛（图 7-20）。

图7－20　曼殊院枯山水［日］（中根金作：《庭》）

仙洞御所在京都市区，初丰臣秀吉想作为正亲町天皇之仙洞（仙洞，为太上皇隐居之所）未果，后为后水尾天皇仙洞，林泉丰茂有一时之盛。后毁于火，明治维新，大肆整修，山水并佳，池中有蓬莱岛及大小数岛，有桥相通，池北有瀑布，飞跃于嶙峋奇岩间。池之西有茶庭，南隅种樱花并筑醒花亭、悠然台，于东北部可远眺（图7-21）。

桂离宫是日本皇室的离宫，位于京都市西京区，占地6.94hm^2。原名桂山庄，因桂川在旁边流过而得名。桂山庄建于日本元和六年（1620年），正保二年（1645年）由智忠亲王扩建。明治十六年（1883年）成为皇室的行宫，改称桂离宫。1976年开始维修，历时5年多，1982年3月竣工。桂离宫的建筑和庭园布局代表“日本之美”。全园以“心字池”为中心，湖中有大小五岛，岛上分别有土桥、木桥和石桥通向岸边。岸边小路曲径通幽。御殿前有所谓远州真之飞石。御庭中有月波楼、松琴亭、赏花亭、笑意轩、园林堂、竹木亭等各种茶亭，环境中芳草并茂，珍树争雄。园林堂和笑意轩都是日本“茶房”式建筑，供品茶、观景和休息之用。月波楼面向东南正对心字池，是专供赏月的地方（图7-22、图7-23）。

醍醐寺三宝院是日本古寺，位于京都市伏见区，面积约40hm^2，于贞观十六年（874年）创建，是醍醐天皇的敕愿寺。1470年焚于兵火，后由丰臣秀吉重建，有桃山时代特色。寺分上下两部分，从下醍醐的仁王门入内，左为三宝院，右为灵宝馆。三宝院为桃山时代书院建筑。建筑物有葵之间、表书院、纯净观、护摩堂等。每间房内的墙壁和格扇上都有江户时代名画家石田幽汀和狩野山乐的彩色障壁画。三宝院庭园由丰臣秀吉本人设计，后又经小堀远州修葺，增筑林泉，风景益佳（图7-24）。

江户时代的造园事业已由画家、僧侣操作转到实际经营的造园师担任。庭园的构造

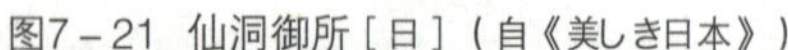
图7－21 仙洞御所［日］（自《美しき日本》）

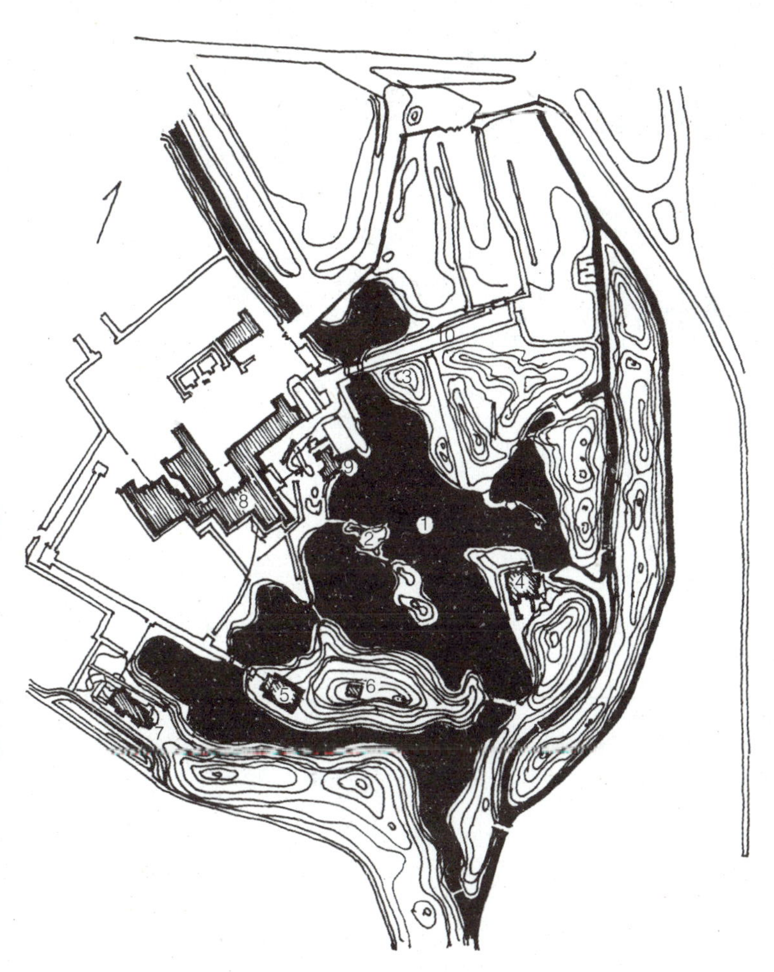

图7－22 桂离宫庭园平面

1-园池；2-神仙岛；3-红叶山；4-松亭；5-园林堂；6-堂花亭；7-笑意轩；8-书院；9-月波楼；10-御幸道

图7－23 桂离宫庭园［日］（自《美しき日本》）

益臻精妙。江户中期造园出现了“真”、“行”、“草”三种格式。三种格式的区别主要是精致的程度不同，“真”要求处理上最严格（最复杂），“行”比较简化，“草”更较简单（图 7-25）。

修学院离宫是日本京都三大宫殿建筑之一，位于京都市北部，面积约 54hm^2。原为江户时代德川家康为后水尾上皇修建的离宫，后改为日本天皇巡

图7－24 醍醐寺三宝院庭园中心部分［日］（中根金作：《庭》）

幸时的茶室，1884年又定为离宫。宫中有10处风景点，保存17世纪的景观。宫中有上、中、下3个茶屋：下茶屋在西部最低处，苑中有书院寿月观和茶室藏六庵；中茶屋有正殿、次间、客殿、佛间等；上茶屋在离宫最高处，园内有心字形池塘——浴龙池，池旁山石林立。从其东南隅的邻云亭可眺望，近处是京都市街，远处是岚山、比睿山、鞍马山、爱宕山，蜿蜒苍莽。此外还有穷邃轩、洗诗台等建筑、雌雄瀑布、红叶谷等风景区（图7-26）。

六义园是日本江户时代名园。位于东京都文京区北部，面积约10hm²。1695年由当时德川幕府将军的亲信柳泽吉保主持建造。根据中国诗经中的赋、比、兴、风、雅、颂与歌中的"讽喻歌、数歌、拟歌、喻歌、徒言歌、祝歌"的六义而命名为"六义国"。几经变迁后成为都立公园，是典型的回游式庭园（图7-27、图7-28）。

小石川后乐园为江户时代名园之一，原址在小石川炮兵工厂内，面积6.89hm²，最初依德川、赖房候之创意建园，赖房候去世，德川光国继其遗志请中国明朝遗臣朱舜水按

"真"之筑山造园　"行"之筑山造园　"草"之筑山造园

"真"之平地造园　"行"之平地造园　"草"之平地造园

（a）　（b）　（c）

图7－25 "真"、"行"、"草"三种格式的造园［日］（自《造园の空间と構成》）

图7－26 修学院离宫（自《北京园林》，2003，1 韩丽莉摄）

中国式进行修整，并按朱建议名“后乐园”。园由神田上游引水，凿池流瀑，运豆相之奇石，征各地花木，造各地胜景于池之周围，入口处唐门匾额“后乐园”三字即朱之手迹，已遭战火。园内有西湖堤、小庐山、八卦堂和得仁堂等仿中国式样建筑，圆月桥为朱氏亲手设计石拱桥，据说水多时，半圆形桥拱侧影水面，宛若满月，因而得名。池内修筑

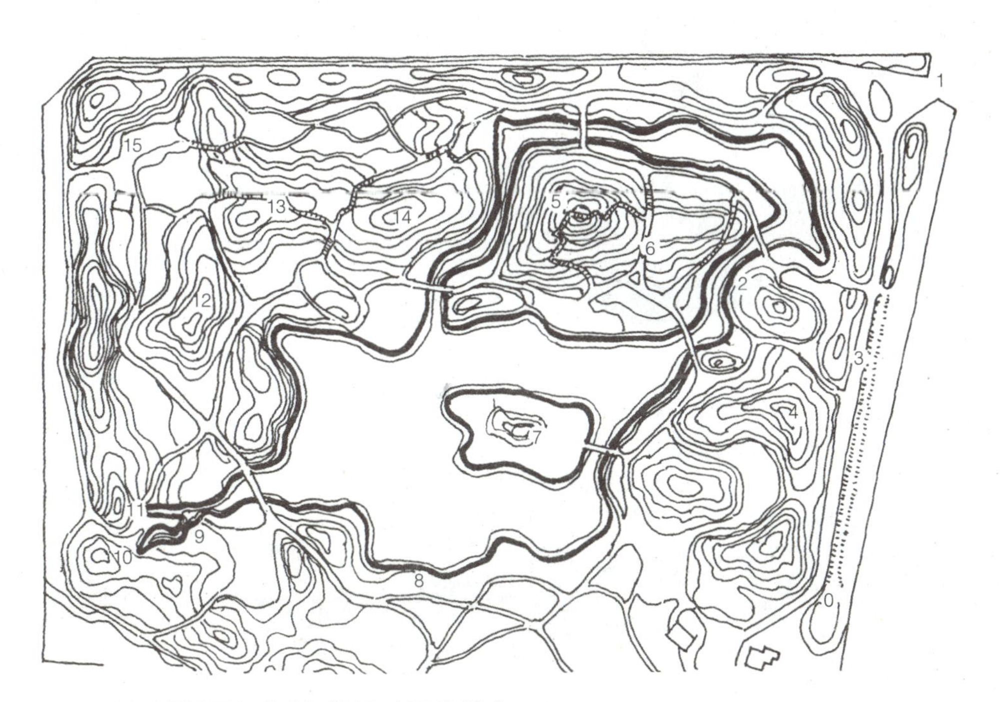

图7－27 六义园平面［日］（自《造园の空间と構成》）
1-染井门；2-茶屋路；3-千里场（马场迹）；4-久护山；5-藤代峰；6-千年坂；7-背山；8-玉藻矶；9-枕流洞；10-水分石；11-朝阳岩；12-衣手冈；13-岭花冈；14-吹上峰；15-吟花亭路

图7－28 六义园［日］（中根金作：《庭》）

图7－31 东京小石川后乐园小湖

有蓬莱岛，园为传统回游式，有假山、凉亭、草屋（图 7-29、图 7-30、图 7-31）。

冈山县后乐园是日本三大名园之一。位于冈山县冈山市，面积 11.5hm^2。元禄十三年（1700 年）由备前诸候池田纲修建，明治四年（1871 年）根据中国宋朝范仲淹文章中“后天下之乐而乐”的词义改称“后乐园”，与水户的偕乐园、金译的兼六园齐名，被称为日本的三大名园。庭园以操山、芥子山为背景，引旭川水于中央大池，池中有三小岛，小山、池沼、草地、茂树、石桥、曲径、亭、台、楼、阁布局协调，清雅怡目，为典型的日本池泉回游式庭园。园内延养亭和鹤鸣馆二战中被毁，现已部分修复（图 7-32）。

图7－29 东京小石川后乐园平面

图7－30 东京小石川后乐园鸟瞰［日］（自《小石川后乐园》）

图7－32 冈山县后乐园［日］（自《美しき日本》）

二、日本庭园特色

（一）茶庭

日本饮茶风源于中国唐代，始于奈良时代。据载，公元805年中国茶传入日本，日本高僧最澄在天台国清寺学成，带茶种回国。饮茶到9世纪还是在上层和僧侣之间流行。镰仓时代茶祖荣西（1141－1215年）入宋带回抹茶法并撰写《喫茶养生记》。村田珠光把上层茶与下层伦数奇统一于“禅”之下，创立了茶道。室町时代至桃山时代武野绍鸥、千利休等进一步发展了珠光精神，制定出关于茶道的种种礼仪。在日本，饮茶开始趋于复杂多样化，以后长期地成为一种仪式化行为，它不仅是佛教寺院的习俗，也是文化人士以提神和休息为目的逐步走向更高境界的追求。真正把茶道发展为深奥哲理的生活艺术和陶冶性情的修身方法的人物是日本茶圣千利休。

荣庭包括茶室和庭园（露地）。茶室不是以大为美，而是以境之幽、器之全为上，所以茶室内部都是小型化。茶庭也并不大，是写山居闲趣于咫尺之间的园林。以石灯笼象征神圣，以步石仿照风雨侵蚀的小道，以蹲踞式手钵象征圣泉，以地面铺满松针暗示茂林。千利休时代布置茶庭主张六分方便，四分景观。古田织部（1544－1615年）时主张四分方便，六分景观。到了小堀远州时则更强调景观，要在窗楣上加腰窗、围篱上开景窗，园路尽量曲折。在茶庭这个过渡空间中主要能起到整理人的思路，启发人的内心世界，“洗去”茶道参与者的忧烦、焦躁的情绪，进入一个静谧、优雅的佳境——茶室（图7-33）。

茶庭有各种用竹材料做成的门，门与围篱相接，围篱可由竹节、木板条、树枝、干芦秆制成，本身具有观赏性，又能通风。在围篱附近有依墙木一两棵，以丰富茶庭的立面。门内外由天然石块按大小和距离不等形成园路。园路附近会有一两个石水钵用于饮茶前漱，或净体仪式。水钵有高有矮，高者1.2m，通常以矮小者更符合茶庭尺度。水钵

图7－33　三千家茶室庭园（桃山时期茶艺大师千利休创建）［日］（自《造园の空间と構成》）

用料以花岗石等硬质石料为好。钵中有的是自然凹洞，有的是人工雕琢成碗状。

在水钵前方通常有钵清木（如南天竹）枝条下垂，据说叶落水中可消毒、杀菌。在石灯笼前常种植灯障木。入夜灯光将树影投至茶室的纸窗上或墙壁上，有若一幅水墨画，微风吹动，树影摇曳，更觉趣意盎然。

16世纪以来石灯笼的完整造型和应用是由千利休完成的。以后庭园中一直用石灯笼照明并且成为佛教寺院或神道庙的造园要素。在园中常在水钵附近、小径转弯处、入口一侧或水池边缘。石灯笼的造型非常丰富，在有的书中收集到上百种。

茶庭也称露地，有二重露地、三重露地。进入竹门的内园多用苔藓、蕨类和小灌木。茶庭的主景树称作庵添。茶室入口旁常栽一株具有优美树形的松树，称为见付松，可以从室内欣赏它的姿容。围绕着茶室周围的山石有布置规定：茶室门口有刀挂石，便于武士踏步其上将佩刀挂于架上。水钵边上有额见石，客人进入茶室前，站立其上浏览茶室外貌。有主人迎客时站立的主人石，客人可立于客人石上。又有入园时调整步伐的乘越石。此外还有踏步石、亭主石、折门石、返里石、短册石、守关石和踏脱石等。水钵周围布置法是：水钵一侧有小石块铺成的“海”，可以排走水钵流出的水；水钵左前方有低矮的平石，可放个人携带的灯笼等物；水钵右前方也是一块低石，冬季可放热水桶；水钵前方有大石块，人可站立舀水。

茶庭的设计元素有围篱、竹门（露地门）、石路、石灯笼、蹲踞、手水钵和各种园林植物。和茶室配套的还有更衣室、腰挂（休息室）、雪隐（厕所）。

茶庭中二重露地模式布局设置可罗列如下：

躏口：由茶庭进入茶室的小门，非常窄小，可向左右推动，有些例外是向上掀起的。

刀挂石：武士入屋时先将佩刀挂于外侧，挂架下方为脚踏石。

灯障木：从江户时期起一直被沿用的重要庭木。

钵清木：种植于蹲踞前。

见付松：茶庭出入口前方高大的松树，为织部首创栽植。

控元石：配置于蹲踞前自然石附近为了调和蹲踞之用。

袖摺松：京都府山崎的妙喜待奄茶庭的松树。传说由织部所栽种，当时丰臣秀吉进入茶庭时，铠袖碰触到，据此为典故（古田织部、千利久、小堀远州为茶庭三宗匠）。

砂雪隐：厕所之一种，为6尺（2m）见方的空间，仅适用于身份高的来客，后来成为装饰。茶会举行时，清洁后，让来客礼貌性地浏览一番，也是礼仪之一种。

踏石（足挂石）：砂雪隐内侧，左右双足站立之石。

庵添木：茶庭内添景用之栽植。

下腹雪隐：实际使用之厕所，必定设置于外茶庭处，有别于砂雪隐。

额见石：在内茶庭蹲踞处，来客净洗五官后，向茶室前进时可遇见之石，来客站立于上可浏览茶室的匾额或茶室的外貌，其大小约略可同时站立两人。

贵人席：招待身份高贵者时，特别设置的位置。

主人石（亭主石）：茶会时，主人出来迎接客人时，于此石上方站立，目迎嘉宾入内。

踏舍石（乘越石）：进入内茶庭时，置于下方调和用之石。

客石：来客于此站立，主人则站立于主人石上方，相对近接。

寄付待合：茶会时，让来客暂时歇息或先到者等待后来者的亭子，通常设置于外茶庭处。

依墙木：围篱的附加物，为调和围篱的高度和构造而栽植的树木。

茶庭的各种设计元素和配套设施都要体现茶道精神：即和、寂、清、静。心气平和即为和；荒野空山或山村古刹即为寂；无色无欲的清凉世界即为清；云埋老树，一鸟不鸣即为静（图7-34）。

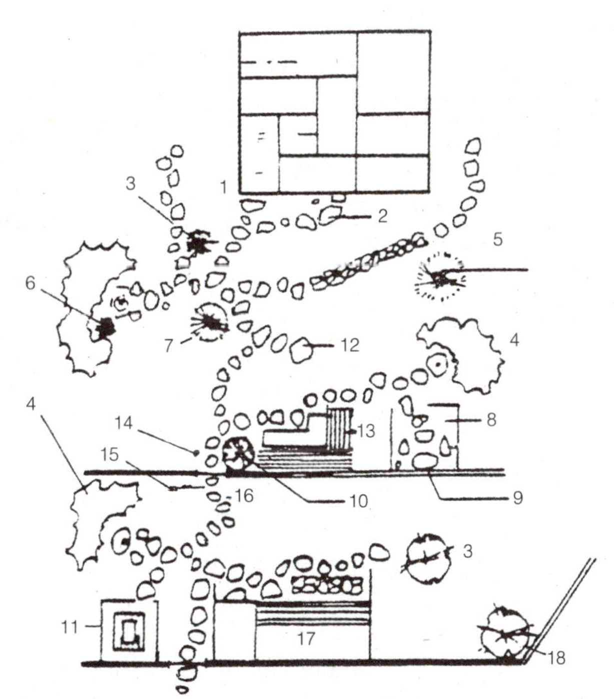

图7－34　日本茶庭二重露地模式（自《风景园林汇刊》，二期，1994,10）
1-躏口；2-刀挂石；3-灯障木；4-钵清木；5-见付松；6-控元石；7-袖摺松；8-砂雪隐；9-踏石（足挂石）；10-庵添木；11-下腹雪隐；12-额见石；13-贵人席；14-主人石（亭主石）；15-踏舍石（乘越石）；16-客石；17-寄付待合；18-依墙木

（二）枯山水

中国南宋时期创立禅宗。禅宗主张以纯粹依靠内心省悟，排除一切语言、文字和行为，直指人心，追求“苦行”和“自律”，见性成佛。以简单的方法取代烦琐的仪式进行修行。这种教义传入日本后很快散播开。

枯山水追求的是自然意义和佛教禅宗意义的写意，是日本特有的一种园林景观，是以石组为中心，以象征手法表现的山水园。它同音乐、绘画、诗文一样以一种哲理来感染人的心绪。建立枯山水庭园以梦窗疏石（1275－1351年）卓有成就。他以南宋山水画中的“残山剩水”移植到园林中构筑成缩景式庭园。梦窗国师在《梦中问答》中说：“山水无得失，得失在人心。”日本的造园有这种倾向：审美总是指向负的方向，越细小的事物就越纯粹，擅长从低的视点，对小的部分进行静止的观赏手法和内部空间的表现。枯山水庭园内为了避免干扰人的沉思，几乎很少种植开花植物，只栽种少量常绿树和苔藓以构成静止不变的色调。地面用白沙铺地，耙成纹理以象征海洋。日本传统上把山石视为神而祭拜。祈求神的恩施仍是日本现代生活的一部分。枯山水庭园最早的范例为京郊西芳寺庭园的山腰部分（图 7-35、图 7-36）。梦窗国师堆积了一组坐禅石，地面遍布青苔三十余品种，故西芳寺庭园又称苔庭。在枯山水庭园中岩石的组合多为奇数，山石大小不等，排列灵活，不做成等边三角形，其中较大一块作为主景，成为视线焦点。室町时代建的龙安寺方丈庭园，被视为枯山水庭园的代表作，面积约 350m²，敷白沙石以拟海，用帚痕以像波，分置 15 石，排列称“虎渡子法”。室町时代布置山石的僧人们对石头的质感有深刻的理解，并有与其相适应的设计方法。一般岩石以花岗岩、片麻岩具备个性的岩石为好，又以岩石的色泽深、质地密、带

图7－35 枯山水与庭荫树（佚名）

图7－36 枯山水旁成组树木（酬恩庵又名一休寺，1052年建）（［日］《美しき日本》）

有纹理为上品。以岩石的棱角、皱纹暗示山脉、峭壁或瀑布；以光滑、圆润的岩石作为河床或驳岸。铺卵石（直径 50～150mm）以示枯河道或水滨轮廓，也可铺在屋檐下以代替散水。庭园的地面铺盖直径 6.7mm 的碎石，有人行走的地面铺 12mm 的碎石，色泽以灰色、浅灰白色为好。庭园中地面上的碎石可以耙成各种纹理。直纹喻静水，小波纹喻缓流，大纹可喻急流；“Z”形纹可喻海中撒网；同心圆可喻雨水溅落池中或鱼儿出水；涡旋纹喻旋涡；叠加的半圆纹喻浪涛或波浪击岸（图 7-37、图 7-38、图 7-39）。

日本枯山水庭园以其独特的艺术形式称著于世，它的洗练而含蓄的风格一直影响到现在。在日本近年有多处成功的枯山水庭园，如京都龙吟庵敬爱庭枯山水，为寺院园林、全庭 $60m^2$，平铺赤沙代“水”，“水”中有 9 块景石，中间是中心石，左右两组景石，大小不一，形态各异，围成自己的空间，也好像小孩一组在跑，一组在追，是江户时代东睦和尚手法的延续（图 7-40）。

信田邸是一座私家园林，面积 $31m^2$。白

图7－37 西芳寺（苔寺）庭园［日］（自《美しき日本》）

图7－39 退藏院庭园［日］（自《美しき日本》）

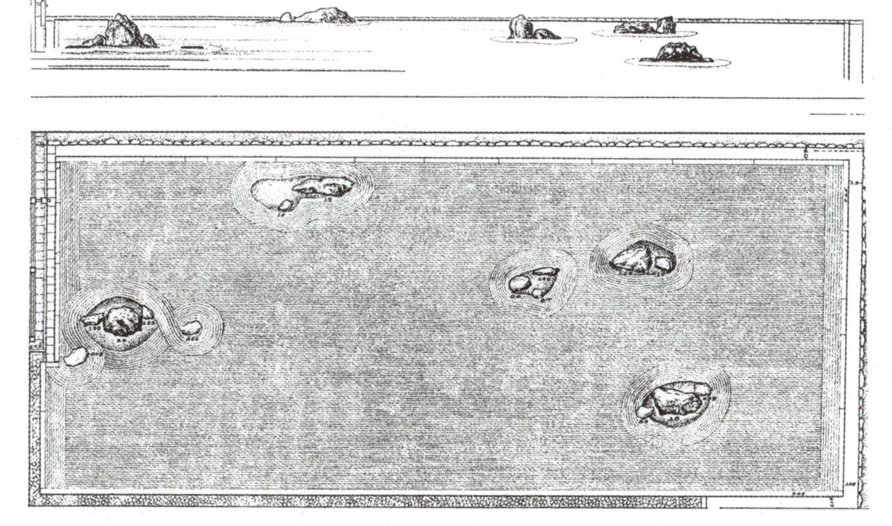

图7－38 龙安寺枯山水平立面［日］（自《造园の空间と構成》）

图7－40 京都龙吟庵敬爱庭枯山水（自《中国园林》，刘庭风供稿）

沙坪上筑两个岛，岛上覆青苔。两个岛上石景一卧一立与“海”中立石交相呼应，是重森三玲晚年作品[①]（图 7-41）。

三、日本造园要素

日本园林中各种要素的特点比较突出。从以上的传统园林中可以显见。在建设新园

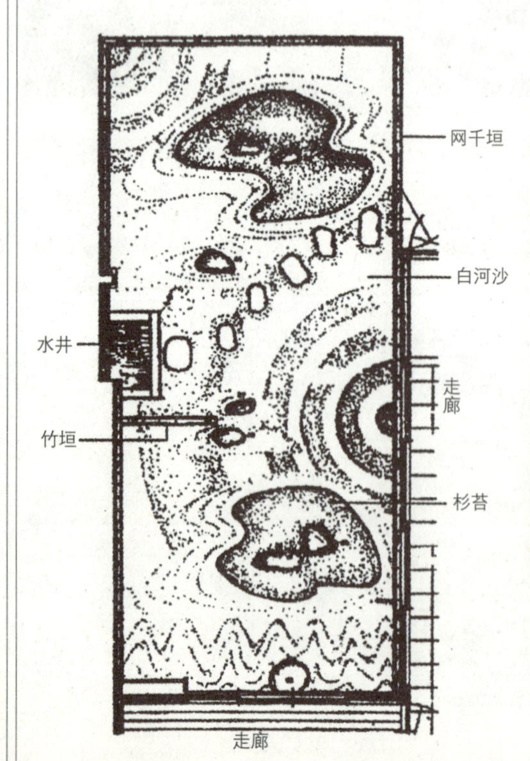

图7－41 信田邸枯山水（自《中国园林》，刘庭风供稿）

①刘庭风. 自学成才的造园巨匠［M］. 中国园林，2002,4.

林中也表现了出来。以下加以扼要介绍。

（一）植物配植

由于日本属于海洋性气候，有充足的阳光和雨量，可用的园林植物多种多样，生长良好。苔藓类植物在古老的庭园中有很多种，现在已逐渐改为草地。草本植物中常用多年生常绿草本植物。在灌木类中日本人喜欢竹子、桂花、冬青、杜鹃等。在乔木类中喜欢象征长寿的植物，如松、柏、铁树等。体现人生感叹和红颜易老观念的有樱花和秋色叶植物（图7-42～图7-46）。

日本庭园以简洁的、象征的手法反映自然界的植物景观。在较小的庭园（例如芝庭、苔庭）中种植小型的植物、地被或爬藤植物，或对植物进行控制修剪。水池中种莲等水生

图7－42 庭园植物配植－池边的樱

图7－43 庭园植物配植－屋前的杜鹃

图7－44 庭园植物配植－建筑前的花灌木

图7－45 庭园植物配植－池边的枫

图7－46 庭园植物配植－建筑前的草地（聚光庭园，1566年建）（［日］《美しき日本》）

植物，岸边点缀草花。有的小庭中一株古树，几株佳卉，达到至纯至净。较大的庭园，如寺院的前庭或塔院，植物种植比较疏朗，为了增大空间感，水池中常不种水生植物，形成幽雅、明朗的景观。也有的庭园中种植很密的林木，形成广袤、深邃、郁闭、深沉的景观，如桂离宫庭园。

在日本园林中修剪整形的乔灌木，常常给人留下深刻的印象。历史上从8世纪到14世纪种植的园林植物还是自然形态的。那个时代主要是在水面上坐船或是从陆地的远处观赏植物景观。到了室町时代（1393－1573年）中期以后，在寺院的庭园中才开始对园林植物进行修剪。一方面是由于寺院中地面狭小，不可能让植物放开生长；另一方面是枯山水庭园，主要表现石景，观赏的是沙及其巨石；还有的是把植物作为雕塑的材料，模拟海岛、船、波浪或神佛中的人物进行造型。

日本庭园中植物配植有一定的模式，每处种植的植物都有习惯的名称，如：

景养木：一般配植在中岛上，当正真木(庭园中的主木)是针叶树时，景养木为常绿阔叶。

流枝木：水面与地表之间过渡树种常用的有矮松、黑松、鸡爪槭。

袖摺木：种植在茶庭内花庭的飞石旁，作配景树，常用的有黑松等。

木下木：配植在高大乔木下或庭石的基部，多选用低矮灌木。

见越木：一般种在小丘的背后或是绿篱的外侧，作为背景树，常用的有松、青栎和梅等。

井口木：井口周边的配景树，常用的有黑松、小叶罗汉松、柯树等。

桥元木：桥旁的添景，常用的有柳、枫类。

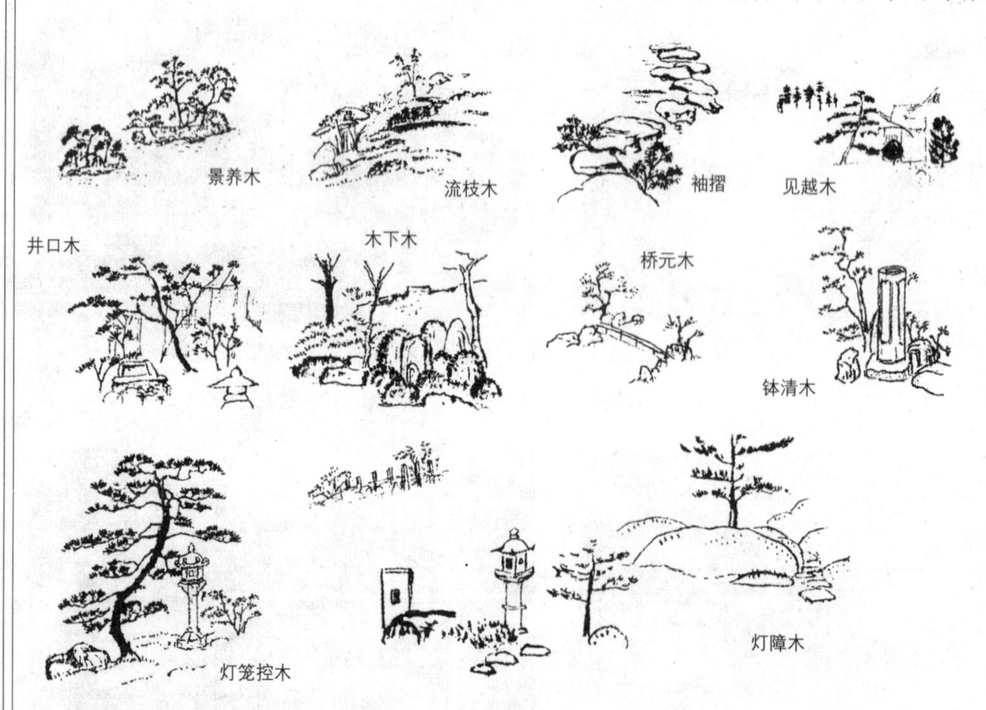

图7－47　庭园种植模式（自《内心的庭园》）

钵清木：蹲踞的配景植物，常用马醉木、柃木、南天竹、卫矛等。

灯笼控木：作为石灯笼的背景树，常用松、柯、细叶冬青、厚皮香、罗汉松、日本榧等。

灯障木：在灯笼的前面作为障景的树木，常用的有鸡爪槭、落霜红、卫艾等（图 7-47）。

（二）山石组合

日本庭园几乎是“始于水而终于石”。日本人无法将水的信仰与山石信仰分开，他们在池中建岛，岛上建祭水神的神殿。飞鸟奈良时期的后半期中国蓬莱三岛的思想传入，池泉趋向于鉴赏，以岛为中心形成池心式庭园。从此开始日本蓬莱石组和龟鹤石组的表现手法。进入平安时期后形成以池塘为主，在其中眺望四周景色形成舟游式池庭如平等院、毛越寺等。此时的石组形成人字形石组，即将主石倾斜，再用另一石头将其撑住，形成人字形。镰仓时期、室町时期池面变小，庭园多增了艺术气派如银阁寺等，此时的石组更加发达，出现了“筑山”（庭内之小山）石组、滝石组（瀑布）。宝町时期石组数目增加，石头变小，正式出现枯山水石组。桃山时期庭园走向豪华壮丽，如三宝院、二条城庭园，石组的组成大都采用巨石，同时出现了“飞石”（稍有间隔的踏石）、敷石、石灯笼、蹲踞等石组。其中晚期特别多用小石头。庭园中真、草、行三种形式出现。岩岛变成一块石头的“岩岛”，石桥上的添石也变小或改成花木滝石组也表现成“枯滝”。明治以后石组技术逐渐被遗忘，而发展成散点式，称其为“余石”。以前庭石被指定用山石，如今出现了河石、海石、加工石等。

现代庭园中山石堆叠多限于“散点”或“包镶”的做法，效果自然、有韵律。顺山势而升高的叠石大多只山石嵌在土中，完全用山石堆叠的假山很少，庭园中叠石仍保留有一定程式，如象征龟、鹤等手法（图 7-48、图 7-49）。

图7－49　二条城清流图［日］（中根金作：《庭》）

图7－48　日本金地院庭园（左为鹤岛，右为龟岛）
（［日］《造园の空间と構成》）

（三）石板路

庭园中以山石铺筑的道路比较自然，在较小的庭园中或是公共庭园的幽静处较多采用。运用大小不同的石块铺筑具有节奏感，摆设的形式也有一定的程式。以碎石与整石结合形成一定的图案也很别致。在水中以大卵石设置汀步弯曲有序也能与水环境协调（图7-50～图7-56）。

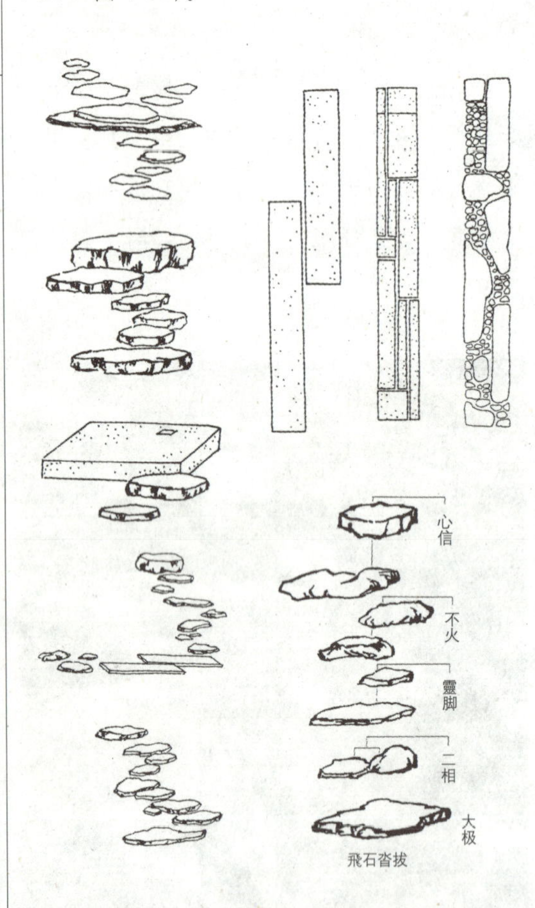

图7－50　庭园中自然石铺装［日］（中根金作：《庭》）

图7－51　石路（小石川后乐园）［日］（自《小石川后乐园》）

图7－52　庭园中块石铺装

图7－53　庭园中石砾与自然卵石铺装（佚名）

图7－54　庭园中的石板路块石铺装（佚名）

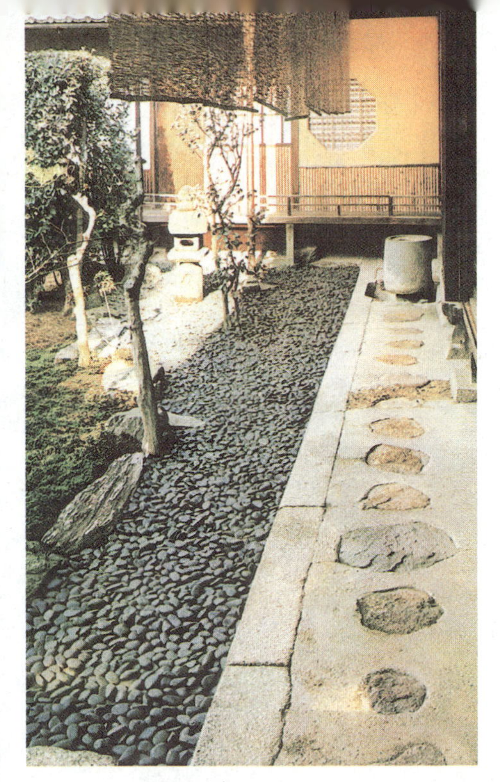

图7－55 孤蓬庵内庭园［日］（中根金作：《庭》）

图7－56 汀步（小石川后乐园）［日］
（自《小石川后乐园》）

（四）桥

庭园中桥的形式很多依环境而定。不设栏杆的桥轻巧简约，设栏杆的桥在水面上也较突显。桥身构筑的材料以木、石居多，桥面有以干草铺敷，更趋自然。桥之大小比例与环境十分密切，桥拱的曲线有的十分生动，其他构筑物与之无法相比(图 7-57～图 7-61)。

图7－57 木桥（小石川后乐园）［日］
（自《小石川后乐园》）

（五）石灯笼

石灯笼在中国古代称为“石灯”或“燃灯石塔”，原取供灯形式，供佛前点灯之用。今我国山西太原童子寺北齐天保七年(556 年)

图7－58 石桥（小石川后乐园）［日］
（自《小石川后乐园》）

图7－59 草桥（小石川后乐园）［日］
（自《小石川后乐园》）

建，寺前有燃灯石塔，高一丈六尺（5.3m），为中国最古的石灯笼。后传入朝鲜，以后传入日本。因茶会在夜间进行作照明之用，今为庭园装饰品。如果从灯的三个部分：灯笼、灯柱、基础来分析，后来日本的灯笼顶部有变化，灯柱有的分成几条灯腿或是探出一个弓形，基础有时也省略。其变化形式已多种多样（图 7-62、图 7-63）。

图7－60　冈山后乐园便桥（陈坤灿摄）

图7－61　天龙寺曹源池石桥［日］（中根金作：《庭》）

图7－62　庭园中的石灯笼［日］（中根金作：《庭》）

图7－63　孤蓬庵庭园内石灯笼和手水钵［日］（中根金作：《庭》）

（六）篱垣

庭园中常以篱垣分隔空间或取代围墙，由于使用功能和造景的需要以分高低和通透程度。使用材料以竹、木为主，均以手工制作，精美细致，其中不乏有很强的装饰效果（图7-64）。

（七）手水钵

在传统园林中作为净手、脸的器具，以后在庭园中逐渐成为装饰品。其形式有多种多样，其附近还以山石、树木加以陪衬（图7-65）。

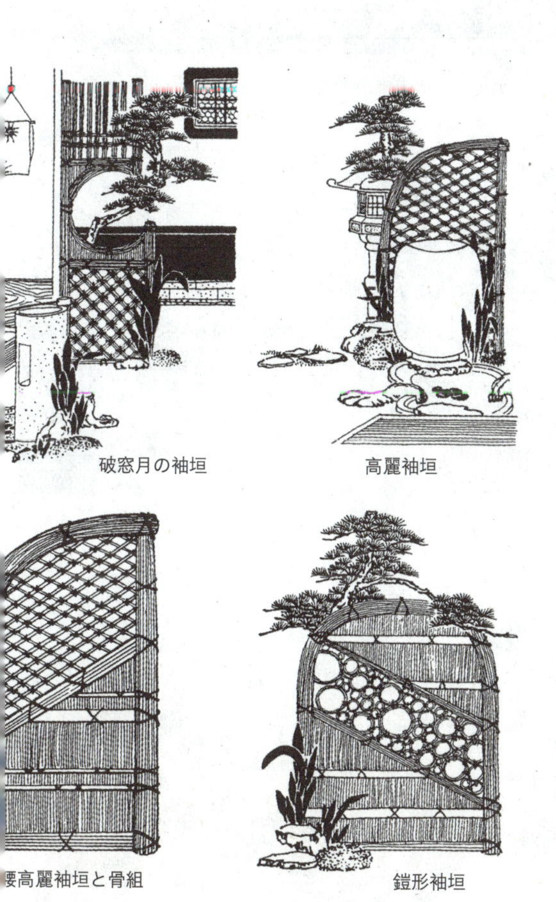

图7－64　篱垣上的门窗［日］（中根金作：《庭》）

图7－65　庭园中手水钵

四、日本园林的发展

二战以后日本园林的发展不仅在速度上可观，而且具有现代化的特征。主要表现在从私家园林转而注重公共园林；内容趋向大众化；形式上追求与整个城市的结构、形象相谐和，发生了新的审美情趣；重视城市生态，绿化上讲究品种多样性。有不少城市开始进行具有地域特色的绿地系统规划。在大规模发展城市的同时相应地开展了城市街道绿化。有的城市开发了较大规模的林荫大道。在一些用地比较紧张的城市、繁华的市中心，也尽量为种植行道树创造条件，在成行栽植有困难的地区在街道拐角、建筑前尽量栽植园林植物，例如在新潟县系鱼川市小街旁只有25cm宽的一条空地也栽植了水仙。很多城市在用地上非常仔细认真，十分珍惜土地（图7-66～图7-72）。

公共园林和单位的附属绿地在设计上一方面继承了日本在造园中自然、精细、具有内在含蓄的风格，同时一方面也在多渠道地尝试与思考，包容很多新鲜的经验，创造着新的风格（图7-73～图7-77）。

在快节奏生活和快速文化影响下的城市

图7－66　名古屋过街桥头绿化（自《名古屋》）

图7－67　名古屋南区龙江川绿带（自《名古屋》）

图7－69　东京银座大街（西路）

图7－70　东京池袋大街

图7－68　东京银座大街

图7－71　新潟县路口绿化

图7－72 新潟县系鱼川市道路绿化（池中为水仙）

图7－75 筑波市儿童交通公园

图7－73 勾当台公园（自《World of Taudscape Design》）

图7－76 登别市伊达村

图7－74 四季香公园（自《World of Landscape Design》）

图7－77 奈良古柳高松（自《风景园林》）

民众很容易接受现代主义的设计理念：在满足使用功能的前题下以较少的设计元素，相对简洁的组合规律，追求图面的构成感和视觉的冲击力。2003年完成的东京六本木片区的城市改造，形成了片区蓬勃的生命力。显示了现代园林设计在协调人、城市、自然的和谐关系方面独有的优势（图7-78、图7-79）。[①]

梅小路绿地用现代的表达方式很好地表现了日本园林自然的性质，景观与生态非常和谐，让人觉悟到“认识自然的规律并不排除适当的形式上的处理”（图7-80、图7-81）。[②]

①刘磊，章俊华.对日本现代园林设计风格的思考［M］.中国园林，2007，2.

②许联瑛.发展与保护并重，景观与生态相谐［M］.风景园林，2006，6.

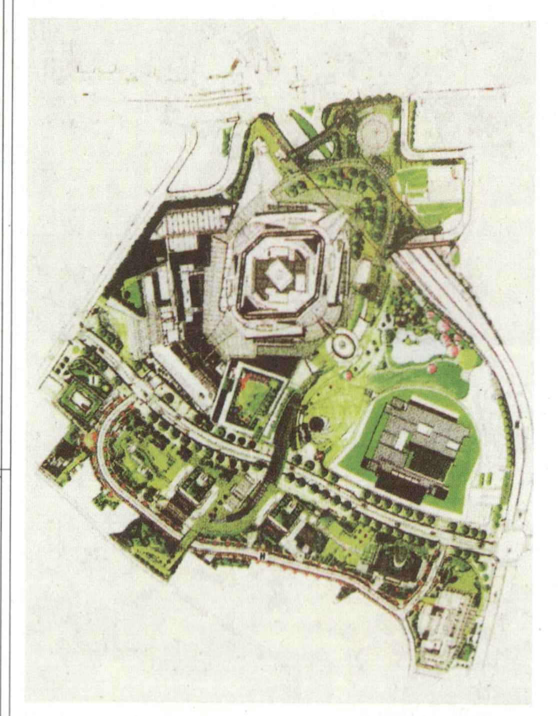
图7－78 六本木片区总平面（自《中国园林》）

图7－79 “66广场”中心景观（自《中国园林》）

图7－80 京都梅小路绿地朱雀之庭（刘秀晨摄）

某议员长官邸庭院是一个跨越传统与时代风格的代表作。被命名为“石头廊道”的中心轴线划分开枯山水与大草坪，通过交错镶嵌的条石带与草地和卵石相互渗透，寓意两者的交融，整个作品简洁生动，色彩冲击力强（图7-82、图7-83）。[①]

图7－81 京都梅小路绿地（自《风景园林》）

图7－82 引向林泉的“石头廊道”（自《中国园林》）

图7－83 平等院美术馆正门休息设施（起到了建筑与外庭的缓冲作用，也是传统符号）（自《风景园林》）

①刘磊，章俊华.对日本现代园林设计风格的思考［M］.中国园林，2007,2.

第二节 泰国园林

泰国位于亚洲东南，中南半岛中部；南濒泰国湾。国内北部多山，森林茂密；东北部为呵叻高原，中部和南部滨海地区是平原。境内主要河流有湄南河、夜功河、巴真河等河流，泰国大部分地区属热带季风气候，每年5～10月为雨季，月平均气温22～28℃，年平均降雨量1000～2000mm，11月至翌年4月为旱季。

泰国原名暹罗。从16世纪初葡萄牙和荷兰就在暹罗获得特权。1932年6月建立君主立宪制政体，1939年5月改名为泰王国，意为“自由天地”。第二次世界大战后，改名为暹罗，1949年复称泰王国。

曼谷是泰国首都，是最富东方色彩的城市之一。第二次世界大战后城市发展迅速，总面积达到290km^2。曼谷市内水网密布，有东方威尼斯之称。当地的三百余座佛庙，是曼谷的主要文化特色。著名的有卧佛寺、玉佛寺、金佛寺等。

泰国王宫在城西部，靠近湄南河，面积21.8hm^2，1783年始建王宫围墙，总长1900m，墙外是皇帝办公、居住的地方。王宫的东北角是玉佛寺，是泰国的三大国宝之一，又称“护国寺”，面积占泰王宫的四分之一，是泰王宫的组成部分，王族供奉玉佛像和举行宗教仪典的场所。整个建筑堂皇宏伟，屋宇亭榭，长廊相接，金玉璀璨；宝塔高耸，挺拔壮丽，几乎集中了泰国各佛寺的特点。寺内有巍峨的玉佛殿、供奉一世王至八世王神像的先王殿、佛骨殿、藏经阁、钟楼和灿烂的金塔建筑。这些建筑大都坐落在白色大理石台基上，墙壁上有精致的花纹，四周高大的八角柱上雕刻着形象逼真的动物。寺内四周有长约一公里的壁画长廊，绘有178幅以印度古典史诗《罗摩衍那》为题材的连环壁画。陈设在寺内的九块大瓷屏风，上面彩绘的都是中国《三国演义》里的故事。玉佛殿是玉佛寺的主体建筑，殿内供奉玉佛高66cm，宽48cm，放置在11m高的金制礼坛之上。玉佛由一整块碧玉雕成。拉玛一世在曼谷建王宫和佛寺时将玉佛移至寺内（图7-84～图7-91）。

图7－84 泰国王宫全景（自《泰国王宫导游》）

图7－85 王宫内佛殿前绿化

图7－88 王宫修剪的植物（作为独立树的一种形式）（白《园林局资料册》）

图7－86 王宫内绿化

图7－89 玉佛寺内假山

图7－90 新建佛寺塔

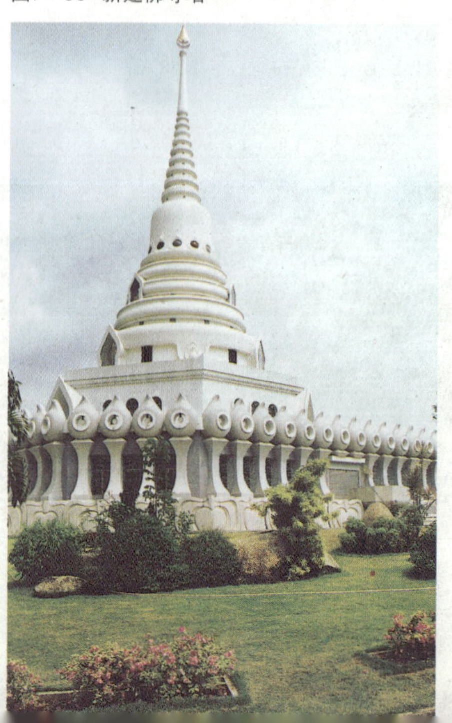

图7－87 大王宫内附属建筑前绿化

图7－91 新建佛寺塔前基础绿化

清迈是泰国北部的一个府，四周有珍贵林木，是柚木业中心。清迈城是泰国第二大城市，海拔335m，市容保持传统风格，有皇室的夏宫普平谷，苏泰普山寺是著名的朝拜圣地。

泰国旅游资源丰富，有很多古迹、名寺、风景区、海滨游乐胜地和各种公园（图7-92～图7-100）。

图7－92 六世王公园平面

图7－93 六世王公园湖区

图7－94 六世王公园亭前草坪

图7－95 六世王公园椰林

图7－96 六世王公园路边休息坐凳

图7－97 东巴乐园入口

第三节　新加坡园林

新加坡位于马来半岛南端，包括新加坡岛和附近的40个岛屿，扼太平洋与印度洋的咽喉。新加坡有长堤与马来亚的柔佛州相连。南面与印度尼西亚的廖内群岛隔海相望。属热带海洋性气候，无显著的雨季、旱季之分。

新加坡原为马来亚柔佛国的一部分，1824年沦为英国殖民地。1959年6月3日英国殖民当局被迫同意新加坡成立自治邦。1963年9月16日新加坡成为马来西亚联邦的一个州。1965年8月9日脱离马来西亚，成立共和国。新加坡土地面积648km^2，人口386万人，人口密度每平方公里5965人。

图7－98　东巴乐园植物

图7－99　住宅前绿化

图7－100　弥尼乐园（微缩景观）

一、新加坡的城市绿化

新加坡是一个城市国家，首都新加坡是东南亚最大的港口，世界最大的商业中心之一。有“狮城”、“花园城”之称（图7-101）。

早在1962年新加坡便开展植树造林活动。20世纪90年代初，把每年11月第一周定为植树节，发动群众植树，美化环境，在新加坡有260多条公路的两旁种植了大量的

图7－101　从花把山望市区

花草树木，如果加在一起占地面积达420多公顷。目前全国有精美的公园和花园50多个。由于新加坡是环海岛国，利用海滨修建了许多公园。拉柏多公园建在一个悬崖上，下边是海滩，具有大自然的绚丽景色。还有依山而筑的中央公园、珍珠公园和花把山公园。城区山顶有蓄水库，还有圣陶沙植物园、裕廊飞禽公园、裕华园等知名园林。新加坡现有公共绿地7500hm^2，人均25m^2（图7-102～图7-106）。

图7－102 市中心街道绿化（自《园林局资料册》）

图7－103 建筑前广场及街道绿化（自《北京园林局资料册》）

图7－104 机场候机楼外绿化

图7－105 机场候机楼外汽车停车场（自《园林局资料册》）

图7－106 过街桥绿化

二、城市绿化法规

新加坡绿化有很多法规作为保障，例如，法律上规定5%的国土要保持自然状态，绝不允许破坏；颁布《公园和树木条例》、《公园和树林规则》；用计算机对每棵树都建档，乱摘花草者罚款500～1000新币，随意砍伐树木者坐牢等等。在园林设计中也明确规定：

在高架桥和陆桥上要做花坛，并进行垂直绿化，使之成为绿桥；混凝土走道宽度在1.5m以上要种树；停车场的两行停车位之间，必须种树遮阴；停车场上特别地铺砖作为树木通气之用，等等。

三、城市公园介绍

（一）裕廊飞禽公园

世界著名的鸟禽公园之一，位于新加坡西部裕廊镇贵宾山坡，占地20hm^2。1971年正式开放。在95个鸟舍、6个池塘和10个可以随意飞翔栖息的围场内，饲养着来自热带和寒带、沼泽和沙漠、海洋和深山的约8500只属360多种不同的鸟禽。养禽园占地2hm^2，设计别致，游人可以自由出入，飞禽则无法逃逸。公园出入口不远是一条小溪，溯溪而上有高30多米的瀑布倾泻而下，注入三个小湖中，小湖和瀑布之间，丘径回环，两丘之间有长达30m的"彩虹"钢桥凌空而架，站立桥上可俯瞰园中景物（图7-107、图7-108、图7-109）。

（二）裕华园

新加坡游览胜地，在裕廊河心，占地13.5hm^2，仿中国古典庭园而建，园内有白虹桥、乾坤清气、披云阁、延月楼、卧虎岗、虎啸、渐珠桥、白石鸣泉、鱼乐院、邀月舫、茗香榭、云台揽胜、入云宝塔等36景。白虹桥长66m共13孔，造型仿北京颐和园十七孔桥。鱼乐

图7－108　飞禽公园驯鹰表演（自《北京园林局资料册》）

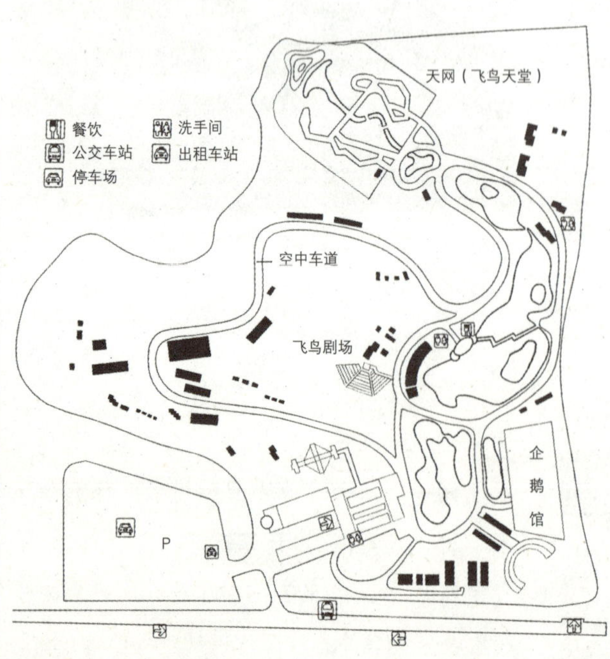

图7－107　飞禽公园平面

图7－109　裕廊鸟园（自《世界景观大全》）

院两旁是挹翠苑和晓春庭，这里红墙绿柳，小桥流水，环境清新优雅。柳絮荷风为湖名，湖上荷花，岸边垂柳，景色秀丽。湖岸左侧为邀月舫，造型仿颐和园清宴舫，用台湾省云石建成，邀月舫对岸是三间楼阁并列的芸香榭。入云宝塔六角形，共七层高48m（图7-110、图7-111）。

圣陶沙游览区是新加坡南部岛屿之一，1972年建成，面积3.47km²，曾为英国海军基地，现岛上绿草如茵，鲜花片片，有海事展览馆、珊瑚馆、艺术中心、日军投降纪念馆以及旱冰场、网球场等体育设施（图7-112～图7-115）。

新加坡内公共建筑的绿化独具热带风格。市内小游园位于建筑群中为居民经常休息的场所。特别是新加坡的住宅区楼下常为居民交往的俱乐部，住宅楼前都有儿童游戏场。绿化的种植形式常为疏株草地式，绿草如茵，花木茂盛（图7-116～图7-123）。

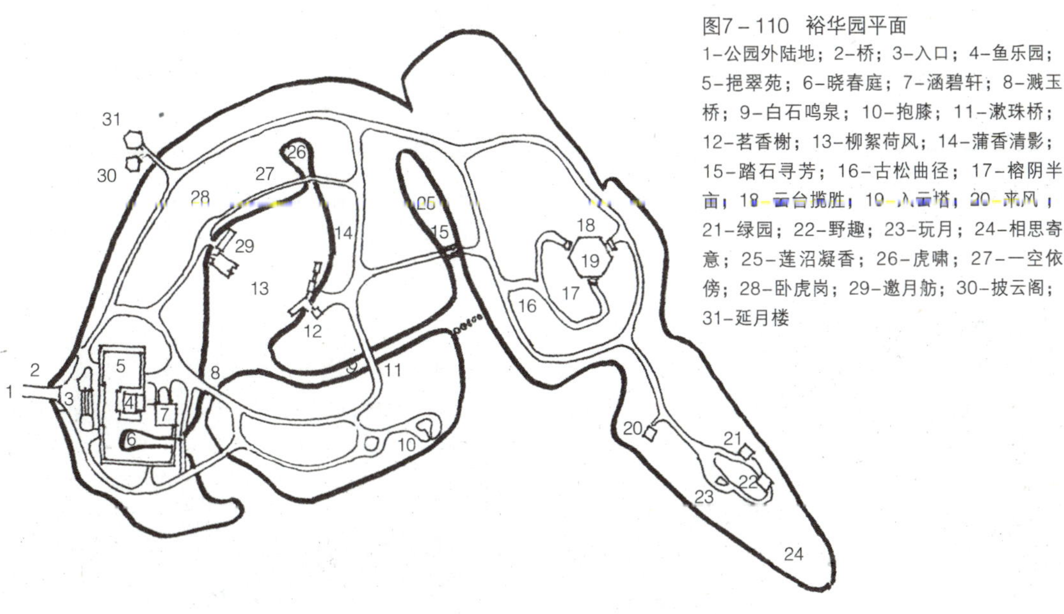

图7－110 裕华园平面
1-公园外陆地；2-桥；3-入口；4-鱼乐园；5-挹翠苑；6-晓春庭；7-涵碧轩；8-溅玉桥；9-白石鸣泉；10-抱膝；11-漱珠桥；12-茗香榭；13-柳絮荷风；14-蒲香清影；15-踏石寻芳；16-古松曲径；17-榕阴半亩；18-云台揽胜；19-入云塔；20-来风；21-绿园；22-野趣；23-玩月；24-相思寄意；25-莲沼凝香；26-虎啸；27-一空依傍；28-卧虎岗；29-邀月舫；30-披云阁；31-延月楼

图7－111 裕华园（自《裕华园》）

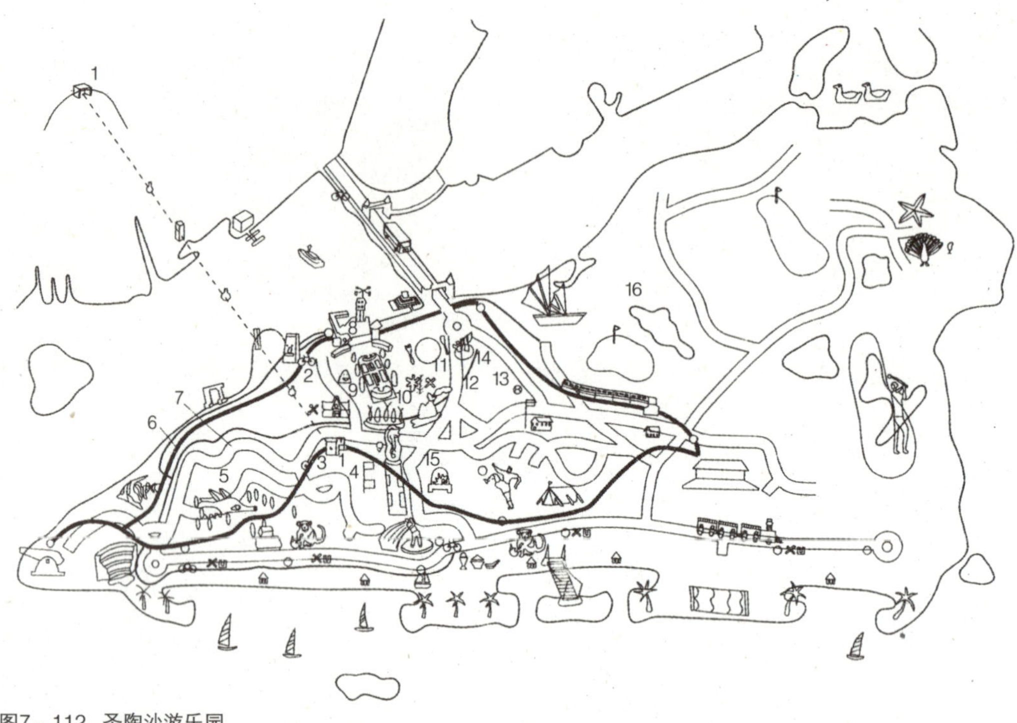

图7－112　圣陶沙游乐园

1-缆车；2-亚洲村；3-蝴蝶和昆虫世界；4-新加坡之先锋（蜡像馆）；5-水下世界；6-龙火车；7-观光车道；8-码头；9-奇妙兰花；10-音乐喷泉；11-火山地；12-溜冰场；13-苗圃；14-梦幻岛；15-石馆；16-高尔夫球场

图7－113　圣陶沙植物园热带兰区（自《北京园林局资料册》）

图7－115　圣陶沙热带植物树丛（自《北京园林局资料册》）

图7－114　圣陶沙圆厅垂直绿化（自《北京园林局资料册》）

图7－116　市内小游园（自《北京园林局资料册》）

图7－117 国家博物馆前绿化（佚名）

图7－119 公园内水禽湖

图7－118 万里芝水库绿化

图7－120 海滨（自《北京园林局资料册》）

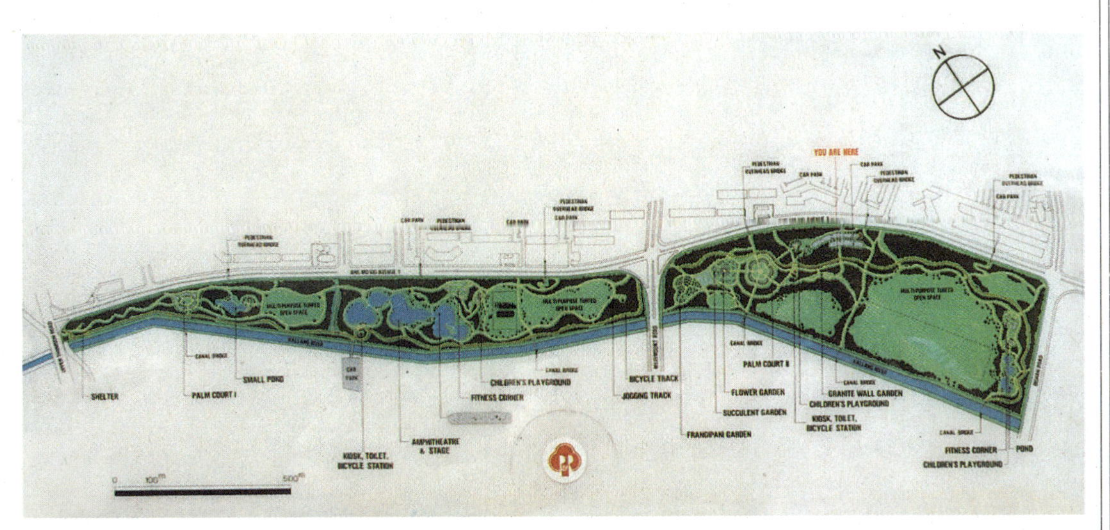

图7－121 碧山住宅区内公园

图7－122 住宅区住宅楼前绿化

图7－123 住宅区绿化（自《北京园林局资料册》）

第四节 朝鲜半岛园林

朝鲜半岛位于亚洲东北部，包括一个半岛和三千三百多个大小岛屿。半岛面积约占总面积的97%。境内四分之三是山地，山脉由北向南低下，北部多山，南部较平坦。河流很多，有大同江、汉江、清川江、洛东江等。夏季多雨，年平均雨量约一千毫米，冬季受大陆性气候影响，年平均温度为10℃。

朝鲜半岛长久以来是统一的国家，朝鲜民族本来就是统一的民族。公元7世纪中期，新罗首次统一了大同江以南朝鲜半岛的大部，到公元10世纪初期，新罗被高句丽王朝所取代。14世纪末李氏王朝又取代了高句丽，且改称朝鲜，并迁都汉阳（汉城），1910年后朝鲜沦为日本殖民地。朝鲜人民为国家独立和民族解放进行了长期的斗争。直到1945年日本投降后，朝鲜才得到光复。苏美两国则以北纬38°线为界，分别进驻半岛的北部和南部，1948年8月15日南半部成立大韩民国。1948年9月9日朝鲜举行最高人民会议，宣布成立朝鲜民主主义人民共和国。1991年9月第46届联大同时接纳南北双方为联合国的正式会员国。

一、朝鲜的古园林

在唐朝时代，朝鲜半岛上形成高句丽、百济、新罗三个国家，新罗在武烈王春秋时期（公元654年）国势最强大。唐长安城对新罗发生了极大的影响。文武王完成其统一朝鲜半岛大业时，修建宫阙，在宫内凿池造山，种植花草树木，饲养奇禽异兽。现月城北有雁鸣池，积石为山，以像巫山十二峰，池中许多小岛，现可看出苑池的遗迹。

在庆州南一里南山西麓，溪流之旁，疏林中有鲍石亭遗址，这是新罗别宫所在之处。为歌舞酒宴之地。鲍石亭有当时的曲水遗址。狭窄的石沟环绕而呈鲍鱼的形状，从一端引入溪水，从另一端流出。现在嵩山山麓遗有一个宋朝时代崇福宫的曲水，就是泛觞亭遗址，与鲍石亭异曲同工（图7-124、图7-125）。

景福宫是朝鲜半岛的古宫，由《诗经》中："既醉以酒，饱以德，君子万年介尔景福"的诗句得名，位于大韩民国首都首尔，建于1394年，为李朝始祖李成桂修建，其建筑酷似中国紫禁城的宫苑，正殿为勤政殿，此外还有思政殿、乾清殿等。还有一个雅致的10层敬天寺石塔，为韩国的国宝之一。王宫的

图7－124　韩国俗离山风景区（自《绿色的梦》）

图7－125　韩国首尔昌德宫御园（自《绿色的梦》）

南面有光化门，东边有建春门，西边有迎秋门，朝北的为神武门。光化门里有兴礼门，兴礼门外有一条东西向的运河，河上横跨锦川桥。建筑在莲池中央的石舫——庆会楼，是当年国王宴客的楼阁。1553 年该宫曾遭火灾，以后又遭日军破坏，1865 年重建。

朝鲜民主主义人民共和国首都平壤，在朝鲜半岛的西北部，是朝鲜最古老的城市之一，公元 427 年，高句丽王朝建都于此，取名西京。碧波粼粼的大同江和普迪江流过市区，江畔绿柳垂丝，因此古称柳京。又因地处大同江冲积平原上，因称平壤，此外还有乐浪、镐原等别名。练光亭为平壤八景之一，构造独特，是李朝时期的代表性楼阁。位于平壤市中心的大同江畔。在公元 1111 年修建的山水亭的基础上，于 16 世纪初修建的，为古代平壤城的附属建筑，曾屡遭战火，20 世纪 50 年代修复。亭分为南北两栋，南栋是圆柱，上有两翼斗拱；北栋单翼斗拱，色彩朴素，屋顶是两个相连的飞檐式。临江的两根古柱上刻有相传是高丽（935 － 1392 年）时，诗人金黄元的对联：“长城一面溶溶水，大野东头点点山。”亭中有朝鲜李朝诗人洪钟应于 1850 年作的《练光亭重修记》一文，文中有中国明朝万历年间（1606 年）驻朝使节朱元蕃在参观练光亭时写下“第一江山”匾额的记载，至今匾额还悬挂亭中（图 7-126）。

妙香山是朝鲜的四大名山之一，横亘于平安南道、慈江道和平安北道交界的地方。周长 130km，面积 375km^2。山里侧柏散发着清香，山势奇妙、神秘，故称妙香山。主峰毗卢峰海拔 1909m，是西海岸的最高峰，满山遍谷郁郁苍苍，有瀑布多处，无数飞练倾泻而下。普贤寺建于 1014 年，寺址在通往妙香山的路旁。寺内大雄殿内保存 13 世纪费时 16 年刻印的佛教大藏经 6780 卷，是有名的《高丽藏》。山上还有上元庵、佛影庵等古寺。上

图7－126　朝鲜古园林建筑

元庵以东约5km处的佛影台内，保存着李朝500多年的政府日志《李朝实录》。

金刚山是朝鲜半岛的四大名山之一，位于江源道东部，南北长60km，东西宽40km，面积2000多平方公里，景色佳丽，以奇峰怪石、飞瀑流泉、密林奇洞、松林云海闻名。据传中国唐代一诗人曾有："愿生高丽园，一见金刚山"之句。金刚山的古迹,以寺院为多，共有8万多座大小寺院，其中最大的有榆帖寺、麦训寺、长安寺、神溪寺等。在战争中多数遭破坏。战后多数得到修复。1958年郭沫若曾写下："白石乱溪流，银河下九州。观音新出浴，玉女罢梳头。树影偕心定，泉声彻耳幽。浮桥铁索缆，仿佛梦中游"的诗句，来形容金刚山之美。

济州岛，朝鲜第一大岛，又名耽罗岛。位于半岛南方，包括牛岛、卧岛、兄弟岛、遮归岛、蚊岛、虎岛等34个属岛，均为游钓胜地。全岛面积1800km^2。相传是由索罗满勒女神取汉江之土，撒在南海堆积而成，故有"神话之岛"之称。岛上有45个岩溶洞窟，长达13000多米。岛的南部有别墅、民俗村、水底观察台。岛中央的汉拏山高1950m，云雾缭绕，为济州岛10景之一。东海岸有突出海中成丁字形的城山半岛，上可观日出。南海岸有天帝渊等瀑布。岛上还有很多古迹，如三徒洞、三射石、观德亭、五贤坛等。岛上还有为数不多的野马，传为忽必烈发兵侵日时，在此牧马所留的遗种。

二、东方园林在朝鲜半岛的形成和发展

朝鲜半岛与中国在园林方面有很多相似之处。特别在唐朝时期，园林的设计思想、园林布局以及园林建筑，都受到了中国的影响，例如，在园林中崇尚自然，布局灵活，在建筑方面主要是木结构、坡屋顶等等。同时在发展中又根据其本土的环境和民族的喜爱，共同形成了东方园林的风格。

朝鲜在战后进行了大规模的重建，特别是平壤市几乎是在瓦砾废墟中重建的。30多年建成了壮丽的"青春城市"。平壤处在山丘环抱之中，市区面积200km^2。平壤市的绿化已形成系统布局，全市绿化面积6720hm^2，人均绿地面积48m^2。在建设街道、住宅和公共建筑中，对园林很重视，规划师、建筑师与园林师都共同计划，共同完成。平壤市牡丹峰公园占地约300hm^2，公园内郁郁葱葱，鲜花片片，有儿童游戏场、喷泉，特别在古迹乙密台前建成了牡丹园。园中园路逶迤，古松苍翠，山石错落中有牡丹数百株，古拙中带有新生，表现了朝鲜园林的意韵。千里马大街、大同江两岸、梭罗岛上绿树成荫，花团紧簇，一片欣欣向荣的景象（图7-127～图7-130）。

韩国从20世纪三年战争中走了出来，经历了全面政治、经济、社会秩序的大混乱。20世纪60年代为园林发展的"制度化"、"法制化"作了准备。20世纪70年代至80年代为引进期，建立以政府力量为主体的"政府主导型"经济体制，同时造成与有关领域的协同体系，加速了技术方面的积累。1971年7月在首尔建成1～9km宽的环城绿化带。20世纪80年代初至90年代初，由于社会体制和政权的稳定，园林进入了蓬勃发展时期，

图7－127 平壤千里马雕像绿化（自《环球旅行》）

图7－129 平壤乙密台前

图7－128 平壤牡丹峰公园

图7－130 平壤乙密台前牡丹园

从而提高了园林水平。

1984年设计了奥林匹克运动公园，公园位于汉城市中心东南1.3km的江东区方夷洞，面积169.2hm^2。公园分为体育公园、历史公园和88广场。体育公园内有五个标准的运动场，可以举行国际运动比赛。88民俗演出场，没有运动比赛时，公开为体育学校学生和公众使用。历史公园在地区西北方向修筑水湖，设置水景空间。此外还有雕塑公园和奥林匹克运动纪念馆等附属服务设施（图7-131、图7-132）。

图7－131 韩国首尔奥林匹克公园（自《北京园林》，2004，专辑）

图7－132 韩国首尔奥林匹克公园门区（自《绿色的梦》）

1982年度设计了汉江市民公园，园址在汉江南北地区，园林面积689.8hm²。范围包括汉江周围的公园。高地修建体育公园和游园地，低地为自然环境地区，保护野生草地。共完成7个体育公园，2个游园地，1个停车场，以外还有13个草地区。在游园地上有纪念塔及可供集散和休息的大广场。

20世纪80年代以来，在居住区绿化、街道绿化和街道公园绿化方面都有了新的成就。

韩国园林界有关人士也在关注国内园林事业在发展中涉及的后现代主义（Post Modemism）和历史主义的观念，在“传统性”与“世界性”对未来的影响方面，正在进行深入研究。

第八章
西方园林

欧美的园林艺术历史久远，内容丰富，有很多优良的传统和现代创作的先进经验值得学习，当前书刊中也有很多介绍，现只就其中精典部分加以叙述。

欧洲的造园艺术有三个重要时期：从16世纪中叶往后的100年是意大利领导的潮流；从17世纪中叶以后的100年是法国领导的潮流；从18世纪中叶起领导潮流的就是英国。

欧洲现代的园林有很多特色，其中比较突出的是社会化和大众化，现在也称作平民精神。19世纪工业革命，社会中的强势群体由原来的贵族和封建领主转为新兴的中产阶级。二战后社会的富裕给园林设计社会化和群众性打下了良好的基础。群众参加各种园林、园艺展览；园林设计方案公开招投标；各级市、县级议会评定园林设计方案等等，都促进了对群众在园林方面的需求和爱好的设计思想。具有地域风格和场地精神的理念最容易被社会大众理解。其特点主要是：注重以人为比例，追求自然和谐；自然资源集约化，利用废旧材料和生态手段整治已经受污染的环境，达到环境可持续发展。例如，德国杜伊斯堡北部公园的设计；园林功能的综合化、多功能，多种多样的娱乐休闲方式融入到园林中，构图中少有明显的主轴、对称、中心，园林空间构图十分灵活；注意绿化和人的休息。瑞典景观设计语言为：座椅、绿地和水为经典三元素。

美国19世纪著名的规划师与风景园林师奥姆斯特德，对美国和其他国家的城市规划和风景园林设计具有不可磨灭的影响。英国的田园牧歌与风景如画的自然式园林影响了奥氏的设计风格。所以他很重视自然公园设计，他把乡村的自然美景引入城市，使城市与乡村有机结合。奥姆斯特德风格，在相当一段时间内几乎左右了美国的风景园林界。今天美国风景园林师的工作范围，已由过去的公园和庭园设计的传统工作，扩展到包括环境的各个方面的设计、协调和评估等工作，例如，国家新的交通干线、城市购物区和娱乐设施等，使之与城市的绿地形成一个完整的系统。

美国的风景园林设计理念的主要特点是：重视自然资源和环境保护，生态意识和生态理论广泛发展；合理利用土地，设法改造街道、高速路和滨河地带，有效创造绿化用地；园林形式变化巧妙，标新立异，能使人耳目一新；重视运用植物绿化，公园中树木花草很多，建筑较少；兼收并蓄，大胆引进中国式古典庭园、日本风格的庭园，公园中有荷兰的风车、日本的石灯笼、印地安人的帐篷、图腾柱、欧洲大陆的喷泉、雕像；其他如公园公共绿地一般不设围墙，比较通透，公园绿地中园椅比较多，代替园椅的矮墙、挡土墙也不少，都是为了群众的休息。

第一节 意大利园林

意大利国土是在欧洲大陆南端，凸出在亚得利亚海一个半岛上。国内山峦起伏，山势从西北走向东南。国土北部气候同欧洲中部温带差不多，冬季有从阿尔卑斯山（Alps）吹来的寒风，夏季在谷地和平原上气候闷热，但是在山丘上，即使有几十米的高度，白天也能吹来凉爽的海风，晚间有山上吹来的凉风，所以意大利的庄园都喜欢建在山坡上。

一、古罗马时期的园林

在意大利历史上古罗马的园林主要有两类：一类是附属于城市住宅的，一类是郊区别墅里的。这些园林只能从遗迹或文字中知道。

城市住宅稍大一点的，在后院都有一个长方形的围廊或大院，院里有树木、花草、喷泉、雕像，是一种院落式花园。

别墅的花园与院落式的大花园不同的是两侧的柱廊全用网封住，里面种上矮树，饲养各样的鸟，如夜莺、画眉等。院子当中还有鱼池，院子里的雀笼是一项很重要的造园要素。

古罗马作家小普里尼（Pliny the Younger）（61 – 113 年）在他的信里描述过他的别墅花园：花园别墅建造在优美的自然环境里。主要建筑物是外向的，尽量欣赏自然风光的美。建筑物跟大自然和花园的关系非常密切，通过绿棚、廊子、折叠门等等的过渡互相渗透，喷泉、水池、经过修剪的树木等，既把建筑趣味带到园林和自然中去，也把园林和自然趣味带到建筑物里来。同时还用壁画把自然延续到室内。

植物和水是造园的两大要素，树木配植有相当变化，水的处理很活泼，不仅看它的喷射、溅落、流动或者明洁如镜，还听它的声音。但是树木和水体都在很大程度上建筑化了。

二、中世纪时期的园林

从古罗马到意大利文艺复兴，中间隔着将近一千年的中世纪。中世纪的修道院里，中央总是喷泉，十字形的小路，把院子分成四畦草地，种着些鲜花。观赏性的花园四周有高墙，连国王的花园也是如此。中产阶层人家的花园以明沟围绕，有时还加上荆棘和玫瑰的篱笆，在温热地带以石榴当篱笆。有的花园，草地的后面栽种芳香植物，如芸香、鼠尾草和罗勒，也种一些鲜花，如紫罗兰、耧斗菜、玫瑰、鸢尾等。

三、文艺复兴时期的园林

14 世纪文艺复兴运动开始，意大利造园艺术渐渐复苏，此后二百年间出现了一大批水平很高的园林。郊区别墅的建造，开始于 15 世纪中叶的佛罗伦萨，其代表是美第奇别墅（Villa Medici Fiesole），建造在山坡上，有三层平台，没有突出的轴线，建筑物靠在一侧。

意大利园林极盛时期在16世纪下半叶和17世纪上半叶。这时候在罗马、佛罗伦萨、路加（Lucca）、锡耶纳（Siena）和威尼斯等城市郊区，建造了大批的别墅，它们是意大利造园艺术的代表（图8-1～图8-5）。

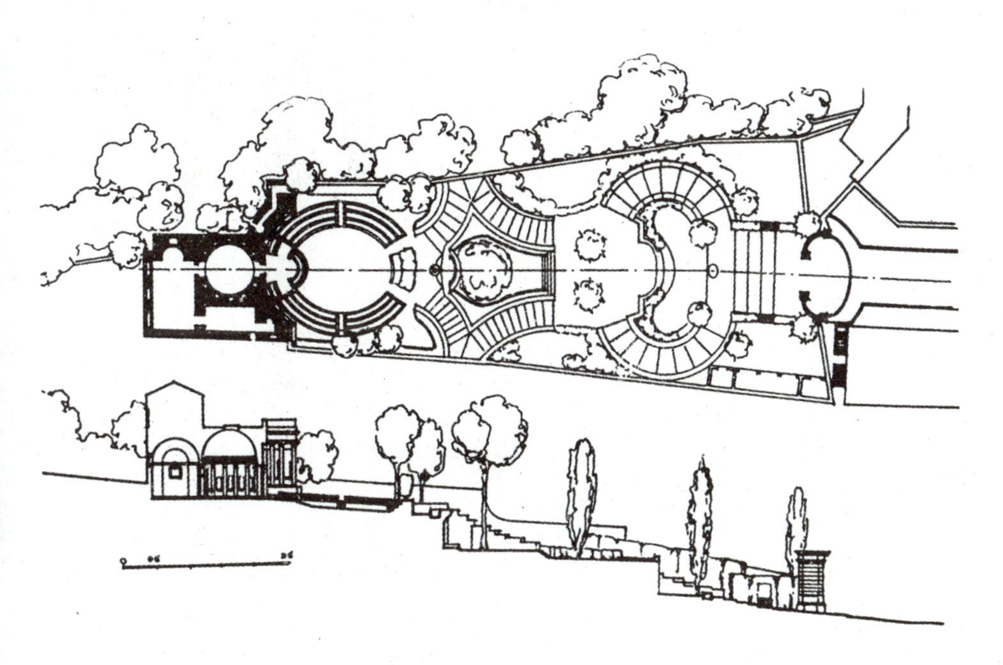

图8－1 台地园模式（自《西方造园变迁史》）

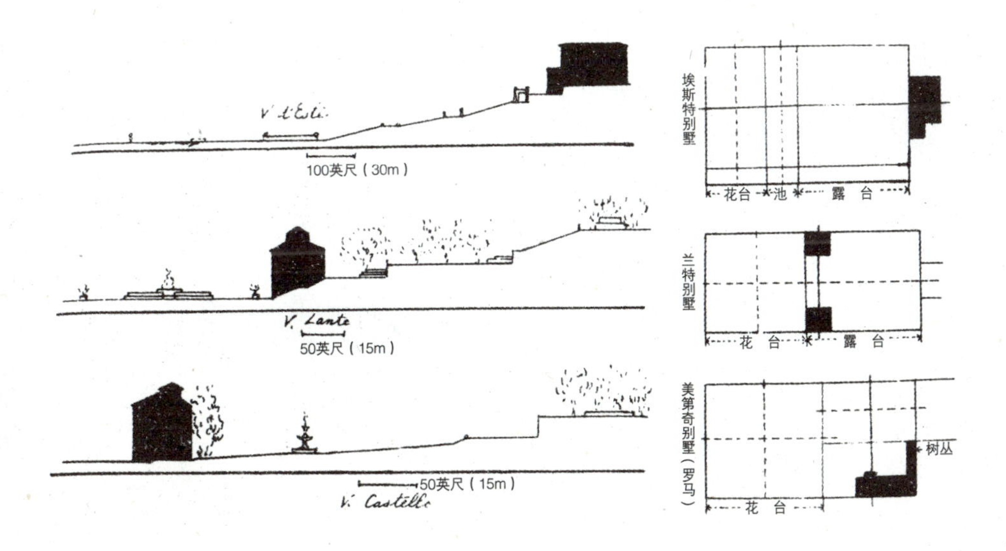

图8－2 台地园平断面（自《西方造园变迁史》）

图8－3 庭园的喷泉和花瓶（自《西方造园变迁史》）

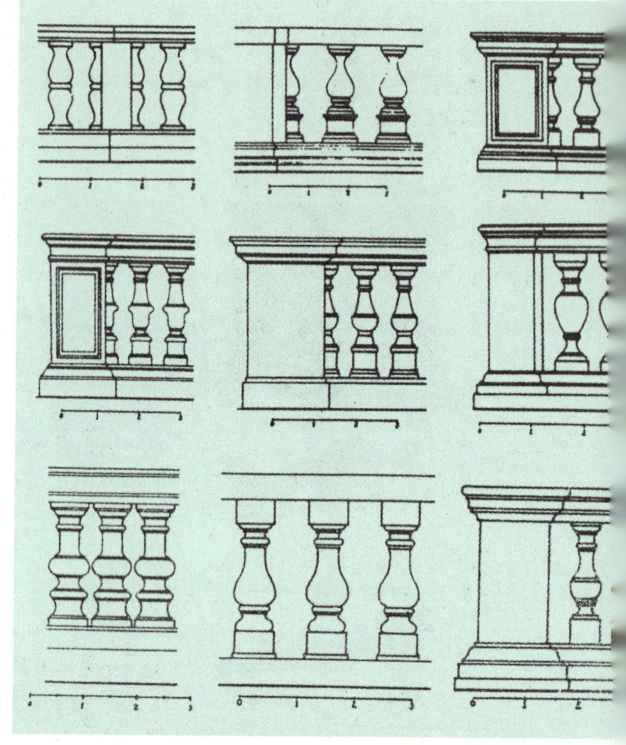

图8－4 意大利式庭园栏杆（自《西方造园变迁史》）

图8－5 意大利文艺复兴园林（自《中国园林》）

意大利著名的庄园有：

（一）美第奇别墅

在罗马城东北角的卡瑞奇（Careggi），紧挨着品巧山。大约在1400年，当时佛罗伦萨的执政者美第奇（Cosima de Medici）的庄园，它的选址很好，视野阔大，景致很美。别墅主建筑物在山脊台地的边缘，西南面对着城市。它的后面是整齐地划成六个植坛的花园，其中四个依别墅主建筑的轴线而对称，西北方的两个为了把花园拓宽一点，在主建筑边上闪出一个空隙，正好眺望圣彼德大教堂。花园里有喷泉和雕像作装饰。它的东北界外种着一些伞松和笔柏，自然的姿态，苍劲古拙，从主建筑的廊内望去，它们是花园的背景，跟严谨的植坛形成鲜明的对比；近景则是廊、柱、台阶和精美的水星雕像，又成对比（图8-6）。

花园的东南又上一层台地，上面也是自然气息很重的丛林，它的一端可以俯瞰花园，另一端有一个圆丘，有亭可登高远望。

丛林面积远远大于花园，别墅总面积大约5hm^2。别墅风格宁静、亲切、雅致，1630～1633年间伽利略被囚禁在这里。

（二）兰特别墅（Villa Lante）

别墅是16世纪中叶（1564年）建造的，庄园比较完整地保存下来。泰克尔说：“如果想要找16世纪最优秀的园林的特点，就必须去参观兰特别墅，否则，就会错过造园艺术最珍贵的杰作之一。”

兰特别墅在罗马以北9.6km的巴湟伊河（Bagnaia）边，1564年建造，是一座消夏别墅。别墅和花园面积不到1hm^2（一说1.85hm^2），设计精致，它以水从岩洞中发源到泻入大海的全过程作为主要题材，放在中轴线上，主建筑为相同的一对。

在山坡树林里，水从岩洞里流出，漫过苔藓和薇蕨，落到一个池子里，成为伏流，又出现“海豚喷泉”，再流经一个宽不到2m，

图8－6 从美第奇别墅上层望圣彼得大教堂（自《西方园林》）

长约30m，有16级的链式瀑布，在台地边上形成三级大瀑布，落到一个半圆形水池里。瀑布两侧偃卧着巨人像，因名“巨人泉”。再下来，顺中轴有一张长长的餐桌，桌面当中是一条水槽，宴会的时候，在水槽里给酒降温。石桌下首，台地边上又是一个六叠的瀑布，上叠是凹圆弧，下三叠是凸圆弧，周围有石灯向上喷水，故名灯泉。灯泉以下是个很陡的草坡，两侧是一对主建筑物，方方的，体积不大。再往下是正方形的花园，等分为16个方格，中央4格是水池象征海洋，是全园水的归宿。它们中央还有一个圆形喷泉，叫“星泉”，有四个摩尔人一起托着蒙达多的冠冕。边上12个方格是绣花式植坛，以黄杨、冬青做花样，以卵石做底，植坛的四角种着柠檬树（图8-7、图8-8）。

园的几个台地从上而下，一个比一个宽，一个比一个视野大，到灯泉两侧，凭栏就可以鸟瞰开阔的田野了。

把整个中轴让给水，主建筑物一分为二隔在两侧，这样的构图在意大利是独一无二的，在它的一侧，还有一个很大的林园，里面有喷泉和迷阵。

园子追求的风格是怡悦、亲切，不是壮观的排场。

（三）埃斯特别墅（Villa d’Este）

埃斯特别墅在意大利最受人称道，它是16世纪后半叶的一个突出的作品，被称作“罗马别墅中的珍珠”。建造在罗马以东40km的蒂伏里（Tivoli）镇，位于莎比纳山（Sabine）的余脉上，平均海拔230m，这块小高地边缘都是陡坡悬崖，一条阿尼安河（Aniene）流过，造成许多瀑布。

山坡很陡，主建筑物放在高地边缘上，它后面的园林占地约4.5hm^2，纵长近200m，在接近主建筑物的大约103m内，地势下降347.3m，以后才平缓，因而称为“挂在悬崖上”的别墅。

别墅是对称几何形布局，分八层台地，一道纵轴贯通全园，左右各有一层次轴，再有几条横向道路，把全园割成大小不等的方块。除了最低的平坦之处，中央有一大块正方形花园，划分成16方植坛之外，整个园子几乎都是丛林，方块里种着冬青属常绿树，这些树自由种植，自然生长，年长月久，遮天蔽日，所以虽然园子布局是几何形的，严谨得很，但却像一座无边的、荒野的森林。这是意大利园林里很特殊的例子。

在中轴线上，一对大圆弧形台阶的四周和花园的正中，各有几十棵高大的笔柏，锋锷参天，很有气势。它的色泽暗绿，枝干苍老，更给园林添了几分精神。

泰克尔说：“埃斯特别墅是世界上最完美的水花园。”园子右边，一个小院子里，有一座“蛋形泉”，是引阿尼安河水进园林，高地边缘成凹形半圆形的断坎，正中有一峡口，口里坐一尊先知像，她右手牵着天童，是蒂伏里（Tivoli）的象征。在两侧的岩洞里还各有一尊阿尼安像和赫古兰尼安（Herculanean）像，这象征着蒂伏里的两条河。水从峡口流出，绕过先知像左右，在像前形成两层小瀑布，再向前方流到一个突出水面的石盘上，在石盘周边形成一个大瀑布，落到水池里。石盘

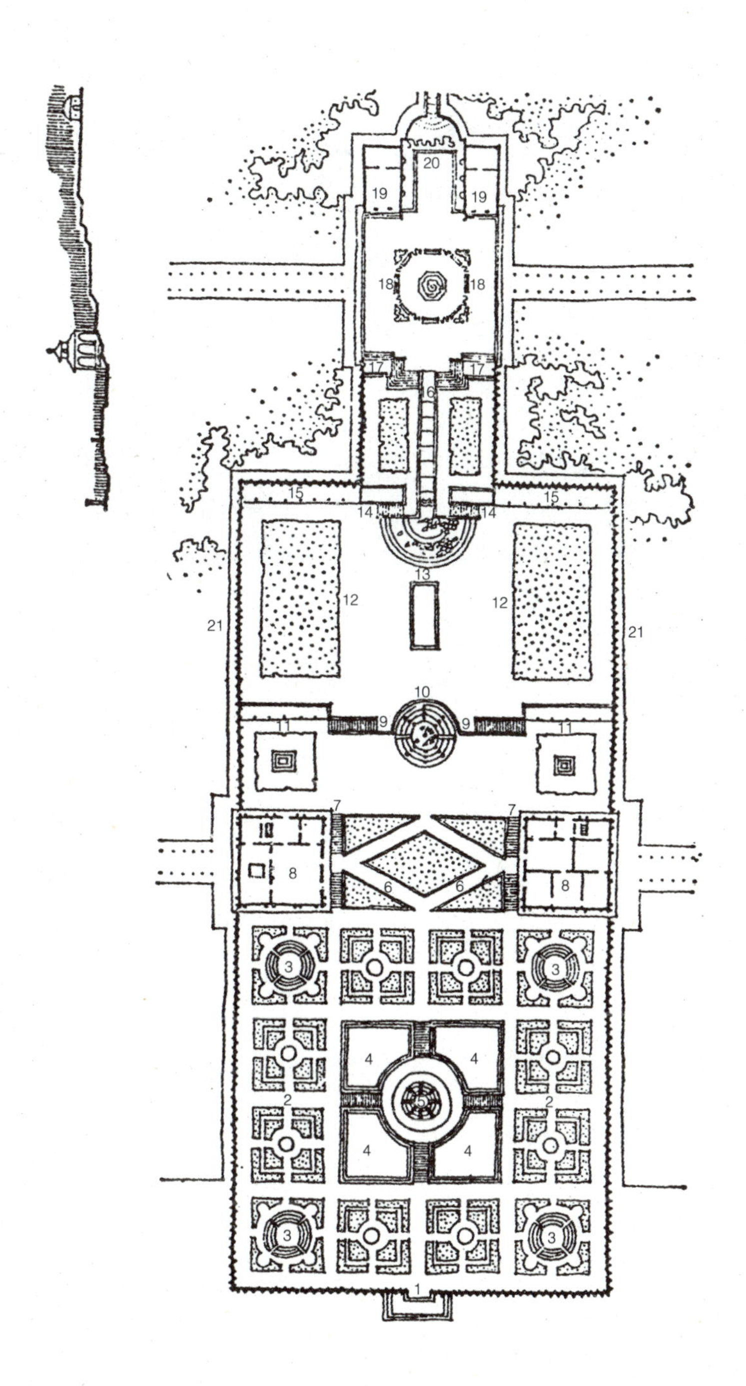

图8－7 兰特别墅（Villa lante）平面

1-主要入口大门；2-花坛；3-矮丛林；4-水池；5-圆形岛；6-到第一层平台去的斜坡；7-石梯级；8-娱乐馆或陈列室；9-到第二层平台去的石梯级；10-石梯级间的壁龛喷泉；11-在第二层平台挡土墙下的柱廊；12-花丛式花坛；13-人工水池；14-到第三层平台去的石梯级；15-圆柱廊；16-庄严的瀑布；17-到第四层平台去的石级；18-有回栏的花坛；19-陈列室或花房建筑；20-喷泉水池花园进水口；21-与地形配合的栽植部分

图8－8 兰特别墅（由第三层台地俯视第一层，丛植树坛内为红砖屑，正中为水池）（自《西方园林》）

两侧壁龛上有一些大雕像，捧着花瓶向池子里喷水。

出了蛋形泉小院的门，一条长150m的路横贯全园。沿路的上坡一侧，密密地、齐齐地排着三层小喷泉，一共有几百个，这条路就叫“百泉路”。最上一层喷泉是向上垂直喷出的。

百泉路的另一端，有两条小溪相汇合，河上有喷嘴，喷出高高的水柱。坡下有“鹰泉”，在铜树上有很多铜鸟，由于水流造成的气流作用，这些鸟会发出各种啼声。每隔一些时间，一头鹰会跳出来凄厉地号叫，而使得一些鸟惊飞。

从鹰泉横向走到中轴线上，有一对弧形大台阶，它们环抱着龙泉，这是一个椭圆形水池，池中央四条龙背对着背，从嘴里向外喷水，中间有水柱喷起几米高，飘飘忽忽，散落一些水珠。龙泉本来叫“枪炮泉”，有一套很复杂的机关，能发出一连串的爆炸声、炮声、枪的齐鸣声。1572年改为龙泉。

从龙泉向前走，回到蛋形泉下坡，再向下走一点，就是“水风琴泉”，在以巴洛克手法装饰起来的凯旋门式建筑物前有石亭，亭里有水风琴。水流迫使一些气流通过许多金属管子，发出声音。同时，水流转动一根铜轴，轴上装着齿轮，按照不同节拍按各管子键，因而奏出音乐。

水风琴前有一个很高大的瀑布，分级而下，高低错落。在第二级上轴线两侧，各有六个垂直向上的喷泉，中间喷得高，两侧高度递减，构成一架管风琴形象。在最下一级，也有一对很高的垂直喷泉。在瀑布后面，有几个水帘洞，下面正中处放着海神乃普顿(Neptune)的胸像，因而称为“乃普顿泉”。

乃普顿泉前面有三个长方形鱼池，连贯起来，横过园子，鱼池极其平静，倒映着天光云影与乃普顿泉形成鲜明对比。

在园子最低处的端墙，离本来的正门不

远，有一个自然泉。这里有模仿天然岩壁的浅龛，当中立着戴安娜（Diana of Ephesus）像，它胸前有十几个乳房，累累下垂，泉水像奶汁一样流出来，象征大自然永恒的丰饶和养育力。

这个花园充分利用了充裕的水源来创作各种形式的水体，形成一个水音交响曲。它的第一乐章是从高层台地开始，急湍奔腾，有着强有力的音响；第二乐章是缓流和帘瀑配合优美的雕像；第三乐章是到最低层台地，平静的水池里倒映出美丽的景色。也有人称它作“水花园”（图 8-9～图 8-14）。

（四）迦兆尼别墅（Villa Garzoni）

17 世纪初，罗马诺·迦兆尼（Romano Garzoni）要求在路加以北的高洛蒂（Collodi）小城附近建造庄园，大约在 1633～1662 年建造。一个世纪后，罗马诺·迦兆尼的孙子最终将花园建成。

园林在一个向阳的山坡上，平面的轮廓有曲有直，形式像一面盾，南北长约 200m，东西最宽 100m 左右。它的上半部，也就是北半部，是林园，下半部是花园，二者之间横着两层窄窄的平台。林园的中央，也被一道发源于岩洞的水台阶劈开。这道水台阶，

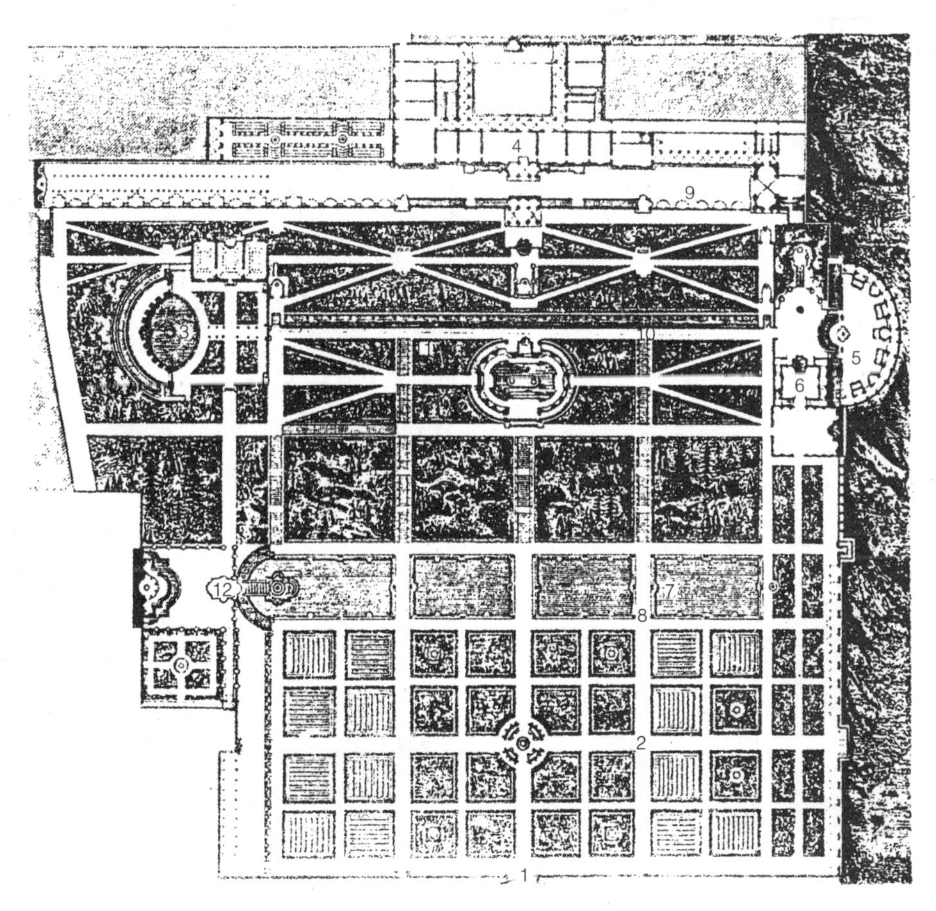

图8－9　埃斯特别墅平面图
1-主入口；2-台地；3-喷泉；4-别墅建筑；5-馆舍；6-洞窟；7-跌水；8-桥；9-最高台层；10-百泉台；11-台阶；12-水风琴

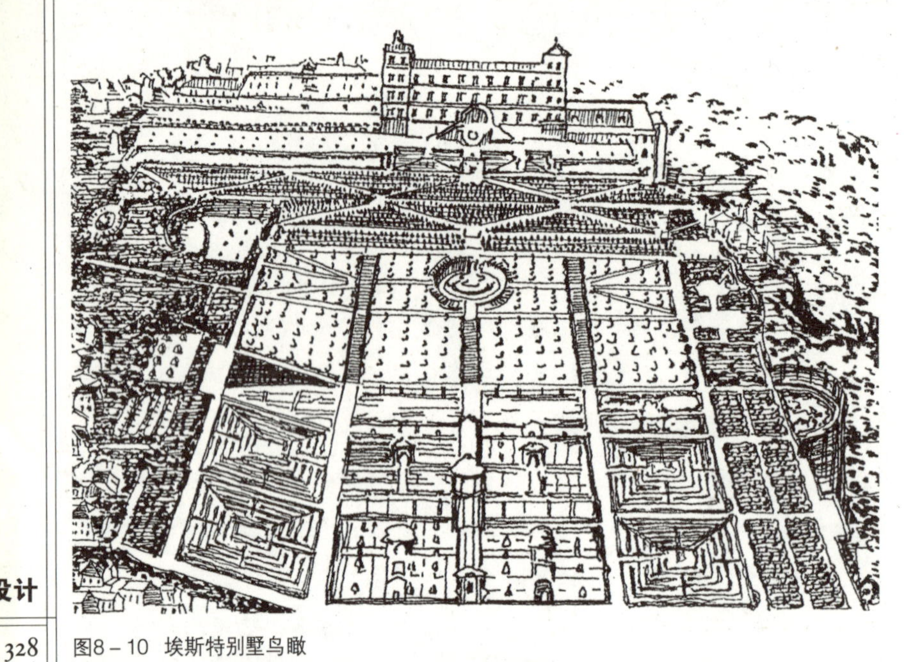

图8－10　埃斯特别墅鸟瞰

图8－11　埃斯特别墅（百泉台东北端的水剧场，下面是椭圆形水池，后面有柱廊，雕像是山林水泽仙女）（自《西方园林》）

图8－12　埃斯特别墅水渠（底层平台一排三个矩形水池，平静而连续的水面形成园中的一条横轴）（自《西方园林》）

图8－13　埃斯特别墅百泉台（沿百泉台横轴平行布置了逐渐升高的三条小水渠，其上点缀着众多喷泉）（自《西方园林》）

也采用了透视术，上宽下窄，并且平面仿造一个仰卧着的人像，巴洛克的趣味很强烈（图8-15～图8-18）。

花园再分前后两层平台。植坛的构图很新颖，都有曲线的图案，而下层的更自由花哨，有一对圆形水池，中央的喷嘴能喷出12m高的水柱。沿花园的边缘有两层绿墙，中间夹着一条很窄的走道，因为是弧形的，而且有正反弧的变化，走在里面很有兴味。靠里面的一道绿墙，顶部修剪成一连串的凹弧。一些陶质的、涂了白漆的雕像，立在绿墙前，被浓绿的树叶衬得非常明亮。

紧贴着林园南缘的一条细长平台的西端，有一个绿色剧场。它台上的“演员”是些白色的雕像。

迦兆尼别墅在规划上将周围乡村的景观、佛罗伦萨文艺复兴时期的“吕卡式花园”和渐渐兴起的巴洛克风格融合在一起，显得非常独特。简明的形式和质朴的空间，无疑是

图8－14 埃斯特别墅喷泉（底层台地建造的水风琴与对面的鱼池形成动静对比）（自《西方园林》）

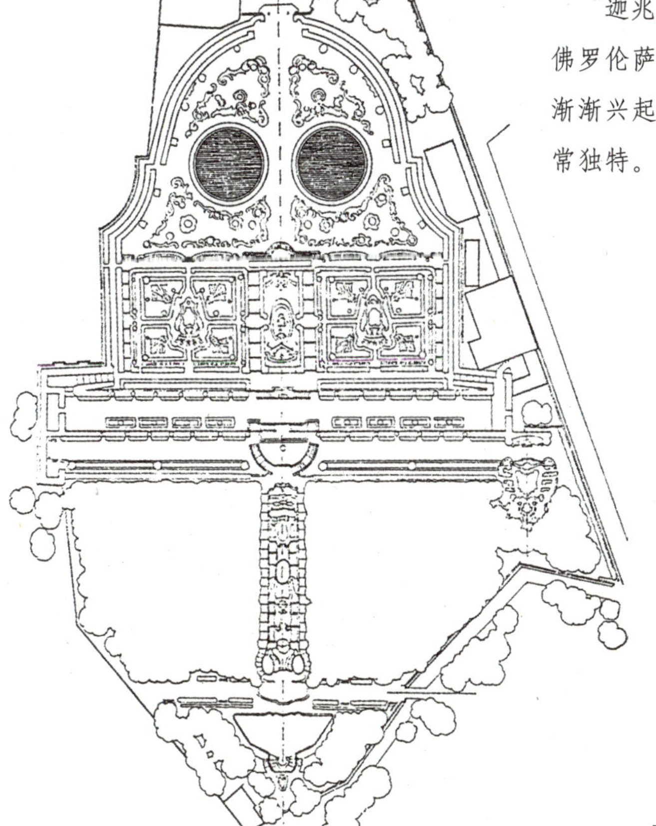

图8－15 迦兆尼别墅平面

图8－16　迦兆尼别墅（佚名）

图8－17　迦兆尼别墅（第三台层位于纵横轴线的交会点上，沿纵轴布置了长长的瀑布跌水）（自《西方园林》）

图8－18　迦兆尼别墅（从台阶上端俯瞰花园）（自《外国造园艺术》）

古典作品的手法，而那些植坛、绿墙、夹道、剧场等等，跟花园的轮廓以及透视术一起，都是巴洛克的造园艺术的代表。有某种程度的轻浮和矫揉造作的特点。

四、意大利别墅园林的特点

（一）布局

意大利巴洛克园林追求的是亲切、深沉，它整个在树荫的覆盖下，或者像密林中的一片空地，所以它的轴线和几何构成不容易被人认清，也就是不求整体布局的可读性。意大利的花园尺度小，如埃斯特庄园，中轴线林荫道只有 5m 宽，侧面大台阶只有 2m 宽。

意大利花园图案，一类是离主建筑物越远，几何性越弱，变得越柔和，越向自然接近。另一类建筑物好像自然中产生出来的，一股溪水从林中奔突而出，穿过花园，一路造成了渠、瀑、池、喷泉和水剧场，好像别墅也是从山上冲下来的。

建筑向外延伸和渗透的要素是台阶、平台、挡土墙、栏杆、廊子、亭子、花盆、雕像。石栏杆通常用白色石头，高低错落，描绘平台节奏，在浓绿的环境中很有装饰性。

台阶活泼而有变化，有的是流动的曲线，有的台阶平面像一朵花饰，如：克立凡利别墅（Villa Crivelli Jnverigo）；有的像凝固的涟漪，如：利莫湖边的特瑞麦举（Tremezzo, Lake como）花盆和雕像通常用来装饰台阶、栏杆、挡土墙、平台等等。它们使石作活泼多姿，花园更有生气。有些花园雕像出自名家之手，兰特和罗马美第奇别墅（Villa Medici）里都有乔凡尼（Giovanni da Bologna, 1529—1608年）的杰作。

挡土墙前常做龛或岩洞，里面安放雕像，而且往往装上许多水嬉、机关喷嘴，形成所谓“水剧场”。

喷泉是硬质景观的重点，大多有雕像。

（二）植物

意大利园林跟法国古典主义园林不一样。园林里往往有丛林（Bosco），它们虽然按规划种植，树形完全自然，长得高大茂密。罗马的美第奇别墅里丛林的面积超过了几何式的花园，埃斯特别墅里几乎整个是森林。面积不大的别墅，在园林外，山坡上常常是浓密的天然林，它们形成了园林的背景。尤其是林园里或园外近处的那些伞松和笔柏，特色非常鲜明，即使在图案的植坛里，也常有形态自然的石榴树、月柱树和柠檬树等。所以意大利园林比法国的园林天然真趣要多得多。

意大利气候温和，常绿树很多，它们是意大利园林的一个重要特色，常绿树中以伞松和笔柏为主。

意大利造园中对植物的处理独具特色。首先是格局整齐部分的模样绿丛植坛（Parterre），它是由矮篱式的黄杨构成的几何形图案。这种图案，只有从高处才能明显地呈现出来，所以它是台地园的产物。为什么没有用色彩鲜艳的花卉来组成图案？这是由于意大利的气候，在国土上阳光闪烁耀目，花色光亮会更刺目。所以取其凉爽的情调以达到舒适悦目。意大利庄园中路的两旁常常用丝杉或其他树木成行列式栽植，这不仅是为了构成风景线，而且是为了构成绿荫。方畦树丛的布置也是常用的手法，在路旁用对称的方树畦树丛来替代列植或植篱，使布局舒畅开朗。

有的庄园喜欢利用各种形态的冬青植篱来组成园林空间，如迦兆尼别墅（Villa Garzoni）用了高大的黄杨植篱在道路两旁来划分全园。有的花园里修剪树木，做“绿色雕刻”。在1495年的鲁采兰（Ciova nni Rucellai），在佛罗伦萨的嘎拉奇别墅（Villa Quaracchi）里做的绿色雕刻有：圆球、廊子、庙宇、花盆、缸、猿、猴、牛、熊、巨人、男人、女人、战士、竖琴、哲学家、教皇、红衣主教……植坛修剪成几何形图案，称“绣花图案”，四季常青不用鲜花和香草。最简单的花园就是一圈绿墙当中的一片植坛。16世纪的花园常常划分为大小相近的植坛，比较简单地排列在一起，各自结成图案。17世纪下半叶，巴洛克艺术在黄杨植坛上大显身手，图案变得复杂，以回环的曲线为主，有时幅面增大，以整个花园为一个图案，如迦兆尼别墅（Villa Garzoni, collodi）。

17、18世纪，园林里一个重要部分是“绿色剧场”，多数只有用树木修剪成的不大的舞台，少量也有观众席。绿色剧场中最完全的是路加附近的玛利亚别墅（Villa Marilia）中的一座，它的紫杉树大约是1652年种的，后来修剪成天幕、侧幕、演员室、指挥台、提词人掩蔽所等等，舞台是草地。

（三）地形

意大利别墅园林的构图变化，主要决定于它们所处的地形。法国散文作家蒙田（Michel Eyquem Montaigue）1581年到意大利游历，参观了罗马附近的花园之后说："我在这里懂得了，丘陵起伏的、陡峭的、不规则的地形能在多么大的程度上提高艺术，意大利人从这种地形得到了好处，这是我们平坦的花园所不能比的，他们最巧妙地利用了地形的变化。"埃斯特别墅（Villa d' Este, Tivoli, 1500年）有八层台地；阿尔多布兰迪尼别墅（Villa Aldobrandini, Frascati）有七层台地，兰特别墅(Villa Lante, Bagnaia）有五层，一般地总有三层。意大利台地园是依据功能和所处的环境不同，台阶和各种水池、花钵、喷泉的式样很多，也很精致。

地形还应该包括土层的厚薄，是否宜于植树，也包括水源的丰欠、水头的高低。山坡可以造成水的流动、喷薄、飞溅，还可以造成种种水嬉。另外，山坡上还可以远眺。

虽然有几层台地但布局是统一的，基本部分绝大多数是对称几何形，有中轴线。由于地形复杂，所以总有不对称部分。

植坛、道路等等都是图案化的，因为意大利人把花园看作是别墅以外大自然和建筑物之间的过渡环节，自然和建筑在花园里相遇、相渗透、相吸收。它们二者之间的平衡，既要有自然的特点，又要有人工的特点。

意大利花园造在山坡上，奔流的水给花园带来了运动、光影的明灭闪烁和清冷冷的声音，充满了生命感。水的形式有很多，有出自岩隙的清泉，有急湍奔突的溪流，有直泻而下飞珠溅玉的瀑布，链式瀑布级差小，台阶瀑布级差大，也叫水台阶。渠道象征江河，最后注入水池，象征湖海。

园林里最具有生趣的是把水的美发挥得淋漓尽致。各种各样的喷泉和廊、亭、雕像结合。也有的小小喷嘴藏在水边上、树根下、草从里、石板缝之间，比较自然，数量很多，处处喷涌，随风轻飏，滋润凉爽。埃斯特别墅花园以千变万化的喷泉取胜；兰特别墅花园以表现出山入海的全过程中的各种形式见长。

巴洛克建筑师特别喜爱玩弄水。在园林里从17世纪中叶起，就流行了"水风琴"和"水剧场"。水风琴是使水流造成气流，使金属管子发声。金属管子有成组的，也有单个的，单个的称水笛。水剧场通常是一个半圆形的建筑物，大多靠着挡土墙，有一列很深的"岩洞"，洞里立雕像，水以各种形式，从各种角度，在洞里喷、淋、溅、洒。有些水剧场里有12间比较宽敞的厅堂，装饰许多"机关嬉水"，如以水力驱动的飞鸟走兽，还会发出鸣叫或吼声。

1740年法国的古典学者德·布洛斯（Charles de Brosses, 1709 － 1777年）到意大利，说那儿的花园是"荒凉而粗野的"。100年后，法国的艺术理论家丹纳（H.A.Taine）参观了罗马的阿尔巴尼别墅后说："所有的东西都在说明人的文明和精致，说人决心把自然当作实现他的幻想的伙伴和服侍他的享乐的仆从。”

17 世纪下半叶，园林艺术水平下滑，变得十分造作，格罗莫尔（G.Gromort）说：这些园林对人卖弄风情，“像很精的妓女们打扮得花枝招展，来诱惑我们。”而文艺复兴时期的园林“像贵妇和青年少女，有点庄重、自信，能以她们高雅的风度和美丽的仪容使我们爱慕”。

五、意大利园林的趋向

意大利走过了园林史上的辉煌，使人很难抹去在记忆中的意大利台地园。同时近现代意大利的园林仍在继续发展。

（1）着眼于整个城市园林的发展，在罗马有很多绿化广场，与环境协调；重视城市街道和河道的绿化，在街道上可以看到很多被保留下来的古树。在区间路上也可以看到更加人性化、柔美可亲的绿化的形式（图 8-19～图 8-27）。

（2）街上的小游园、建筑前绿化及装饰比较自由活泼，建筑及装饰仍然很讲究比例、尺度，但已摈弃了矫揉造作的遗风（图 8-28～图 8-31）。

图8－19　罗马市中心（佚名）

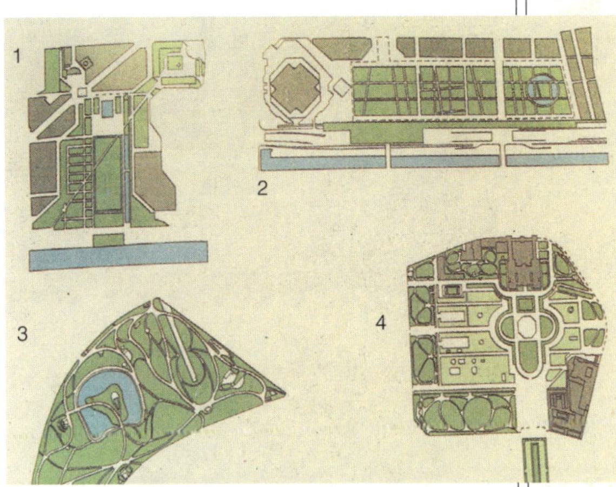

图8－20　罗马城内绿化广场（一）（佚名）

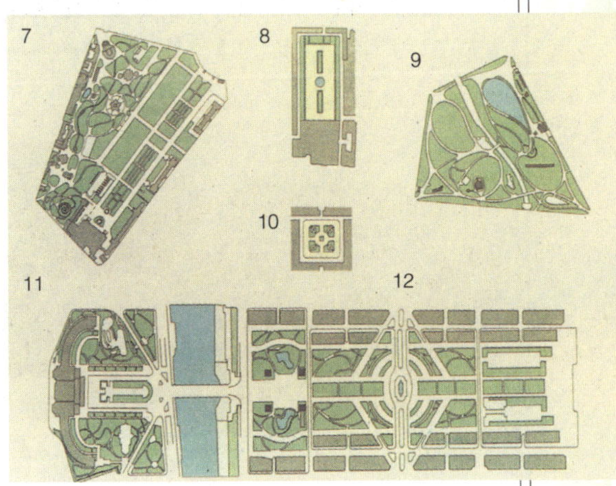

图8－21　罗马城内绿化广场（二）（佚名）

图8－22 佛罗伦萨从高处广场望市区（刘阳摄）

图8－23 罗马城西班牙大台阶鸟瞰（自《城市空间设计》）

图8－24 罗马街道（一）（刘阳摄）

图8－25 罗马街道（二）（刘阳摄）

图8－26 罗马小街绿化（刘阳摄）

图8－27 罗马台伯河绿化（刘阳摄）

图8－28 圣马利诺街心花园（刘阳摄）

图8－30 佳尼科洛岭上的加里波第纪念碑（刘阳摄）

图8－29 维罗纳街心花园（刘阳摄）

图8－31 佛罗伦萨郊区教堂（刘阳摄）

(3) 继承了巧妙利用山坡地的传统，在建造住宅、广场和别墅方面都具有独特的成就（图 8-32～图 8-34）。

(4) 在建造小园林方面，例如会所园林、单位的附属绿地等，都把建筑与园林结合得很恰当，适当的空间、绿化的层次，都考虑得很妥贴，特别是在园林中喜爱摆设雕像，而且能放到很恰当的位置上（图 8-35、图 8-36）。

图8－32　科莫湖山地别墅（刘阳摄）

图8－34　罗马住宅区绿化（利用台地）（刘阳摄）

图8－33　罗马台伯河西岸利用台地进行绿化（刘阳摄）

图8－35　斯卡里诺乡村会所庭院（刘阳摄）

图8－36 斯卡里诺乡村会所（刘阳摄）

第二节 法国园林

法国位于欧洲西部，地势东南高西北低，国土以平原为主，也有少量的盆地、丘陵和高原。它的大部分国土属于塞纳河、卢瓦尔河、罗纳河及其支流的流域范围。肥沃的土地，使其有耕作的传统。南部属亚热带地中海气候，其他大部分地区属海洋性温带气候，比较温和湿润，雨量不多，但河流纵横，土地肥沃，宜于种植。茂密的森林占国土面积近1/4，在树种分布上，北部以栎树、山毛榉为主，中部以松、桦和杨树为多，南部多种无花果、橄榄树。大片的森林和众多的河流对其园林风格的形成，有很大影响。从公元1世纪到公元4世纪，现在的法国只是罗马的高卢行省，大量的建筑和庄园都是罗马式。罗马帝国崩溃后，经过长期的内部动乱和外部骚扰后，于843年成为独立国家。进入中世纪后，园林主要在修道院和王公贵族的府邸里发展。

一、中世纪修道院园林

园林内大都是长方形的平地，形成方格状，果树、蔬菜、花卉、药草等整整齐齐种在这些格子形的畦里，方格子的布局有轴线而不强。畦的四周种上灌木或绿篱，也有搭建格栅，把植物枝条编织上去的。

这种布局简单、朴素，虽然还不能叫花园，但却是法国古典主义园林的胚胎。

当时法兰西传统上有两个特征值得重视，一是森林式栽植；一是运用河湖式的理水形式。森林式栽植是由于法国庄园外有大片森林，在森林里出现很多直线形的道路，成网状，也构成了视景线。

二、法国古典主义园林展现

法国度过中古时代15世纪中叶，逐出英国侵略军，在世纪末（1495年），先是法国查理八世入侵意大利，带回21位意大利艺术家，为仿造意大利庄园作准备。以后虽有入侵，但未征服，只把造园艺术引入了法国。从意大利引进喷泉、花栏杆、台地、绣花植坛等等。

16世纪后期意大利的建筑构图渐渐突出中轴，古典主义和巴洛克都继承了这个特点，传到法国后立即受到欢迎。那时法国正在建立中央集权的统一。

17世纪法国达到了她的财富和能力的最伟大时期。在大兴建造园林的高潮中，花园中花坛受到推崇。花坛又在绿丛植坛上发展一步，利用绿篱和花卉结合起来，称为锦绣植坛（Panterrt de Borderie）。法国的花园具有强烈的轴线、规格整齐对称、精确的比例、无限的远景。它反映了当时法国社会的物质和精神状况。1638年丁·布瓦索在他的著作《论依据自然和艺术的原则造园》中肯定"人工美高于自然美，而人工美的原则是变化的统一。变化就是园林地形和布局的多样性，都应该井然有序、布置得均衡对称，并且彼此协调"。他主张把花园当做整幅构图。直线和方角是基本形式，都要服从比例的原则，花园要一览无余，欣赏整幅图景。

17世纪上半叶和中叶，法国早期的古典主义园林艺术作为主导，它是唯理主义哲学的一种表现。唯理主义哲学反映自然科学的进步，也反映资产阶级对贵族割据的一种不满。资产阶级希望由国王统一全国，抑制豪强，建立和平安定、有利于发展资本主义的社会秩序。笛卡尔说："宗教真理是上帝，政治真理是君主制度"。到了17世纪下半叶，王权盛大，古典主义文化成了官廷文化，是成熟阶段。法国古典主义特征是标榜理性，在文化各个领域，提倡明晰性、精简性和逻辑性，提倡"尊贵"和"雅洁"。法国古典主义园林追求宏大壮丽的气派，它的府邸和宽阔的花园没有树木，在林园的衬托下非常舒展、平和、稳重。

三、法国文艺复兴后的园林实例

法国文艺复兴运动是从意大利触发的。国王查理八世（1491 – 1498年）在拿不勒斯见到花园赞不绝口。他对意大利花园喜爱之极，认为："园中充满了新奇美好的东西，简直就是人间天堂，只是少了亚当和夏娃"。他从意大利带回一批工匠为官廷服务，但对法国的影响是零碎的。主要有：

（1）花园的建筑渐渐由哥特式变为意大利文艺复兴式；

（2）花园里有雕像点缀，整齐的花圃边布置小树丛，花圃里出现了刺绣花坛，以后成为法国的一绝；

（3）庭园里出现岩洞（Grotte），并与水景、雕像结合；

（4）出现了多层台地布置。

主要的实例有：

（一）谢农索城堡花园（Le Jardin du Châteaü de Chenoncedux）

谢农索城堡是法国最美丽的城堡之一。其主体建筑采用廊桥式，跨越在谢尔河（Le Cher）上，非常独特。1551年起在河北岸修建了一座110m×70m的高台，高台上为花园，当时园中种植了很多果树、蔬菜和珍稀花卉，中间有喷泉。现在的花园已改成简单的草坪花坛，有花卉纹样，边缘点缀着紫杉球（图8-37、图8-38）。

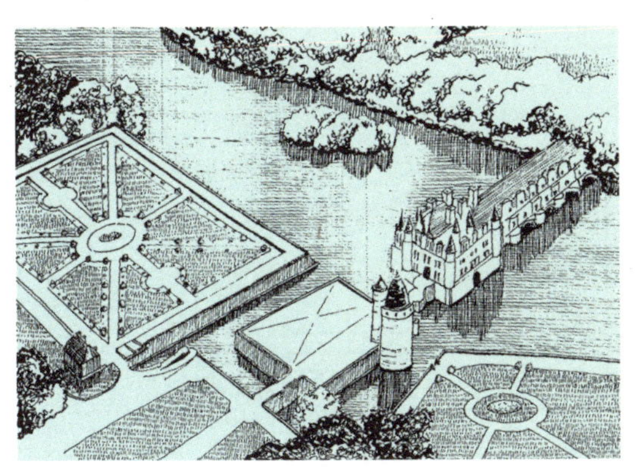

图8－37 法国谢农索府邸及花园（早期文艺复兴式，城堡独特而美丽）

图8－38 谢农索城堡花园狄安娜·波瓦狄埃花坛（自《西方园林》）

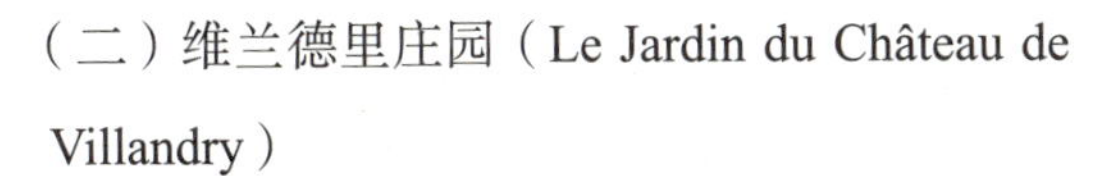

（二）维兰德里庄园（Le Jardin du Château de Villandry）

庄园始建于1532年，现在的庄园建于20世纪初，是一座按照法国文艺复兴时期园林特点建造的仿古园林。庄园建在谢尔河合流处的山坡上，从南到北处理成三层台地。南端为上层台地水池；中层台地呈拐角形，布置成装饰性和游乐性花园。游乐性花园是三块方形花坛，为16世纪文艺复兴样式，以黄杨篱作图案，其中镶嵌各色花卉。装饰性花坛有两组：离府邸较远的采用菱形和三角形图案。靠近府邸的称“爱情花坛”，有四组图案，代表四种爱情：“温柔的爱”，图形为心形和面具，代表化妆舞会上相遇；“疯狂的爱”，图形是激动的心形；“不忠的爱”，图案是角状和扇形，代表书信；“悲惨的爱”，图形是匕首，红色花卉表示鲜血。

向北下15级台阶进入观赏性菜园，面积一公顷，呈十字形布置，中心有喷泉，边缘有花架。从整体上看庄园反映了意大利园林的影响。早在16世纪即以菜园中品种丰富而著名（图8-39、图8-40、图8-41）。

（三）卢森堡花园（Le Jardin de Laxemboarg）

花园是巴黎市一座大型园林。花园是从卢森堡公爵手中买下的园地，以后即为命名。是一座阶梯式挡土墙夹峙的花园。园中有花卉种植带、喷水、泉池、水渠以及由紫杉和黄杨组成的花坛。宫殿附近至今仍保留着17世纪时的风貌。

原花园场地虽是平地却做成十多级台阶和斜坡，中心有一块精美的刺绣花坛，其中是八角形水池，西边台地后面是丛林和行道树，在林荫道上点缀着很多雕像。花园中还有浮雕、草坪。19世纪中期将宫殿改作参议院，改造了刺绣花坛。在花园周围扩出了几条城市干道，随后向市民开放（图8-42～图8-45）。

四、法国勒诺特设计的宫苑

（一）沃—勒—维贡特府邸花园（Le Jardin du Chateau-de Vaux-le-Vicomte）

它是法国古典园林的第一个代表，是由勒诺特设计的，一次设计，一次造成（图8-46、图8-47）。

大约在1650年开始建造路易十四财政

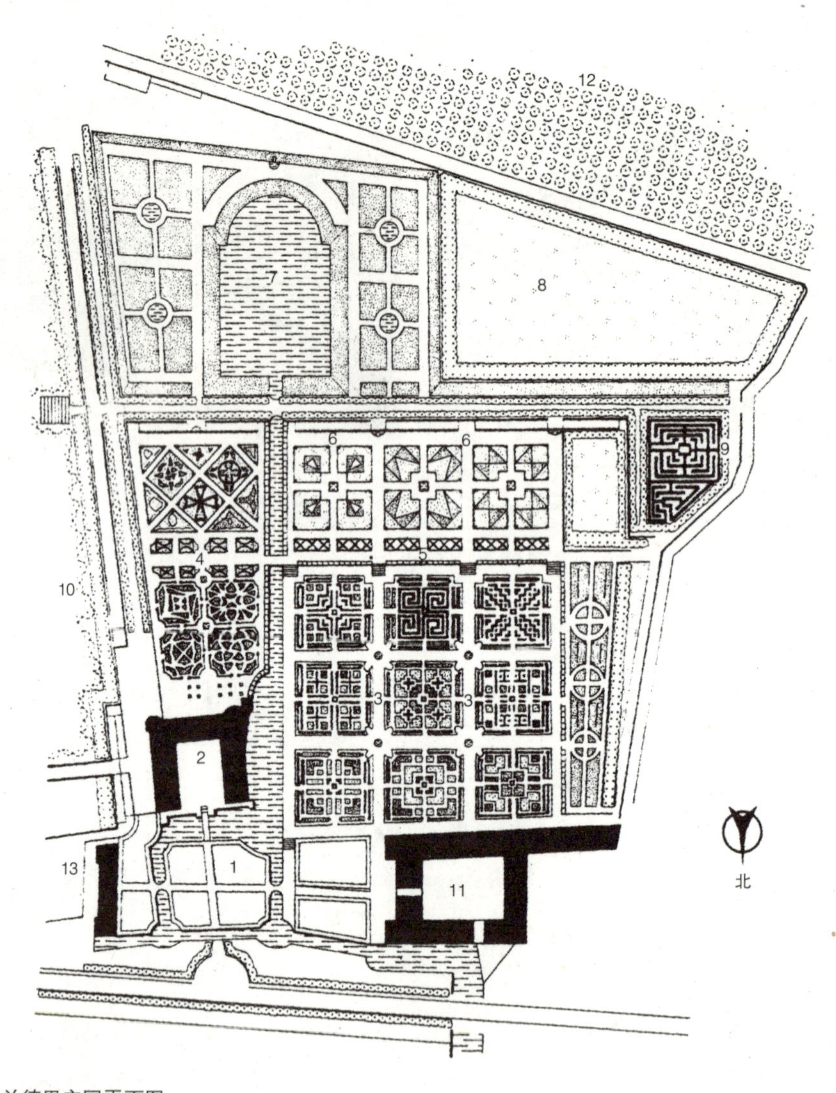

图8－39　维兰德里庄园平面图

1-前庭；2-城堡庭院；3-菜园；4-装饰性花园；5-棚架；6-游乐性花园；7-水池；8-牧场；9-迷园；10-山坡；11-附属设施；12-果园；13-门卫

图8－40　维兰德里庄园游乐性花园（自《西方园林》）

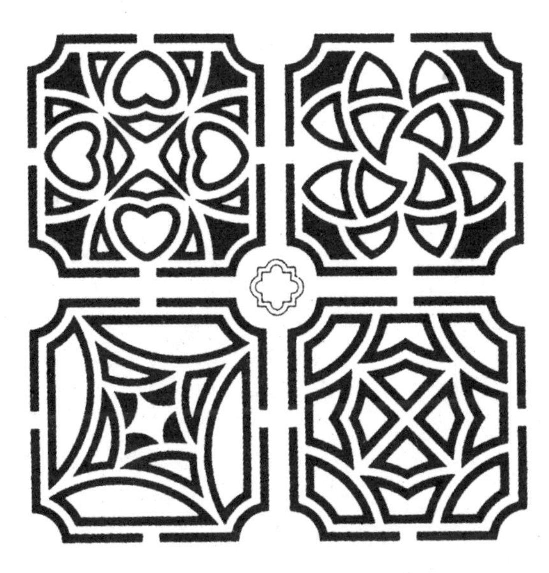

图8－41　“爱情花坛”平面（自《西方园林》）

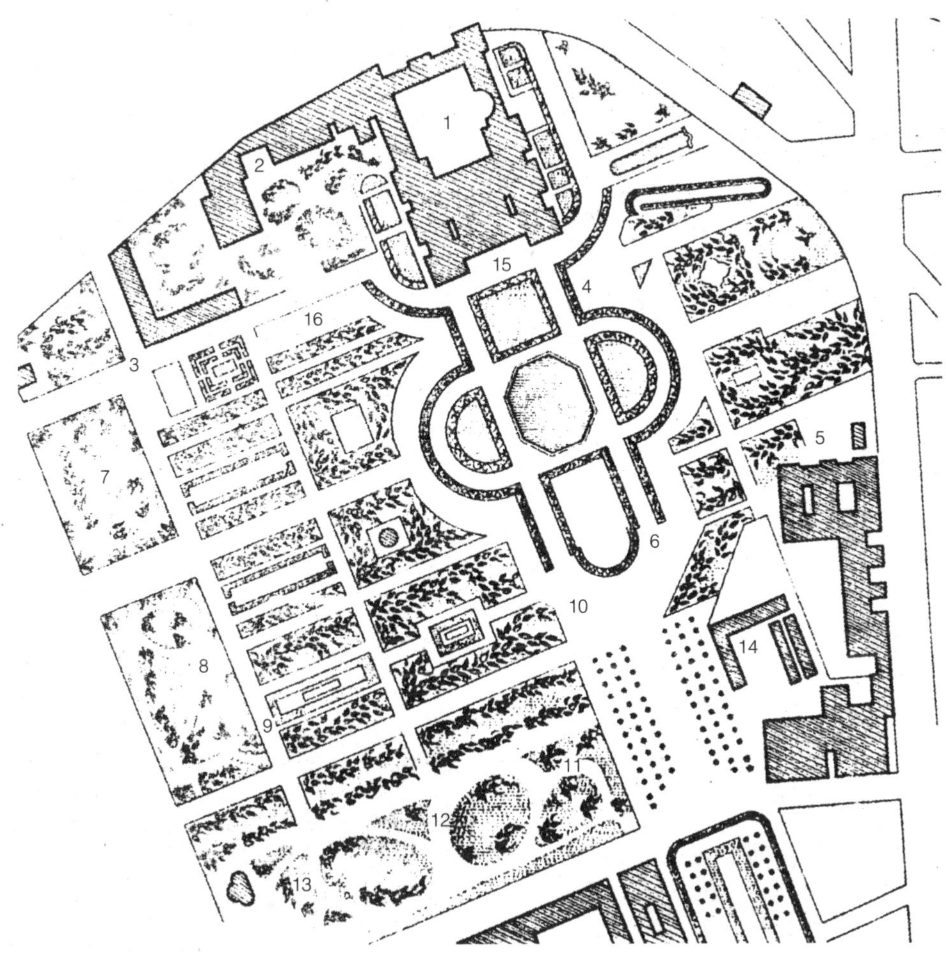

图8－42　卢森堡花园平面图

1－卢森堡参议院；2－小卢森堡；3－博物馆；4－美第奇喷泉；5－乔治・桑纪念像；6－舍利尔・凯斯特涅尔纪念像；7－加布里埃尔・维卡尔纪念像；8－肖邦纪念像；9－列・休耶罗纪念像；10－列・布朗纪念像；11－费尔南德・法布罗纪念像；12－瓦托纪念像；13－圣・比奥夫纪念像；14－迈恩学校；15－博尔利纪念像；16－任・德拉克洛瓦纪念像

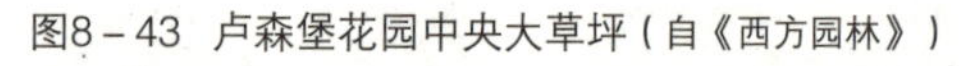
图8－43 卢森堡花园中央大草坪（自《西方园林》）

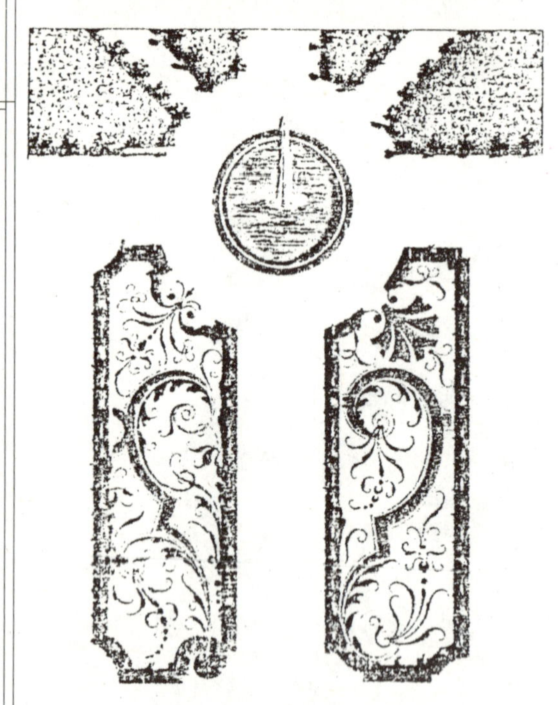
图8－44 刺绣花坛平面

图8－45 组合花坛平面

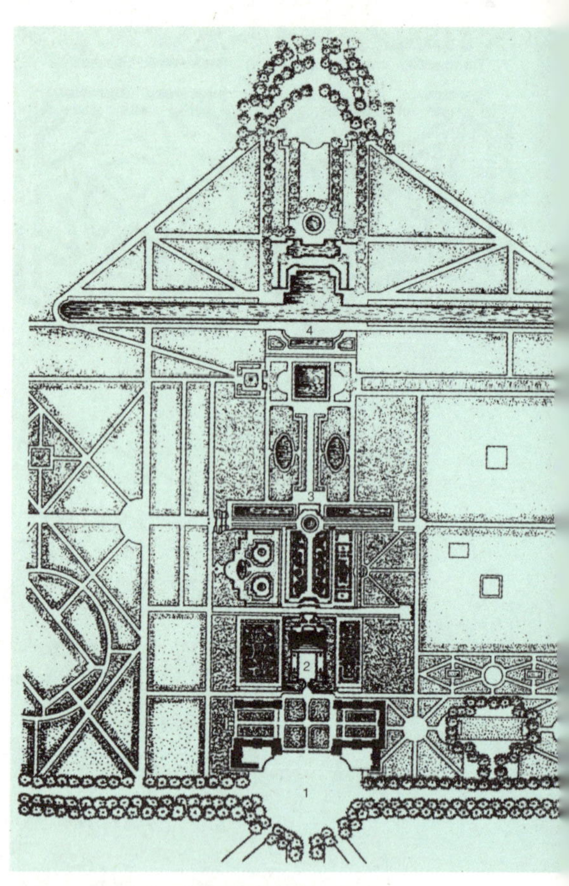

图8－46 沃－勒－维贡特府邸花园平面图
1－入口广场；2－府邸建筑及平台；3－花坛群台地；4－运河

图8－47 沃－勒－维贡特府邸花园鸟瞰
（自《西方园林》）

大臣富凯的底邸，距巴黎南51km，大约占地$70hm^2$。建造时迁走3个村庄。园内轴线严谨，层次丰富，比例和尺度都推敲得很精细，带有巴洛克色彩，周围有一圈堑壕，方方正正充满了水，府邸前面（北面）有一个椭圆形广场，放射出几条林荫大道。府邸后面（南面）是花园。地势是北高南低，花园的中轴大约1km，两侧是顺向的长条形植坛，外侧是浓密的树林，长长的花园按台地处理。第一台地上是一对黄杨绣花植坛，以红色碎石为底，图案精致、饱满。它的地形东高西低，两侧台地装饰有植坛和喷泉，东侧台地为了与西侧台地对称、平衡，上有三个水池，成品字形排列。中间的水池有一个王冠喷泉，华丽灿烂。第二个台地上，铺着一对草地，草地中各有椭圆形水池。紧靠中轴线，路边左右密密排列着小喷水嘴，喷出来的水柱不高，但间隔很近，称“水晶栏杆”。这个台地之南有横向水渠，长1000多米，宽40米，是从昂盖耶河引来的水，它形成府邸的最大横轴，其正中向南凸出一个方池，继续延伸花园构图的气脉。南岸是山坡，登上大台阶，经林荫道向上达到绿色剧场，最高点是镀金的海格力士像，结束了整个轴线，也是花园的尽端。

花园的三个段落都有鲜明的特色，使花园的景色丰富多彩。它们之间的过渡是精心设计的。第一台地以小小的圆水池结束，一条横向的道路在这里穿过。从水池前下台阶，台阶两侧有横水渠，各有120多米长，沿着台阶的挡土墙伸展，横向的构图插在了纵向构图之间，节奏和方向都有强烈的对比。第二台地也以水池结束，是个很大的正方形水池，两边的草地形成了节奏短促的横构图，预示了大台阶下面的大水渠，因为水渠横在谷底，在府邸前看不见，所以要有这个预示。在方水池的南边，可以回头看到远处的府邸完整地侧映在水面上。

林园里，也有轴线和笔直的道路，构成几何图形。树木高大，像绿色的墙，夹道花园，使轴线一直向南延伸，透视很深。最后，轴线南端，三层树木把绿色剧场围成半圆形，在当中有三条林荫路放射出去（图8-48、图8-49）。

图8－48　沃－勒－维贡特从宫殿平台看花园（自《中国园林》，2006, 2）

图8－49 沃－勒－维贡特的刺绣花坛（自《中国园林》，2006, 4）

（二）凡尔赛宫苑（Le Jardin du Château de Versailles）

1. 布局

凡尔赛的大布局是，宫殿在高地上，正门朝东，前面放射出三条林荫路，穿过城市，后面是近有花园、远有林园。鼎盛时期占地6000hm²，现园林仅存800hm²。从1662年到1688年经过26年建成，宫殿部分南北长400多米，中央部分向西突出大约90m，是花园轴线的起点，最初在二楼设平台，作为眺望园林的地方，后改成大镜廊，可以观赏园林，循轴线一直望到8km之外的天边。

凡尔赛宫苑建前是个村庄旁的沼泽地，是贫瘠、荒凉的地方，没有河流，水源不足，没有林木。建苑共用了26年的时间，动用了大批的士兵进行艰苦的劳动，仅路易十四就动用了3万士兵。水渠跨过山谷，高70m，有47个发券。又设计了储存池的方案，后来造成总容量22万m^3的水池。17世纪80年代建成了一个从塞纳河引水的设施，有14个水轮泵，供给各种水渠、水池和1400个喷嘴的用水。

在建园之前，把很多生长不好的小丛林伐掉以后，又从各处的森林运来成年大树。1688年仅从拉都瓦斯一地就运来2.5万棵大树。据载，大树的死亡率很高。这个建园过程是在绝对君权下特有的现象（图8-50、图8-51、图8-52）。

宫殿西边的花园大约300hm²。靠宫殿南北两翼，各有一大片图案式花园。宫殿台地向西有长方形抹角的一对水池，简朴庄重，西望是壮观的中轴线，轴线的两侧是园林，边沿大树经过修剪很整齐。轴线不但有长度、宽度，而且有高度。从那一对水池向西走下50m宽的大台阶，就是拉冬娜喷泉。它中央有四层圆台，台边有许多会喷水的癞蛤蟆和

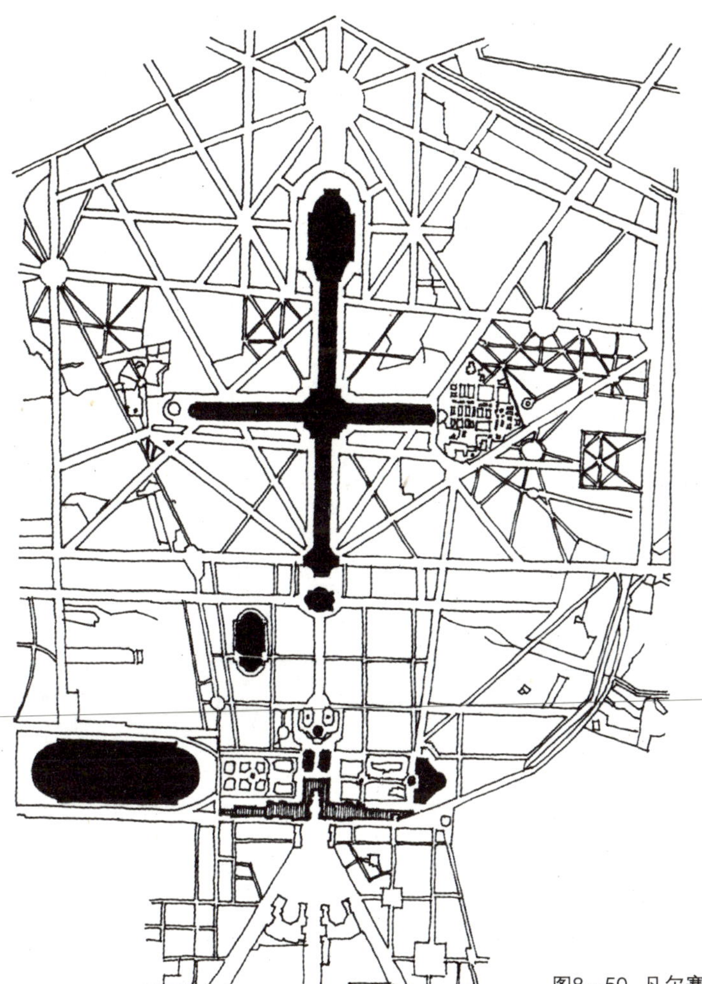

图8－50 凡尔赛宫苑总平面

乌龟，拉冬娜在最高处，她是太阳神阿波罗的母亲，手揽着幼年的阿波罗，若有所思地向西望着。癞蛤蟆和乌龟是一些当拉冬娜落难时曾经对她不恭敬、吐唾沫的农民变的（图8-53～图8-55）。

拉冬娜雕像西边是王家林荫道，革命后改为绿毯，它顺轴长330m，总宽45m，两边道路各10m，中间是25m宽的草地。路外侧隔30m立一尊白色大理石的雕像或花钵，一共24个，由绿树衬托。再西是“阿波罗之车”喷泉，在一个椭圆形的池子当中，阿波罗驾着他的巡天车，破水而出。西边中轴线上一条长1650m，宽62m的大水渠，叫大运河（图8-56～图8-58）。

纵水渠的中腰上，横过一条约1000m的长水渠，形成林园的横轴，它的南端是动物饲养场，北端是一组宫殿——特里阿农。

包围着十字形水渠的是大林园，王家林荫道两侧是小林园。

小林园是凡尔赛独有的，是供人流连、休息、娱乐的地方。方格路分成12块，每一块在密林深处有它的特殊题材。在南边有一

图8－51　凡尔赛宫苑中心平面

1-宫殿建筑；2-水池台地；3-花坛群台地；4-拉冬娜水池和花坛群台地；5-林荫大道；6-阿波罗水池；7-王之池；8-运河；9-海神水池；10-暖房

图8－52　凡尔赛宫前花坛（佚名）

图8－53　凡尔赛宫苑中轴线上拉冬娜雕像

图8－56　凡尔赛宫苑大林荫道北侧

图8－54　凡尔赛宫拉冬娜雕像喷泉

图8－57　凡尔赛宫苑大林荫道

图8－55　凡尔赛宫拉冬娜喷泉广场

图8－58　凡尔赛宫阿波罗之车雕像

块回纹迷阵，装饰着39个喷泉和铅铸镀金的雕刻，雕刻主要用伊索寓言和拉封丹寓言里的题材，都是动物。另一块是长方形的“水镜”，倒映着天空的白云。还有一块有一圈连续券环廊，直径32m，用粉红色大理石做柱子，一共32间，其中28间立着盘式喷泉。正中是“普鲁东抢劫普罗赛比纳”，它的强烈的动态和安详稳定的环廊形成鲜明的对比。

轴线北面的小园林，其中一块叫“大水法”、椭圆形的场地上，有3道小瀑布和200个喷泉，可以作10种不同的组合。场地外侧，有一块逐渐升高的草坪，作为群众观看喷泉的地方。另一块是阿波罗浴场，有大岩洞，里面有阿波罗巡天回来休息的雕刻。还有两个副洞有阿波罗的雕刻。岩洞完全仿自然形态，里里外外都有层层跌落的瀑布。

横向水渠的北头于1672年建特里阿农，是一所仿造中国建筑的小平房，那里有林莽的野趣，可以休息、消遣、吃饭。1687年瓷特里阿农拆除，重新建一所比较大的便殿，是大理石古典主义建筑，又称大理石特里阿农。18世纪中叶另造了特里阿农，这个殿就称大特里阿农。它的花园很完整，四周为密林，是内向的花园。它的花园里有图案式花园，以鲜花为盛。1694年记载其温室中有20万盆鲜花，经常替换到花坛里（图8-59～图8-62）。

图8－59 凡尔赛第一道横轴线从乃普顿湖向南望瑞士兵湖（自《外国造园艺术》）

图8－60 凡尔赛大特里阿农宫（Grand Trianon）（自《外国造园艺术》）

图8－61 巴黎凡尔赛宫柑橘园（刘阳摄）

图8－62　凡尔赛宫苑北苑

南边花园下面是柑橘园。这片台地盖在柑橘园温室的顶上。柑橘园之南是13hm^2的瑞士兵湖，再远处烟树浩渺，一望无际。这里的景色是开放的、外向的。宫殿前花园北面有一条幽静的林荫路，两侧排列着盘式涌泉，林荫路北端是乃普顿湖，有许多雕刻、喷泉，喷泉水头最高20m，北花圃的风格深邃诡谲又欢乐秾丽。

2. 特点

凡尔赛宫殿置于城市和林莽之间，前面有三条干道通向城市，后面穿过花园伸向林莽。这条轴线是整个构图中枢，道路、府邸、花园、树林、河渠都围绕着它展开，形成统一的整体。

宫殿的前院是通向城市的三条道路的聚集点，它的后面是大规模的花园，异常华丽、丰富，大量用雕刻、植坛和喷泉装饰园林。离宫殿远一点，装饰就少一点，如此递减，终于到达林园。

(1) 林园以野趣为主，是花园的背景，花园的轴线和道路直伸进去，把它切割成几何形，并且在道路交叉点上布置盘式涌泉、喷泉、雕像、廊子和亭子之类作为对景，这样就把林园和花园联系在一起，成了花园的延续部分。中轴线为艺术中心，不是简单的林荫道，从府邸开始的大轴线两侧的花园，由几何图案花圃组成，平展坦荡、气派壮丽，为了防止单调呆板、没有深度，以小园林弥补了这个缺陷，形成构图统一、又有变化的格局。

(2) 为了进一步突出宫殿的统率作用，宫殿近处不种树木，只有图案式花圃和水池，因此，在花园里处处可以看到整个宫殿，从宫殿也可以看到花园的每个角落，一览无余。

(3) 宽阔而富于装饰的中轴线上有最美的植坛、雕像、喷泉等，还有几道次要轴线和横轴，完全对称，然后是一般的道路和小径，它们以及外围的园林并不要求对称，但是要求对中轴线保持均衡和适当的尺度。

(4) 园林规模大，尺度也大，道路、台阶、植坛、绣花图样都大，雕像、喷泉等等虽然多，但并不密集，显得有节制、有分寸感、洗练、和谐。例如，凡尔赛花圃通向柑橘园温室的台阶宽度是20m，中轴线上大台阶宽50m。

凡尔赛宫苑有其辉煌的成就，同时也有它的不足。当时一位建筑界的权威——小勃隆台（Jean-Francois Blondel, 1705－1756年）在1752年批评凡尔赛，说它"只适合于炫耀一位伟大国王的威严，而不适合于在这里面悠闲地散步、隐居、思考哲学问题"。

路易十四死后，法国造园艺术开始转变风向，18世纪上半叶在法国艺术中流行洛可可风格，提倡情感、柔媚、轻松以及顺应自然。

（三）枫丹白露宫苑（Le Jardin du château de Fontainebleau）

枫丹白露的意思是有一眼八角的小泉，即蓝色的泉。

约在1137年，路易六世在泉水旁边修建了一座宏伟的城堡，供打猎时休息之用。从亨利中世到路易十六，历代君王都在此下榻。拿破仑于1808年改建御座厅，因而这里因有金碧辉煌的宫殿和森林而驰名（图8-63）。

枫丹白露附近的森林面积达1.7万hm^2，主要树种有橡树、桦树、山毛榉等等大乔木。

1528年弗朗索瓦一世将旧宫殿拆除，只保留了塔楼，重新建造了一座行宫，新宫殿是文艺复兴初期的样式，它的三翼在南边围合着"喷泉庭院"，前庭在西面，称为"白马庭院"。喷泉庭院是近似方形的内庭。其南面正对着开阔的鲤鱼池。从喷泉庭院南望是宽阔的水池和远处的树木，景色秀丽，视野开阔而深远（图8-64～图8-67）。

在鲤鱼池的西面，有弗朗索瓦一世建造的"松树园"，种有大量的欧洲赤松。园内静

图8－64 枫丹白露宫入口庭院（自《西方园林》）

图8－65 枫丹白露宫前

图8－66 枫丹白露宫前一侧

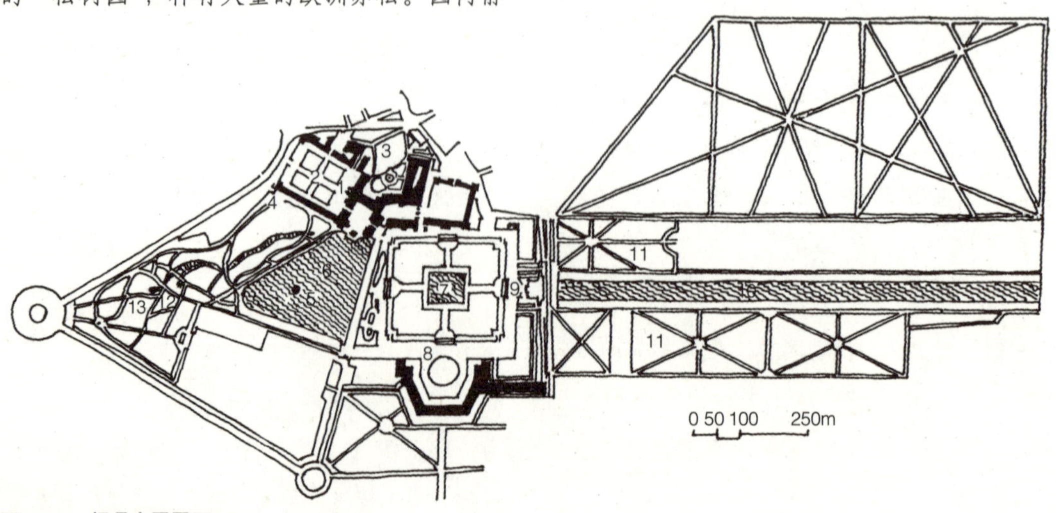

图8－63 枫丹白露平面

1-宫殿；2-白马庭院；3-狄安娜花园；4-松树园中岩洞；5-亭；6-鲤鱼池；7-雕像（一）；8-雕像（二）；9-瀑布；10-运河；11-林园；12-泉；13-英国花园

图8－67 枫丹白露鲤鱼池（佚名）

谧幽深，富有野趣，现在还残存有一部分松林，景色也别有情趣。枫丹白露主庭园外围有一些自然式的园林，风景十分秀丽（图8-68～图8-71）。

鲤鱼池东面还有一个大花园，中心是巨大的方形花坛，1600年工程师弗兰西尼用水渠将花坛分隔成四大块，花坛中间是大型泉池。1664年勒诺特对此进行了改造，花坛中增加了黄杨篱图案（现在已经没有了黄杨图案）。花坛本身很简单，只是尺度巨大，周围树木夹峙的园路高出花坛1～2m，围合出一个边长250m的方块，里面是四块镶有花边的草坪。草坪中是方形泉池，池中饰以简洁的盘式涌泉。后人评论认为“花园变得十分简洁，线条单纯，具有一种无比的庄严气派”。

勒诺特主要改造了枫丹白露中的大花园，创造出了广袤辽阔的空间效果。在方形水池

图8－68 枫丹白露从南部森林北望

图8－70 枫丹白露主庭园侧的自然式园林

图8－69 枫丹白露主建筑后英式庭园

图8－71 枫丹白露侧面自然式庭园
（远处亭子曾囚禁过拿破仑）

后，即为亨利四世开挖的运河。站在水池旁视线可以经过园边的道路看到运河及远处的岩石山，扩大了大花园的“范围”，成为一个很好的借景。虽然经过几代皇家的改造，水景依然是枫丹白露的突出景观（图 8-72 ~ 图 8-74）。

图8－72 枫丹白露庭园

图8－73 枫丹白露水池

图8－74 从方形水池隔路远望岩石山（自《西方园林》）

五、法国古典园林的艺术特色

古典主义园林又被称为理性园林或者智慧园林。它的美首先在于它的总体、它的大布局。其次才是它的细节。法国古典园林的艺术特色就在于：

(1) 把一座园林看作一整幅图案构图，专意让人一览无余。它的尺度大，有分寸感，洗练、明快、典雅、庄严。由于透视的缘故，远处的东西要做得比近处大些，同时近处的东西要细一些。轴线是花园的艺术中心，花坛、喷泉、水池、雕像一切精彩的元素都集中在轴线上或者有序地在两侧展开。凡尔赛宫苑园林纵轴长 3km。主轴一般不用建筑或雕像之类的东西结束，而是直指远处天边，追求的是无边无限，空间是外向性的。沃－勒－维贡特府邸花园纵轴和横轴都有 1km 长。大臣高尔拜的索园（Sceaux）纵轴长 2km。高尔拜（1619 － 1683 年）曾讲：“我们这个时代可不是一个汲汲于小东西的时代”。

(2) 强调花园要丰富而有变化，首先是地形的多样性，其次是总布局的多样性，最后是花草树木的多样性，它们的形状和颜色千变万化。但是，所有这一切差别变异，都应该“井然有序”，布置得均衡对称。

(3) 偏爱平坦而完整的地段，这种平整的地段可以随意扩展，直到是力所能及的很远的远处。也承认高低起伏的丘陵，因为有些树喜阴或喜阳。高处还可以俯览花圃。比较好的是把不同的地形结合起来。有笔直的林荫道作为园中游览、交通的骨干，一些林荫道一直伸展到很远，与郊野的自然结合。

(4) 在建筑中崇尚规范化的柱式，把它

的讲究节制、脉络严谨、几何结构简洁分明，看作是“理性”的体现。

(5) 法国的花园以刺绣花坛（Parterres de borderie）为主要内容，组成图案式花圃。

到了16世纪上半叶出现了纯粹观赏性的刺绣花坛，也可以把果园、菜地、花园、小丛林、药草园结合起来，多样混合富于变化。

(6) 在高处欣赏用各种不同颜色的灌木或小灌木围成的植坛，其图样有卷草、绿环、摩尔式和阿拉伯式纹样、怪形、格眼、玫瑰花、花环、盾牌、武器、纹章和缩写字母，或者在植坛里种稀有花卉和药草，整整齐齐，也可以形成单色或多色的厚厚地如同地毯。在小径上或图样的底子上铺各种颜色的沙子。

(7) 园林中很重视比例。林荫路和回纹阵都要有适当的比例，林荫路越宽就越有高贵的气派，宽与长要有适当的比例，布阿伊索认为292m长的林荫道应该有9.7m宽。还认为绿篱（千金榆）的高应当是林荫道宽度的三分之二。认为土伊里花园的道姆林荫道有10m宽（30法尺），就比普拉达那的两条只有20尺（6.6m）宽的林荫道更美了。

(8) 林园隐藏在开阔的轴线或干路以外，在浓密的树林中有多种多样的内在空间是休息、娱乐的场所，与外部形成明暗、动静的对比。喜欢绿色建筑物，可以造成荫凉，分隔空间，常用木枋搭的棚子上面覆盖着植物，下面形成厅、堂、室的空间。还有一种绿色剧场，是意大利传来的。用修剪过的植物围成侧幕和天幕，作露天演出，前面有一小片草地容纳观众。

(9) 利用透视效果。开始在林荫道上注意制造深远的假象，用递减原则：离王宫越远的地方重要性越低，装饰就要越少。

(10) 大多数林荫道的交叉口，要对着一些雕像或喷泉，以其为节点。雕像要在基座上。

(11)造园要素还有岩洞、水池、喷泉。

(12) 园林里多阔叶树，长得密密一片，颜色比较浅，作为广阔花园的背景，有总体效果，没有每棵树的个性。常用的树种有：椴树、七叶树、悬铃木和榆树等。

六、法国近现代园林

（一）面积可观的巴黎的万森和布朗森林

在巴黎市区内，西部有布朗森林，面积一千多公顷。森林乔木茂密，空气清新，十分安静。东部有万森森林，面积九百多公顷。历史上是皇家狩猎的禁区，其范围内有树林、草地和湖面。也有成人锻炼的体育设施和正规的足球场地。公园内也有一些学校，如园艺学校、警察学校等。但永久性为游人服务的建筑很少，只有一座正规餐馆。湖面上可以荡舟，园路上可以跑步，平日骑马或小卧车都可以通行，在假日则将这些交通道路封闭，只能行人。在市内能够一直保留如此面积的森林，据透露是靠有关的规定：要建设永久性的建筑的前题，必须先拆除现有的相应面积的建筑。并且规定：要伐除胸径15cm和40cm以上的大树，必须分别经过市有关部门和中央有关部门的批准。

保留如此面积的绿地，实在是巴黎市民的福祉。据悉每至假日这里人群熙熙攘攘，老少咸集，欢乐无比（图8-75、图8-76）。

图8－75 万森森林中布置的杜鹃展

（二）著名的巴黎林荫道香榭丽舍和塞纳河

香榭丽舍是“田园乐土”的意思，过去是一个低洼的空地，17世纪路易十四时植树造林，为官建禁区，1858年由当时的塞纳县知事奥斯曼建造了大道。大街是横贯巴黎的主要街道，从东端的协合广场到西面的凯旋门星形广场，全长1800m。大街以南北走向的隆布万街为界分成东西两段，东段有700m长，红线最宽处120m，两旁各有30～40m宽的树林，生长着4～5排胸径在50cm以上的悬铃木和欧洲七叶树。主要人行道7～8m宽，气势雄伟壮观。林荫道上布置有花坛。春季栽的草花有鲜红色的雏菊、雪白的三色堇和蓝色的霍香蓟，色彩与法国国旗的色彩相同。花坛不大，但十分醒目。西段有1100m，只在车行道两旁各有一行悬铃木。沿香榭丽舍大街有豪华的百货公司、大银行、时装店、电影院、夜总会、航空公司和世界著名的财团和商社。

从查理德宫经过埃菲尔至米里特蕊宫，全长2km，埃菲尔铁塔高320.7m，控制了整个轴线，轴线两侧绿草如茵，绿化面积有$20hm^2$。绿地中有喷泉组群，喷出的山柱高达几十米，气魄非凡。塞纳河沿岸绿化连绵不断，为城市增色不少。巴黎市区的一些街道也尽量种植行道树，特别是新市区街道绿化有了一定的宽度，形成了特色（图8-77～图8-83）。

图8－77 巴黎香榭丽舍大街（东段）

图8－78 巴黎香榭丽舍大街（刘阳摄）

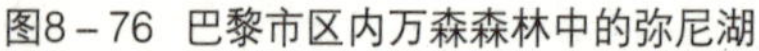

图8－76 巴黎市区内万森森林中的弥尼湖

图8－79　巴黎埃菲尔铁塔轴线上绿化（轴线终端为米里特蕊宫）赵志汉摄

图8－82　巴黎街道绿化（刘阳摄）

图8－80　巴黎埃菲尔铁塔轴线上绿化（轴线终端为查理德宫）赵志汉摄

图8－83　拉·德方斯新区东段步行广场（自《中国园林》）

（三）受群众欢迎的市内公园

蒙梭公园(Monceau Park)在1775年始建，于1787年、1860年两次扩建。公园面积约8hm²，公园内以绿地毯般的草坪为中心，草坪中有精致的雕像。园的四周有高大的乔木，绿荫环护（图8-84、图8-85）。

巴加特尔公园，园中有自然式的湖面和草坪，园路两旁布置有各式的郁金香、杜鹃花畦。比较具有特色的是园内的月季花园，在园内定期召开世界月季花评比大会，由各国驻法大使夫人担任评委，评出优秀月季品种（图8-86～图8-90）。

乔治巴桑公园，公园中有水池、草坪，还有专为盲人修造的小园子，其中种植了很多芳香植物，还有小流泉，有涓涓的流水声，可供盲人欣赏，公园中有为学龄儿童攀爬的

图8－81　巴黎塞纳河（刘阳摄）

图8－84 巴黎蒙梭公园（一）

图8－87 巴黎巴加特尔公园中月季（佚名）

图8－85 巴黎蒙梭公园（二）

图8－88 巴加特尔公园中花坛

图8－86 巴加特尔公园中局部（自《西方园林》）

图8－89 巴黎巴加特尔公园路间布置

图8－90 巴黎巴加特尔公园中杜鹃

假山，还有为幼儿和妈妈休息、游戏的园中园，园中园中所有设施，都没有棱角和尖刺。地面平坦，幼儿可以随便走动游戏（图 8-91～图 8-93）。

巴黎各社区中还有若干小公园，为附近的居民服务，公园中有各种儿童游戏设备，色彩和造型都非常鲜明，有为老人服务的门球场地（图 8-94～图 8-97）。

图8－94　巴黎东区旧铁路基上改建的公园

图8－91　巴黎乔治巴桑公园内草坪

图8－95　巴黎西区某住宅区花园

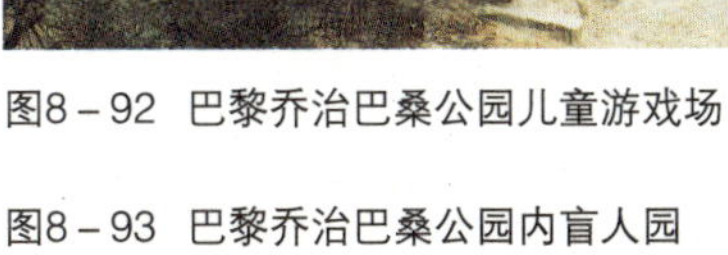

图8－92　巴黎乔治巴桑公园儿童游戏场

图8－96　巴黎东站街区花园

图8－93　巴黎乔治巴桑公园内盲人园

图8－97　巴黎住宅区内的休息亭

（四）近年建设的新公园

1. 拉维莱特公园（Parc de la Villette, Paris）

字面意思是小城，在巴黎市区，占地 $55hm^2$，其中 $35hm^2$ 是真正的公园部分，其余用地有一座国家科学工业博物馆。1983年法国政府向全世界征集方案，竞赛标书中指出：要建设一个思想内涵深刻，具有多元文化特征的"21世纪新型城市公园"。这次竞标吸引了7个国家的472个设计方案。最后由瑞士裔法国建筑师伯纳德·屈米获胜，屈米成为拉维莱特公园的总体设计师。

受法国哲学家德里达解构主义（Deconstruction）的哲学影响，和后现代文学的分析，屈米的方案突破了法国传统的公园模式，将公园设计成一种无中心、无边界的开放性公园。公园规划以点、线、面三套各自独立的空间体系为骨架，通过并列、交叉、重叠等解构主义设计方法进行了解构与重组。盎格鲁——萨克逊的评论者把公园本身描写为"愚蠢"。杰弗里·杰里科认为是令人感到疑惑的方案；英国建筑师皮尔斯·高夫宣称："地狱也就是这般模样"。

"点"体系由一大群名为"浮列"（Folie）的红色构筑物组成，它们以120m的间距整齐地排列成矩阵，形成规则的网格。"浮列"可以是餐馆、展厅、售票亭或游乐场，但大多数为高技派雕塑。每个构筑物均以10m的空间立方体为基础进行变异，全部为红色。这种具有统一效果的点的体系，重建了一个新秩序，它不仅成为公园空间标志体系，也使园内不同时代、不同风格的各种古典建筑和现代建筑得到了统一。此外红色的"点"也成了一种强烈的识别符号——一种没有含意的纯符号，它把空间表达得很清晰，并使空间活跃起来。

"线"体系有直线和曲线两种，直线有法国古典园林的意味，一条直线是横贯东西的水渠，另一条是新设计的南北向"高技派"走廊。走廊宽5m，由高大的支架和波浪式的预板构成，走廊的两端靠近地铁车站，连接市区与郊区。南北贯通的走廊突破了园内现存的东西向水渠的单调，又把工业馆、音乐城与多功能大厅联系了起来，成为园内强有力的构图元素。曲线则构成了蜿蜒流畅的公园步行道体系，它连接着各主要景点。步行道自由曲线缓和了两条直线直挺挺的气氛，有刚柔相济的动感。

"面"主要由铺地、大型建筑、大片草坪与水体构成。它的主要功能是提供集会、市场、游乐等活动。其中引人入胜的要数"主题花园"。其中"镜园"由欧洲赤松和枫树林中的20块整体石碑组成。石碑一侧贴有镜面，镜子内外景色相映成趣，使人难辨真假；"风园"中造型各异的游戏设施让儿童感受到动感；"水园"着重表现水的物理特性，如水雾、水帘、滴水等极富情调的景观，还有夏季儿童小游泳池；"葡萄园"以台地、跌水、水渠、金属架、葡萄田等为要素，再现了法国南部波尔多葡萄园景观；下沉式的"竹园"是巴黎市民难得一见的异国景观；处于竹园尽端的"音响园厅"则与意大利水剧场有异曲同工之妙；"恐怖童话园"以音乐唤起人们在童话世界中的"恐怖"经历；"少年园"以一系列雕塑化的游戏设施来吸引爱冒险的少年们；最后“龙园”则以巨龙造型的滑梯强烈地吸引着儿童和成年人。

公园南北两端为音乐城和科技工业城，它们与公园一起形成了一个集文化、娱乐、教育、交往和休闲为一体的综合园区。公园不仅有休闲功能，同时也是文化、教育、娱乐和交往的中心。园内有科技馆、影视厅、体育馆、滑冰场、商店、餐厅等设施。这种新的空间模式，将城市生态、建筑、园林、休闲、游戏融合成为一个有机体。

公园反映了一种哲学思想，在设计风格上各种功能要素被裂解，不再以和谐完美的方式整合，而是以机械的几何结构来重组，不是传统公园精心设计的序列与空间景致。

拉维莱特公园想成为21世纪公园设计的范本，最后实际上并不能证实先前的理论，暗示要把理论变成景观并不那么容易。梅耶尔认为屈米提出来的公园是“自然的复制品”，明显地反映了他对景观建筑的无知。拉维莱特与其说是公园，还不如说是一个文化设施。屈米说：“理论家和实践者之间的不同……就在于理论家只对他的理论负责”，“公园的设计者有责任为使用者而不是他们自己创造场所”（图8-98～图8-101）。

2. 雪铁龙公园（Pare Andre'–citroën）

公园位于巴黎中心的西南，塞纳河的左岸，面积14hm^2。公园于1987年开始建设，1992年开放。原为雪铁龙汽车厂的厂址，因名。公园建设的目的是要和巴黎市中心东北

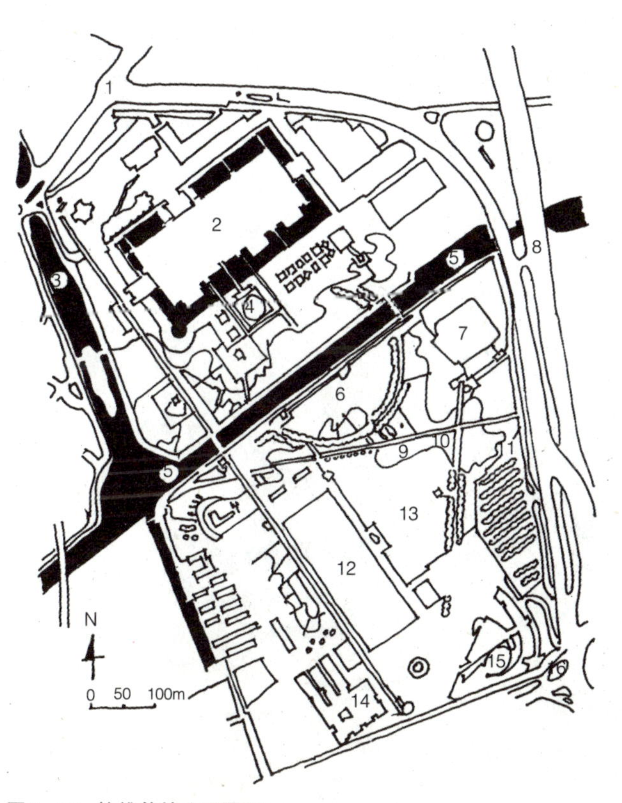

图8－98　拉维莱特公园平面

1-拉维莱特门；2-拉维莱特科学城；3-圣丹尼斯运河；4-水晶球科学城；5-乌尔克运河；6-圆形草皮；7-天顶；8-环城林荫大道；9-竹公园；10-声音公园；11-布拉斯咖啡屋（红色三角形）；12-“大厅”屠宰场；13-三角形草皮；14-国立高等音乐戏剧学院；15-拉维莱特音乐城；16-庞坦门

图8－99　拉维莱特公园座位和反光的“Folie”立方亭屋（自《城市公园设计》）

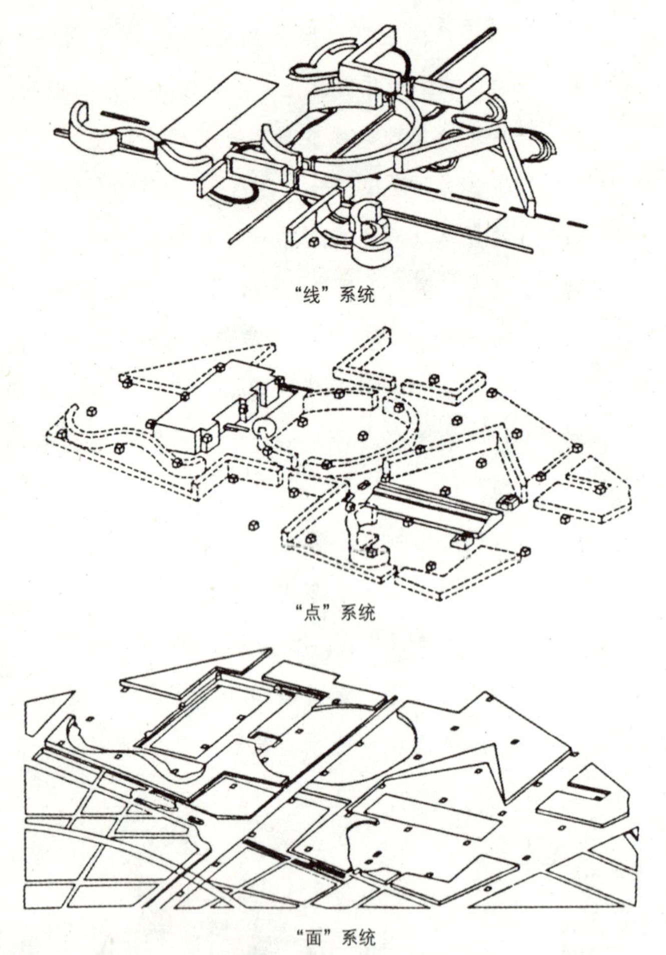

图8－100　拉维莱特公园构成分解图（自《风景园林设计资料集·园林绿地总体设计》）

角的拉维莱特公园形成鲜明对照。公园方案的特点是在公园的中心设置了一处向塞纳河左岸敞开的，由水道围绕的矩形广场，广场宽100m，长300m，是一块微微倾斜的草坪，一条通路从其一角斜穿而过。草坪向塞纳河倾斜，设计时希望这个空间与塞纳河相通，而成为外向性的空间。中央草坪的尽端左右有两座温室，东北方向有排列整齐的六处系列公园，都加强了中央草坪的空间感。系列花园表现的是多种金属的颜色，由颜色来选定植物（图8-102～图8-106）。

3. 贝西公园（Parc de Bercy）

贝西公园位于巴黎市中心东南。公园是一处710m×190m，平行于塞纳河的矩形地块，面积$13.5hm^2$。建于1992年至1997年。它是20世纪90年代巴黎市在旧

图8－101　拉维莱特公园一角（张树林摄）

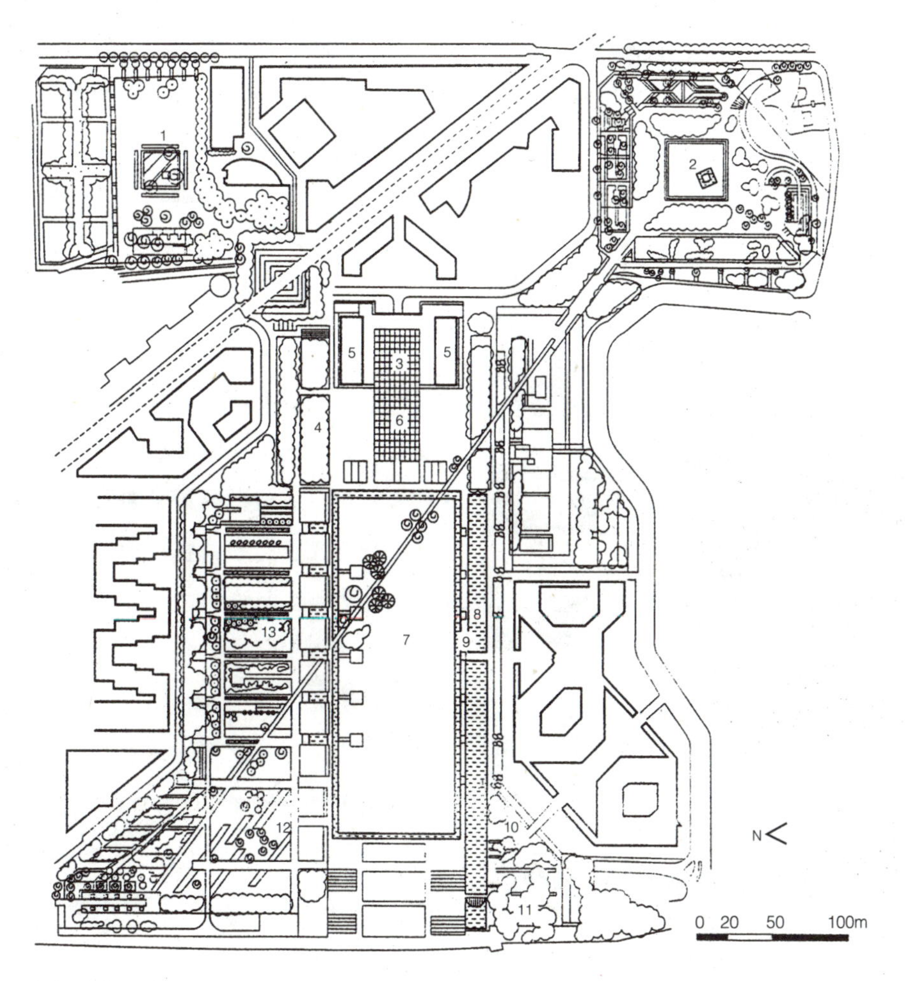

图8－102 雪铁龙公园平面

1-白色园；2-黑色园；3-旱喷泉广场；4-树林；5-温室；6-小广场；7-大草坪；8-大水渠与喷泉；9-塔形构筑物；10-变形园；11-岩石园；12-动物园；13-系列庭园

图8－103 雪铁龙公园大草坪俯视（自《中国园林》）

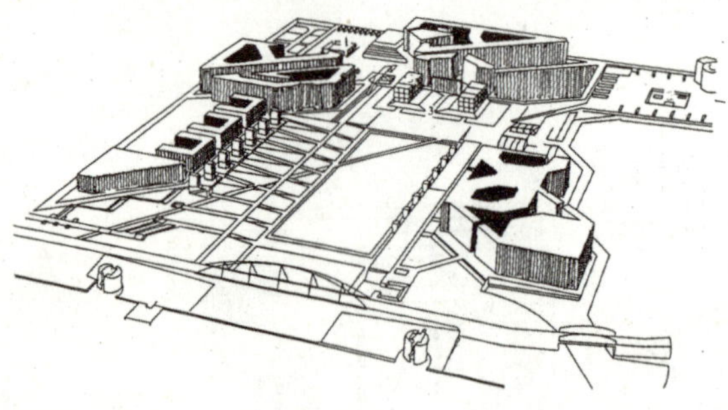

图8－104　雪铁龙公园鸟瞰

图8－105　雪铁龙公园（自《中国园林》）

图8－106　雪铁龙公园大草坪平视（自《中国园林》）

工业区上修建的三个公园（另两个是雪铁龙、拉维莱特）之一。贝西原是葡萄酒仓库，后来成为一个小镇。在原街道上生长着很多悬铃木和七叶树，树龄都超过了100年。公园建设中保留了200多株大树，新栽了1200株乔木和30000多株灌木，使公园变得郁郁葱葱，形成"浪漫的自然景色和乡村气息"。公园采用网格式布局，形成多中心，既紧凑又有舒适度。设计师称它为"回忆花园"，也当做一件城市古迹。公园地势平坦，唯有一座山丘和两座步行桥高出地面，设计者将其处理成能看到整个城市的大台地（图8-107、图8-108、图8-109）。

4. 苏塞公园（Sausset Park）

苏塞公园位于巴黎北面城郊，是一个大型郊野公园，面积200hm²，园址地形平坦，设计前已有基础设施，包括数条高压线、高速公路、铁路和一个郊区快速列车站。水系有萨维涅湖，以及名为苏塞和卢瓦都的两条小溪。

公园种植工程从边缘开始，以便确立公园边界，种植了30万棵只有30cm高的小树苗，用塑料地膜加以保护。此外法国传统的

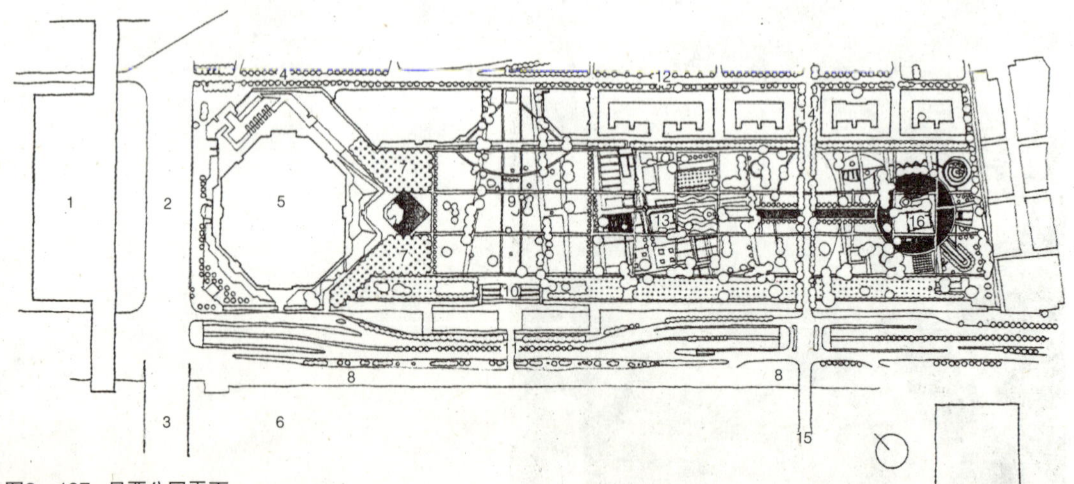

图8－107　贝西公园平面
1-财政部；2-贝西林荫道；3-贝西桥；4-贝西街；5-巴黎贝西公园体育场；6-塞纳河；7-鹅掌楸树林；8-贝西码头；9-大草原城；10-大台地和大瀑布；11-通往国家图书馆人行桥；12-波马特街；13-花坛；14-约瑟夫·克塞尔街；15-托比阿克桥；16-浪漫花园

图8－108 贝西公园中大台地流下的瀑布（自《城市公园设计》）

图8－109 贝西公园中“浪漫花园”环形水池（自《城市公园设计》）

造林技术也大量运用在公园的建设中，如多叉路口式的园路、林中空地、树篱、丛林以及处理采伐迹地的措施等，以期形成与周围的树林相类似的林相景观。

另一早期实施的工程是联系各个空间的交通体系，尤其是从车站到居住区的交通线以及穿越道路、高速公路和铁路的通道。

设计的景区有位于山丘上的树林景观，它与公园边的奥莱苏布瓦公园（Le parc de l'Aulanysous-Bois）相接；环绕生态展示区的农业——园艺景观；在接近住宅区的城市化景观以及萨维涅湖边的水面景观等。

苏塞公园从1981年开始建设，当初种植的30万棵小树苗，尽管有野兔啃咬，但绝大部分成活下来，而且长势良好，初步形成茂盛的树林景观，目前公园建设还在有序地进行（图8-110、图8-111）。

针对目前我国园林设计行业发展中的问题，有关

图8－110 1985年的苏塞公园规划平面图（自《中国园林》）

图8－111 苏塞公园俯瞰图（自《中国园林》）

专家在总结法国现代园林设计理念时，提出了9个方面应该注重的问题。[①]

（1）场地：尊重场地，因地制宜。要在对场地充分了解的基础上，概括出场地的最大特性。

（2）空间设计：要重视空间的形态、外延以及邻里空间的联系。

（3）时效：园林景观会随时间而变化，其变化会给人带来极大的愉悦和满足，不要期望园林景观作品一次完成、一步到位。

（4）地域景观的再现：地域景观，就是指一个地区自然景观与历史文脉的总和。园林设计要营建具有当地特色的园林景观类型和满足当地人们活动所需求的空间场所。

（5）简约设计：设计方法的简约，是在认真研究分析的基础上，抓住关键性因素，减少对技术细节的过多纠缠，以求事半功倍；设计手法的简约，是以最少的元素、景物表现最主要的特征；设计目的的简约，是要充分了解并顺应场地的文脉、肌理、特性，尽量减少对原有景观的人为干扰。

（6）生态：风景园林师提出的生态理念，与生态学家、环保组织提出的生态理念还有一定的差别，是在一个不同的层面上。生态学的本意是要求风景园林师更多地了解生物，认识所有生物互相依赖的生存方式，将各个生物的生存环境彼此联结在一起。反对盲目地整治环境，要避免对原有环境的彻底破坏，要尊重场地中其他生物的需求，要保护和利用好自然环境，减少能源消耗等。

（7）对立统一：自然与人工是贯穿整个园林景观发展史中的对立统一体。是“改造自然”还是“顺应自然”，是根据场地状况和使用要求而确定的，不能片面加以肯定或否定。一般来说在城市环境中 应多考虑到人工与自然结合，而随着离城市环境的远去，自然的作用在逐渐增强。

（8）科学设计：园林景观设计是一门涉及面广、错综复杂的边缘科学，园林景观设计又是统筹和综合的技艺。就整体而言片面追求某一方面特性并不可取。

（9）个性：在一个越来越强调个性发展和个人价值的社会，个性体验、个人理解和个人感情的投入在园林景观设计中的地位日益重要，这也是园林景观设计多样性和丰富性的保证。

第三节　英国园林

英国位于大不列颠群岛上，面临大西洋，东隔英吉利海峡、多佛尔海峡，与欧洲大陆相望。气候属冬暖夏凉，全年湿润温带海洋性气候（图 8-112）。

①朱建宁，丁珂. 法国现代园林景观设计理念及其启示［J］. 中国园林，2004, 3.

图8－112　牧场和树丛构成英国的自然风景（佚名）

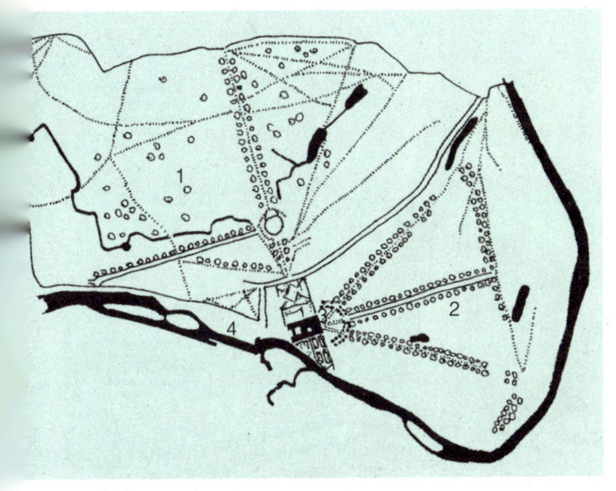

图8－113 汉普顿球场和布恩公园
1-布恩公园；2-汉普顿球场；3-汉普顿宫；4-运河

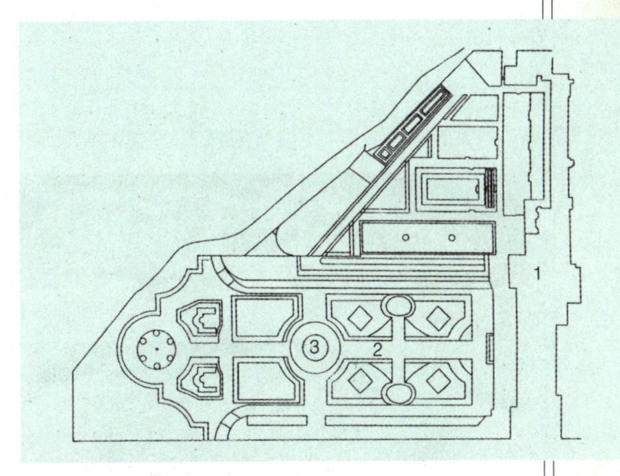

图8－115 汉普顿宫苑中的秘园
1-建筑；2-园地；3-水池

14世纪中叶，由于黑死病（1348－1349年）的猖獗，英国人口大减，使得进行农耕的劳力不足，因而由农业改为畜牧业，加之英国气候湿润而温和促成了畜牧业和毛织业的发达，有着优美的放牧草地和羊群，影响了英国的农业和风景。

中世纪一结束，英国就进入了都铎王朝时代（1485－1603年），财经实力有所增加，再加上在其初期由于接触了欧洲大陆的新知识，壁垒森严的中世纪城堡也终于被新型的住宅所代替，住宅又促进了造园的发展。

、中世纪后的英国园林

英国庭园与当时荷兰及德国的庭园一样，都围在深濠高墙之中，其面积只能建造整齐的菜园和药草园。都铎王朝的君主们，毫不掩饰自己对花卉和庭园的爱好，女王还鼓励贵族们住在乡村的府邸中，所以当时就在追求情趣与美感的情况下来建造府邸与庭园。

都铎王朝最著名的庭园是汉普顿宫的庭园。位于伦敦以北12英里（19.2km）泰晤士河畔，面积约800多公顷，内有庭园和果园，是枢和官沃尔西建造的。以后的1529年，国王又在其中建造了秘园（Privy Garden）。都铎王朝后半期的伊丽莎白时代（1558－1603年）的庭园，集中了英国造园传统和国外的成果，对意大利、法国庭园的仿效主要是方形、长方形的植坛用矮黄杨修剪成几何图案，以色沙或矮草作底衬，称为节结园（Kont Garden）。查理二世（1660－1685年）改造了汉普顿宫，按照法国及荷兰勒诺特式的形式，培植了半圆形林荫道，将9.5英亩（3.85hm）的大花坛围在林荫道之中，还开凿了一条长3/4英里（1.2km）大水渠。外围还有12条放射性的林荫道，开创了学习法国的先河（图8-113～图8-119）。

图8－114 经过查理二世改造后的汉普顿宫苑鸟瞰
（17世纪中后期学习法国勒诺特式后）（佚名）

图8－116 秘园中的池园（自《西方园林》）

图8－117 汉普顿宫苑中秘园内的一块园地绿篱图案（佚名）

图8－118 劳斯合姆老花园及鸽房前的节结园

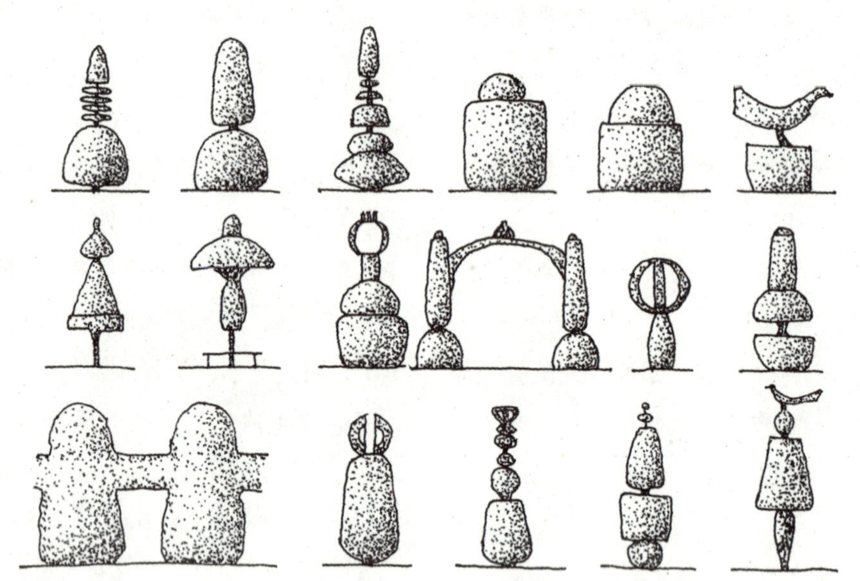

图8－119 造型植物式样（15世纪开始于英国都铎王朝（1485-1603年）初期，造型植物风行于两个世纪，逐渐流传到各国，所用树种以紫杉为多，其次有黄杨、迷迭香等）

英国古典园林的特点是：

（1）不像法国那样全是茂密的树林，而是大片的牧场间杂着小片的树林，园林显得十分开阔。

（2）花园与林园之间有一道封闭的围墙，以防牲畜踱进花园，只是在林荫道通过处开个口。

（3）没有大片平静的水面。

（4）喜欢栽培花卉。

二、英国规则式造园中的几种要素

（1）园亭在园中常放在园路的尽头，园内各处主要是为了装饰、观赏或是防御变化无常的气候。

（2）柑橘园在地方大府邸中常见，主要是在草坪上或水边点缀。

（3）园门是英国最有特征的构筑物之一，在它的顶部饰有族徽上的动物石刻或石球。

（4）铅制装饰品是用铅制作的，有雕像、

花瓶。

(5) 日晷开始有实用价值，以后成为装饰品。

(6) 花结与花坛大多在草坪上，适用于方形、略变动也能呈长方形、八角形或圆形。

(7) 造型植物风行于都铎王朝初期，风行了两个世纪，以紫杉为多，也用黄杨、迷迭香。

(8) 喷泉有隐蔽喷泉，喷水捉弄毫无准备的游客；也有上边放着雕像的，喷水高度到12英尺（3.6m）；也有从雕塑人物手中溢水落入白色大理石水盘，再流到下面的水池中的。

(9) 石栏杆的横竖比例很重要，最佳的作品是德赖顿府的栏杆。栏杆全高四英尺九英寸(1.4m)，扶手柱高二英尺七英寸(0.78m)，中到中相距二英尺（0.6m），方柱间距离为14英尺（4.2m）。其他有的栏杆也很完美。

(10) 迷园在文艺复兴时期几乎是庭园不可少的附属物。迷园的中心物是园亭或奇形怪状的造型树木。迷园隔离物用树篱，也有用成组木柱的，其上缠满藤蔓。

三、自然风景园的兴起

18世纪英国文学艺术方面要求对古典主义的严律格调进行改革，在文艺创作方面有浪漫主义的兴起，同时也波及园林艺术方面，以欣赏自然本身的美，以突出英国本土风光为新的园林风格。给自然风致园奠定理论基础的艾迪生（Joseph Addison 1672－1719年）曾撰文指出："我们英国的园林师不是顺应自然，而是喜欢尽量违背自然……我认为树木应该枝叶繁茂舒展生长，不应该修剪成几何形。"初期的自然主义风景园就是把绿色建筑形体和直线条舍去，代之以树丛和圆滑弧线的花路，以表现自然风致。这方面最早的是勃历格曼（Charles Briagmon），他在白金汉郡的斯托乌府拆除围墙，设置界沟，把园林的自然风景引入园内。以后有肯脱（Williamkent），他在园林中大量运用了自然式手法，他建造的园林中有自然式的河流、湖泊、起伏的草地、自然生长的树木，并在规划的地块中修建弯曲的小径。肯脱的弟子勃朗（Lancelat Brown）作了很多改建规则式园林的工作，虽有成功，但他把台地改成起伏的自然地形，把列树间伐，遭到了一些批评。勃朗的创作具有很大的气派，他的风格宏大、庄严、简洁、开朗，反映了新兴的资本主义农业和畜牧业的大发展。遂形成了"自然风景学派"（图8-120～图8-124）

勃朗的风格有4个特点：

(1) 取消花园和林园的区别，干沟不要了，大片起伏地形的草地是园林的主体，一直延伸到建筑物的墙根。

(2) 使用成片的树丛，树丛外缘清晰，呈椭圆形，种在高地顶上以遮挡边界或不美的东西，在草地上着染了横向的色块，有壮丽的效果。

(3) 重视并善于用水，修闸坝提高水位，形成各种湖泊，作为园的中心。

(4) 追求纯净，园内视线所及，不允许有农舍、菜园、杂务院、马厩、车库。

四、中国园林的影响

站在浪漫主义立场上，跟勃朗竞争的

图8－120 经过勃朗与雷普顿改造的谢菲尔德花园（自《西方园林》）

图8－121 艾什贝堡园林（勃朗设计）（自《外国造园艺术》）

图8－123 斯托海德湖区景色（自《西方园林》）

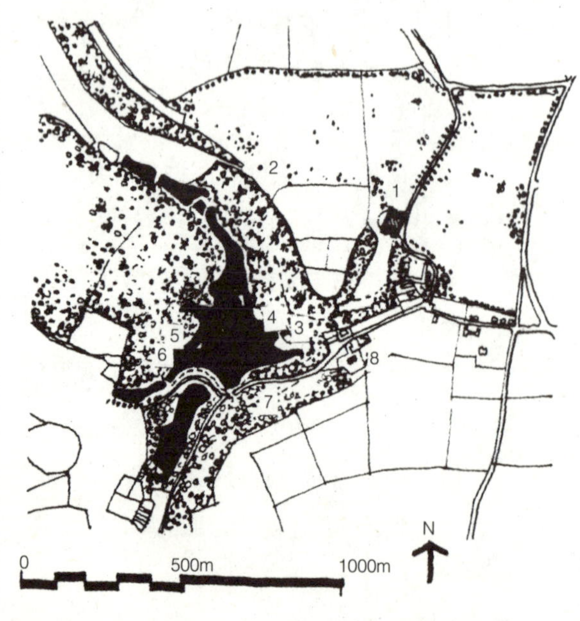

图8－122 斯托海德（1725年）
1-宅邸；2-方尖碑；3-天堂神殿；4-岩洞；5-管理室；6-万神庙；7-太阳神庙；8-教堂

图8－124 斯托海德湖边的先贤祠及树林（《西方园林》）

是钱伯斯，钱伯斯在20世纪40年代到过中国的广州，对中国的建筑、园林很有兴趣，1757～1763年曾主持过邱园（Kew Garden）的设计。钱伯斯以很高的热情向英国介绍了中国的建筑和造园艺术。1757年他出版了《中国建筑、家具、服装和器物的设计》，他在批评英国古典主义时说中国园林"大自然是他们的仿效对象，他们的目的是模仿它的一切美丽的无规则性。"1772年出版了《东方造园艺术泛论》，批评了勃朗搞的自然式园林，他说："艺术已被逐出了园林"，勃朗的园林"既不是以欢娱宾客，也不能闲适自遣"。他说中国人认为"必须以艺术补救自然之不足"。钱伯斯是第一个在造园中注意树木花卉的颜色效果的，把各种颜色的植物组成和谐的整体，这时期英国造园植物的品种增加很快，1785年马歇尔（William Marshall）的《观赏园艺栽培》(Planting and Ornamental Gardening)里列乔木和灌木270种，1789年邱园植物志里有6000种，从中国传入的杜鹃、玉兰已经成为英国园林里的主要种类。钱伯斯把中国园林介绍给英国后，影响广泛，形成"中英折中式庭园"(Anglo-Chinese Style)，安托纳(Marry Antonet) 将中英折中式庭园应用于法国特拉农（Trianon）苑（图8-125、图8-126、图8-127）。

英国自然式风致园形成于18世纪中叶，大盛于下半叶，其历史原因是盎格鲁撒克逊民族源自日尔曼游牧民族的文明，他们热爱自然、草原、充满野趣的树丛、蜿蜒的河流、丘陵山峦。新兴的贵族提倡的游赏园林，使园林从建筑的附属品走到了前台，以欣赏与游玩作为第一目的，因而改变了乏味的几何式园林。在这个时期还有大批文人学士参与了园林创作，即使是专业的造园家也是很有修养的，有的还是一些高官，他们有鲜明的审美理想，在其中注入了他们的政治态度和生活态度。而园林是体现这种审美理想的最合适的艺术品。因此，造园艺术在18世纪下半叶成了英国的代表性艺术，并且对整个欧洲产生了影响，完全取代了古典主义的几何规则式园林。

英国之风景园盛行近一个世纪，欧洲大陆各国：德国、法国、俄罗斯、波兰、瑞士以及后起的美国都受其影响而进行风景园的创作。

在前面讲到对18世纪风景园林的批判，主要是批判它完全模仿自然，缺乏亲切动人的意味和真实意义。伯赖思（Price)、奈脱(Knight) 等认为："既然波状地形、散植树木和灌木丛在天然原野里也是如此，那么对于一个建造的园，如果也仅仅如斯而已的话，显然"并不能增加任何优点。"于是"使它富有"成为19世纪开始时候造园上一个新的转变：园林设施不仅要舒适、要便利，而且也要有各种园林建筑来丰富它，更重要的是要有丰富的色彩来点缀它。

五、英国园林进一步丰富

18世纪的庄园把花园和菜园都放到令人见不到的地方，到了19世纪又把花园请了回来，放到较重要的地位，建筑物附近或草地当中形式各异。花卉主要用猩红色的天竺葵、蓝色的半边莲、浓黄色的蒲包花。花丛以外加步道和座椅、饰瓶、日晷、飞鸟浴池。细

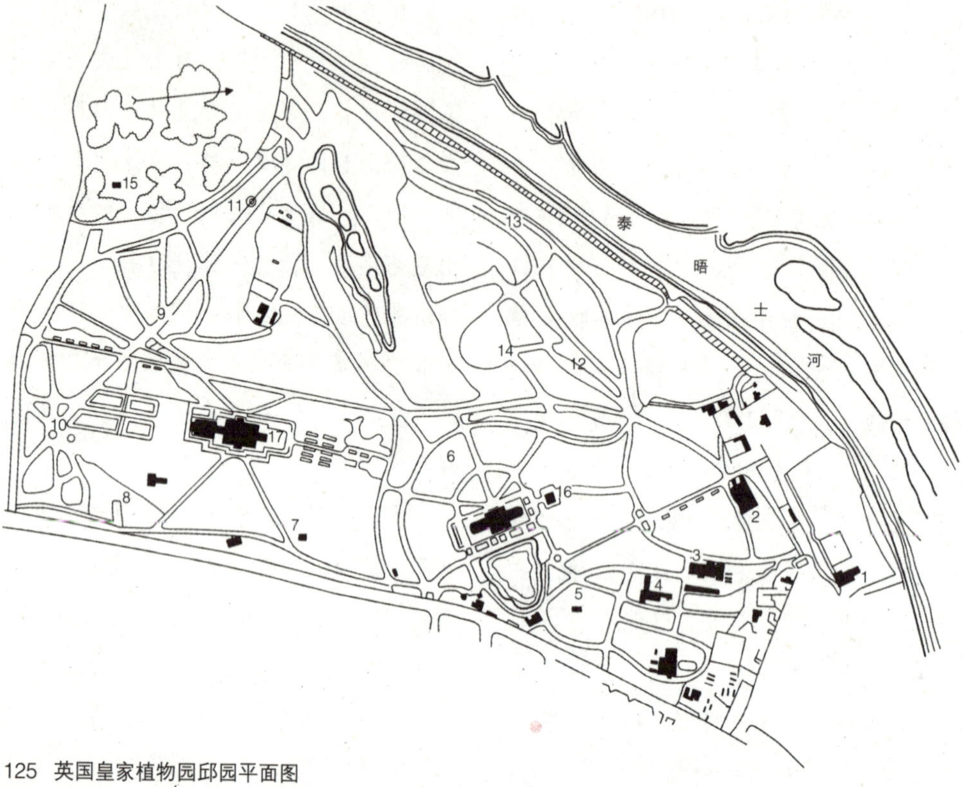

图8－125 英国皇家植物园邱园平面图

1-图书馆；2-柑橘室；3-羊齿室；4-仙人掌与兰室；5-神庙；6-蔷薇园；7-别墅旗杆；8-合欢夹景；9-雪松夹景；10-中国宝塔；11-睡莲池；12-木兰区；13-杜鹃谷；14-杜鹃园；15-女皇茅舍；16-睡莲室；17-温室

图8－126 邱园（张树林摄）

图8－127 邱园中国塔的全貌

（自《植物园规划与设计》）

节的丰富成为19世纪初期英国庭园中的一个特色。

到了19世纪末叶，园艺家罗滨逊(William Robinson）认为以花姿取胜的花卉，不适宜用于模样花坛，而修剪成几何形体。他创始了园景以花为主题，其他设施都要服从于形形色色的花卉，开始了设计自然式的花卉配植，发展了花园（Flower Garden）这一形式。

从花园开始，又再发展了植物群落的特殊类型的花园，例如岩石园（Rock Garden)、高山植物园（Apnines)、水景园（Aguacic Garden)、沼泽园（Bog Garden）及以某一类观赏植物为主题的专类花园，例如鸢尾园、蔷薇园、杜鹃园、芍药园、百合园等。

尼曼斯花园（Nymans Park）

花园建于19世纪末期，园内大量种植了玉兰、山茶、杜鹃和龙古菲雅（*Eucryphia*）等花木，还有大量的云杉、珙桐等。

花园布局上将古典园林构图与园林植物栽培结合起来。全园分为一个开放性的大花园和几个封闭性的主题小花园，如沉床园、石楠花园、松树园、月季园和杜鹃花园等。

尼曼斯花园代表了19世纪英国的造园风格，在构图上带有折中主义的特征，将规则式花园与自然式花园结合在一起，同时植物品种多样，层次丰富，色彩艳丽（图8-128、图8-129、图8-130)。

六、皇室园林对公众开放

由于社会关系的变化，往日贵族富豪驰马行猎和游赏的园地，逐渐被迫开放为公园，先供资产阶级享用，以后才对广大市民

图8－128　尼曼斯花园（自《西方园林》）

图8－129　尼曼斯花园山坡（自然情趣的磴道与植物景观）（自《西方园林》）

图8－130　尼曼斯花园自然式树丛（围合成深远的空间）（自《西方园林》）

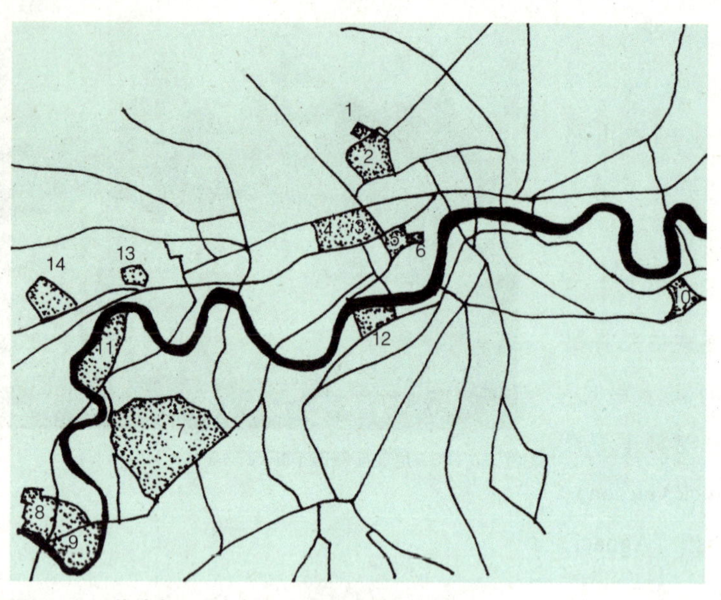

图8－131 伦敦市公园分布

1－报春花山；2－摄政王公园；3－海德公园；4－肯辛顿公园；5－格林公园；6－圣詹姆斯公园；7－里士满公园；8－灌木公园；9－汉普顿宫苑；10－格林威治公园；11－邱园；12－巴特西公园；13－甘纳斯伯里公园；14－奥斯特利公园

开放。17世纪从英国首都开始有肯辛顿公园（Kensinton Garden）、圣詹姆斯公园（St. James Park）以及海德公园（Hyde Park），奠定了现代公园的基础，随之法国和其他国家也相仿效，到今天已成为每个城市中不可或缺的一部分。

七、伦敦市的公园（图8-131）

（一）伦敦摄政王公园（Regent's Park, London）

该园是伦敦中心区主要公园之一。摄政王公园以前曾是国王亨利八世（1509－1547年）的狩猎公园，公园略呈圆形，占地面积是188hm^2，1835年向公众开放。公园原为一片荒芜的林地，改建成公园后，园中有自然式水池，池中有岛，水中可划船，岸边园路蜿蜒曲折，草地上有疏密相间的树木。园中还有竞技场、供大众活动的场地。在园中园的玛丽皇后花园中设置了露天剧场。园的西部还划出了一块三角形的园地作动物园。此园中既有笔直的林荫路，也有弯曲的小径，园内设施也很丰富（图8-132、图8-133）。

（二）肯辛顿公园（Kensington Garden）

原为肯辛顿宫花园，维多利亚女王（Queen Victoria 1837－1901年在位）1819年5月24日在此宫出生。花园在宫的东部展开，园中有美丽宽阔的林荫道及大水池，还有喷泉和纪念雕像，东北面以长条形水面为界，与对岸的海德公园相邻。河上有桥连接两园，两园的总面积249hm^2，是伦敦最大的皇室园林（图8-134）。

（三）海德公园（Hyde Park）

原为英国著名皇家园林，位于城西威斯敏斯特区，东有圣詹姆斯公园、格林公园，

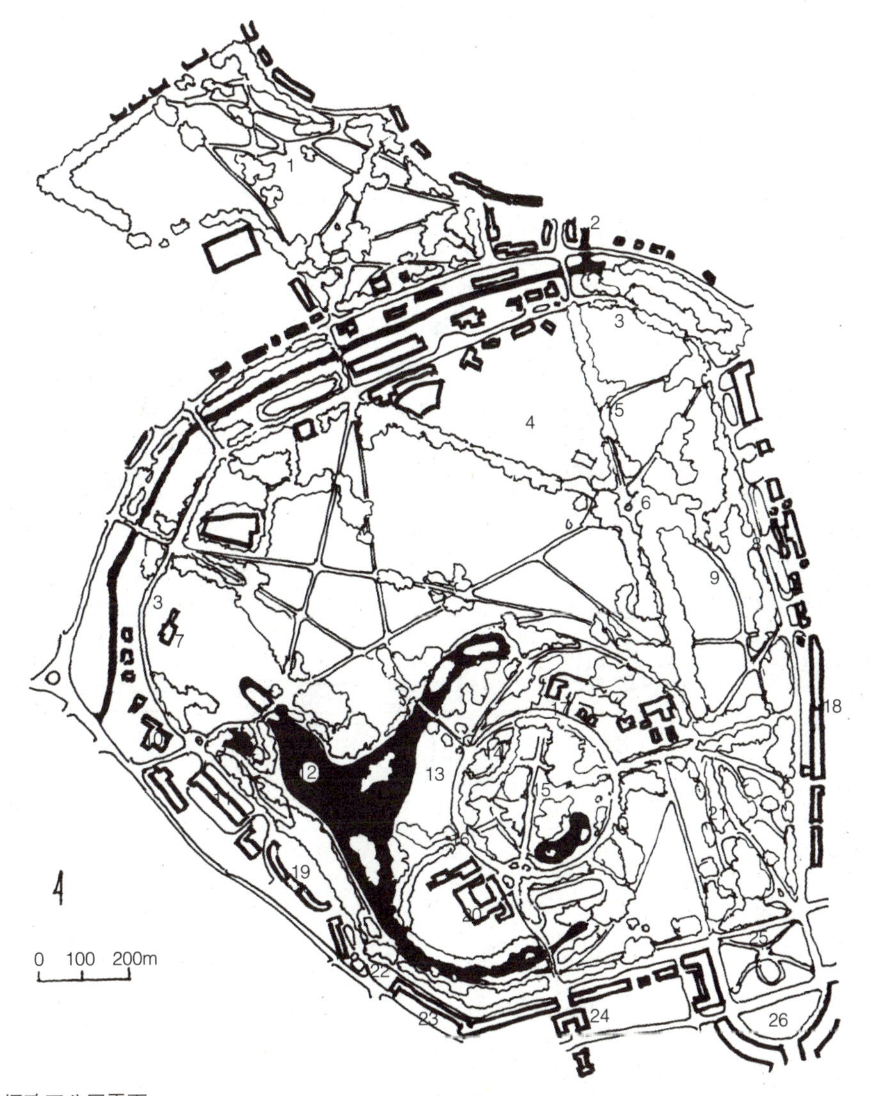

图8－132　摄政王公园平面

1-报春花山；2-摄政王运河；3-外圈；4-伦敦动物园；5-宽行道；6-现金喷泉；7-温菲尔德宫；8-坎伯兰郡台地；9-坎伯兰郡草地；10-伦敦中央清真寺；11-汉诺威台地；12-游船湖；13-小岛；14-露天影院；15-玛丽皇后花园；16-内圈；17-圣约翰学院；18-切斯特台地；19-苏塞克斯宫；20-摄政王学院；21-街道花园；22-克拉伦斯门；23-康沃尔台地；24-约克门；25-方形公园；26-新月公园

图8－133　伦敦摄政王公园“玛丽皇后花园”中的“特赖登喷泉”（自《城市公园设计》）

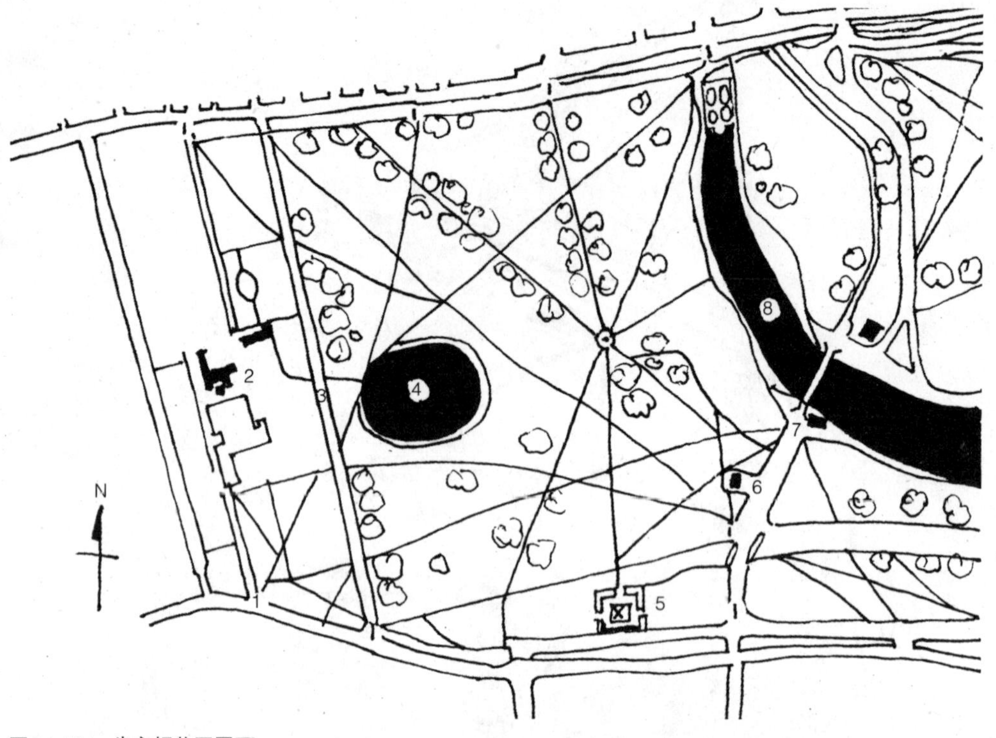

图8－134　肯辛顿花园平面
1–大门；2–伦敦博物馆；3–人行干路；4–水池；5–艾伯特纪念碑；6–小吃店；7–餐馆；8–长河

西边紧邻肯辛顿公园，有一桥相通。连同肯辛顿公园共占地249hm²，居伦敦公园首位。1536年属皇家产业。1730年乔治二世之妻卡罗琳娜王后下令在海德和肯辛顿两公园内筑堤围水成湖，位于公园一侧，称塞彭丁湖，可供划船。湖南的“鲁特恩罗”，威廉三世时代为皇家驿道，两侧巨木参天，浓荫泻池。现在是伦敦市内最时尚的骑者小径。公园中游览点有“皇家公园看守人小屋”，还有鸟禽禁猎区、玻璃温室等。

在海德公园东北角大理石拱门附近有一片草地，19世纪以来每个星期天下午，有人站在装肥皂的木箱上发表演说，有“肥皂箱上的民主”之说。现在演说者多站在铝制的梯架上高谈阔论、讥评时局，是西方的“民主橱窗”。1890年伦敦工人举行第一次“五一国际劳动节”活动期间,5月4日适逢星期日，恩格斯、拉法格等同工人一起在海德公园集会。1893年5月7日恩格斯代表西班牙社会主义工人党，在海德公园集会上发表演说（图8-135、图8-136、图8-137）。

（四）圣·杰姆士公园（St. James's Park）

公园与西侧的绿园相连，园中有很长的运河，后改造成自然式的水面，驳岸曲折，岸边绿草如茵，树木错落有致（图8-138、图8-139、图8-140）。

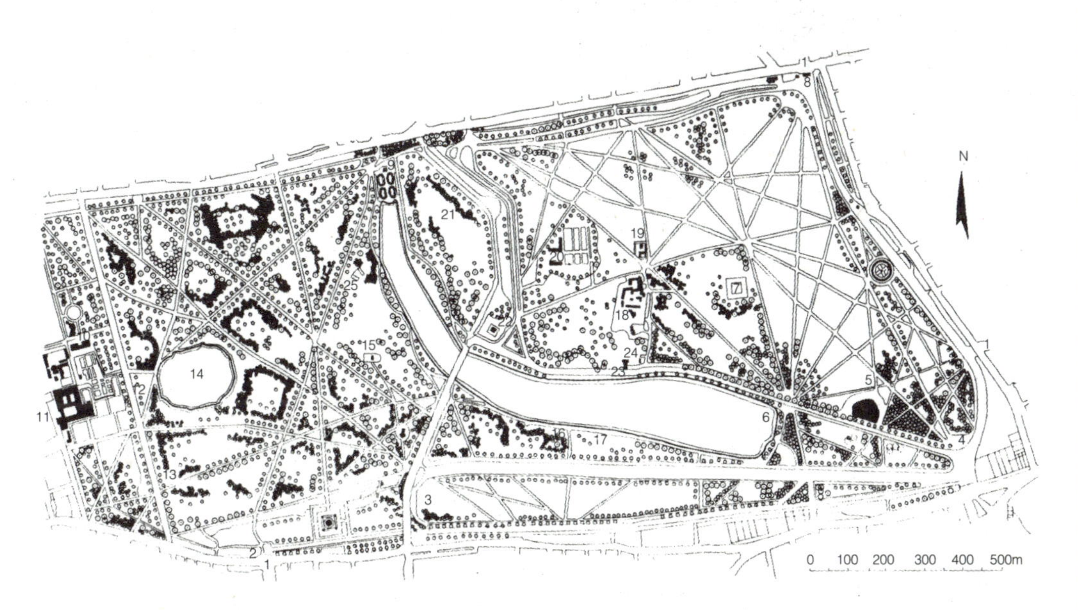

图8－135 伦敦海德公园平面

1-入口；2-警卫亭；3-游戏小草地（这里原为水晶宫）；4-阿希尔全身塑像；5-音乐演奏台；6-喷泉；7-水池；8-大理石拱门；9-水泵房；10-温室；11-肯辛顿宫；12-维多利亚女皇纪念像；13-泉源；14-供模型快艇用的水池；15-宫殿；16-浴场；17-游泳池；18-公园管理处；19-公园管理人员住房；20-玻璃暖房；21-儿童运动区；22-仓库；23-游泳场；24-公共大厅；25-陈列馆

图8－136 伦敦海德公园（自《西方园林》）

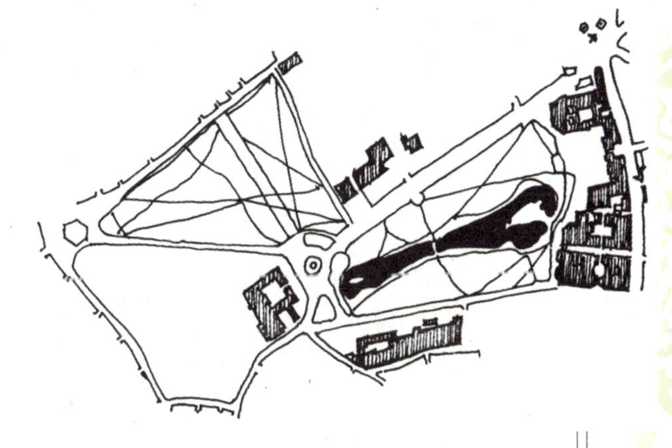

图8－138 圣・杰姆士公园和格林公园

图8－137 ［英］海德公园戴安娜王妃纪念喷泉（自《风景园林》，2007,3）

图8－139 圣・杰姆士公园内林中草地（郑淮兵摄）

图8－140　圣·杰姆士公园中自然式湖面（郑淮兵摄）

（五）泰晤士河水闸公园（Thawies Barrier Park）

公园是五十多年来伦敦建造的第一个重要的城市公园。是由英法两国设计师共同设计的。公园建设是为了改变该地区废旧工业区的形象。

公园平面接近方形，两条轴线呈对角线主体相交穿过整个公园：其中一条是250m×28m下沉式广场花园，称“绿色船坞”，沿着“船坞”视线直达泰晤士河和闪亮的水闸建筑，“船坞”中段是“彩虹园”，其色彩丰富的各种花卉和呈波浪形的紫杉篱构成精彩的视觉效果。游人既可以在近处仔细观赏各种花卉，也可以从5m高的挡土墙上俯瞰花园。两座桥从高处跨越了“船坞”，也提供了观赏点。

另一条对角线起于公园东北角，以桥的形式穿过“船坞”，到达岸边，它联系未来的滨水公共建筑。

公园大部分是规则种植的白桦树和野花草甸与草坪相交的条带。公园南边是滨河散步道，山毛榉树丛形成茂盛的植物花园围绕在公园另外三个边（图8-141、图8-142、图8-143）。

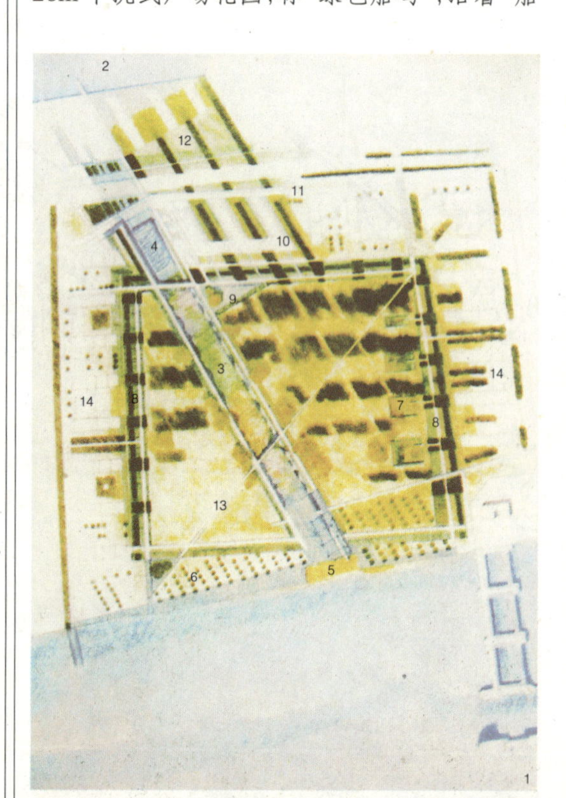

图8－141　泰晤士河水闸公园平面（自《中国园林》）
1－泰晤士河水闸；2－漂浮码头；3－绿色船坞；4－水花园；5－眺望台；6－码头；7－网球运动场；8－植物花园；9－游客中心；10－停车场；11－高架列车站；12－国家水族馆；13－对角线道路；14－住宅区

图8－142　泰晤士河水闸公园彩虹园中宿根花卉和绿篱（自《风景园林》）

图8－143　泰晤士河水闸公园彩虹园（自《风景园林》）

八、曼彻斯特匹卡迪利花园（Piccadilly Garden）

匹卡迪利花园是曼彻斯特传统的城市中心，后来日渐衰落，夜晚常有毒贩子光顾，是一个不安全的地方。21世纪初恢复重建，基本内容是让市民感受到城市生活的魅力，使城市中心焕发新的活力。

花园周围是城市道路，下面是城市最大的地下变电站，地面上还有两座历史雕塑。新的花园设计非常简单，它具有开放、明亮的特点。花园的东边是体量较大的办公建筑，南边是一栋弧形小建筑，成为公共交通与花园的分隔。花园中有一条曲线道路，联系了东西两侧，形式上与弧形建筑相呼应。另一条直线道路穿越了花园南北两侧。花园中心是大片开敞草坪，外围种植了一些乔木。草坪中心是一个倾斜的椭圆形黑色大理石喷泉平台，180个喷头变换着不同高度的水流或水雾。直线道路从喷泉中间穿过，如同浮在水面上的桥。花园北部和东部都有成排、成行的树木，可以为来花园的人遮荫休息。花园的结构在解决复杂问题的同时，获得了简洁而优美的景观效果（图8-144～图8-146）。

图8－144　匹卡迪利花园平面（自《中国园林》，2005，11.）

图8－145　匹卡迪利花园鸟瞰（自《风景园林》，2005，3.）

第四节　德国园林

德国位于中欧西部，北临北海和波罗的海，地势由南向北逐渐低平，中部为丘陵和中等山地，属温带气候，从西北向东和东南逐渐由海洋转变为内陆性气候。

16世纪初期，德国也受到意大利文艺复兴运动的影响，但是德国却没有像法国那样在意大利的影响下产生新的造园形式，而是由荷兰造园家们仿照意大利样式建造一些宫廷花园。文艺复兴时期，德国造园的发展主要表现在对植物学的研究及新品种的栽

图8－146　匹卡迪利花园中的喷泉和人行路（自《风景园林》，2005，3.）

培方面，1580年莱比锡建造了第一个公共植物园。

德国本身并没有自己的造园传统，但在一些造园要素的处理上有其独特之处。在园林中有非常宏伟、壮观的法国式的喷泉、意大利式的水台阶以及荷兰式的水台阶。从17世纪后半叶开始受法国宫廷的影响，德国的君主们建造大型园林。海伦豪森官官殿由意大利建筑师奎里尼（Quirini）设计，花园由勒诺特设计，由法国造园师夏尔博尼埃父子（Martin & Charbonnier）建造。海伦豪森宫的建造不仅借鉴了法国园林，也受到了荷兰花园的影响，1696年建造的由马蹄形的水濠沟围合的花坛部分，明显反映出荷兰花园的特色（图8-147、图8-148）。

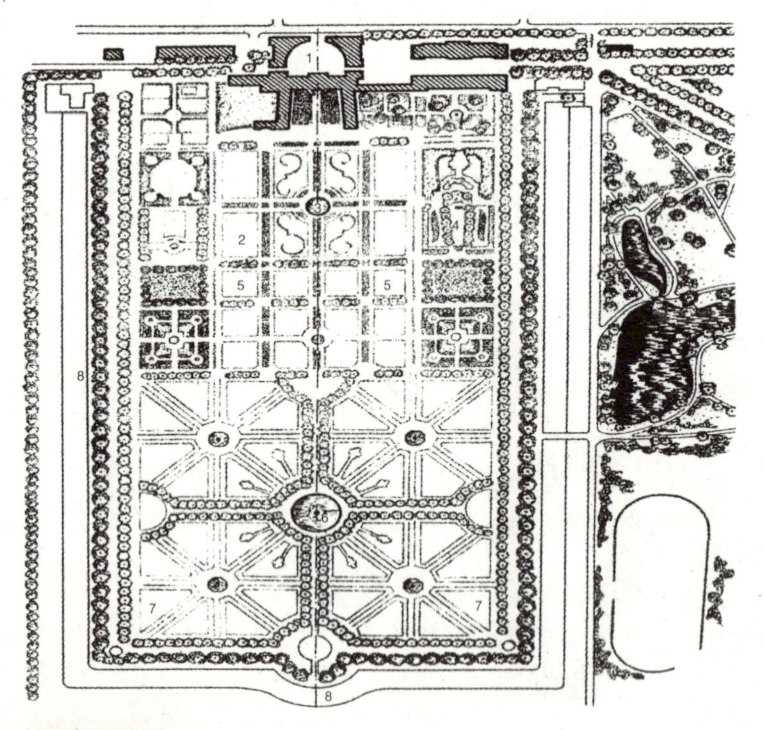

图8－147 海伦豪森宫平面图
1-宫殿建筑；2-花坛群台地；3-大喷泉；4-绿阴剧场；5-水池；6-水池喷泉；7-丛林；8-运河

图8－148 海伦豪森宫大花坛路旁雕像和树木（自《西方园林》）

（一）林芬堡宫苑（Gardens of the Lymphenbourg palace）

距慕尼黑约5km，1663年建，于1701年经过荷兰造园师改造、扩建，在宫殿前后开挖水渠数千米，喷泉水柱高达80多米，形成现在的规模，反映了荷兰勒诺特园林风格。林芬堡宫苑最壮观的是从宫殿半圆形的、直径约550m前庭中轴线延伸出来的水渠林荫道，水渠在两边高大行道树的挟持下伸向慕尼黑方向（图8-149、图8-150、图8-151）。

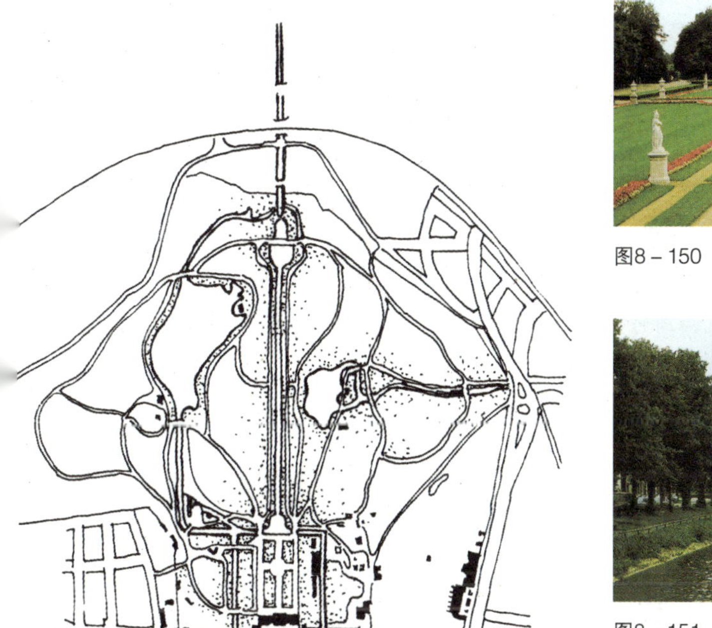

图8－149 林芬堡宫苑平面

（二）夏尔洛滕堡宫苑（Garden of the Charlattenbourg Palace）

柏林附近主要古代庭园是夏尔洛滕堡。夏尔洛滕堡内除柑橘园和大前庭外，其他已荡然无存，大花坛变成了草地。静谧清雅的波茨坦距柏林25.6km（16英里），古城内的庭园已现代化了，但腓特烈大帝在1754年建的白色洛可可式小宫殿无忧宫内，至今还保留着赏心悦目的露台（图8-152、图8-153）。

在法国造园的影响以后，英国于18世纪

图8－150 林芬堡宫苑中轴线两侧（自《西方园林》）

图8－151 林芬堡宫苑中的运河（自《西方园林》）

图8－152 夏尔洛滕堡宫苑湖面（自《西方园林》）

图8－153 夏尔洛滕堡宫苑建筑前（自《西方园林》）

的风景式园林传入德国，给德国带来巨大的影响。瑞士诗人波德默和克雷斯特，向德国人灌输了崇尚自然美的观念。德国人杰斯纳是风景式庭园的歌颂者，他说："比起用绿色墙壁造成的迷路、规划整齐、等距种植的方尖塔来，田园般的牧场和充满野趣的森林更加动人心弦。"

德国最早的风景式庭园，是奥斯多男爵的苏沃伯园，建于1750年，其特点是园内有许多珍贵树木。以后弗兰西公爵从1769年到1773年建设了沃利兹避暑府邸。以后也改造了一些规则式的庭园，例如路易斯乌姆府邸，是从法国式的庭园改造成的。威廉施亥和威廉施塔尔两个庭园，也是由规则式改造过来的。

18世纪末的德国人，对带有废墟的富有浪漫色彩的伤感主义庭园念念不忘，特别是热衷于骑士气氛这种所谓中世纪的情趣，其结果加剧了废弃的荒城纳入作为庭园一部分之风的流行。最突出的例子就是威廉施亥内"山岩上的城堡"还建造了吊桥、堡垒、门塔、濠沟等。不过不久就被毁坏了。

1824年只是一个小城市的马格德堡开始建造第一大城市公园，以后柏林借腓特烈二世登基一百周年之际，在城东建了腓特烈海恩公园。民众不断地建造公园，随着民主概念的深化，受到了来自各个领域的影响，公园设计也朝着一个崭新的方向前进。

到19世纪末德国盛行炫耀才学之风，同时也具有高度的民主性，造园界进行了规则式与风景式的激烈论战。出版了一些关于庭园的书籍，也有一些园林作品出现。20世纪初以来，德国年轻的新一代设计师设计一些新颖的独特的庭园。这些设计师不仅有丰富的建筑专业知识，而且也掌握了植物学知识。新庭园的特征表现在根据场地的轮廓和地形采取自由庭园分区方式，如兰格设计的庭园（图8-154）；采用直线、圆形；也采用富有现代气息的大曲线形，如亨贝尔设计的庭园。为了集中利用庭园的面积，凉亭、绿廊之类的园林建筑，都安置在靠近外墙的地方，有时还把花园、果园、菜园作为庭园的中心。

德国近现代城市绿化和公园建设的发展情况可以从下面的实例中看到。

汉堡市位于Elbe河谷流域，是一个优美的因水而成的园林城市，占地面积约75km^2，人口31万（图8-155）。

汉堡的建设成就，主要应归功于苏玛彻尔（Schumacher）先生在1909年至1933年实施的城市规划战略，他为汉堡市布置了星

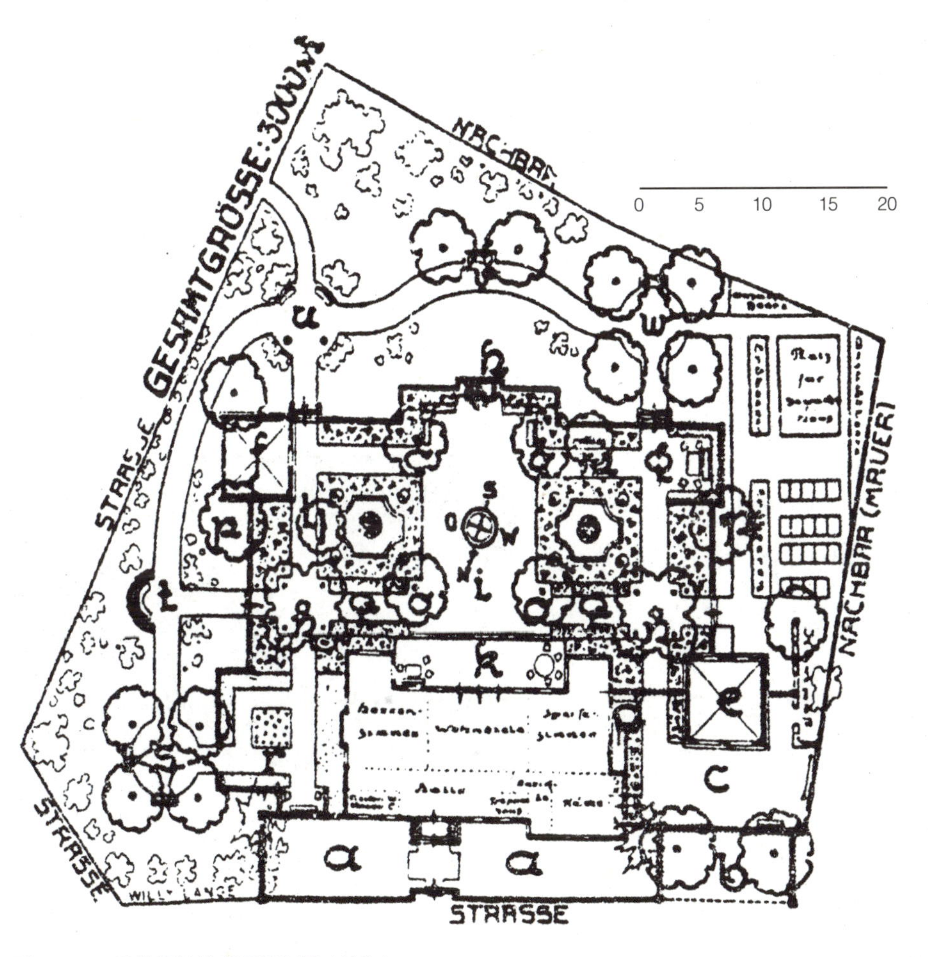

图8－154 兰格设计的庭园平面图（兰格）

图8－155 汉堡市区（白《环球旅行》）

状轴射的结构，其间开辟了大量公园和开放绿地，并用绿带将它们连接，特别是其中两个环状绿带起到连接城市景观轴线、安排休闲游憩活动的作用，从而形成具有特色的园林绿地系统。汉堡市中心地带有星罗棋布的园林和有“汉堡的明珠”之称的阿尔斯特湖。目前整个城市有120个大中型公园、1200个小型公园和35000个私家花园。

（三）汉堡城市公园（Stadtpark, Hamburg）

该园建造于1900～1914年之间，是在工业化开始、城市人口迅速增加的背景下诞生的。公园设计意图是：社会的多阶层都将能聚集在这里，享受这些地方带来的快乐。设计的这些地方用来补偿被建房和工业吞噬的乡村土地，以及作为提供逃避工作压力的宁静的绿洲。

公园布局的特点是从西北高38m的水塔延伸到东南长1500m的轴线，轴线上有面积12hm^{2}的开阔草坪和8hm^{2}的椭圆形湖泊，湖泊中有一个方形的游泳池（图8-156、图8-157）。

1909年11月，弗里茨·舒马赫被任命为市建筑师，他是保护文化遗产的活跃分子，

图8－157　汉堡城市公园戏水游艺池

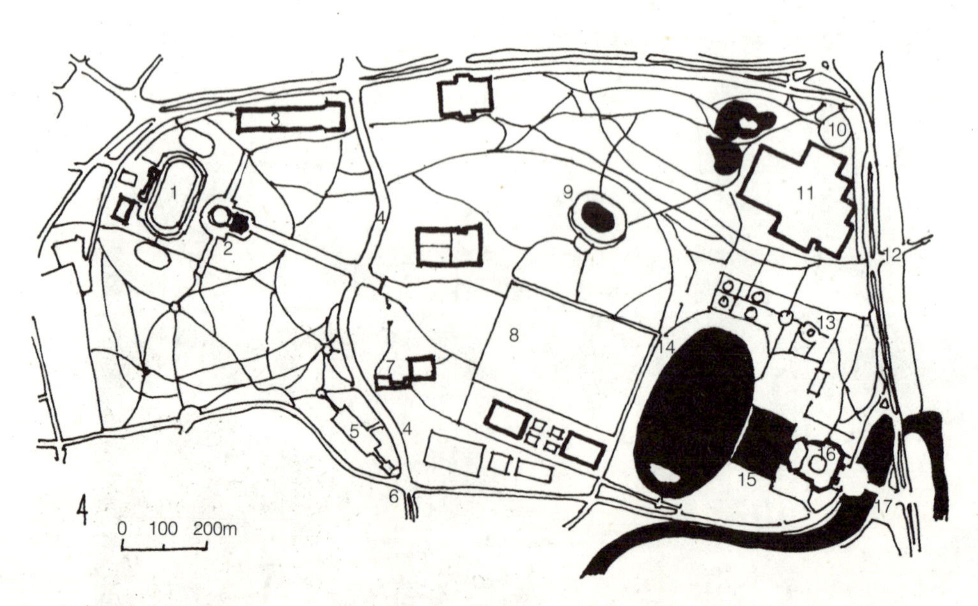

图8－156　汉堡城市公园平面

1－雅恩－坎普夫体育馆；2－水塔/天文馆；3－新世界游艺园；4－兴登堡大街；5－香草花园；6－伯尔格韦格门；7－地产“管理”；8－节日草坪；9－戏水/游艺池；10－露天影院；11－综合运动馆；12－多伦多大桥入口；13－玫瑰花园、企鹅喷泉和戴安娜花园；14－城市公园湖；15－游泳区；16－餐饮区；17－大门

是德国自然文化遗产联盟的成员。这个联盟倡导：一个不朽的作品“并不一定是一个具有建筑价值的建筑物，而可以是一个树林、一个湖、一个传统服装或是一个建筑技巧。”舒马赫认为当初建立公园供人使用时“不是去被动地欣赏公园景色，而是积极地参与户外活动：游戏、参加体育活动、躺在草地上、划船、骑马、跳舞、尽情欣赏音乐、艺术、鲜花以及享受身心的愉悦”。1995 年，根据调查，有广泛的市民认为周围景色优美。1999 年统计：每年 300 ~ 400 万游客光顾公园，一个夏天周末有 10 万游客。

该公园是世界上最早的现代主义公园之一，既是德国古老的公园，也代表了独特的德国式公园。

(四)杜伊斯堡北部天然公园(Landschaftspark Duisburg. Nord)

杜伊斯堡是德国西北部鲁尔区——世界上最大的工业区之一，其主要工业包括煤矿、炼钢。

20 世纪 60 年代，在这个地区重工业开始结构性衰落。政治家和规划者断定：“要想使经济持续复苏，必须使生态环境广泛恢复”。20 世纪 70 年代末重工业逐渐转移，1977 年停止炼焦，1985 年停止炼钢。公园的发展是 1989 ~ 1999 年实施的。

公园保留了最大的高炉和相关设施及自生植物。为了保留该地的衍变过程，保留了混凝土的贮藏库、网状的钢轨座、大储气罐、白色发电所大楼，使人们对该地有切身的体验，在仓库中修建了铸造材料组成的花园，并移植一些植物，新建桥梁和人行道。增加照明使生锈的废船重获生机。1985 年冶炼厂停产时已经生产了 3700 万吨生铁，拆毁冶炼厂的费用是非常昂贵的，而且自然资源保护家把它当做工业遗迹。攀岩俱乐部开始在铁矿仓库练习攀登，潜水俱乐部开始在充满水的储气槽中练习。1989 年蒂森仅以 1 马克的价格把该地转让给了杜伊斯堡市。

根据景观设计师彼德·拉茨所说，工业残余物中已含砷或氰化物的土壤必须完全从这里除去。其他有毒的土壤要埋藏在烧结池中，并盖上新土。该地广阔的区域由贫矿渣废料组成，其上有自然生长的植物。

杜伊斯堡公园项目受到了各方面的重视，也比较复杂，所以举办了一个设计比赛，有五个设计小组参加了此次比赛。有来自英格兰利物浦的卡斯合作事务所，来自巴黎的伯纳德·拉叙斯社，以及包括拉茨及其合伙人在内的三个德国小组。在为期六个月的调研之后，1991 年 3 月他们提出了自己的方案。拉叙斯的设计特点是“精巧的法国象征主义的花园……三个精心设计的花园地带，反映了特定时代的景观”，而拉茨的设计“是实用主义的方式，在里面尽量少地制造新东西，由开始的工业和后来衰败的早期工厂形成的建筑，也要尽量保留”。他们的设计形成了强烈的对比，这成为了此次比赛的最大特点。拉叙斯的设计被称作“前天、昨天、今天和明天”，其中提出了有意地使用浓密的树林，把该地划分为分别代表工业化以前的情况、工业上使用和后工业时代的用途。相反地，拉茨的设计“利用了平常自然界的价值，并宣称它能为我们的生活提供许多帮助”。他们的设计提出了这样一个问题：“大规模工业生产的工厂废墟——大楼、工棚、大型矿石垃圾站、烟囱、高炉、铁轨、桥梁和起重机等——能否真正成为公园的基础”。1991年，拉茨及其合伙人被任命负责这个项目。1994年6月17日，公园正式对外开放（图8-158～图8-161）。

拉茨的作品注重实效，以及他在杜伊斯堡公园中采用的分解和合成方式也常被提起。他把在杜伊斯堡北区的工作方式描述为，“没有摧毁工业建筑，而是调整、重新阐释和转变它们；高炉不仅是一个旧炉——它是胆怯的人们面前的一条可怕的凶龙，它也是登山家攀登的、耸立的高山”。他认为20世纪末的城市公园的作用不同于20世纪初期的人民公园。和约翰·布林克霍夫·杰克逊一样，拉茨也认为，鉴于人民公园的规划与20世纪20年代的社会关系相关，“当时公园的使用者是一个个集体……如今每个人都是单独去公园；狗主人，驾车的人，骑自行车的人。只有公

图8－159 杜伊斯堡北部天然公园（自《中国园林》）

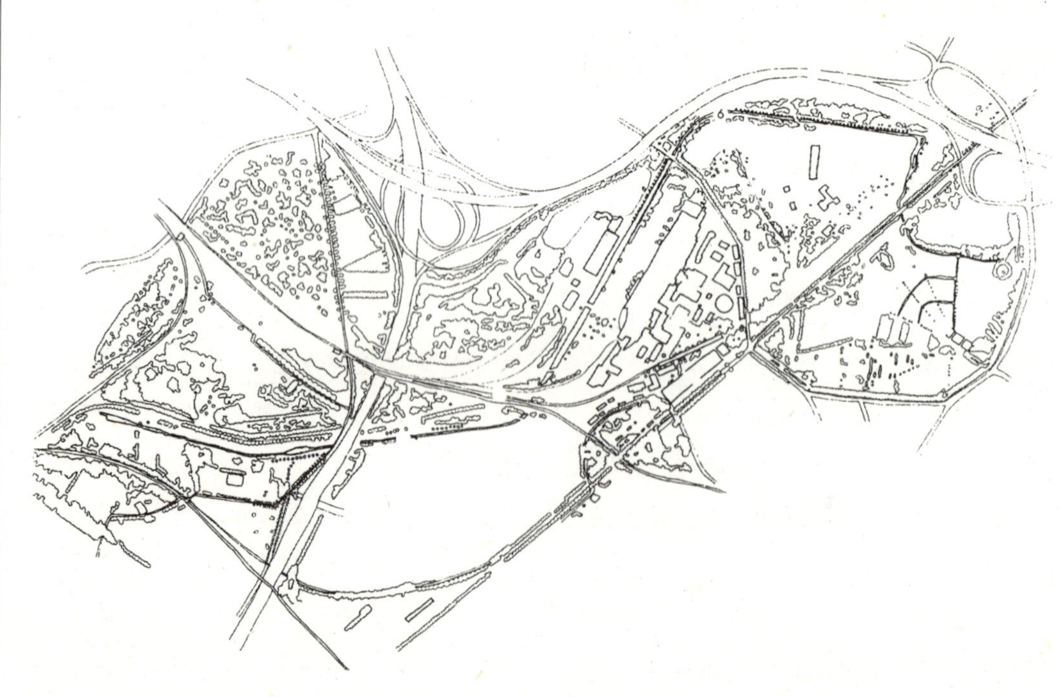

图8－158 杜伊斯堡北部天然公园平面

铁板铺装的金属广场

由悬空铁路改造的步行系统

高炉的蓝色部分可以攀登

图8－160　杜伊斯堡北部天然公园各处景观（自《中国园林》，王向荣供稿）

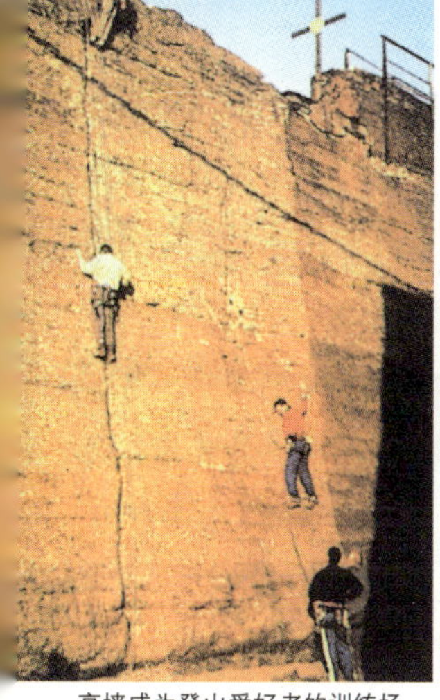

高墙成为登山爱好者的训练场

工厂料仓成为小花园

炉渣铺装的林荫广场

图8－161　杜伊斯堡北部天然公园水景（自《中国园林》，2006, 4.）

图8－162　波鸿市西园（原有工业废弃环境中自然的恢复）（自《中国园林》）

园才能被所有人使用”。这被看做是使公园中各个层次断断续续地彼此独立的另一个理由。

杜伊斯堡北部天然公园充分展现了发展中的先锋植物，以及废弃和逐渐衰败的钢厂这个壮丽的背景，它成为后工业时代的公园。

波鸿市原有工厂废弃后，经过改造也变成了公园（图 8-162）。

（五）柏林蒂尔加滕公园——动物园（Tiergarten, Berlin）

该公园是柏林历史最悠久、规模最庞大的公园。有 500 年的历史，原为君主的狩猎地，以后对公众开放。第二次世界大战中被毁，现已恢复，其中英国园由英国出资建设。动物园在公园西端，也已恢复，现有动物 2000 余种，1.3 万头，成为欧洲最好的动物园之一。公园面积达到 220hm^2，园内有历史意义的遗迹，如公园西部著名的勃兰登堡门和德国国会大厦。圆形游艺场里耸立着 1873 年为庆祝德国在 1870 年法普战争中胜利而建造的凯旋柱。动物公园给人的第一印象是整个公园都是紧密的落叶林，森林中没有明显的空地（图 8-163～图 8-165）。

（六）里姆风景公园（Landscape Park Riem）

里姆风景公园位于慕尼黑市南部，该地区为旧机场，现改为集展览、居住、办公及公园为一体的多功能新市区，公园面积达到 200hm^2。其中用 130hm^2 作为园林展览用地。

根据周围地形和农田状况，设计者以不同方向、笔直的道路轴线和密林、绿篱来分区，

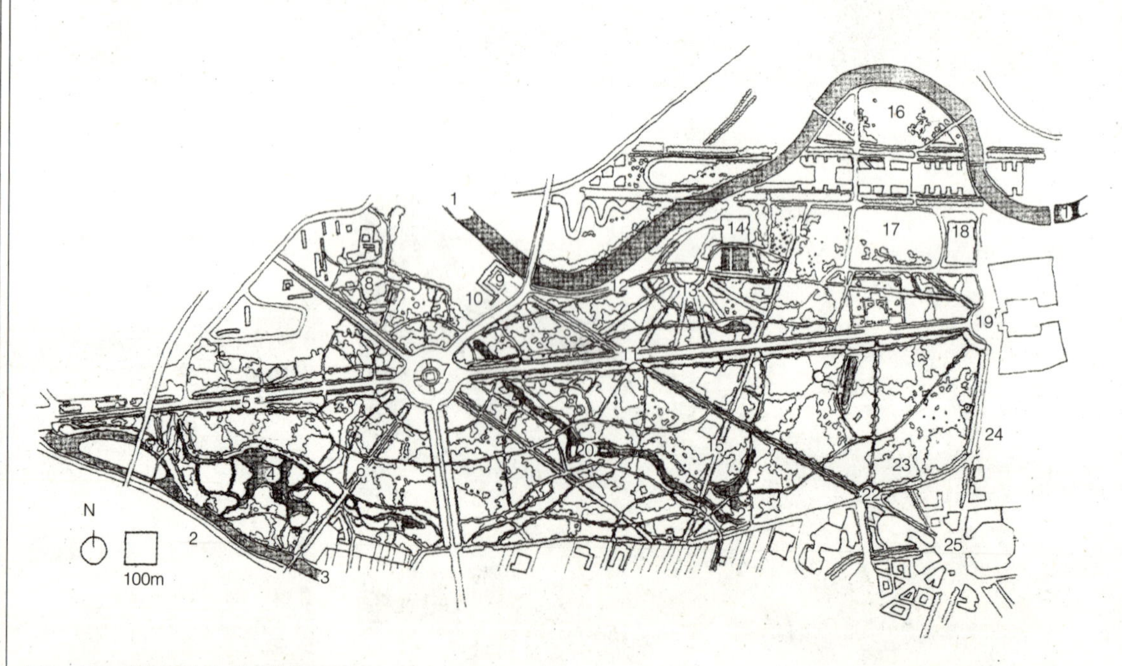

图8－163　柏林蒂尔加滕动物公园平面

1－斯比里河；2－柏林动物园；3－Landwehrkanal；4－新潮；5－6月17日大道；6－Fasanerie 林荫道；7－大星/胜利之柱；8－英国花园；9－贝尔维尤广场；10－联邦总统办公室；11－小星；12－圣帝广场；13－露营广场；14－议会大厅；15－大科维尔林荫道；16－Spreebogen；17－人民广场；18－德国国会大厦；19－勃兰登堡门；20－卢梭岛；21－路易申岛；22－肯珀广场；23－美辛纪念碑；24－绿树大厅/艾伯特大街；25－波茨坦广场

图8－164 柏林动物公园中路易申岛花园（自《城市公园设计》）

并将这些道路延伸到公园外围的原野中和公园北部的居住区里。公园是开放的，没有边界，由橡树和松树等乡土树种形成的林地边界非常整齐，与公园的外围自然环境形成对比。在园林展区许多场景都借助自然并以之为主题。如细胞花园是以植物细胞结构放大，以巨大尺度展现出来，为“细胞花园”；以植物叶脉为结构的“叶园”；以显微镜看到的生物世界为“沉园”。以此产生视觉的转换，让人们从一个新的视角了解和思考自然（图 8-166～图 8-170）。

图8－165 柏林动物公园的6月17日大道（自《城市公园设计》）

园林展览结束后，保留了沉园和平行园，其他部分拆除后成为居住区，公园成为休闲

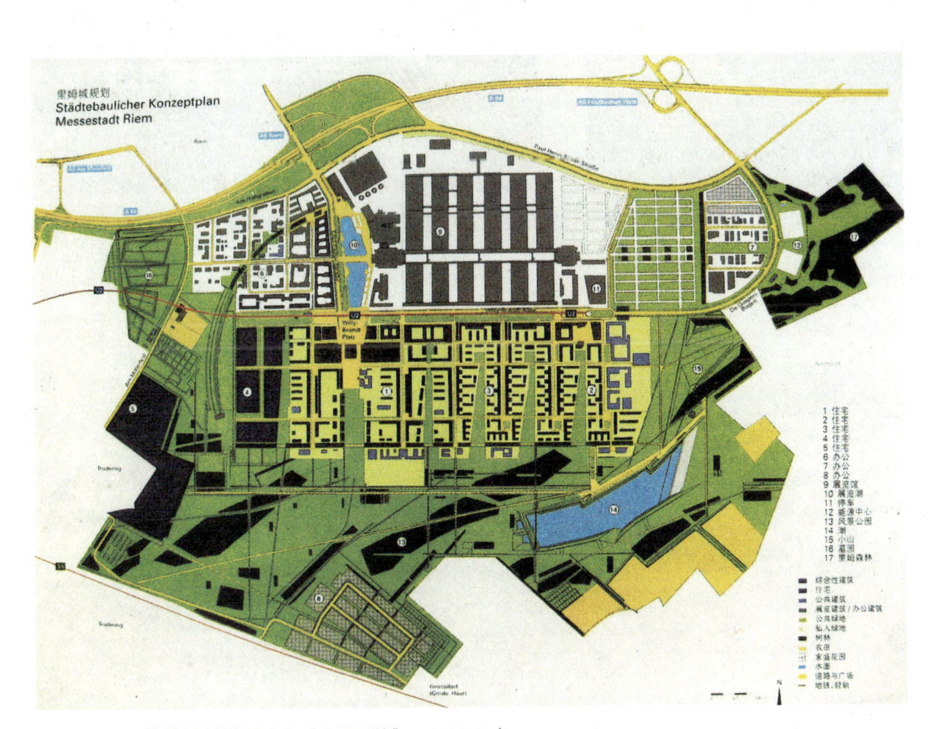

图8－166 慕尼黑新城区（自《中国园林》，2006, 2.）

公园。

德国城市街道绿化和公共建筑绿化都有很好的经验，其发展稳定、风格独特、美化有度、管理有序等方面值得学习借鉴（图 8-171～图 8-173）。

图8－167 里姆风景公园中的平行花园（自《中国园林》，2006, 2.）

图8－168 里姆风景公园中的沉园（自《中国园林》，2006, 2.）

图8－169 里姆风景公园中细胞园（自《中国园林》，2004, 10.）

图8－170 里姆风景公园细胞园中的“水屋（Wasser-Haus）”（自《中国园林》，2006, 2.）

图8－171 柏林街旁绿地（张树林摄）

图8－172 巴登奥依豪森市温泉公园（刘阳摄）

图8－173 慕尼黑机场凯宾斯基酒店环境（自《中国园林》）

第五节 奥地利园林

奥地利位于欧洲中部，是一个内陆国家，阿尔卑斯山脉自西向东横贯全境，东北部为维也纳盆地，北部和东南部为丘陵、高原，整个是一个山地之国。多瑙河流贯北部，大部分地区处在温带海洋性气候向温带大陆性气候过渡区内，森林和水力资源丰富，多温带阔叶林。

传统的奥地利园林与西欧中世纪的庭园相似，规模不大，以实用园为主。文艺复兴以后，其造园以意大利为样板。当法国式园林在欧洲流行时，又受到法国的影响，统治者们又争相改造自己的王宫别苑。

宣布隆宫（Garden of the Schonbrunn Palace）位于维也纳西南部，花园是奥地利最重要的勒诺特式园林代表作。马提阿斯二世（Matthias Ⅱ，1612－1619年在位）在此建造了狩猎城，并发现了美丽的泉水，遂命名美泉宫（Schönbrunn 意为泉）。宣布隆宫花园占地 130hm^2，花园的主轴线从宫殿的中央一直延伸到尼普顿水池。宫殿面积 2.6 万 m^2，比凡尔赛宫稍小，内有 1400 多个房间，其中有中国式房间，有明朝万历彩瓷大盘和描花花瓶等摆设。奥地利政府现在仍在这里进行外交等活动。宫殿前面是一座巴洛克式大花园，增添了这座离宫之美。宫殿西南丛林中建有动物饲养场和植物园，而植物园东西两侧的丛林则以高大的树篱与主花园分开，树篱内的壁龛中设有 32 座洁白大理石制成的雕像，宣布隆宫花园是奥地利最重要的勒诺特式园林代表作品（图 8-174～图 8-176）。

奥地利国土富于地形变化，因此在造园上不能像法国一样，在平坦的地面造园。它的著名的望景楼花园（Belvedere Gardens）就是分为上下两层，上层花园主要是俯瞰花园

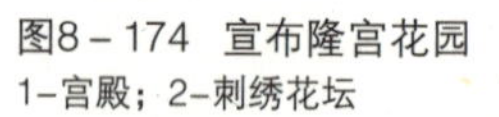
图8－174 宣布隆宫花园
1–宫殿；2–刺绣花坛

图8－175 奥地利宣布隆宫（美泉宫）全貌
（赵志汉摄）

图8－176 宣布隆宫前的刺绣花坛（自《西方园林》）

与城市景观，起到扩大园景、开阔视线的作用，下层花园以花坛为主，空间具有内向性特征。这就是利用地形造园的范例之一（图 8-177、图 8-178）。

奥地利首都维也纳是一座历史悠久的名城，城市布局层次分明，415km^2 的市区分为三环一带，即内城、外城、郊区和一条玉带般的多瑙河。19 世纪在拆除城墙的基础上建设起来的环行马路（内环路），宽 50m、长

图8－177 望景楼花园鸟瞰（版画）（自《西方园林》）

4000m，沿街是现代化建筑。外环路的南面和东面是工业区；西郊一直伸展到森林边缘，有公园、宫殿和别墅，参天的山毛榉环绕城市，构成举世闻名的"维也纳森林"（图 8-179、图 8-180、图 8-181）。

图8－178 望景楼花园中两楼互为对景（自《西方园林》）

图8－179 维也纳帝国花园莫扎特纪念广场（自《绿色的梦》）

图8－180 维也纳城市公园里的约翰·施特劳斯铜像（自《环球旅行》）

图8－181 萨尔茨堡米拉贝尔花园（赵志汉摄）

第六节　俄罗斯园林

11世纪至俄罗斯彼得大帝诞生以前，俄国东正教影响了城市园林、私家花园和修道院庭园的发展。沙皇彼得大帝(1682～1725年)将法国规则式的园林设计手法以一种巨大的尺度移植到俄罗斯帝国。在涅瓦河三角洲兴建了圣彼得堡。在莫斯科还建了一些宫廷花园，比较著名的是在克里姆林宫中为彼得大帝母亲建造的“上花园”，花园在建筑物上长23m、宽9m的地方覆土1m厚栽种植物，实际上是一种简洁的屋顶花园。

（一）彼得堡夏花园（Garden of the Summer Palace at Petersboarg）

1704年在彼得大帝亲自领导下，在彼得堡市内涅瓦河畔，开始建造他的夏花园，最初的布局比较简单，以林荫道及小路将园地划分成小方格，中央林荫道是明显的中轴线。以后逐渐充实，在中心广场上设置了大理石水池和喷泉，块状园地的边缘以绿篱围绕，当中有花坛、亭或泉池，受凡尔赛宫苑的影响，最大的一块园地边建造了以伊索寓言为主题的迷园，路边的绿墙上有32座壁龛，壁龛内设小喷泉。18世纪中叶是夏花园的黄金时代，当时有222尊雕像，还有50座泉池。圆形剧场和瀑布、鲤鱼池、洞府、几座温室（图8-182、图8-183）。

（二）彼得宫（Garden of the Peterhaf palace）

彼得宫坐落在彼得堡郊外，濒临芬兰湾的一块高地上，始建于1709年，是沙皇最大

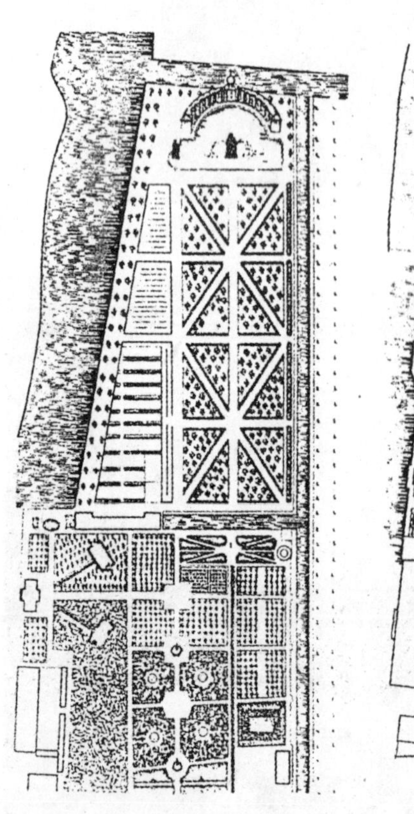

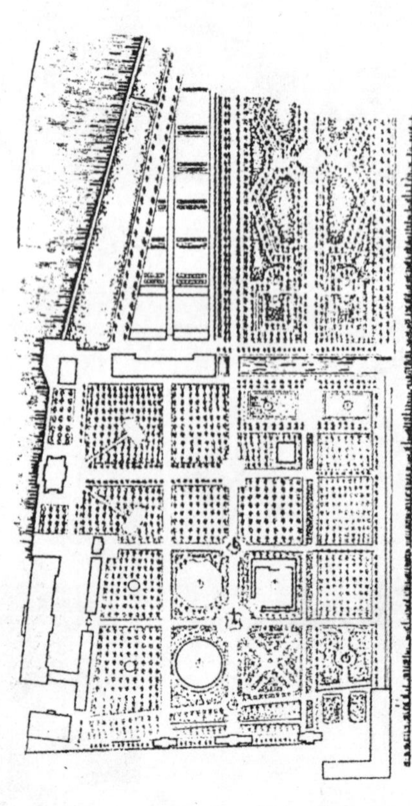

图8－182　彼得堡夏花园设计平面图（1714～1717年）和测量平面图（1723～1725年）

图8－183 彼得堡夏花园（张树林摄）

的规则式宫苑，占地800hm²，包括宫苑和阿列克桑德利亚园两部分。宫苑由面积15hm²的“上花园”及面积102.5hm²的“下花园”组成。由宫殿往北，地形急剧下降，直至海边，高差达40m，使宫殿具有了非凡气势。

宫殿前景是“上花园”，布局严谨，构图完美。宫殿、“上花园”、“下花园”都贯穿在一条中轴线上，一直延到海边。这座滨海园林被誉为“北方凡尔赛”，在世界上独具规模。

宫殿以北的台地下面是一组由雕塑、喷泉、台阶、跌水、瀑布构成的综合体，中间部位为希腊神话中的大力士参孙（Sam Son）搏狮像，巨大的参孙以双手撕开狮口，狮口中喷出一股高达20m的水柱。周围戽斗形的池中也有许多以希腊神话为主题的众神雕塑，还有象征涅瓦河、伏尔加河的河神塑像，以及各种动物形象的雕塑。各种形式的喷泉喷出的水柱高低错落、方向各异、此起彼伏、纵横交错，然后跌落在台阶上、台地上，顺势流淌，集中在半圆形的大水池中。水池北的中轴线上为宽阔的运河，西侧草地上有圆形小喷泉，水柱向上喷出。草地旁道路外是大片森林，森林中还有各式各样的雕像、喷泉、岩洞（图8-184～图8-188）。

在俄罗斯园林发展史上，彼得大帝处在一个明显的转折期，在彼得宫花园后，在彼得堡城郊又建了沙皇村（现普希金城），在莫斯科建造了库斯可沃（kyckoBo）、奥斯坦金诺（OcTahukuno）等园林。俄罗斯园林中既有法国园林中的宏伟壮观，又有意大利处理地形、水景的巧妙。这些园林常具有深远的透视线，也有很开朗的空间（图8-189、图8-190）。

由于俄罗斯气候寒冷，在园林中常以越橘（Vaccmium）及桧柏来代替在意大利、法国常用的黄杨。还以栎、复叶槭、榆、白桦形成林荫道，以云杉、落叶松形成丛林。这些树木配以金碧辉煌的宫殿显示强烈的俄罗斯园林的特色。

彼得大帝去世以后，俄国在1725～1762年间更换了五位国王，政局不稳，影响了园林的发展。直至1762年叶卡林娜二世即位重新巩固了王位，1801年亚历山大一世即位。在与拿破仑交战中取得胜利，俄国成为欧洲大陆最强大的国家，俄罗斯也受到了英国自然式园林的影响，一方面是由于规则式园林管理上的复杂，一方面也是由于文学家、艺

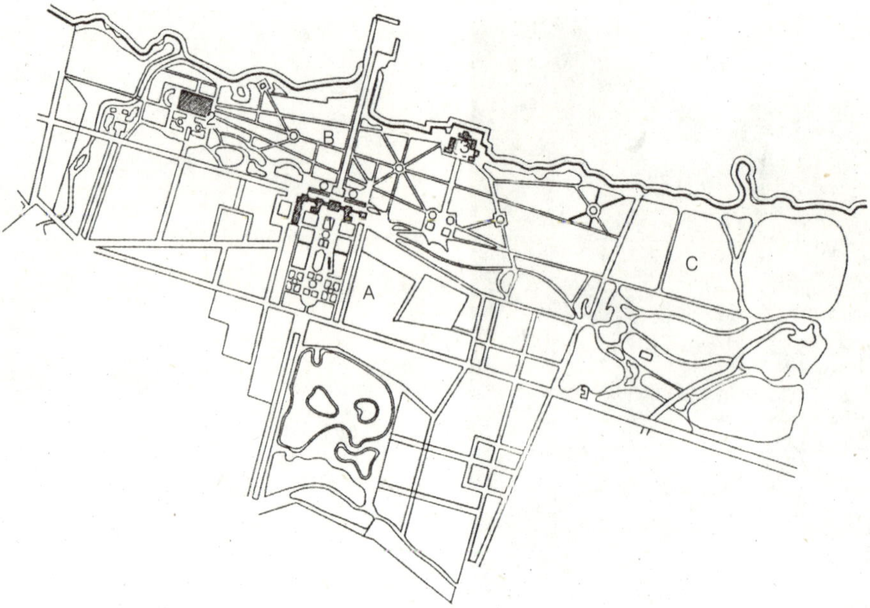

图8－184　彼得宫苑
1-宫殿建筑；2-玛尔尼馆；3-蒙普列吉尔馆；A-上花园；B-下花园；C-阿列克桑德利亚

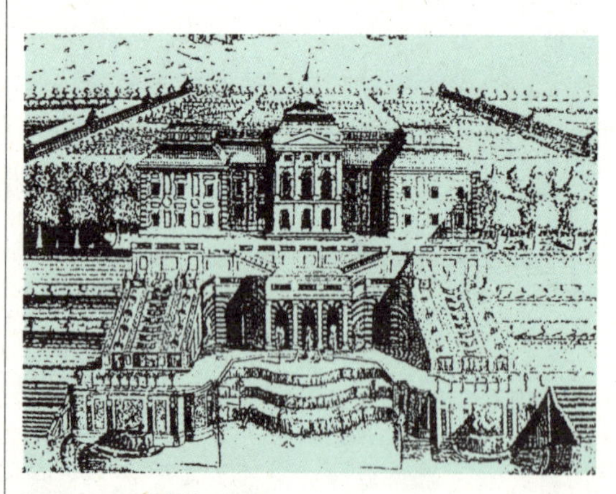
图8－185　彼得宫立面图

图8－187　彼得宫上花园（1955年）（自《中国园林》）

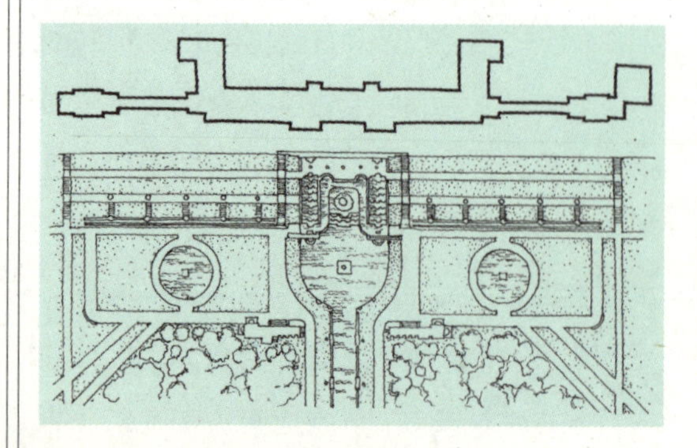
图8－186　彼得宫中心部分平面

图8－188　彼得宫下花园（喷泉两侧成行的冷杉和树林）（张树林摄）

图8－189 彼得堡街头绿地（张树林摄）

图8－190 彼得堡沙皇村中绿化广场（张树林摄）

术家对美的评价有了新的变化，崇尚自然也是叶卡林娜二世的向往。

（三）巴甫洛夫公园

巴甫洛夫公园是俄罗斯面积最大（$600hm^2$）、最富丽堂皇的风景园之一。它位于彼得堡郊外。由云杉、松树和白桦林本土森林为基础建设的，公园始建于1773年，在以后的半个世纪中经过了不断的变化，在转向自然式的园林中，也保留了规则式的构图。在广袤的$250hm^2$的白桦林里，以成丛的树林、大片的森林和草地构成舞台侧幕般的幻觉效果（图8-191、图8-192）。

在俄国大量建造自然式园林时期约在1770～1850年间，其中又分为两个阶段，初期（1770～1820年）为浪漫式风景园时期，

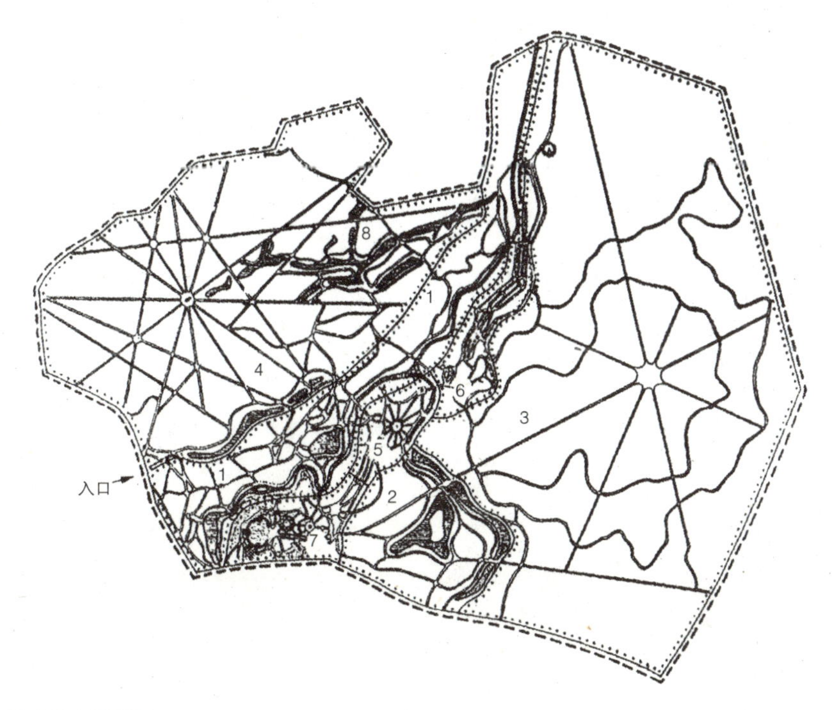

图8－191 巴甫洛夫园平面
1-斯拉夫杨卡河谷；2-礼仪广场区；3-白桦区；4-大星区；5-老西里维亚；6-新西里维亚；7-宫前区；8-红河谷区

图8－192　巴甫洛夫园（自《中国园林》）

园中景色多以画家的作品为蓝本，追求体形的结合、光影的变化等效果，园中打破直线、对称构图。这样构成的园林往往只有布景的效果，追求的是浪漫的情调和意境，对游人活动很少考虑，试图以眼前的画面引起种种感情上的共鸣——悲伤、哀悼、惆怅、庄严、肃穆或浪漫情调。

19世纪上半叶自然式园林的浪漫主义情调已经消失，而对植物的姿态、色彩、植物群落产生兴趣，园中的景观不再只是建筑、山丘、峡谷、峭壁、跌水等，巴甫洛夫公园以其巨大的感染力展示了北国的自然美。由于气候的原因与英国的园林不同，而是在郁郁葱葱的森林中，辟出林间空地，在森林围绕的小空间里装饰着孤立树、树丛，这种方式冬季可避风，夏季可乘凉。俄罗斯风景园以乡土树种为主，如云杉、冷杉、松、落叶松、白桦、椴树、花楸等等。

（四）高尔基中央文化休息公园（Gorky Central Park of Culture and Rest）

20世纪中叶，前苏联在城市绿化方面取得了不少成就。在一些城市建立了文化休息公园。其中莫斯科高尔基中央文化休息公园面积较大，内容也很丰富。在城市中建设小游园和林荫道也有一些实例和设想。

高尔基中央文化休息公园在莫斯科市中心克里姆桥旁，莫斯科河畔，1928年开始修建，面积100hm^2。公园入口处有用花草编成的高尔基像，像背后也用草花编成高尔基名言："我们是用和平服务的国家"。公园东部主要为展览会、体育场、小莫愁湖、儿童城高空游艇、杂技院、电影院、少年自然科学站、猎人室、气象台、桌上游戏场、会议室等。西部是沿莫斯科河绿色地带，包括著名的涅斯库契内伊花园、沿河的林荫大道、大喷泉（图8-193、图8-194）。

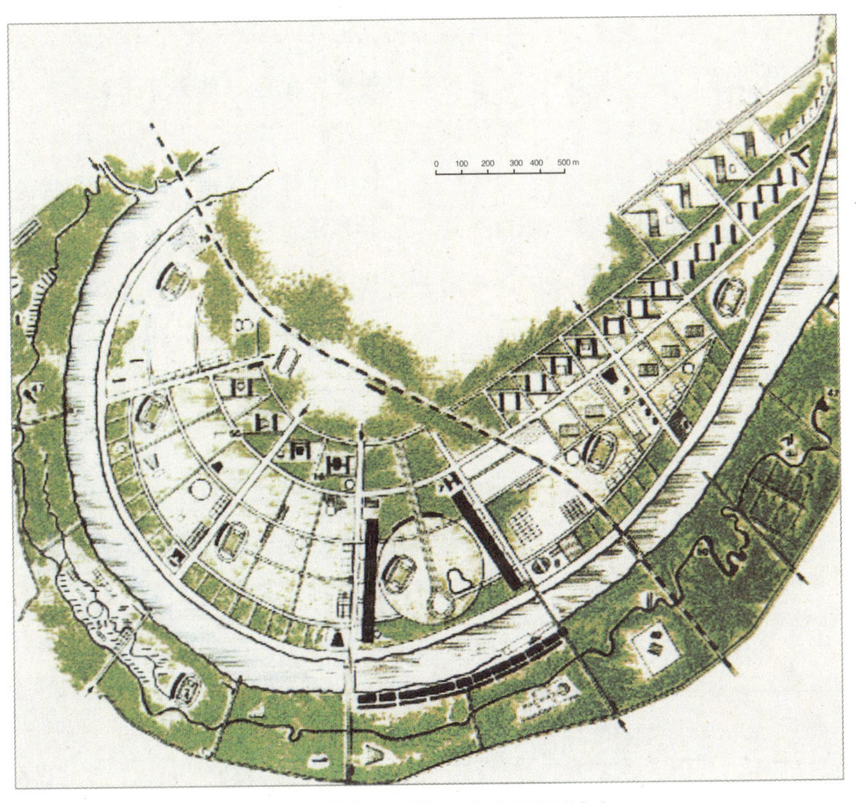

图8－193 莫斯科高尔基中央文化休息公园平面（自《中国园林》）

图8－194 莫斯科高尔基中央文化休息公园入口（自《中国园林》）

公园里有各种剧院、影院，其中夏季剧院最为有名，拥有1.2万个座位。公园里还有一日休养所。另外还有游泳场，冬季溜冰场面积达10万m^2，并设有溜冰学校。公园里图书馆藏书6万册，这里可以组织读书会、演讲会和图书、漫画展览会。遇到重大节日，群众的娱乐会和狂欢节也常在这里举行。

（五）胜利公园

在1941～1945年的卫国战争中，有2500万人失去了生命，1710个城镇遭到了毁灭性的破坏，于是出现了一批纪念性公园。圣彼得堡的莫斯科战役胜利公园是非常典型的胜利公园。面积68hm^2，建于1945年。公园在设计思想上是纪念和歌颂在卫国战争中牺牲的苏维埃人民的英雄。园中所有的建筑、树木、灌木和雕像都在诉说苏维埃人民的丰功伟绩。平面结构是将规则式与自然浪漫式风景融为一体。园中有英雄人物的浮雕，作为主喷泉一部分的胜利花环，还有前苏联英雄的铜像等（图8-195）。

（六）皮斯卡列夫斯基纪念陵园

在纪念性的陵园中给人印象最深刻的是皮斯卡列夫斯基纪念陵园。在德国法西斯军队包围列宁格勒的900天当中（1941～1944

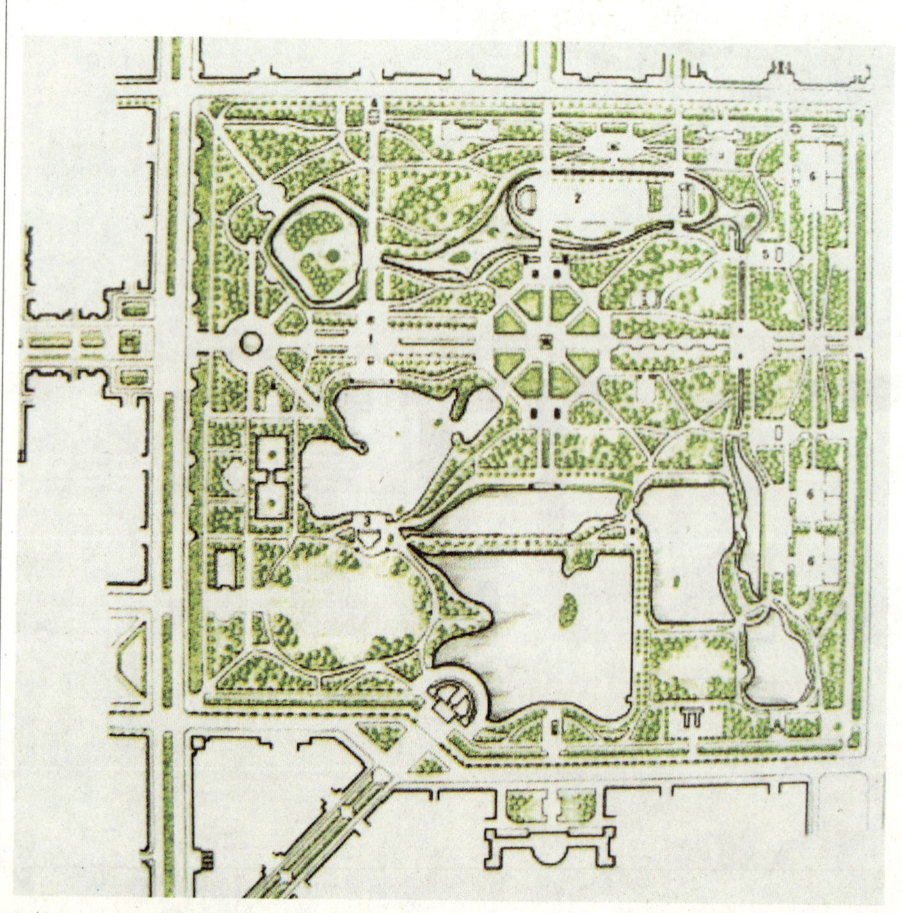

图8－195　莫斯科战役胜利公园平面（自《中国园林》）

年）牺牲的50万人民的名字被镌刻在186块石碑上（图8-196）。

（七）康斯坦丁诺维奇公园

苏维埃风景园林中另一个重要的内容是对优秀的历史园林进行修复。在进行科学资料的研究、详细的场地文物发掘与分析，以及现代化的科技手段的基础上对公园进行了修复性建设（图8-197）。

图8－196 皮斯卡列夫斯基纪念陵园（自《中国园林》）

（八）私人别墅

在俄罗斯改革时期私人郊外别墅非常盛行。“Dacha”在斯拉夫语中表示度假住宅或带有小花园的第二住所。其功能大多用于暑期娱乐，但它还有一个非常实用的功能就是改变生活方式。大多数度假住宅都有简单的木屋和一小块种植果树、蔬菜和装饰性花草的土地（图8-198）。

前苏联当局于1971年批准了莫斯科市新的总体规划方案。规划期限为25～30年，若干设想到2000年。其规划方案中对边界、交通、住宅区等都作了规定。为了保证各规划

图8－197 史翠娜市康斯坦丁诺维奇公园（自《中国园林》）

图8－198 莫斯科郊外别墅（自《中国园林》）

片居民就近休息，便于接近大自然并向市区输送新鲜空气，各个边缘规划片都安排了与市郊森林公园相连的大块楔形绿地。前苏联从十月革命后对于莫斯科的城市绿化进行了大量工作。建设了具有相当规模的林荫道、众多小街旁绿地、绿化广场和各类公园（图8-199～图 8-204）。

这些绿化除了树种有地域特征外，在风格上比较严正，具有整体性，讲究比例尺度，比较讲究利用乔木。

图8－200 莫斯科克里姆林宫中花园一角（张树林摄）

图8－201 科洛文庄园林间空地（张树林摄）

图8－199 莫斯科绿地系统示意

图8－202 莫斯科国家剧院对面花坛（张树林摄）

图8－203 莫斯科第二次世界大战纪念地中轴线一侧（以树丛为背景）（张树林摄）

图8－204 莫斯科亚历山大公园中草坪（张树林摄）

第七节 荷兰园林

荷兰又译尼德兰，位于欧洲西部，西北邻北海。全国均为低洼平原，有24%土地低于海平面，是世界著名的“低地之国”，靠堤坝和风车排水，防止水淹。气候为典型的温带海洋性气候，冬暖夏凉。荷兰号称“欧洲花园”，又被称为“郁金香之国”。荷兰西部，圩田多是泥炭土，特别适于郁金香生长。荷兰年产大量郁金香、百合、唐菖蒲、水仙等球茎花卉，花卉交易额占世界的60%以上。荷兰是欧洲人口最稠密的国家，也是世界人口最稠密的国家之一。面积4.15km^2，人口1570万。

历史上荷兰人就对花草特别喜爱，17世纪以来受意大利园林影响，园中常种植鲜艳的花卉，围以修剪的黄杨绿篱，形式多样。园中亭子以木材或砖瓦构成。屋顶常以镀金风向标或色彩艳丽的百叶门装饰。荷兰国土平坦，常以假山代替台地，有时还将假山与迷园结合。由于荷兰大部分地区受强风的袭击，地下水位又高，难以生长根深叶茂的大树；又由于大多数荷兰园林占地较小，很难形成深远的轴线，因而法国勒诺特式的园林，在荷兰只是在刺绣花坛这个形式上受到很大影响。如威廉三世的“国王花园”。此外用水渠来分割组织空间，并能看到平静水面中的倒影，也有勒诺特式的影响。修剪植物成为各种造型和铁支架构成花墙，也是荷兰园林的一种特色（图8-205）。

科肯霍夫公园位于海牙以北约30km的莱斯镇郊外，面积28hm^2。16世纪是范贝林

图8－205 荷兰核特罗花园喷泉（佚名）

女公爵的苑地，30多年前改造成花园，园内除种有郁金香外，还有黄水仙、风信子、番红花、百合花等。整个公园种植的郁金香大约在1000万株以上，因而又名“郁金香公园”（图8-206、图8-207）。

图8－206　荷兰科肯霍夫郁金香公园花展
（自《北京园林》，2002, 8.）

（一）阿姆斯特丹博斯公园（Amsterdamse Bos Amsterdam）

公园主入口离阿姆斯特丹中央车站约6km，公园现在的面积935hm^2，是20世纪世界上最大的城市公园之一，它完全是一个由自然元素组成的人造景观。公园中有420hm^2森林（45%），215hm^2草地（23%），135hm^2水体（14%），70hm^2湿草地（8%），65hm^2道路、小径（7%），停车场和其他用途30hm^2（3%）。

公园设计最早开始于19世纪50年代，1928年11月28日阿姆斯特丹议会批准了公园修建的范围。公园建立的目的是使其成为“绿色心脏”，是阿姆斯特丹人的露天休息场所。

公园的修建开始于1934年，首先修建的

图8－207　科肯霍夫公园湖边花卉（丘荣摄）

是排水沟，以降低地下水位，为种树做好准备。总长300km，直径6cm的多孔管道，横穿公园整个地区。降低地下水位是为了使公园具有与本土相似的林相。最初是将树木种在混着泥煤的黏土中，有95%是阔叶林，5%是针叶林，阔叶树种是桉树和榆树。公园北部是混交林，包括35%的橡树，20%的山毛榉，15%的桉树，10%的枫树和20%其他树种（白桦、角树、酸橙树、白杨）。公园的南部也有外国树种，主要是挪威云杉。建立森林的先锋树种是桤木和白杨，5年之后对其进行了修剪，15年之后全被清理。随后，对其他树种进行一年一次的疏伐，40～50年后长期存活的树种每公顷存留有80～100株。

博斯公园的产生，源自于“关于自然和休闲重要性的新思想”。公园建成后人们有了这样的想法，把博斯公园当做一种勇敢的新实用主义的产物——这种实用主义抛弃了美丽的风景，——这样合适吗？

公园在1985年时平均每个工作日游人达到5000～10000人；周末游人数达到10000～20000人。受季节影响一天最大游人量是45000～50000人。1997年一年游人数达到450万。游人中65%的居住在阿姆斯特丹，30%的住在市郊。大部分游人逗留在公园内的时间是1～3h。大部分游人是散步、骑自行车和日光浴。

博斯公园展现了荷兰人在开垦和水利工程方面的高超技艺。它是一个以移植森林为背景的大型休闲设施，是20世纪大众化的大型城市公园，它的植被管理方式将是21世纪的范例（图8-208～图8-210）。

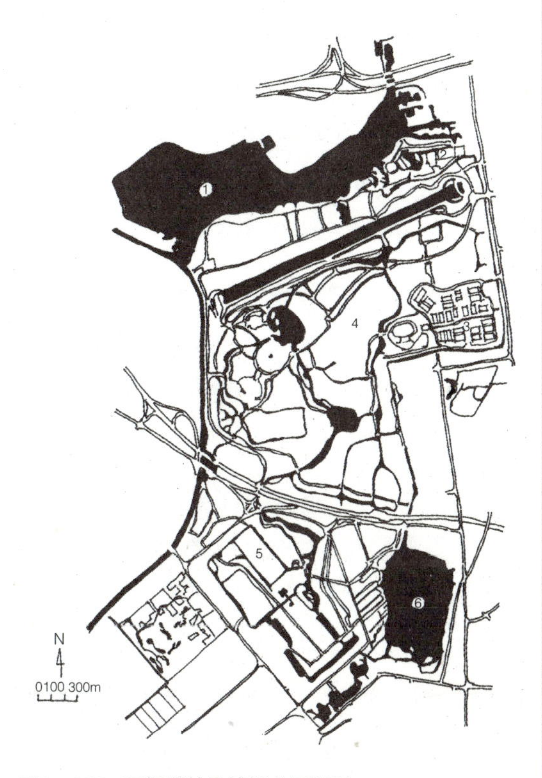

图8－208　阿姆斯特丹博斯公园平面
1-Nieawem Meer；2-网球中心；3-运动公园；4-中央山；5-草坪；6-De Poel

图8－209　阿姆斯特丹博斯公园

图8－210　阿姆斯特丹博斯公园北部环线（自《城市公园设计》）

（二）克罗姆豪特公园（Kromhout Park）

位于蒂尔堡市中心附近，周围为居民区，由B＋B事务所于1991年设计。公园用地呈长方形，设计方案由内外两层矩形组成。在两个矩形之间，设计者安排了可作为运动和游戏场所的草地和封闭式的儿童游戏场。内层矩形是景观的中心，这里是一片下沉的水面，水面中心是地形微微起伏的流线型小岛，水线、攀登线、桥线和艺术线，这四条由不同的材料、色彩、形式组成的要素，构成了公园的骨架。水线是一条漂浮在水面上并延伸到公园西部居住区中的镂空的金属格栅，这条金属格栅在湖中为一条折线形的堤；桥线是一座轻盈的高架钢木花架桥，它联系着小岛和水的南岸；攀登线是连接公园东岸和湖中瞭望亭的绳索桥；艺术线是湖北岸的有行列柱的岸线，地面由深色的混凝土铺装，铺装上有指向湖心岛的系列白色箭头。四条线形与矩形的水池，组成不规则的构图，与矩形的花园和宁静的水面形成了强烈的对比。公园的外层矩形，是环绕的竹丛、树林和鲜花，从而使水面空间更加封闭，与其四周空阔的草坪也形成对比。线形与空间的对比，使得公园在统一中富有变化。周围的居民生活在这样的环境中非常舒适(图8-211～图8-214)。

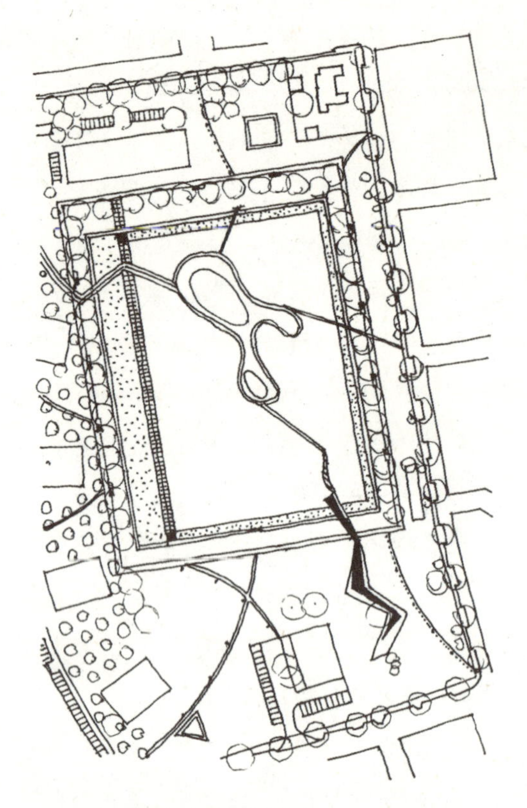

图8－211　克罗姆豪特公园平面

图8－212　克罗姆豪特公园的水线和流线型的岛（自《中国园林》，2003, 12.）

图8－213　克罗姆豪特公园的桥线（自《中国园林》）

（三）安特普利（Interpolis）公司总部庭院[①]

安特普利公司总部位于荷兰蒂尔堡市火车站区域的主轴线上。建筑三角形地块北部的一条边上，园子占地约$2hm^2$。由于荷兰人

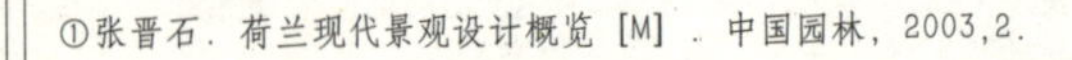

①张晋石．荷兰现代景观设计概览［M］．中国园林，2003,2.

图8－214 克罗姆豪特公园攀登线（自《中国园林》）

围海筑坝的磨炼，决定了荷兰人理性地利用技术上的方法，来处理自然和环境的思想，结果使土地高度城市化，还形成了功能性的、绝大部分是线状构筑的景观。而且，桥在荷兰人的生活中不可或缺，几乎存在于所有景观设计中（即使在没有水的情况下），且桥的形式多样，非常富有美感。这些都影响到荷兰的景观设计。同样安特普利总部庭院的设计也是在这种影响下实现的。庭院的入口由一个折线形的木桥穿越建筑首层，跨过公司建筑前由板岩堆积而成的平台进入花园。花园中散植大乔木，越向外围，种植越密，在栏栅处种植绿篱，形成了一个平静内向的世界。20～85m不等的狭长形水池，穿插在花园中，方向不一，形状不同，产生了强烈的、不断变化的透视效果，成为园子的视觉中心。从总部大楼上鸟瞰庭园，红色砾石的道路、绿色的草坪和黑色的土壤，在平面上呈现几何形构图，水池则形成强烈的线状建筑，宛如一幅现代绘画（图8-215、图8-216）。

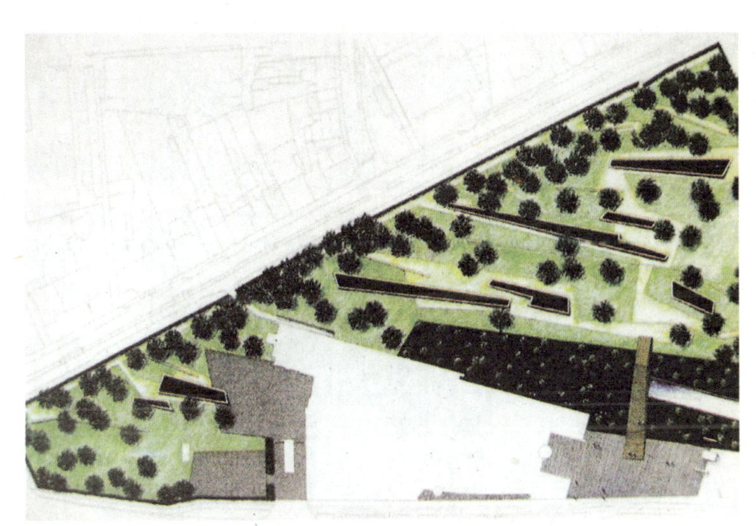

图8－215 安特普利公司总部庭院平面（自《中国园林》，2003, 12.）

图8－216 安特普利公司总部庭院鸟瞰（自《中国园林》，2003, 12.）

第八节 美国园林

美国本土基本介于北纬30° ~49° 之间，属温带和亚热带范围，仅佛罗里达半岛南端属热带气候。得克萨斯州和亚桑那州大部分是沙漠。美国本土地形结构是两侧高，中间低，明显分为三个纵列带：东部是阿巴拉契高地和沿海平原，约占本土面积的1/6；中部是平原，占本土面积的1/2；西部是科迪勒拉山系，约占本土面积的1/3。美国大部分地区适合很多植物的生长，在造园方面有着比较好的条件。少量地区也能生长一些特色植物。

美国园林发展历程，大体是在17世纪法国和英国的移民将他们祖国的园林形式，带到了美国殖民地，利用当地有用的野生果树和草本植物，建造了实用性庭园，接着在更高的精神需求的支配下，花园里种植了他们所喜爱的花卉。成为规模不大的、精美的功利主义花园。1726年伯德上校在他的府邸韦斯特欧瓦建造了黄杨园。乔治·华盛顿故居维尔农山庄，当时作为首屈一指的宅园，现在看来也只是一个朴素的地方住宅（图8-217~图8-222）。

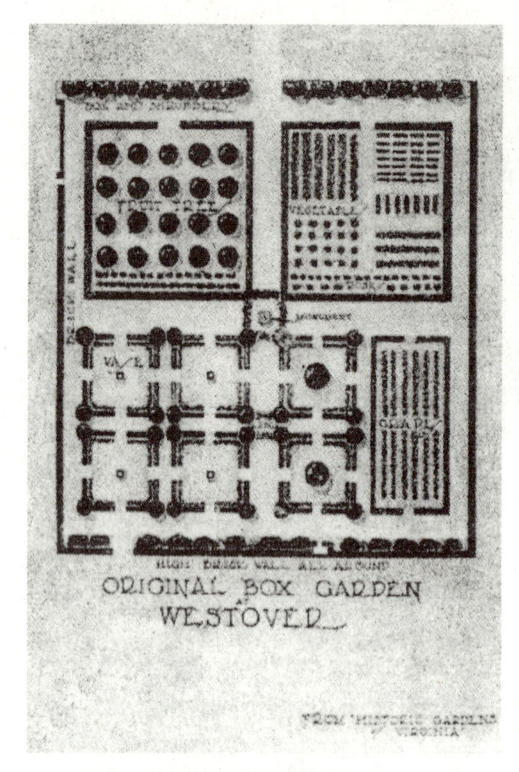

图8－217 韦斯特欧瓦的黄杨园（戈塞因）

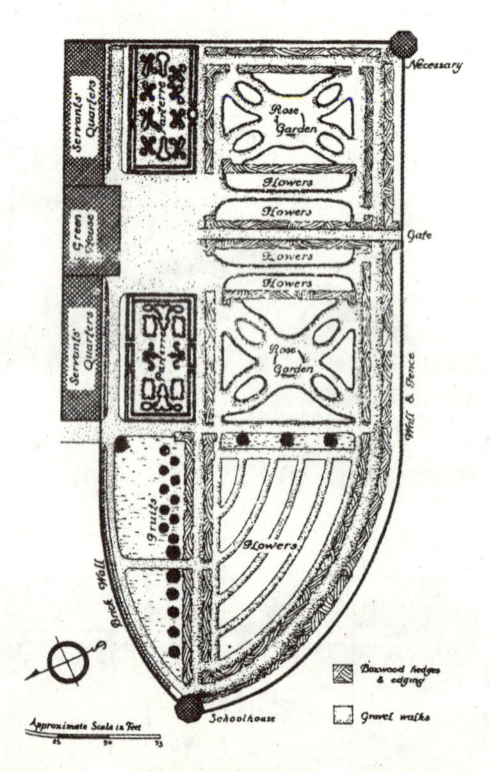

图8－218 美国殖民地式园林

一、城市公园的开端

美国城市公园的历史，可以从1634年至1640年英国殖民时期波士顿市政当局作出决议开始，在市区保留某些公共绿地，这些绿地一方面是防止被侵占，一方面是为市民提供娱乐场地。

美国在1850年时，还没有真正的公园，公共土地只限于未铺路面的大街，几乎没有

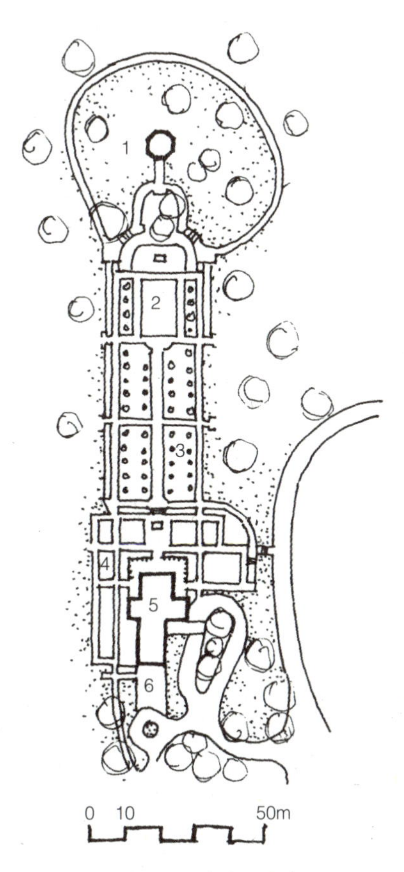

图8－219 加利福尼亚古典形式庭园

1-亭；2-喷泉；3-花坛；4-台地；5-卧室、厨房；6-杂务院

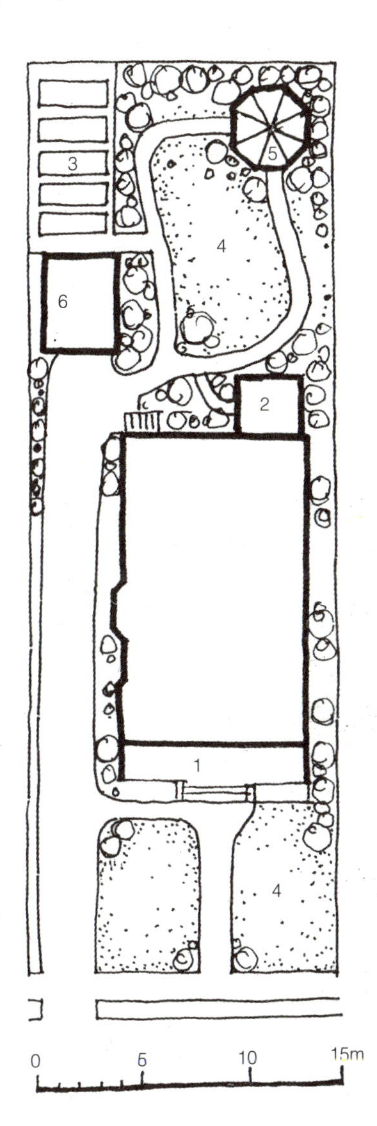

图8－220 加利福尼亚平房花园

1-门廊；2-走廊；3-菜园；4-草地；5-凉亭；6-车库

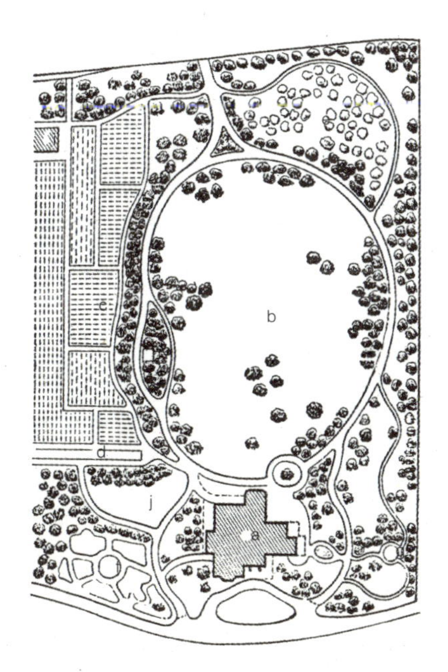

图8－221 道宁的作品（一）

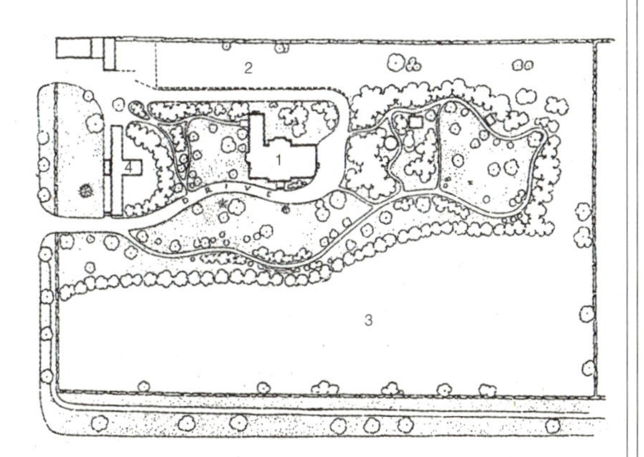

图8－222 道宁的作品（二）

1-住宅；2-果园；3-葡萄园；4-温室

绿化的广场。19世纪中期以后，美国造园家安德鲁·杰克逊·道宁（Andrew Jackson Downing）传播了当时英国正时兴的自然式造园，并著有造园论（Lomds cape Gardening），同时还致力于实际的造园事业。道宁的后期观点中，他试图教育人们使用美国本地的景观，作为理想的基础。提醒人们唯美式的和如画式的真意，在于充分利用美国的林间斜坡、宽阔的河边草地、如画般遍布松杉的峻山深谷，模仿的目标应是自然而不是园林。道宁宣称：因为“田园和树林带给我们更多教诲”（图8-223、图8-224）。

二、公园建设新概念的出现

美国著名的园林专家奥姆斯特德继承和发扬了道宁的园林思想。他非常推崇英国风景式造园，1857年被任命为建造纽约中央公园的负责人（1854年开始建园）。公园景色十分优美，解脱了大城市中人们疲惫不勘的精神状态，满足了他们渴望清新环境的愿望。纽约中央公园的建造传播了城市公园的概念。

三、奥姆斯特德派的主要观点

（1）保护自然风景，根据需要进行适当的增补和夸张；

（2）除非建筑周围的环境十分有限，否则要力戒一切规则呆板的设计；

（3）开阔的草坪区要设在公园的中央地带；

（4）采用当地的乔灌木来造成特别浓郁的边界栽植；

（5）穿越较大区域的园路及其他道路，

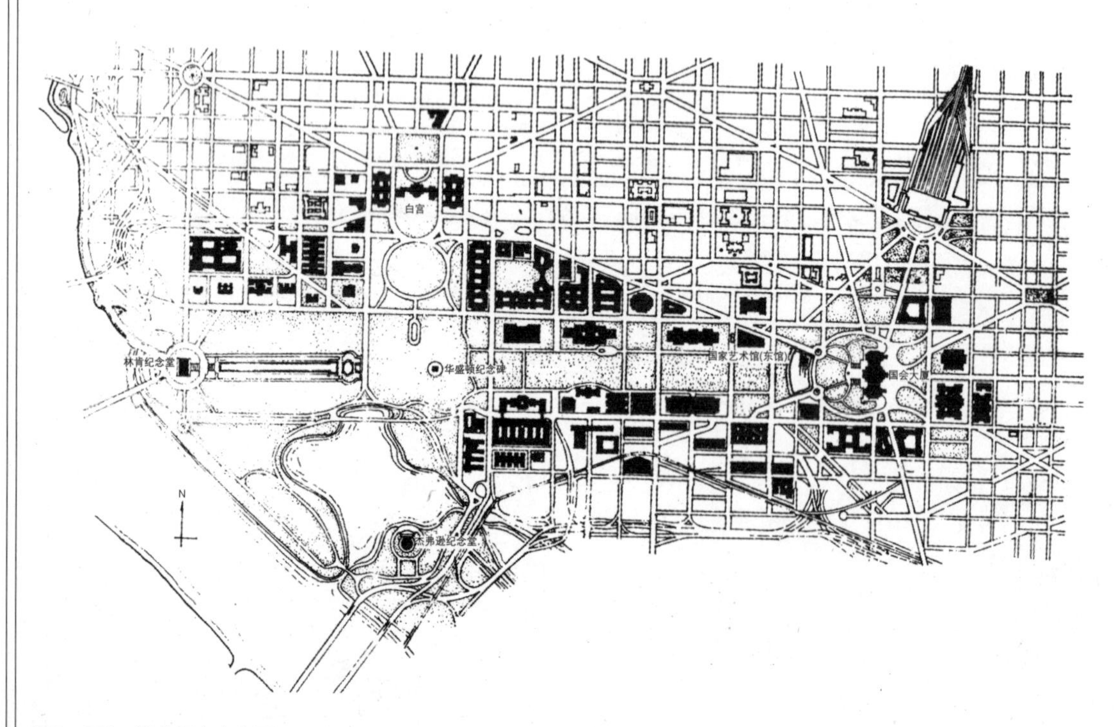

图8－223　华盛顿市中心区

图8－224 华盛顿国会大厦前绿化（自《绿色的梦》）

要设计成曲线形的回游路；

(6) 所设计的主要园路，要基本上能穿过整个公园。

在1870年奥姆斯特德在描述布鲁克林公园（Prospect Park）及纽约中央公园时写道："这里是城市中唯一的地方，大众聚在一起，无论贫富，无论老少，每个人都因为他（她）们的存在在为其他人带来快乐。"

在曼哈顿岛上较大的公园绿地，还有河滨公园（Riverside Park）、茵兀德山公园（Inwood Hill Park）、东河公园（East River Park）和依斯哈姆公园（Isham Park）等，这些公园面积加在一起约有700hm^2。对改善曼哈顿岛的环境起了很大作用。

四、兼收并蓄的美国园林

美国的公园绿地，除了受欧洲园林特别是英国自然风景园的影响外，对外来的园林形式兼收并蓄，如：中国的亭子、日本风格的庭园、荷兰的风车、埃及的人面狮身塑像。

美国人口剧增，促进了建设更为开敞的公园。首先，芝加哥在较短的时间内建造了24个运动公园。从市内任何一座建筑出发，只需几分钟时间就能到达这些公园。这些公园中规模小的、有园路环绕着的是球场、体能训练场、能戏水的儿童乐园、带有浴场的游泳场。比较大型的公园则有划船设备、中央大厅和私人聚会的俱乐部。除芝加哥外其他城市也通过各种方式建造这类公园。波士顿建造了大型带状公园式公路，从城郊一直延伸到城内。在华盛顿、圣路易斯及费城等各城市也都建造了宽阔的大街。

美国城市公园、绿地，有平缓起伏的地形和自然式水体。公园基本上不设围墙，代替围墙的大都以绿篱、灌丛带、粗铁链、矮墙等形式出现。公园出入口也比较多，例如纽约中央公园出入口有30多个，旧金山金门公园出入口也有24个。这些出入口和周围的街道是相通的，市民可以就近入园。在公园、绿地中建筑很少，但园椅很多，矮墙、挡土墙都可以让人坐下来休息。为儿童锻炼的设备，如肋木、单杠等，在街头绿地中很多。

还有公园中大都有饮水器，为方便游人饮水。公园中有树林、疏林草地、花境和花坛，草坪有的很大，草坪占全园总面积的大部分。游人可以在草坪上尽情享受日光浴。大多数公园里都建立了北美印第安人的图腾柱，色彩鲜艳，造型别致，引人注目。

图8－225　美国白宫前绿化（佚名）

五、华盛顿市中心绿化

美国首都华盛顿市面积约 174km²，其区域内雨量充足，冬冷夏热，春秋两季气候宜人。市区为一个南北、东西成对角线的四边形，布局匀称，空间疏朗，广场、公园、绿地、塑像林立。全市建筑不超过 8 层，市中心是建在全市最高点的国会大厦。独立大道和宪法大道之间有一条宽阔的林荫道，既是游人散步的地方，也是集会的地方。大道西段有一片大草地，华盛顿纪念碑高 169m，耸立其中，登上碑顶，华盛顿风光尽收眼底，碑西为宪法公园，内有水池，是一片开阔的林荫绿地。这片绿地的尽头是林肯纪念堂，其东南方为杰斐逊纪念堂，这两个建筑周围都有很好的绿化。华盛顿市内有很多小型公园和花园广场，方便市民休闲（图 8-225～图 8-228）。

图8－226　华盛顿华盛顿纪念碑（刘阳摄）

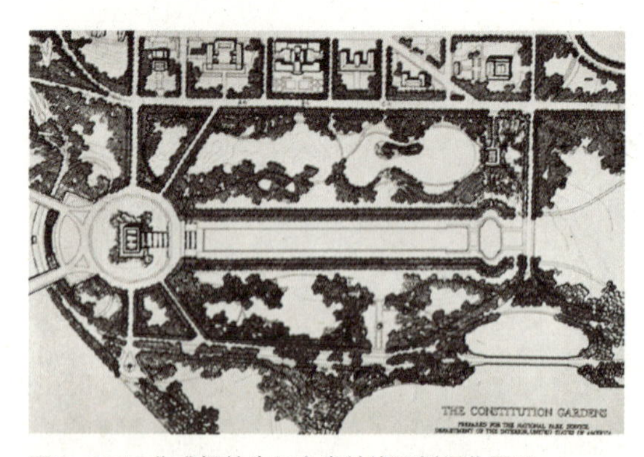

图8－227　华盛顿林肯纪念堂轴线两侧绿化平面（自《Concitulion Garden》）

六、美国公园介绍

(一) 纽约中央公园（Central Park, New York）

为纽约市 2000 万人服务的中央公园，占地 350hm²，横跨 51 个街区。公园四周摩天大楼耸入云霄，园内湖水波光荡漾，大片草坪、喷泉、音乐堂、儿童动物园、旱冰场、网球场。

公园建于 1850 年，当时是荒野，布满沼

图8－228　华盛顿林肯纪念堂前绿化（自《Images of Washington, D.C》）

泽、丘陵，到处可见污秽的地沟、流浪人的窝棚和野狗，一些牧羊主和酿酒人擅自占地。经过人的劳动把河沟挖成湖泊，把沼泽铺成起伏的草地。为改变地形仅在第5街到第8街一块地上就用去近三万桶炸药。运走了一万多车杂石及几亿立方米的渣土。遍植了花木，十年后绿树成荫，亭廊喷泉，一改过去的杂乱面貌。到1870年游人已达到一千万（图8-229～图8-233）。

中央公园的建设，经受过很多偏见、非议和冷落。刚开始修建了许多游乐场、出租仓库，把绿地改成铺装的停车场、道路。20世纪30年代到了破坏的顶峰，几乎变成游乐场。到20世纪60年代中期成了美国社会问题的缩影，贩毒猖獗，各种犯罪活动剧增。建筑物、树木遭到破坏，湖泊、池塘淤塞。

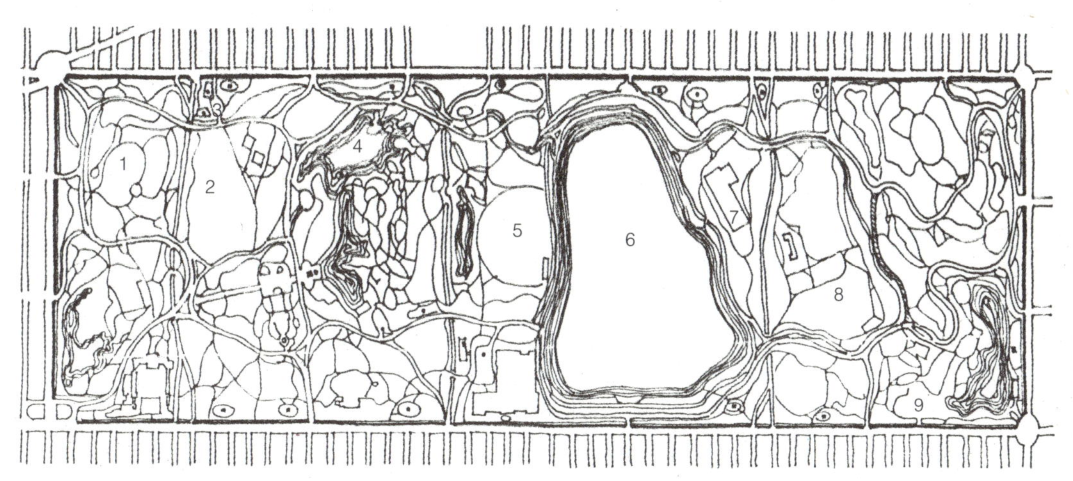

图8－229 纽约中央公园平面示意
1-游戏广场；2-训练广场；3-绿色酒吧；4-水池；5-大草地；6-蓄水池；7-网球馆；8-棒球场；9-温室花园

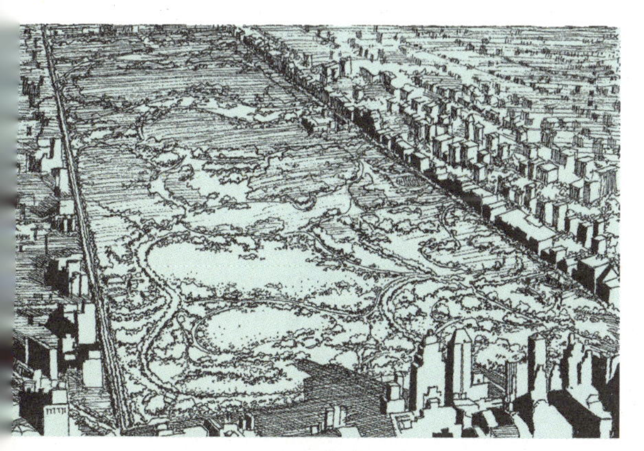
图8－230 纽约中央公园鸟瞰（一）

图8－231 纽约中央公园鸟瞰（二）（自《中国园林》，2003, 4.）

图8－232　纽约中央公园湖面（佚名）

褐色的泥土盖过了草坪。1966年市长林塞修复园路，下令禁止汽车入园。可惜修复因财政困难而停顿。

20世纪70年代初期修复工作又开始，1978年开始私人捐助，数目超过了市政府的拨款，除用于日常管理外，还用于建设。由于官方重视，组成了公园资源保护委员会，促使公园在很大程度上改变了面貌，修建了大草坪、游廊、维多利亚式建筑，公园秩序好转。

目前纽约中央公园预算是440万，从私人处得到100万。在公园里有一些志愿者服务。在奥尔顿·琼斯和曼哈顿银行的资助下组成巡逻队和骑兵，在偏僻的地方和山道上巡逻。公园向游人介绍公园的历史、设计和植物。市民在这里举行著名歌星的追悼会、反战集会、音乐会、运动会、自行车比赛。

（二）纽约佩雷公园（Paley Park, New York）

佩雷公园在曼哈顿中心，位于办公室、酒店和俱乐部集中区，面积390m^2，是一个袖珍公园，公园1967年竣工，1999年重建，目的是为了工人和购物者能在室外空间中得到片刻的休息。公园中按梅花形种植了皂荚树。公园吸引人的是6m高的瀑布，瀑布顺着整个后墙倾泻而下，水声缓和了来自周围城市的噪声（图8-234、图8-235）。

图8－233　纽约中央公园拱桥

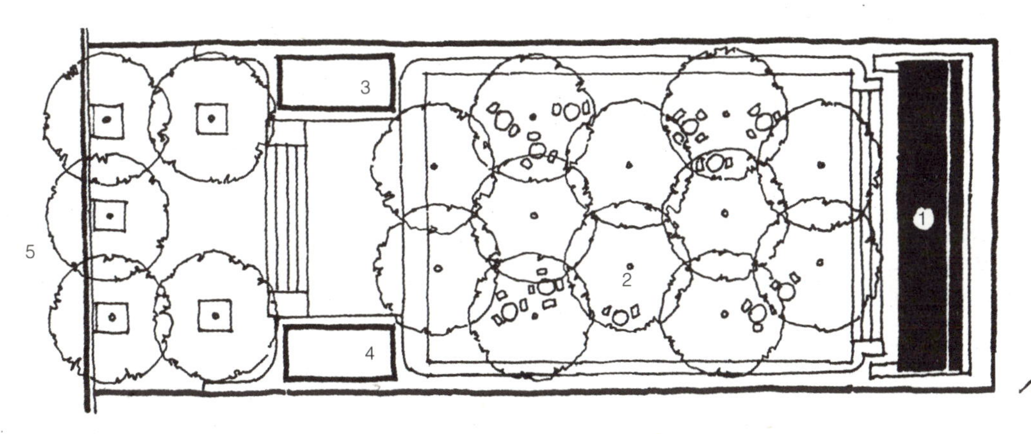

图8－234 纽约佩雷公园平面

1–瀑布、水池；2–美国皂荚林；3–门房、水泵室；4–门房、凉亭；5–53号大街

图8－235 纽约佩雷公园
（自《中国园林》）

（三）纽约布赖恩特公园（Bryant Park, New York）

公园位于纽约曼哈顿第40和第42大街及第5和第6大道之间，面积2.43hm²。1995年公园最后完成改建。草坪是公园的特色（82m×55m），占公园面积却不到1/5。由于地下铁通过公园，公园比周围的街道高出1.2m，东南方向的纽约图书馆露台比街上人行道还高，草坪就像人行道下面的大舞台（图8-236、图8-237、图8-238）。

（四）布鲁克林景色公园（Prospect Park, Brooklyn, New York）

布鲁克林景色公园是中央公园的姊妹园，也是奥姆斯特德和沃克斯设计的。布鲁克林位于曼哈顿岛旁边更大的长岛上。面积有213hm²。20世纪90年代公园修复工作仍在进行着。公园建造了草坪、森林和湖泊的田园景观。在公园周围地带还修建了4.5～6m高的平台，台上种植了密林。公园的特点是公园西部有“草坪长廊”。长廊令人信服地解

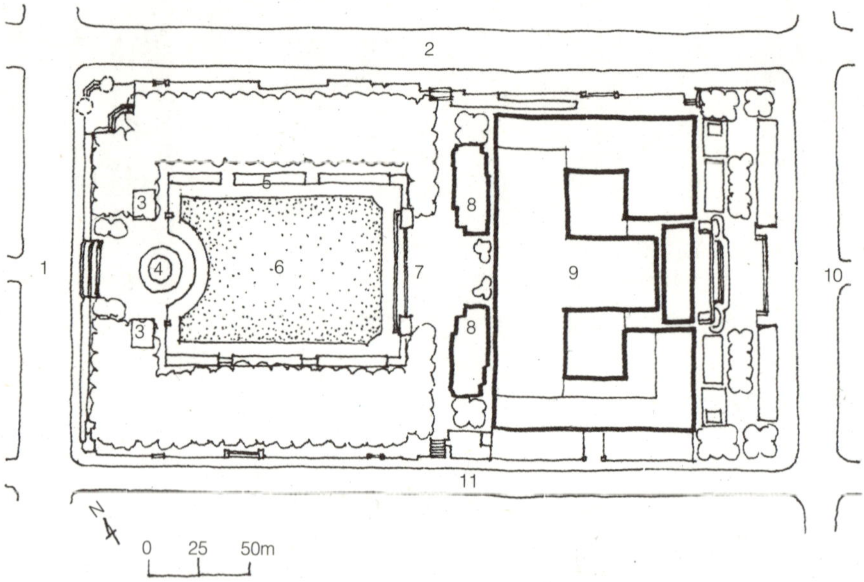

图8－236　纽约布赖恩特公园平面

1-第6大道；2-第42大街；3-食品店；4-洛厄尔喷泉；5-花坛；6-大草坪；7-图书馆露台；8-餐馆和烧烤店；9-纽约公共图书馆；10-第5大道；11-第40大街

图8－237　布赖恩特公园图书馆后（自《城市公园设计》）

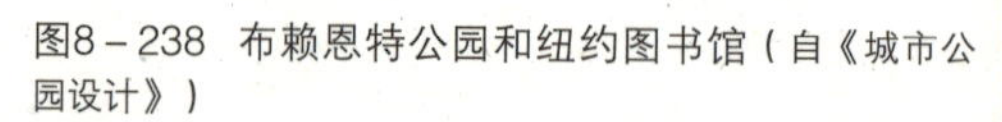

图8－238　布赖恩特公园和纽约图书馆（自《城市公园设计》）

释了弯曲空间的心理效应，这也是奥姆斯特德的成功之处（图 8-239、图 8-240）。

在纽约市街区内、建筑群中有一些小型公园方便市民小憩散步（图 8-241）。

图8－239 纽约布鲁克林公园平面

1－铁军广场；2－景色公园西部；3－草地拱门；4－恩达勒拱门；5－草地长廊；6－平瓦大道；7－荔枝园别墅；8－野餐馆；9－布鲁克林动物园；10－音乐厅；11－网球馆；12－池塘；13－琥珀烤肉店；14－峡谷；15－威林克门；16－公园西南部；17－下层草地；18－船库；19－守望山；20－微风山；21－音乐林；22－海洋大道；23－马车广场；24－景色湖；25－园边大道；26－阅兵场

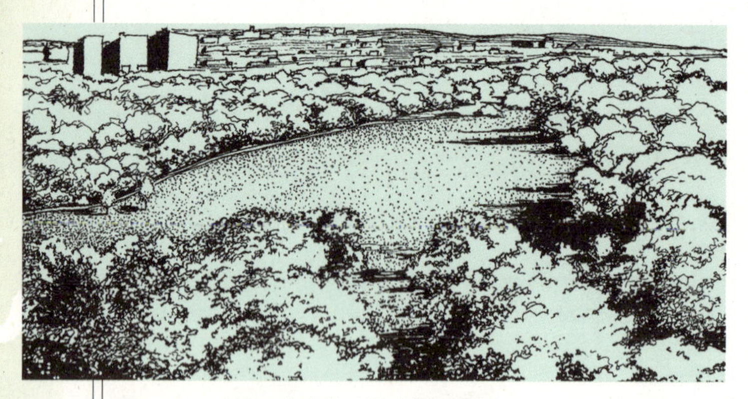

图8－240 纽约布鲁克林公园“草坪长廊”

图8－241 纽约某街头公园（刘阳摄）

位于加州圣何塞市市中心，占地1.4hm^2。该公园节日可以举行庆祝集会，平日可以作休闲的园地。公园周边为艺术博物馆、旅馆、会议中心和商务办公楼。在狭长的地块上，以斜交的直线道路系统为骨架，以月牙形坡地花境和1/4圆的动态旱喷泉广场为中心。呈方格网状排列22个喷泉，隐喻了当地的气候、文化和历史。在早晨雾喷泉呼应着旧金山的晨雾，随着时光的变化，雾泉变成喷泉，象征着当年生活在这里的印第安人挖掘的人工水井，当夜幕降临，喷泉与地灯交相辉映，如同灿烂的星光，表达了硅谷地区科技产业的繁荣景象。园中维多利亚式庭园灯暗示了该城300年的历史。园中果园则又让人联想到这里曾经是盛产水果的地方（图8-242～图8-246）。

在美国很多城市中还有设计独特的绿化广场值得参考（图8-247、图8-248、图8-249）。

（六）长木花园（Long Wood）

位于美国费城西南50km的白兰地山谷处，面积140hm^2，温室近3万m^2。1906年皮尔斯·杜邦用高价把花园买下，经过多年的修整改建而完成。原来认为皮尔斯在1800

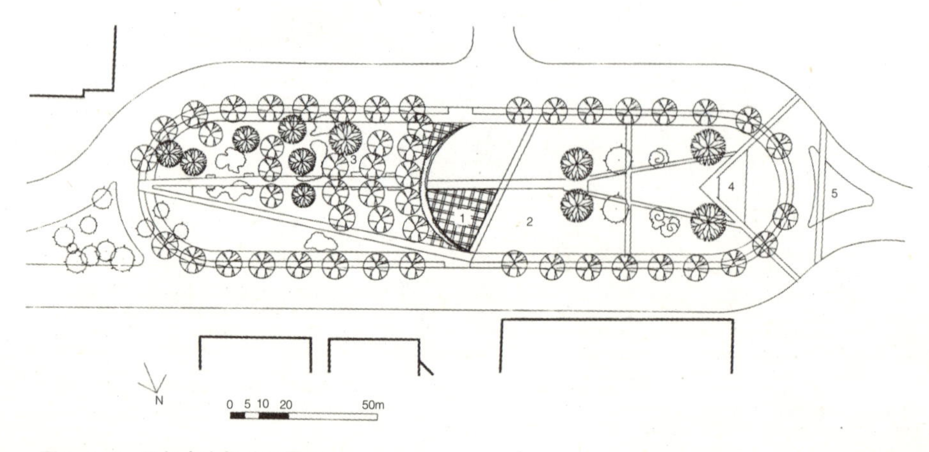

图8－242 圣何塞广场公园平面

1－旱喷泉小广场；2－大草坪；3－小树丛；4－露天小舞台；5－安全岛

图8－243 圣何塞（San Jose）市广场公园鸟瞰（佚名）

图8－244 圣何塞市广场喷泉［美］（斯安摄）

图8－245 圣何塞市广场东部（佚名）

图8－246 圣何塞市广场喷泉（佚名）

图8－247 波士顿邮局广场公园（任晋锋摄）

图8-248 洛杉矶佩讯广场以水池为中心，围以绿化（佚名）

图8-249 纽约亚克博·亚维茨广场（自《中国园林》）

年开始在此种植来自北美的各种树木，由于土壤肥沃，灌溉便利，树木长得又高又粗，因而得名长木花园。花园旁依平缓的小山丘，为设计者提供了很好的种植园地。进入花园大门，即可看到一片烟雾，飞瀑直泻，溪泉流淌。几十米以外喷泉喷出高达130m的水柱。夏季每周举行两次激光音乐会，花园被装饰得流光溢彩。目前花园有专职管理人员192名，另有100多名业余园艺师，每年接待来自世界各地的65万名游客（图8-250～图8-253）。

（七）格兰特公园（Grant Park）

格兰特公园位于美国第三大城市芝加哥和密歇根湖西岸的交会处。公园占地130hm²。现在公园中的大部分建筑都是在20世纪20年代后期才开始修建的。在20世纪90年代拆除了菲尔德博物馆东边的湖滨路支路，修建了博物馆园地，在公园的西北角修建了占地7hm²的音乐厅，其中包括停车场、地下礼堂、音乐厅以及能容纳14000人的大草坪。同时也修复了白金汉喷泉，还有很多美国榆树也被抗病的品种所代替。1994年在公园的东北角修建了“癌症幸存者花园”。

公园的空间结构是采用了法国文艺复兴

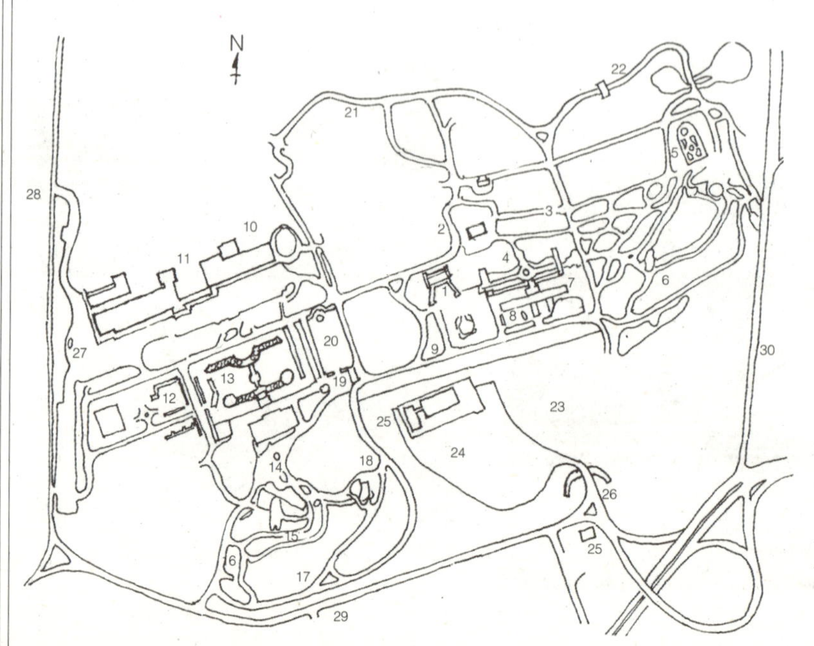

图8-250 费城长木花园平面
1-露天剧场；2-杜邦园；3-皮尔公园；4-步行花园；5-意大利水花园；6-湖区；7-紫藤园；8-牡丹园；9-月季园；10-温室；11-玉莲池；12-创意花园；13-喷泉园；14-山边花园；15-塔楼瀑布；16-石楠园；17-枫树丘；18-水眼；19-月季园；20-整形园；21-林荫路；22-草坪；23-大型游览车停车场；24-游客停车场；25-游客服务中心；26-入口；27-员工停车场；28-员工入口；29-野餐区；30-52大道

图8－251　费城长木花园（张树林摄）

图8－253　长木花园中以欧洲紫杉修剪的植物造型（自《花园设计》）

图8－252　长木花园中的园路（自《花园设计》）

时期的原则，1992 年《格兰特公园设计指导方针》确立了沿着南北向的中轴和一系列的对称空间：密歇根大道、议会广场、总统庭院、巴特勒和哈钦森草地，以及密歇根湖本身。

20 世纪 90 年代早期到这一带公园参观者达到 6100 万人次。格兰特公园在节日期间被过度使用——每年 7 月 4 日有 50 万人光顾（图 8-254、图 8-255、图 8-256）。

（八）金门公园（Gold Gate Park）[①]

金门公园位于旧金山市西北部，公园东西长 4000m，南北宽 1000m，面积约 411hm^2。公园始建于 1870 年，由汉蒙德与奥姆斯特德合作设计，在风格上与纽约中央公园相仿。公园是在一片沙地上建起来的，其最大的特色是有葱郁的树木、开阔的草坪、明净的湖水，植物多达 6000 多个品种。在美丽的杜鹃山谷，有高大的松树、柏树，还有棕榈、红杉。树下的蕨类植物生长非常繁茂。园内有很大的展览温室，是金门公园的标志，温室里展览各种花卉，秋天还专门举办菊花展览。露天音乐广场，夏季可免费演出。

公园西部环境幽静，有茂密的树木和大片草地，有的草地辟为高尔夫球场和马球运动场。湖面洁净，有野鸭戏水。公园西部还有一个放养野牛的小牧场，在靠近海岸还竖立着荷兰风车。公园的东部以展览、科学教育、文化艺术为主要活动内容。有一个艺术博物馆和一个加利福尼亚州科学院博物馆。

金门公园还有一座日本茶庭花园。它

①柳尚华．美国风景园林［M］．北京：北京科技出版社，1989．

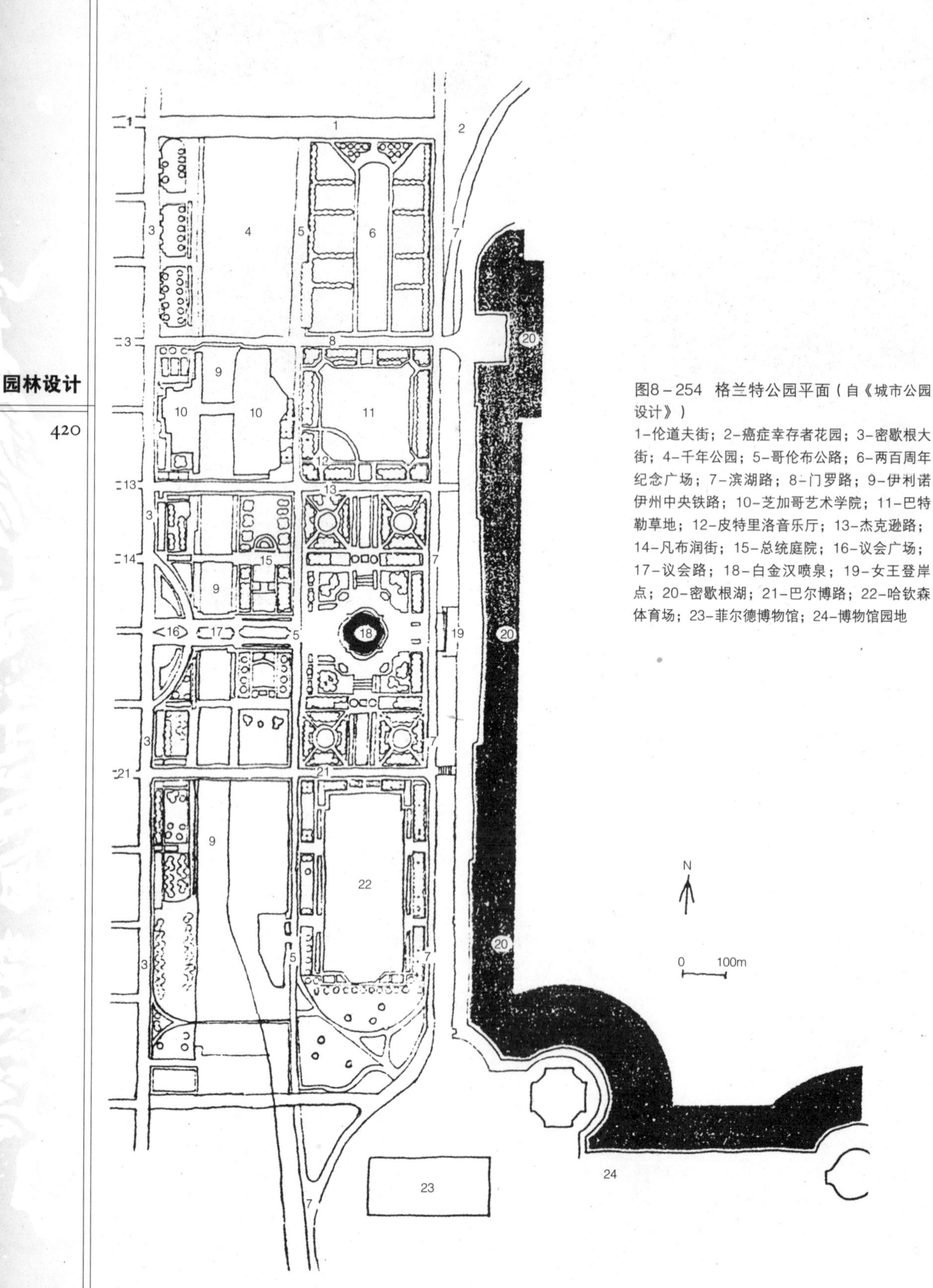

图8－254 格兰特公园平面（自《城市公园设计》）

1-伦道夫街；2-癌症幸存者花园；3-密歇根大街；4-千年公园；5-哥伦布公路；6-两百周年纪念广场；7-滨湖路；8-门罗路；9-伊利诺伊州中央铁路；10-芝加哥艺术学院；11-巴特勒草地；12-皮特里洛音乐厅；13-杰克逊路；14-凡布润街；15-总统庭院；16-议会广场；17-议会路；18-白金汉喷泉；19-女王登岸点；20-密歇根湖；21-巴尔博路；22-哈钦森体育场；23-菲尔德博物馆；24-博物馆园地

图8－255　芝加哥格兰特公园（自《城市公园设计》）

图8－256　芝加哥格兰特公园白金汉喷泉（自《城市公园设计》）

的建筑、山石、水系、树木花草都是按日本茶庭的形式，表现了日本风格，与周围粗犷自然的美国园林形成了对比（图 8-257、图 8-258）。

美国在本土不同气候带、不同地形、使用功能不同以及不同年代的历史条件下产生了丰富多彩的各式园林(图 8-259 ~ 图 8-265)。

美国住宅有的建在坡地上，绿化因地制宜以绿篱草地为主；有的门前形成开朗的布局以少量花木点缀；有的门前低矮常绿灌木较多，以隔离视线干扰和噪声（图 8-266 ~ 图 8-270）。

美国有不少屋顶花园和露台花园，其中凯泽屋顶花园具有相当规模，成自然式布置（图 8-271 ~ 图 8-274）。

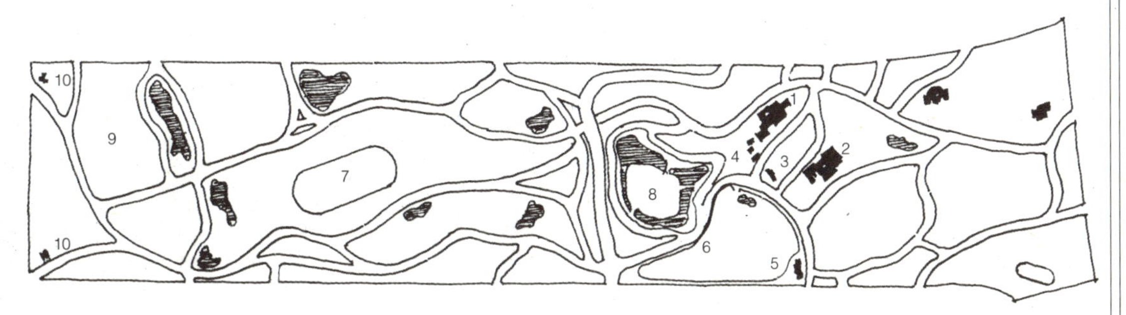

图8－257　旧金山金门公园平面

1－艺术博物馆；2－自然博物馆；3－音乐广场；4－日本庭园；5－花卉馆；6－树木园；7－运动场；8－草莓山；9－高尔夫球场；10－风车

图8－258　美国旧金山金门公园（自《中国园林》）

图8－259　拉斯韦加斯仙人掌公园（刘阳摄）

图8－260　夏威夷现代风格的热带花园（自《中国园林》，2004，11.）

图8－261　旧金山艺术宫庭园（刘阳摄）

图8－262 洛杉矶橙县表演中心绿化（佚名）

图8－263 墨西哥新城遗址公园（设计上沿袭19世纪派克斯顿、阿尔方德和奥姆斯特德的公园设计手法）（佚名）

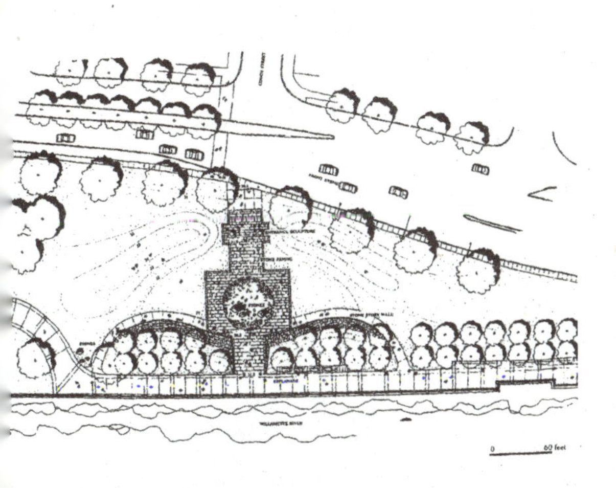

图8－264 日美历史广场（波特兰市河滨公园内）平面（自《中国园林》，2006, 2.）

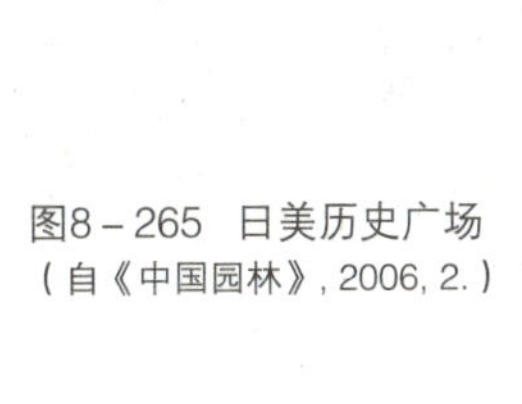

图8－265 日美历史广场（自《中国园林》，2006, 2.）

图8－266　旧金山九曲街（伦巴街）住宅楼前绿化（张树林摄）

图8－267　洛杉矶住宅前绿化（佚名）

图8－269　哥伦巴斯住宅前绿化（佚名）

图8－268　洛杉矶独居住宅前绿化（佚名）

图8－270　西雅图住宅区绿化（佚名）

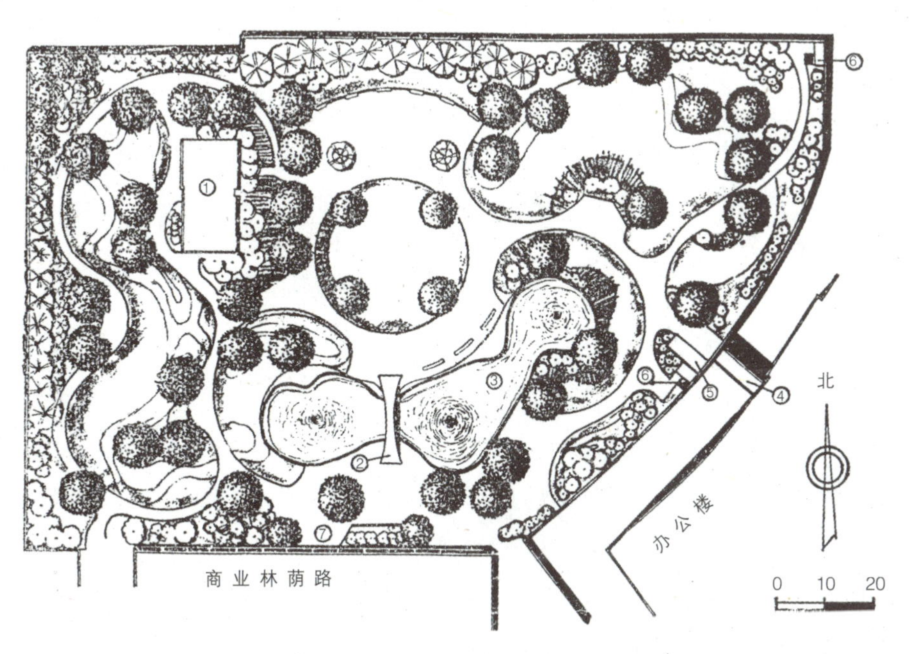

图8－271 加利福尼亚州奥克兰市凯泽大厦停车场屋顶花园平面（自《园林科技·3》）

图8－272 加利福尼亚州奥克兰市凯泽停车场屋顶花园［美］（自《风景园林设计》）

图8－273 凯泽屋顶花园（东望）［美］（自《风景园林设计》）

图8－274 凯泽屋顶花园（西望）［美］（自《风景园林设计》）

第九节　加拿大园林

加拿大位于北美洲北部，东濒大西洋，西临太平洋，北接北冰洋。海岸曲折，气候寒冷，中西部为草原区，属大陆性气候。加拿大原居民为印第安人和因纽特人。17世纪初法、英殖民者先后入侵。1763年英法7年战争后，加拿大成为英殖民地。1931年加拿大在英联邦内获得完全独立。

加拿大园林虽然在历史发展过程中受到了各种影响，但最终还是形成了更加适合本国的自由开放的园林形式。国内既有茂密森林式的公园，也有花团锦簇的鲜艳夺目的花园，也还有各种形式的小公园。

在19世纪70年代美国工程师奥姆斯特德规划设计了加拿大第一个大型城市公园——蒙特利尔皇家公园。这个公园影响了加拿大其他城市，如19世纪末20世纪初在温哥华的斯坦利公园，哥伦比亚维多利亚峰火山公园和新不伦瑞克省圣—约翰岩石林公园等。20世纪初期加拿大开始了城市化挑战，一方面小城镇环境质量高，整齐宽敞的街道、广场和高耸的公共建筑，成排的行道树，精心养护的花园，花园中种植有丁香、蔷薇、绣线菊；另一方面好多大城市人口稠密、贫困、疾病和污染。19世纪90年代在美国和英国出现的“美化城市”和“花园城市”的思想也在加拿大传播，在这个时期建设了皇家山城和一些开发区。20世纪30～50年代兴起的现代主义美学，摒弃了传统设计风格，包括意大利和法国文艺复兴时的设计风格，带来一种简洁和抽象的设计风格，它对精细园艺不屑一顾。加拿大的园林也受到日本的影响，在现代花园里源自日本的群植方法也被采用。20世纪30年代爆发了金融危机，这也是加拿大风景园林行业发展的重要时期。大量的建设项目可以帮助解决就业问题。如蒙特利尔的植物园、汉密尔顿皇家植物园、国际和平花园。魁北克加斯佩半岛的布查特花园（梅提斯花园）也是突出的一例，在沿海岸一片崎岖不平的林地，利用海洋的小气候，建造了一座植被丰富、多层次的花园。20世纪50年代初风景园林和城市规划紧密结合。在安大略，一条宽广绿带围绕建成区南部；“绿色楔块”加蒂诺公园建成后成为市中心和北部魁北克山地之间联系的纽带；它是人们野营、划船、滑雪和进行其他娱乐活动的好去处。

从20世纪50年代末到70年代初，加拿大经过长期吸引外国设计理念后第一次成为世界设计领域先锋。在多伦多新建的市政厅广场建筑标志着多伦多告别守旧的过去，迈进思想开放且文化多元化的未来。在温哥华创建了罗森广场，设计师将省法院和很多商业楼融入到横跨三个街区的综合广场和花园中。1962年美国作家雷切尔·卡森著《寂静的春天》，在北美学术界掀起了一场生态运动。加拿大迅速对“环境危机”做出反应，包括对建设项目的环境评估，制定环境法规和标准。20世纪60～70年代的建设项目代表了当时景观设计的成就，体现了现代主义的设计理念，但在70～80年代早期在整个北美出现了对现代主义的不满，新的设计理念不像现代主义那样有连贯性和普遍性，而是试验性、多样化。风景园林与其他艺术形式以惊人的速度向定义模糊的后现代主义转变，而后现代主义很快就被时代淘汰了。人们越来越强调将风景园林当做艺术，风景园林和艺术的界定模糊。多伦多约克维尔村公园便是一个例证。加拿大的多元化在不断加深，20世纪80年代末90年代初，在蒙特利尔中央圣老伦特大道上专门建造了一系列公共广场，以承认各种文化团体。这些广场有唐人街上的中山广场；还有葡萄牙公园和美洲公园；同时在蒙特利尔植物园内建造花园，以表彰华人和日本移民。近年温哥华市建立了孙中山花园，它基于中国苏州园林风格，景致优雅动人。

加拿大的园林在20世纪经历了巨大的变化，在20世纪初加拿大建设了很多有趣且出色的项目，但绝大多数是舶来品。到了2006年，一切已经改变，几乎所有的建设项目都由加拿大人自己设计，在数量和类型上已远远超出了20世纪初人们的想象。[①]

一、约克维尔村公园（Village of Yorkville Park）

约克维尔村是多伦多市区的一个高档商业和居住区。公园所在地是一块150m×30m的地带。公园几乎完全位于地铁隧道上，实际公园是一个屋顶花园。公园的面积为0.36hm^2。1991年7月举行了公园设计大赛，大赛说明中强调公园的建立是“一次形成新的自然绿洲的良机……有助于城市恢复活力。”说明中还要求参赛者“要考虑如何通过设计来表达自然过程的美丽及其现象”。并鼓励“在时间和空间上”利用“季节性颜色、质地、香味、声音、形式以及自然衰减的过程等特性”。公园最后于1944年春建成。公园设计成10个独立的景点，每处景点都代表一种不同的加拿大自然景观。这些景点南北向排列，其间分布着三条小路。公园就像一条有条纹的，图案不重复的围巾。公园设计在反映当地历史方面是成功的。它高密度地引入了这个广袤国家中景观的精华；利用气候的季节性变化，产生了戏剧性的效果。最极端的表现是林地——开辟地放置一块巨大的花岗石丘——一块“移栽”到这座城市的加拿大地盾。

公园中松林、白桦和桤木是生态的抽象。通过“草原”的野性，花卉的芳香，沼泽花园中各种各样的植物等等，营造的景致密度令人吃惊。所以评论说公园形式也显得太精巧了，太过于自信了，也会显得太呆板和过于约束了。它产生的戏剧性的效果是“后奥姆斯特德时代的对立物——那种提供象征性安慰的公园，遮住了一切事物”（图8-275、图8-276）。

二、斯坦利公园（Stanley Park）

斯坦利公园位于温哥华市中心以西约一公里的半岛上。公园所在地是一个圆锥形的小岛。公园面积为405hm^2。1887年6月联邦政府批准了把这块土地作为公园租借给温哥华市。同年10月开始建设，1889年9月公园对外开放。20世纪30年代修建了横贯公园南北的堤道和狮门大桥。大桥把温哥华市区同北温哥华和南温哥华联系在一起，20世纪80

①关于加拿大园林发展情况，主要参考罗恩·威廉等.20世纪加拿大风景园林［J］.吴新壮译.风景园林，2007,3.

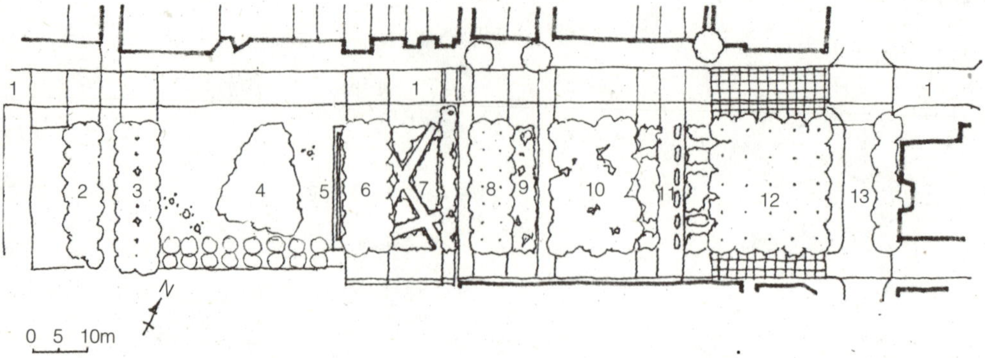

图8－275 多伦多约克维尔村公园平面

1－坎伯兰大街；2－棠棣树林；3－草边花园；4－加拿大盾形空址中的岩石；5－水幕；6－白桤木林；7－安大略湖沼泽BC；8－道路拉斯冷杉板路；9－香草园岩石花园；10－河桦林；11－草原野花花园；12－欧洲赤松林发射器；13－贝莱尔大街

图8－276 多伦多约克维尔村公园
（自《风景园林》，2007, 3.）

年代和90年代，公园附近地区人口逐渐增多。20世纪90年代交通调查表明，夏天公园最高交通流量，周一达到8000辆，节假日和周末达到1.4万辆，90年代早期，大约有一半的游客开车来公园。其中来自城里的车不到30%（图8-277、图8-278）。

公园地势东低西高，高差超过70m。在环礁湖和布拉克顿角周围，穿过海堤及内部交通线和公园深处的森林，都展示出一种神秘的荒野特质。森林树种主要是花旗松、铅笔柏和北美云杉，到20世纪80年代，森林覆盖260hm²（占公园面积的65%）。公园的特质除了来自森林覆盖的山坡背景以外，向西能看到海洋，向北能欣赏矗立在北温哥华和西温哥华之上的山丘，向东欣赏市区风光，这些都是斯坦利公园的独一无二的特征。

三、布查特花园（Butchart Gardens）①

布查特花园位于维多利亚市区北边约21km，占地20多公顷，由布查家族经营。它是由一个生产硅酸盐的废弃采石场改造而成的。园内景观主要是以各种植物形成自然景观，同时根据气候变化精心设计，做到花木扶疏、高低错落、四季花开、景观优美，每年有上百万人来参观，成为北美最大、最具吸引力的私人花园。

花园包括低洼花园、日本花园、意大利花园和玫瑰园四个部分。还有罗斯喷泉、烟火瞭望台、音乐会草坪等。

低洼花园（Sunken Garden）：原是水泥厂采石灰石的地方，位于地平面15m以下。花

①布查特花园情况．主要参照张晓燕，李宝丰．布查特花园的种植设计解析及启示［J］．风景园林，2006，2.

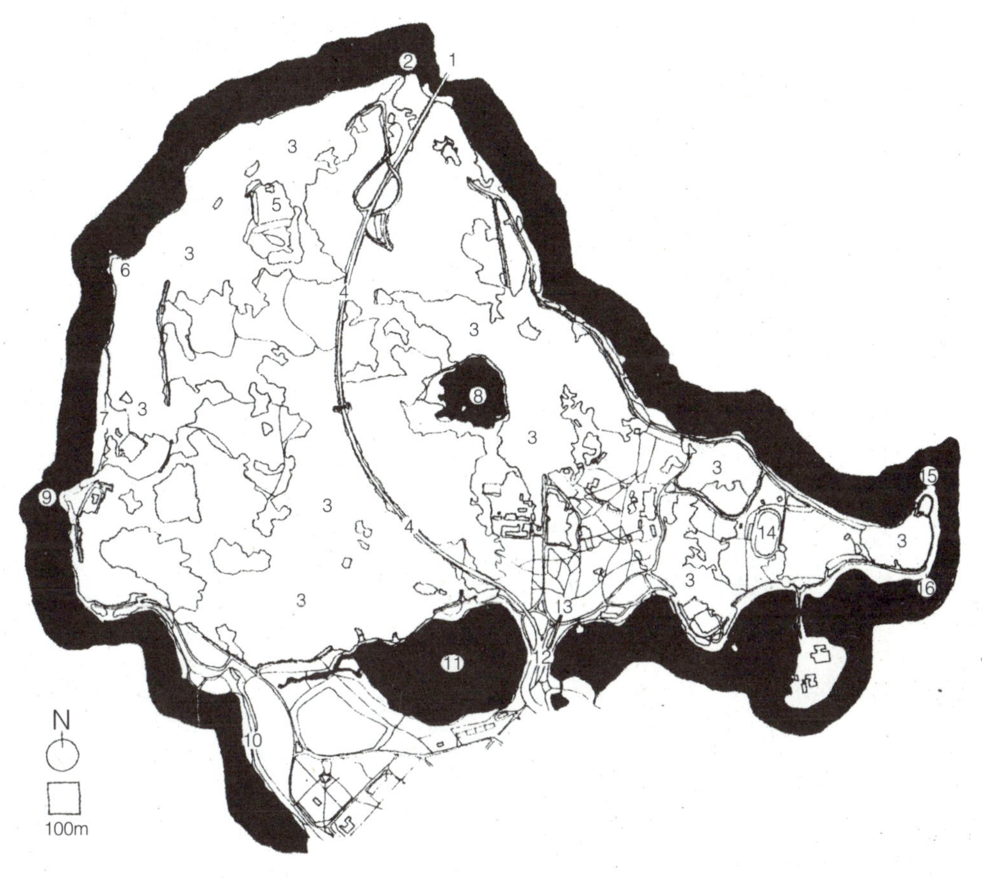

图8－277 斯坦利公园（温哥华）（自《城市公园设计》）

1－狮门大桥；2－观景角；3－成熟林；4－斯坦利公园堤道；5－公园最高点（海拔70m）;6－希斯瓦斯石；7－第三海滩；8－比弗尔湖；9－弗格森角；10－第二海滩；11－迷茫环礁湖；12－乔治亚大街堤道；13－斯坦利纪念碑；14－布拉克顿环形跑道；15－布拉克顿角；16－哈利路亚角

图8－278 温哥华斯坦利公园（自《风景园林》，2007, 3.）

园造景首先用长青藤把四周的石壁遮掩起来，然后将残留的石块变成花床，散布于草坪上。花园正中央突出的石灰石，成为瞭望台，可以观赏整个花园。

日本茶庭（Japanese Garden Tea House）：由日本牌坊进入花园，1905年布查夫人在日本专家的协助下，开始建造花园，园内古树参天，蜿蜒的小径、平静的水池、精巧的建筑，构成日本风格的茶庭。

意大利庭园（Italian Garden）：1928年之前，为布查家族的网球场，后来改成洋溢着意大利风情的花园。在庭园中间的水池上，栽种很多红白相间的睡莲，文艺复兴风格的雕塑使整个花园显得清新雅致，与庭园内各种植物形成具有意大利庭园风格的独特景观。

布查特花园的植物配植有独特的设计，如冬季园内以各种灌木、常绿阔叶树和针叶树来进行装点；春季以更为丰富的树木、灌木、花卉品种形成满园春色；夏季则以大量的花卉品种形成极其烂漫的景色；秋季则是利用各种秋色叶树种增加花园色彩。

春季3月在开的连翘属（*Forsythia*）、茉莉属（*Jasminum*）、马醉木属（*Pieris*）、日本樱花（*Prunus sp*）等乔灌木下种植番红花属（*Crocus*）、桂竹香（*Cheiranthus cheiri*）和其他春花为下木。3月最后的一周是风信子属（*Hyacinthus*）和水仙属（*Narcissus*）的盛花期。

秋栽的球根类到4月至少有25万株达到盛花期。首先是水仙属，然后是郁金香属（*Tulipa*），与此同时樱花、李、海棠等大约30种其他花灌木也竞相吐艳。

5月份，杜鹃花属植物开始代替郁金香属植物。西伯利亚桂竹香属以及勿忘草属（*Myosotis*），为花园补充了色彩，又补充了香味。盛开的瓜叶菊属（*Cinerarias*）也移植到花园中。

6月杜鹃花和晚开的北美杜鹃达到了极其鼎盛时期，耧斗菜属（*Aguilegia*）、飞燕草（*Delphinium grandiflorum*），以及稀有的喜马拉雅蓝色罂粟属与龙面花属（*Nemesia*）、秋海棠属（*Begonia*）、罂粟属（*Papaver*）、美国石竹（*Dianthus barbatus*）等，各种植物一起迎来夏季，锦带花属（*Weigela*）、溲疏属（*Deulzia*）和美丽的矮树丛，也都到了极盛时期。月季在6月的最后两个星期，色彩极其绚丽。

在七八月间，一年生花卉的花床为花园提供了不间断的色彩。藤本月季、直立月季成为人们关注的景观。

9月球茎秋海棠和大理花属（*Dahlia*）达到它的顶峰，开着各色花的剪秋罗属（*Lychnis*）、一支黄花属（*Solidago*）和紫菀属（*Aster*）在多年生花境中脱颖而出。

10月以鸡爪槭（*Acer palmatum*）热烈的红色最为触目，杨梅（*Arbutus*）和山毛榉属（*Fagus*）也为秋天增加了色彩，直到霜冻来临之前，各种菊属（*Chrysanthemum*）渐次开放，装点着花园。

冬天，常绿阔叶树、针叶树、浆果树以及各种灌木树形与色彩逐渐变化，而鲜红的冬青果和帚石楠（*Calluna*）粉红色的花与冬日的灰白色调形成了对比。

布查特花园的植物配植，由于遵循了自然生态原则、多样性原则和时间性原则等，故取得了成功（图 8-279～图 8-282）。

加拿大的城市绿化比较简洁明快，但仍有层次感。像布查特花园这样精细雕琢的园林也为城市平添了风采。

图8－279　布查特花园低洼园（佚名）

图8－280　布查特花园中春季低洼园（自《风景园林》）

图8－281　布查特花园中秋季低洼园（自《风景园林》）

图8－282　布查特花园中的意大利庭院（自《风景园林》）

第九章
伊斯兰园林

穆罕默德（Muhammad, 约570-632年）高举伊斯兰教大旗，统一了整个阿拉伯疆域。到七八世纪其疆域东起印度、中央亚细亚到亚洲一带进而扩展到北非沿岸至西班牙半岛的广大范围。阿拉伯人迅速吸收了这些被征服国的文化，并将它们与本国的文化相互谐调融合，从而创造了独特的新文化，其中包括建筑和园林艺术。

第一节　波斯园林

在3世纪独立的波斯帝国，于7世纪初左右被阿拉伯人所灭亡，波斯的文化艺术中又增加了阿拉伯的影响，产生了所谓“波斯阿拉伯”的样式。在整个中世纪阿拉伯式庭园样式受到波斯的影响也是最大的。因此波斯伊斯兰造园是西班牙伊斯兰造园、印度伊斯兰造园的源泉。

一般说来，波斯的小庭园多为矩形，两条垂直相交的苑路，将庭院分为四个部分，在园路的交叉点上设置小水池或爬满蔓藤的凉亭。庭院内用小水渠来浇灌。大庭园可以由几个小庭园连接而成，在山地则由台阶连接各个露台的手法造园（图9-1）。

16世纪在萨非王朝的统治下，波斯进入了最后的黄金时代，萨非王朝最大的国王阿拨斯大帝，在伊斯法罕（Isphahan）市建造了麦丹（Maidan-i-shan），建立了长方形公园广场，面积115.8m（380英尺）×42.6m（140英尺），并在广场西面建造了三公里多，带有两层交叉桥的四条大道，命名为“四庭园大道”（图9-2）。

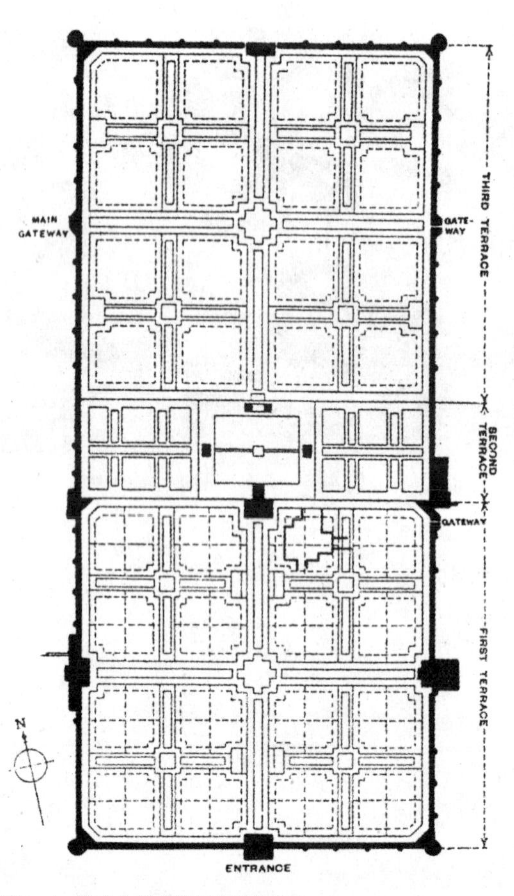

图9－1　拉合尔的夏利马园平面图

图9－2 四庭园大道

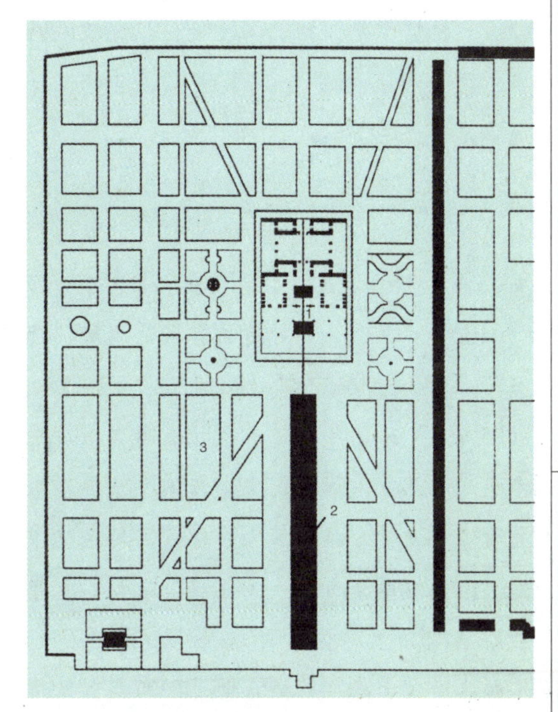

图9－3 四十柱宫及周围庭院平面
1-四十柱宫；2-下水渠；3-庭院

根据17世纪法国旅行家夏尔丹的记载，渠道纵贯每条大道的中央，这些渠道在宽阔而低矮的露坛处扩大为水池。露台之间呈台阶式瀑水，在林荫大道两端分设凉亭，形成道路终点。在广场和四庭园大道之间有一片宽大的四方形宫殿区，内有环抱在庭园之中的各式园亭，其中最有名的为“四十柱宫”建筑物。园亭建在长方形围墙正中，配有一个由每行六根，并列成三排的支柱支撑的木屋顶前廊，细细的渠道中的水围绕着园亭淙淙流淌。从建筑物流出的水渠，贯穿全园，庭园划分为规则整齐的花坛，其间穿插着林荫道（图9-3、图9-4）。

图9－4 四十柱宫门廊

第二节 西班牙伊斯兰园林

西班牙伊斯兰园林，是在今天西班牙境内由摩尔人创造的伊斯兰风格的园林，又称摩尔式园林，在中世纪曾盛极一时，其水平大大超过了当时的欧洲园林，对欧洲园林产生了一定的影响。

7世纪末阿拉伯人进入西班牙，一直统治到8世纪，在此期间阿拉伯人大力移植西亚，尤其是波斯、叙利亚的地方文化，创造了富有东方情趣的西班牙阿拉伯式造园。

西班牙后倭马亚王朝的建立者阿卜德·拉赫曼一世（731-788年）酷爱园艺，竭尽全力将西亚文化移入国内。为了建造别墅庭园，收集了叙利亚、土耳其、印度等地的奇花异草，传播到西班牙各地。园中常用的植物有柠檬、柑橘、松、柏、夹竹桃、桃金娘、月季、薰衣草、紫罗兰、薄荷、百里香、鸢尾、黄杨、月桂等。

13世纪中叶由伊本·拉·马尔创建了阿尔罕布拉宫，直到14世纪中叶，才由约瑟夫·阿布尔·哈吉完成。目前还残留着四个中庭（Patio），靠近入口处有该宫殿的主庭"池庭"，面积为36.57m（120英尺）×22.86m（75英尺），因中心建有浴池而得名，后来由于几易其主，沐浴仪式也废除了，现在池的两侧种着桃金娘树篱，故称为"桃金娘中庭"。池的两端有白色大理石喷泉盘，水经由小水沟注入池内。与这个中庭相连的是"狮庭"，由穆罕默德五世于1377年开始建造，面积为12.8m（42英尺）×15.84m（52英尺），因其中有用十二座狮子雕像支撑的大喷泉而得名。四条小水渠从这个喷泉伸向四方，将全园分为四个部分，这四块区域曾种过花卉和柑橘，现在成了沙砾铺地。以上两个庭园具有最典型的阿拉伯式庭园特征。达拉哈中庭和罗汉松中庭（哈雷中庭）建于1654年，都是将伊斯兰园林加以改造成新建的产物（图9-5～图9-9）。

格内拉里弗庭园，庭园处在山坡上，原有格拉那达最早的宫庭花园，1319年由阿布尔·瓦利德（Abal Walid）扩建作为他的夏宫。

格内拉里弗是西班牙最美的花园。它的规模不大，采用典型的伊斯兰园林的布局手法，庄园的建造充分利用了原有地形，将山坡整成七个台层，在台层上又划分了主题不同的空间。将斯拉·得尔·摩洛（Silla del Moro）河水引入园中，形成大量的水景，使庭园内充满欢乐的水声（图9-10、图9-11）。

沿着300多米的柏木林荫道即可进入园中，在建筑门庭和拱廊之后，便是园中的主

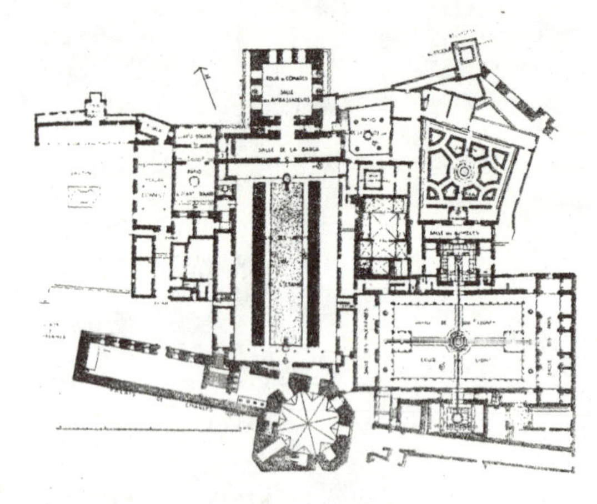
图9－5 阿尔罕布拉宫平面图（赫伯斯）

图9－6 桃金娘宫庭院南望（自《西方园林》）

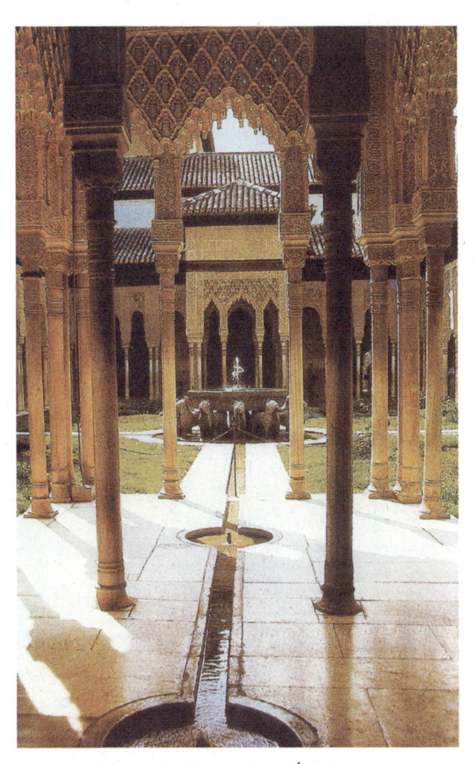

图9－7 狮子宫庭院（自《西方园林》）

图9－9 阿尔罕布拉宫东部景观（自《西方园林》）

庭园水渠中庭，中庭由三面建筑和一面拱廊围合而成。中央有一条长40m，宽不足2m的狭长水渠纵贯全庭，水渠两边各有一排喷嘴，喷出的水柱在空中形成拱架，然后落入水渠中，水渠两端各有一座莲花状喷泉。当年庭园内种植以意大利柏木为主，现在水渠两旁布满了花丛。

图9－8 西班牙阿尔罕布拉宫石榴院（自《外国造园艺术》）

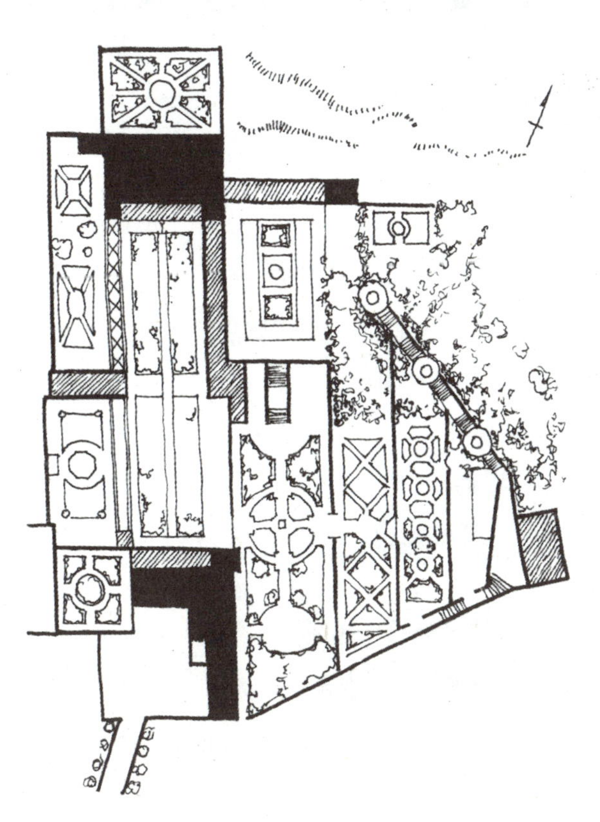

图9－10 格内拉里弗平面图

图9－11　格内拉里弗花园水渠中庭（自《西方园林》）

水渠中庭西面是走廊，拱廊下底层台地上，中间有礼拜堂，两端是黄杨组成的绿丛植坛。水渠北面是十分简朴的府邸建筑，其下方有方形小花园，是一块一百多平方米的蔷薇园，米字形通道，中间是圆形大喷泉。

府邸前庭东侧，是一个高墙包围的庭院。庭院中有一条2m多宽的水渠，呈U形布置，中央形成矩形“半岛”，“半岛”中间有一个方形水池。U形水池两岸也有排列整齐的喷泉嘴，细水呈拱状射入水渠中。两个庭院的水渠是互相连接的。方形水池两边是黄杨植坛和灌木，靠墙有高大灌木。

南面的花园是层层叠叠的长条形花坛台地，有泉池形成阴凉湿润的小环境。小环境的布局，用绚丽的陶瓷锦砖铺装成典型伊斯兰风格的地面。

格内拉里弗庭园空间变化丰富，各有特色，彼此渗透，园中的水流向各处，起到统一全园的效果。

在漫长的中世纪，占领西班牙的摩尔人留下了精美的伊斯兰式园林作品。但是到了文艺复兴时期，西班牙人建造的宫苑，又大量借鉴了意大利、法国的造园手法。在18世纪上半叶又明显地模仿法国勒诺特式园林。

拉·格兰贾宫苑，面积有146hm^2，是菲力五世要求以凡尔赛宫苑为蓝本建造的，因此是典型的勒诺特式园林。由于西班牙的气候条件和地理特征，不适宜建造法国勒诺特式园林空间，因而效果并不理想（图9-12、图9-13）。

玛丽亚·路易莎公园（Parque de Maria Laisa）

公园位于西班牙最南端的安达卢西亚地区，大约始建于公元前2500年。

在20世纪早期，玛丽亚·路易莎公园由一个私人皇家公园变成一个公共园林。公园和隔路的欢乐花园总面积达到39hm^2。公园的横截面是一个长600m，宽300m，西北和东南走向的粗略的长方形。总体上公园的地形比较平坦，仅比河岸高一点。公园的土质普遍是沙质的，雨水容易渗漏，对树木要经常浇水。现公园中有3500棵树，包括1000棵棕榈树和1000多棵塞维利亚橘树，树种超过了100种。公园现在的景观是由法国园林建筑师吉恩——克劳德——尼古拉斯——福雷斯蒂埃（1861－1930年）设计的。西班牙广场处在东南一个半径为180m长的半圆内；美国广

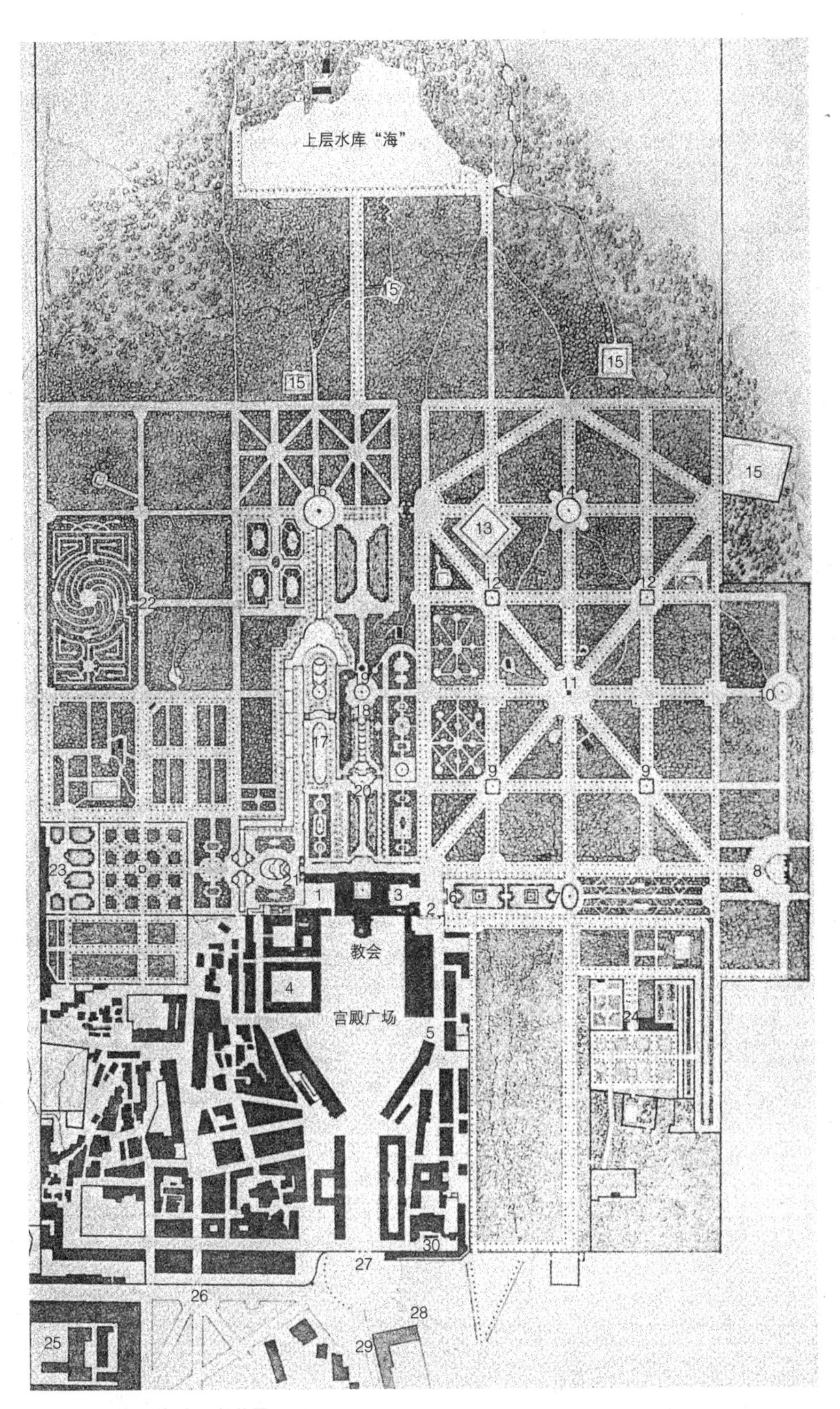

图9－12 拉·格兰贾宫苑平面图

1–车辆庭院；2–花园入口；3–马蹄形庭院；4–教士住宅；5–皇家管理人员处；6–信息女神花坛；7–信息女神喷泉；8–狄安娜泉池；9–龙泉池；10–拉托娜泉池；11–八叉园路；12–浅水盘泉池；13–王后泉池；14–花瓶泉池；15–水库；16–安德罗边德泉池；17–跑马场；18–希腊三贤泉池；19–授与亭；20–主瀑布与花坛；21–塞尔瓦水池；22–迷园；23–花卉园；24–古隐居所；25–水晶制作场；26–王后宫门；27–主入口；28–马德里公路；29–塞哥维亚公路；30–贡多尔宫

图9－13　拉·格兰贾宫苑殿前的花园（自《西方园林》）

场在公园向南扩展的300m区域内；欢乐花园处于欢乐林荫道和瓜达尔基维尔河之间，紧邻欢乐林荫道，是一个远离公园的小三角地带。设计者应用了摩尔人的设计传统。在公园中栽路树、修池塘，增加了独立花园，栽植乔木形成大片荫凉处。有一种评论认为该园的设计是“在法国花园和现代主义花园间找到了结合点”（图9-14、图9-15、图9-16）。

在西班牙现代的园林中既可以看到伊斯兰风格也可以看到受法国和英国园林形式的影响（图9-17～图9-20）。

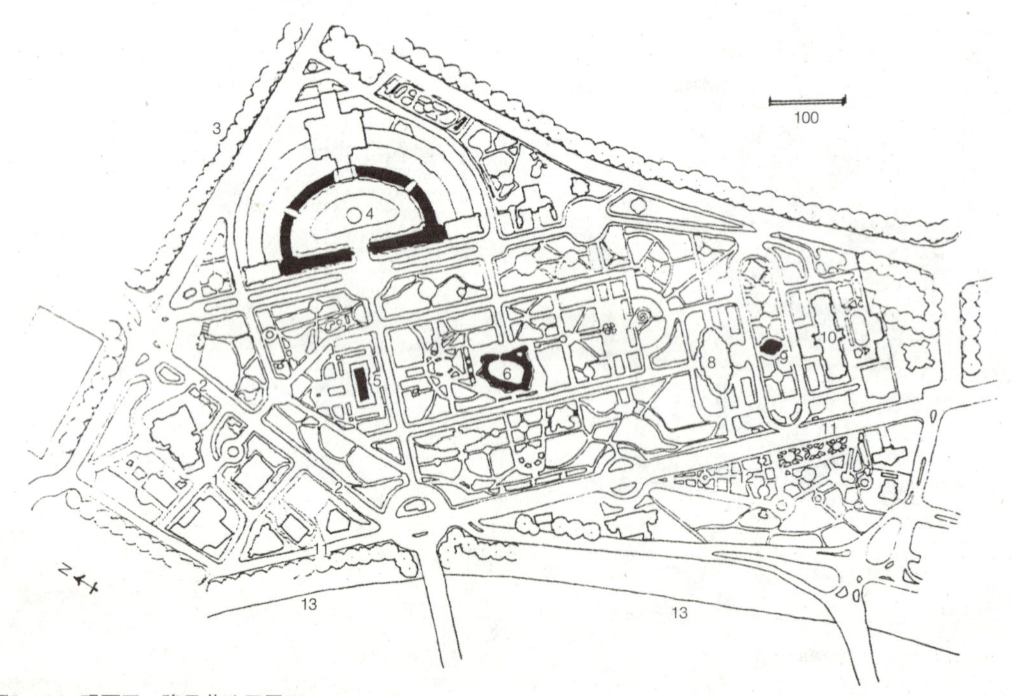

图9－14　玛丽亚·路易莎公园平面

1-博览会展示厅（现在是办公室）；2-玛丽亚·路易莎林荫道；3-圣塞巴斯蒂安普拉多植物园；4-西班牙广场；5-荷花Gelorieta；6-碟形Gelorieta；7-蒙特Gurugu；8-姆迪亚尔凉亭；9-美国广场；10-考古博物馆；11-欢乐林荫道；12-欢乐花园；13-瓜达尔基维尔河

图9－15 玛丽亚·路易莎公园（自《城市公园设计》）

图9－17 西班牙马德里公园（张树林摄）

图9－18 西班牙马德里公园月季园（张树林摄）

图9－16 玛丽亚·路易莎公园（自《城市公园设计》）

图9－19 西班牙巴塞罗那花园（张树林摄）

图9－20 西班牙马德里皇宫花园（张树林摄）

第三节　印度伊斯兰园林

印度是世界古老的文明古国之一，在印度河流域原有4000年前古印度民族的雅利安人，后来他们移居到恒河流域，在那里绽放了印度文化之花，产生了所谓佛教美术。其造园艺术也与其他艺术并驾齐驱，可惜现在实物已荡然无存，只能从一些文献中了解到当时的规模。

8世纪初，曾一度入侵印度西北部的阿拉伯人，从1000年左右再次入侵这个国家，在印度出现了伊斯兰教徒的各个王朝，在整个印度疆域内移植了伊斯兰文化，以往的印度文化受到伊斯兰文化冲击，逐渐改变了它原来的形态。

在莫卧尔帝国王朝（1526－1858年）第五代皇帝沙贾汗为其宠后泰姬·玛哈尔修建的陵墓中，可以看到伊斯兰的影响。

陵墓始建于1632年，施工期间每天动工2万名，历时22年才完成。陵园占地17hm^2，陵墓全用白色大理石砌成，从大门到陵墓，有一条用红石铺成的直长甬道。陵墓修建在一座高7m，长、宽95m的正方形大理石座上，寝宫居中高74m，四角各有一座高40m的圆塔，为防止倾倒后压坏陵体，塔身均稍外倾。庭园平坦而优美，主要建筑物不是在中心，而是在一侧，开辟了水渠与建筑垂直相交的大庭园。宽约三开间的大理石砌的水渠，底部每隔一间半安装一排喷泉。现在水渠两侧处，草坪上种了成排的紫杉。据英国霍奇森证明，在水渠两侧只有花坛入口处可以随心所欲地眺望全部建筑（图9-21、图9-22）。

伊斯兰阿拉伯式园林有自己特定的风格：如在水池形状的处理，饰品的排列以及建筑物体形和植物配置的方面都能表现出来（图9-23、图9-24、图9-25）。

现代的新园林也有按照伊斯兰阿拉伯传统设计的，如皇家梦幻酒店庭园。酒店庭园位于阿拉伯联合酋长国波斯湾南海岸线上迪拜市，是一家高档度假酒店（图9-26～图9-29）。

以上介绍外国园林的经验，是为了能达到“它山之石可以攻玉”的目的。借鉴、学习外国园林艺术的精华和先进的建设经验，这是时代的要求，也是园林设计者的责任。现代化大生产和科学技术的高度发达，必然会改变人们的生活方式、思想感情，从而引起审美趣味要求的改变。我们一方面要在新形势下发展和丰富我国的园林传统；另一方面要吸收国外的先进经验，包括他们的传统。其实，传统本来就不是固定不变的一种形式。今天新鲜的元素加入到传统中，若干年后就可能是本民族的传统。我国几千年的封建文化始终是一个思想藩篱，阻碍外来先进文化的吸收和传播，甚至把继承传统和学习外国对立起来，固步自封，墨守成规，致使我们与先进国家的园林水平拉大了距离，所以我们现在要迎头赶上，再造辉煌。当然，西方的价值观念、思维方式、道德情操、宗教信仰、民族性格以及气候、地理环境等方面与我们存在着差别。所以，现代化并不等于西方化，在学习国外经验的同时，一定要防止片面性和盲目性，这是园林设计

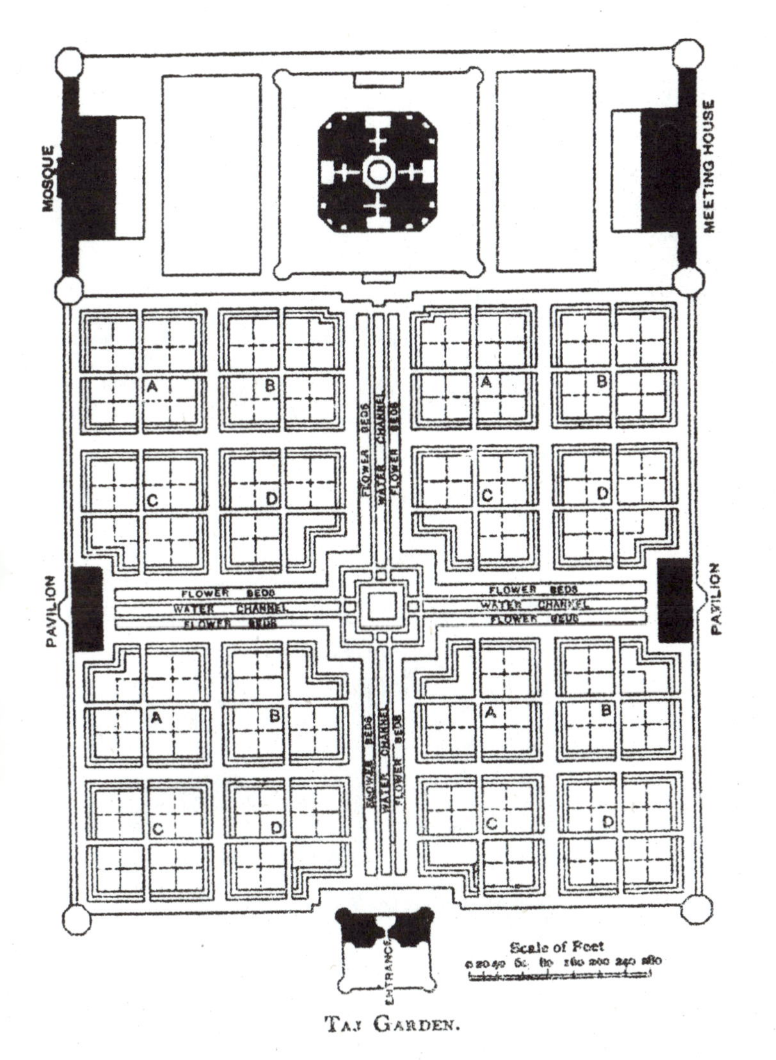

图9－21 泰姬陵的平面图

图9－22 泰姬陵（Taj. Mahal）
（自《外国造园艺术》）

图9－23 伊朗玛亨附近一所私宅的花园（水的应用很有变化）（自《外国造园艺术》）

图9－25 阿拉伯式园林（二）（佚名）

图9－24 阿拉伯式园林（一）（佚名）

图9－26 迪拜皇家梦幻度假酒店大门成功创造出伊斯兰风情（自《风景园林》，2005, 2.）

图9－27 迪拜皇家梦幻度假项目（一）（自《风景园林》，2005, 2.）

主要参考书目

[1] 汪菊渊. 外国园林史纲要 [M]. 北京：北京林学院，1981.

[2] 〔日〕针之谷钟吉著. 西方造园变迁史 [M]. 邹洪灿译. 北京：中国建筑工业出版社，1991.

[3] 郦芷若，朱建宁. 西方园林 [M]. 郑州：河南科技出版社，2001.

[4] 陈志华. 外国造园艺术 [M]. 郑州：河南科技出版社，2001.

[5] 〔加〕艾伦·泰特著. 城市公园设计 [M]. 周玉鹏等译. 北京：中国建筑工业出版社，2005.

[6] 周维权. 中国古典园林史 [M]. 北京：清华大学出版社，1990.

[7] 〔日〕中根金作. 庭 [M]. 大阪：保育社，1973.

[8] 陈植. 造园学概论 [M]. 上海：商务印书馆，1933.

[9] 刘少宗等. 城市街道绿化设计 [M]. 北京：中国建筑工业出版社，1981.

[10] 〔美〕诺曼K·布恩. 风景园林设计要素 [M]. 曹礼昆等译. 北京：中国林业出版社，1989.

[11] 刘少宗. 园林植物造景·上 [M]. 天津：天津大学出版社，2003.

[12] （前苏联）勒·勃·庐恩茨著. 绿化建设 [M]. 朱钧珍等译. 北京：中国工业出版社，1962.

[13] 陈有民. 园林树木学 [M]. 北京：中国林业出版社，1988.